Original Flavor
原味

Carol 100道無添加純天然手感麵包
+30款麵包與果醬美味配方提案

暢銷紀念・二版

胡涓涓Carol 著

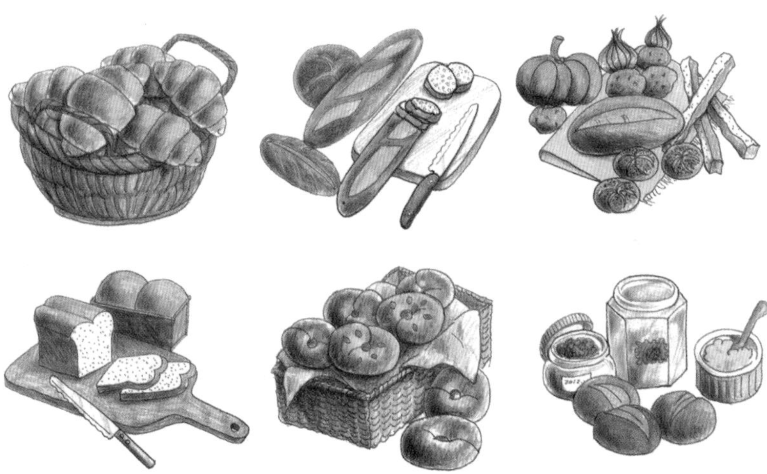

推薦序

「自在涓涓、絲絲入扣」——我們是以美食傳遞幸福的姐妹淘

Carol是「超級部落客版主與暢銷人氣食譜作家」， 這也是喜歡她的讀者習慣叫她的名字，這些年來親切且自在地教導粉絲們進廚房施展一道道魔法，陸續也完成了五本美味的作品，本本深受歡迎！這幾年，我有幸跟她一起將這些作品以實作分享給讀者，在「誠品Cooking Studio尋味玩食——絲絲入扣單元」為她主持一場場新書發表示範會，一直覺得好開心與榮幸！

而我習慣叫她涓涓。

我的名字也是疊字，我們年紀相仿，多年來只留不染不燙的直長髮，不工作時都喜歡宅在家，這種一見如故的親切感著實無與倫比；最巧的是，我們因為「美食這條路」而人生大轉型，同樣是六年！2006年11月她開始經營部落格「Carol 自在生活」，而我也是同年同月正式開始獨立策劃書店中的免費廚藝教室，我們同樣六年來從不間斷以美食傳遞美味的幸福。但我與涓涓的緣分，似乎早已注定；她的父親胡傳安老師，竟然是我二十多年前台北商專求學時代的企管科主任，這是我在涓涓第一本書中，胡伯伯的序文中，「發現」這樣的不可思議！ 多年之後我能跟二十年不見的老師同時站在書店廚台前，一起向讀者推薦涓涓的好書，這種緣分的連結，該感謝天吧！

因美食而認識，但我與她姊妹般的情誼並非時時刻刻架構在美味之上，說真的我倆從未好好坐下來，完整品嘗她傳承自外婆與媽媽的精湛手藝，但她帶給我的自在從容生活態度，讓我感受到真心自在的如沐春風。正因為她的溫柔氣質、從容不迫，我反思著是否偶爾該沉澱一下自己經常是紊亂紛雜的思緒與心情。我們在各自的生活中忙碌著，從來不互相打擾，一旦偶爾聯繫，縱然僅是隻字片語，卻又能彼此侃侃而語而成為無話不談的姐妹淘。這是完全沒有約定好的默契，就像涓涓部落格的名字「Carol自在生活」 一樣，成天為著工作與生活忙碌不堪的我，其實非常羨慕涓涓，可以單純地為著親愛的先生與兒子自在生活，且利用餘暇不藏私地分享家常菜與烘焙的美味。

已是烘焙高手的涓涓，她最了不起的地方就是她的無師自通，對食物的學習敏銳度與不留一手的步驟分享，這次又再度完成了新書來造福網友與讀者了！我看到這次主題鎖定在「手作麵包」上，進而心中歡喜！因為說來慚愧，工作佔據多數時間的我，經常忘記吃正餐而以麵包果腹，這回要好好讓自己好好跟著涓涓學、學麵糰一樣「休息」，希望我也可以自己做出好吃的純手工麵包啊！

涓涓跟我說，這次要請我寫序，我既榮幸又惶恐，因為曾替她為文寫序的不是胡伯伯、恩師，要不就是名作家，我只是幫著涓涓一起辦料理示範會的賣書人，怎能擔此責任呢？我不自量力的接下此重責大任，謝謝涓涓毫不給我壓力的不催促我啊！再次對好姐妹表示慚愧，呵呵！

沒有家學淵源，只是愛自己下廚，我在美食方面的專業不及涓涓，但我想我因為工作而認識了好多烹飪老師或素人美食家，我辦美食活動只是作者與讀者間的橋樑；也因為她，我明白簡單生活也能自在的道理，我更相信我們之間涓涓絲絲的雋永友情，能夠細水長流。

誠品信義店 生活風格區資深組長

作者序

沒有多餘添加物，
每一款麵包都加入對家人的愛

做麵包是我在廚房中很重要的一件功課，幾乎每兩天就要在烤箱前烘烤麵包，與日常生活緊密的結合。天然酵母充滿活力，濃郁的麥香味飄散空氣中撲鼻而來，我沒有辦法抗拒手工做出來的麵包。在搓揉麵糰的過程中可以讓我頭腦放鬆，也是讓緊張忙碌的心情回復平穩的最佳方式。

看著麵粉在手中混合成糰，隨著不同氣溫時間慢慢出現變化是一種無法形容的小確幸。無論是全家的早餐、或是一個人的輕午餐、或是三五好友相約小酌的聚會，現烤的手工麵包總是餐桌的焦點，早已經變成生活的一部分。不管做了多少次，每一次在烤箱前等待麵包出爐的心情卻是同樣的喜悅。「怎麼這麼好吃！」只要看到家人朋友吃的愉快的笑臉，沒有什麼比這更令人開心的事了。

麵糰在手中千變萬化，從樸素平實的吐司到可愛特殊的造型麵包，或是滋味雋永的歐式麵包，不變的是沒有多餘的添加物，一個一個都加入了對家人的愛。吃習慣自己做的麵包之後，會發現其中單純的滋味。這一次書中收錄了天天吃都不會膩的美味家常麵包，依循著季節將各式各樣雜糧蔬果變成主角；少糖、少油、高纖維，簡單的材料更能突顯原味之美。期盼將這份溫暖傳遞給大家，讓更多人感受到手作麵包的魅力，出現更多喜悅滿足的笑臉。

我在工作檯面專心甩打著麵糰，在市場穿梭採買，在部落格記錄遨遊，天天在家人、貓咪及廚房中打轉；忙中自有喜悅之樂，也品嘗了平凡生活之美。雖然日復一日，但是我在自己的世界中看到截然不同的風景，在平淡中累積一次又一次的感動。凝視著自己的人生，回顧過去的日子，這就是我擁有的最大幸福。

胡涓涓
Carol

目錄

Contents

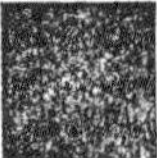

Part 0 | 麵包概說 | Bread Introduction

Part 1 | 甜點麵包 | Sweet Bread

Part 2 | 歐式麵包 | European Style Bread

Part 3 | 蔬果雜穀麵包 | Vegetables, Fruit and Multi-grain Bread

Part 4｜吐司｜Bread Loaf

Part 5｜貝果｜Bagel

Part 6｜天然酵母麵包｜Natural Yeast Bread

附錄1｜做好的麵包可以這樣吃｜Uses for Bread

附錄2｜麵包的好搭檔——果醬與抹醬｜Jam and Spread

使用本書之前您必須知道的事

本書材料單位標示方式

- 大匙→T；小匙→t；公克→g；立方公分→毫升→cc

重量換算

- 1 公斤（1kg）＝1000公克（1000g）
- 1台斤＝16兩＝600g；1兩＝37.5g
- 1 磅＝454g＝16盎司（oz）＝1品脫（pint）；1盎司（oz）＝約30g

容積換算

- 1公升＝1000cc；1杯＝240cc＝16T＝8盎司（ounce）
- 1大匙（1 Tablespoon，1T）＝15cc＝3t＝1/2盎司（ounce）
- 1小匙（1 teaspoon，1t）＝5cc
- 2杯＝480cc＝16盎司（ounce）＝1品脫（pt）

烤盒圓模容積換算

- 1吋＝2.54cm

如果以8吋蛋糕為標準，換算材料比例大約如下：6吋：8吋：9吋：10吋＝0.6：1：1.3：1.6

- 6吋圓形烤模份量乘以1.8＝8吋圓形烤模份量
- 8吋圓形烤模份量乘以0.6＝6吋圓形烤模份量
- 8吋圓形烤模份量乘以1.3＝9吋圓形烤模份量
- 圓形烤模體積計算：3.14×半徑平方×高度＝體積
- 本書內容所有的調味料份量，請依個人喜好斟酌。

食材容積與重量換算表 單位：g

項目＼量匙	1T（1大匙）	1t（1小匙）	1/2t（1/2小匙）	1/4t（1/4小匙）
水	15	5	2.5	1.3
牛奶	15	5	2.5	1.3
低筋麵粉	12	4	2	1
在來米粉	10	3.3	1.7	0.8
糯米粉	10	3.3	1.7	0.8
綠茶粉	6	2	1	0.5
玉米粉	10	3.3	1.7	0.8
奶粉	7	2.3	1.2	0.6
無糖可可粉	7	2.3	1.2	0.6
太白粉	10	3.3	1.7	0.8
肉桂粉	6	2	1	0.5
細砂糖	15	5	2.5	1.3
蜂蜜	22	7.3	3.7	1.8

項目＼量匙	1T（1大匙）	1t（1小匙）	1/2t（1/2小匙）	1/4t（1/4小匙）
楓糖漿	20	6.7	3.3	1.7
奶油	13	4.3	2.2	1.1
蘭姆酒	14	4.7	2.3	1.2
白蘭地	14	4.7	2.3	1.2
鹽	15	5	2.5	1.3
檸檬汁	15	5	2.5	1.3
速發乾酵母	9	3	1.5	0.8
泡打粉	15	5	2.5	1.3
小蘇打粉	7.5	2.5	1.3	0.6
塔塔粉	9	3	1.5	0.8
植物油	13	4.3	2.2	1.2
固體油脂	13	4.3	2.2	1.1

備註：奶油1小條＝113.5g；奶油4小條＝1磅＝454g

工具圖鑑

About The Equipments

以下為本書中會使用到的器具，提供給新手參考。適當的工具可以幫助新手在製作麵包的過程中，更加得心應手。先看看家裡有哪些現成的器具能夠代替，再依照自己希望製作的成品來做適當的添購。

烤箱｜Oven｜一般能夠烤全雞30公升以上的家用烤箱就可以在家烘烤麵包蛋糕。有上下火獨立溫度的烤箱會更適合。書中標示的溫度大部分都是使用上下火相同溫度，除非有特別的成品才會特別註明。烤箱最重要的是，烤箱門必須能夠緊密閉合，不讓溫度散失。烤箱門若有隔熱膠圈設計，溫度就會比較穩定。

量杯｜Measuring Cup｜量杯用於秤量液體材料，使用量杯必須以眼睛平行看刻度才準確。最好也準備一個玻璃材質的，微波加熱很方便。

磅秤｜Scale｜分為微量秤及一般磅秤。一般磅秤最小可以秤量到10g，微量秤（電子磅秤）最小可以秤量到1g。準確的將材料秤量好非常重要，秤量的時候記得扣除裝東西的容器重量。

打蛋器｜Whisk｜網狀鋼絲容易將材料攪拌起泡或是混合均勻使用。

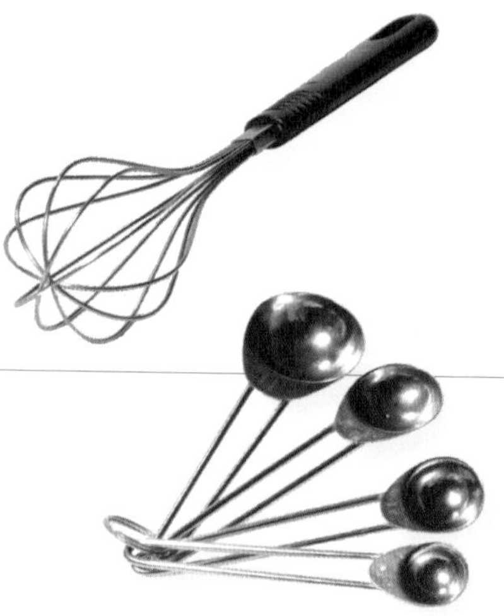

攪拌用鋼盆｜Mixing Bowl｜最好準備直徑30cm大型鋼盆1個，直徑20cm中型鋼盆2個，材質為不鏽鋼，耐用也好清洗。底部必須要圓弧形才適合，混合麵糰攪拌時不會有死角。

玻璃或陶瓷小皿｜Small Glass or Ceramic Dish｜秤量材料時使用，也方便微波加熱融化使用。

量匙｜Measuring Spoon｜一般量匙約有4支：分別為1大匙（15cc）；1小匙（5cc）；1/2小匙（2.5cc）；1/4小匙（1.25cc）。使用量匙可以多舀取一些，然後再用小刀或湯匙背刮平為準。

手提式電動打蛋器｜Hand Mixer｜可代替手動打蛋器，省時省力。但電動打蛋器只可以攪拌混合稀麵糊，例如蛋白霜打發、全蛋打發與糖油麵粉拌合等。千萬不可以攪拌麵包麵糰，以免損壞機器。

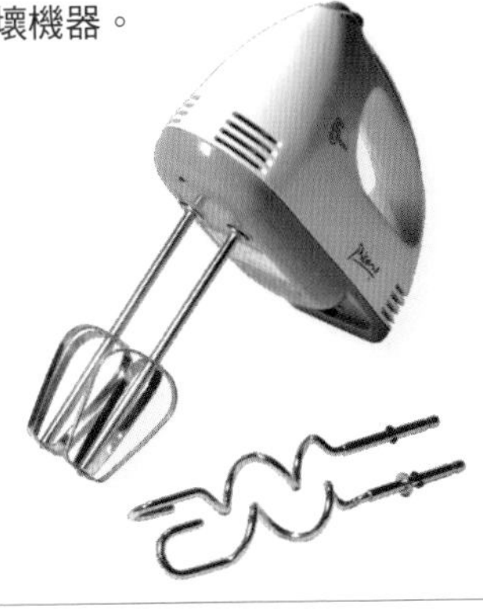

桌上家用攪拌機｜Stand Mixer｜攪拌機馬力大，它的功能除了具備電動打蛋器打蛋白霜、打鮮奶油，以及混合蛋糕的麵糊之外，還可以攪拌麵包麵糰，幫忙省不少力。可依照家中人數需求來挑選適合的大小。太大公升數的攪拌機有一個缺點，就是想做少量時就沒有辦法攪打。因為攪拌機要有一定的份量才攪打的起來，例如打蛋白霜必須要4個蛋白才能夠用攪拌機，低於4顆蛋就必須用電動打蛋器。而容量越大的攪拌機，就必須要越大的量才能攪打。

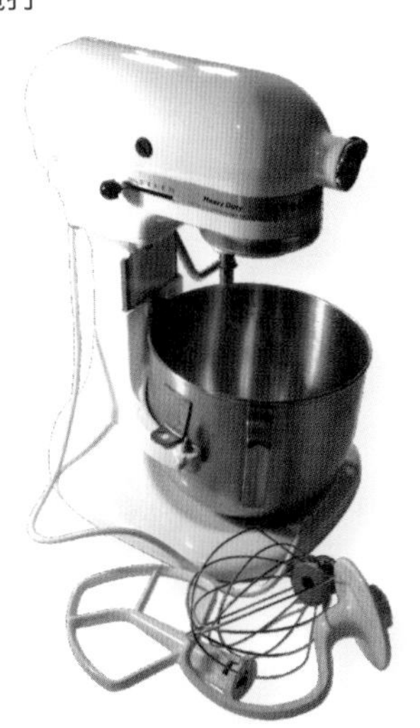

計時器｜Timer｜用來做麵包或做蛋糕時提醒時間。最好準備兩個以上，使用上會更有彈性。

分蛋器｜Egg Separator｜可以快速有效的將蛋白與蛋黃分離。當然手也是很好的分蛋器，利用手指間的隙縫可以方便的將蛋黃蛋白分開。

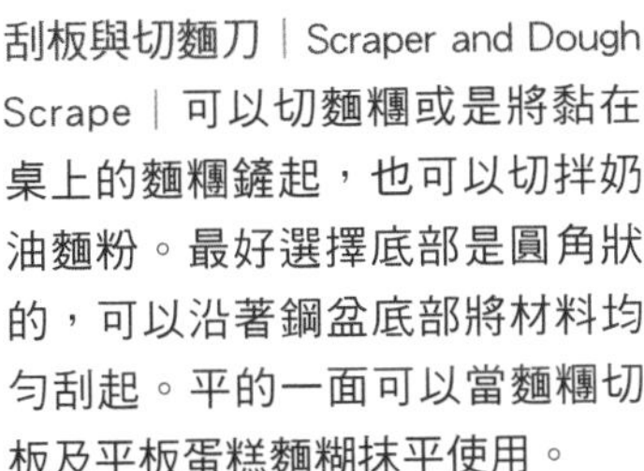

刮板與切麵刀｜Scraper and Dough Scrape｜可以切麵糰或是將黏在桌上的麵糰鏟起，也可以切拌奶油麵粉。最好選擇底部是圓角狀的，可以沿著鋼盆底部將材料均勻刮起。平的一面可以當麵糰切板及平板蛋糕麵糊抹平使用。

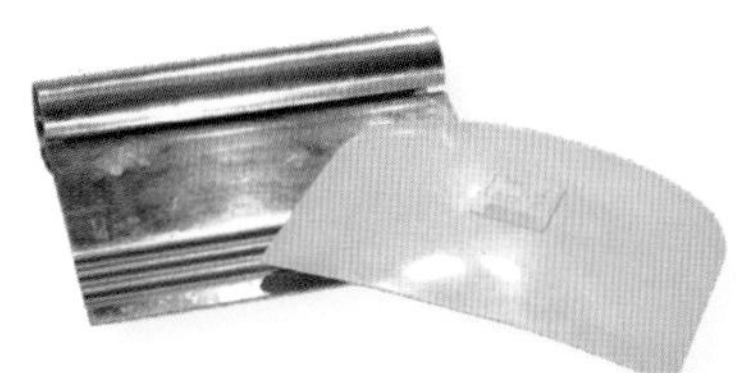

過濾篩網｜Strainer｜做蛋糕前一定要將粉類的結塊篩細，攪拌的時候才會均勻。也方便在麵包成品上篩糖粉裝飾使用。

橡皮刮刀｜Rubber Spatula｜混合麵糊攪拌，也可以用於將鋼盆中的材料刮取乾淨。最好選擇軟硬適中的材質。

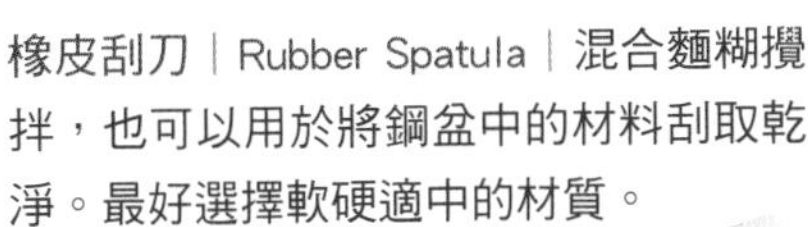

擀麵棍｜Rolling Pin｜粗細各準備1支，視麵糰大小份量不同使用。可以將麵糰擀成適合的形狀大小。

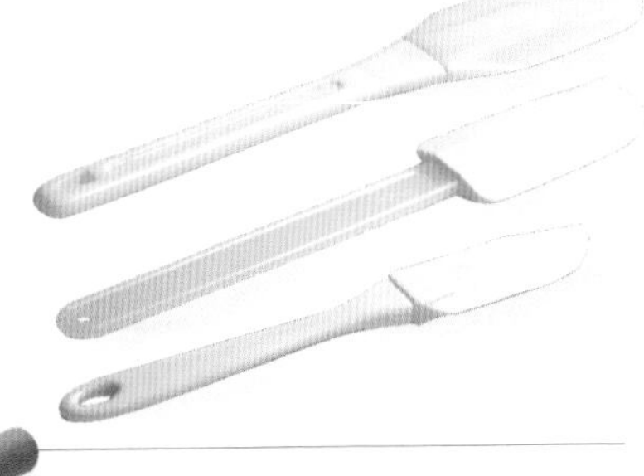

刷子｜Brush｜有軟毛及矽膠兩種材質，矽膠材質較好清潔保存。可於麵包表面塗抹蛋液及刷去多餘粉類時使用。

木匙｜Wooden Spoon｜長時間熬煮材料使用，木質不會導熱，才不會燙傷。

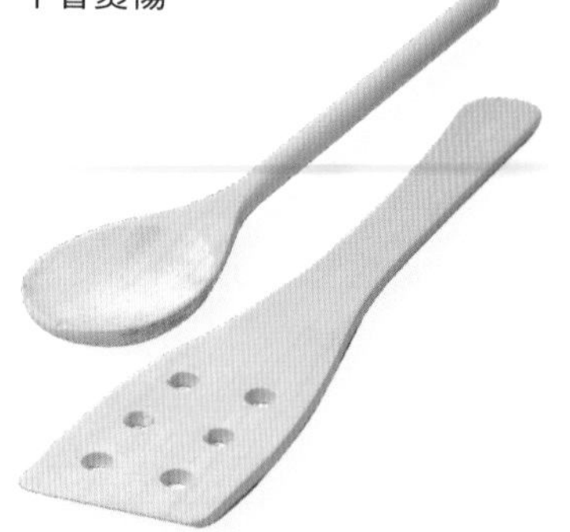

矽膠防沾烤工作墊｜Silcone Baking Mat｜防滑且耐高溫，使用方便也好清潔。適合墊在工作檯上甩打麵糰或揉麵時使用。但要注意不可以用尖銳的東西切割以免損壞。

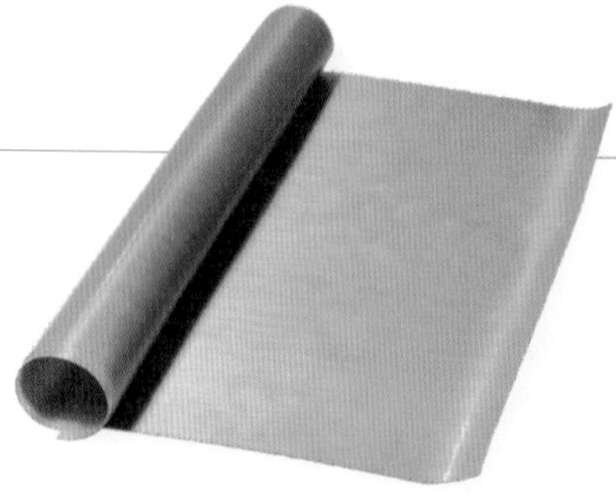

防沾烤焙布｜Fabrics｜可以避免成品底部沾黏烤盤，自己依照烤盤大小裁剪。清洗乾淨就可以重複多次使用。

抹刀｜Palette Knife｜為了將奶油霜、美乃滋等材料塗抹在麵包表面時使用。

防沾烤紙｜Parchment Paper｜此為一次性拋棄式的，可以避免成品底部沾黏烤盤，大都是捲筒式，可自己依照烤盤大小裁剪。

切麵包刀｜Bread Knife｜選擇較長且是鋸齒狀的，比較方便切麵包。

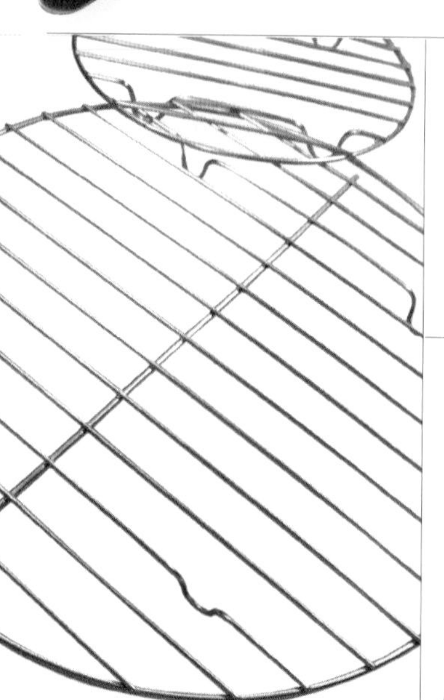

鐵網架｜Cooling Wrack｜麵包烤好之後，移開烤盤要放網架上散熱放涼。

厚手套｜Oven Gloves｜拿取從烤箱中剛烤好的成品，材質要厚一點才可以避免燙傷。

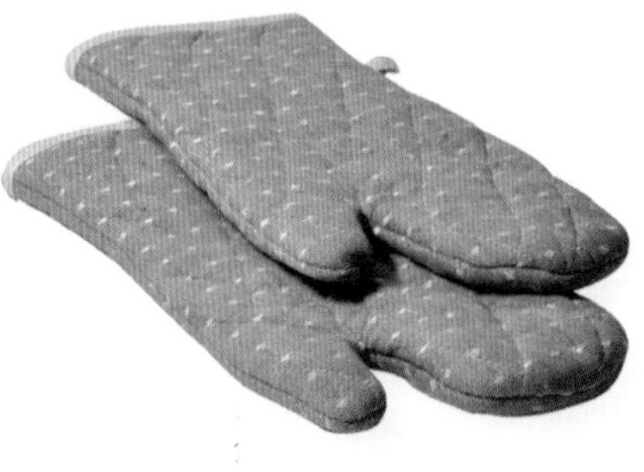

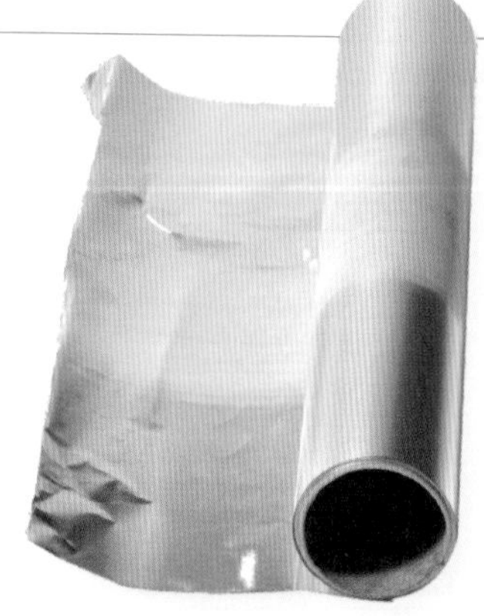

｜鋁箔紙｜Aluminum Foil｜包覆烤模或墊於烤盤底部使用。

滾輪刀｜Wheel Cutter｜切割麵糰或披薩使用，有鋸齒形及標準形兩種變化。

鋼尺｜Steel Rule｜尺上有刻度，方便測量分割麵糰使用，不鏽鋼耐用又好清洗。

不可分離式烤模｜Baking Pan｜可以做為麵包模使用。

a.
圓型蛋糕模

b.
花形中空烤模

d.
方形烤模

c.
長方形烤模

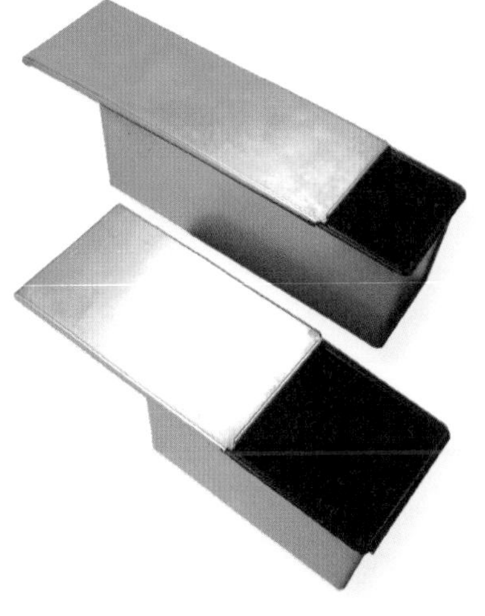

吐司模｜Pullman Pan｜烘烤吐司專用模具，可以依照個人喜歡，烘烤帶蓋方形吐司，或是不帶蓋圓頂吐司。

藤籃｜Cane Basket｜製作麵包時，將麵糰放在藤籃內發酵，就可以塑造固定的樣式。

材料圖鑑

About The Ingredients

麵包的成果都掌握在材料的特性與風味上，所以使用新鮮的材料是成品成功與否的重要關鍵。只要了解各材料的特性，就能避免烘焙失敗的機率。

粉類 | Flour |

高筋麵粉 | Bread Flour | 蛋白質含量最高，約在11～13%，適合做麵包、油條。高筋麵粉中的蛋白質會因為搓揉甩打而慢慢連結成鏈狀，經由酵母產生二氧化碳而使得麵筋膨脹形成麵包獨特鬆軟的氣孔。

黑麥、裸麥粉 | Rye Flour | 多種穀物研磨混合。少數烘焙材料行有販賣，適量添加可以做成健康的歐式麵包。

中筋麵粉 | All Purpose Flour | 蛋白質含量次高，約在10～11.5%，適合做中式麵點。

全麥麵粉 | Whole Wheat Flour | 整粒麥子磨成，包含了麥粒全部的營養，添加適宜的全麥麵粉可以達到高纖維的需求。筋性接近中筋麵粉。

各式各樣雜糧麵粉 | Mixed Grain Flour | 黃豆粉、黑芝麻粉、亞麻子粉等。粉狀的特性更方便添加在點心麵包中。

低筋麵粉 | Cake Flour | 蛋白質含量最低，約在5～8%以下，麵粉筋性最低，適合做餅乾、蛋糕這類酥鬆產品。麵包中添加少許可以降低筋性方便整型操作。

即食燕麥 | Instant Flour | 燕麥含膳食纖維，煮成糊狀加入麵包中，可以使得麵包更柔軟保濕。

小麥胚芽 | Wheat Germ | 麥子發芽成種子的部位，是非常優質的蛋白質。含豐富的維生素及微量元素。

糖類｜Sugar｜

細砂糖｜Castor Sugar｜糖在麵包中除了增加甜味，也具有柔軟、膨脹的作用。可以保持材料中的水分，延緩成品乾燥老化。如細砂糖精製度高，顆粒大小適中，具有清爽的甜味，容易跟其他材料溶解均勻，最適合做麵包烘焙。

黑糖｜Muscovado Sugar｜是沒有經過精製的粗糖，礦物質含量更多，顏色很深呈現深咖啡色。

麥芽糖｜Malt Syrup｜屬於雙糖，是酵母最喜歡的雙葡萄糖，代替砂糖使用酵母會發的更好。甜味比蔗糖低，顏色金黃，富有光澤，有黏性。

黃砂糖｜Brown Sugar｜其中含有少量礦物質及有機物，因此帶有淡淡褐色。但是因為顆粒較粗，不適合做西點。若要添加在麵包中，必須事先加入液體配方中使之溶化。

楓糖蜜｜Maple Syrup｜採收自楓樹汁液，具有特殊風味及香氣。

蜂蜜｜Honey｜由蜂蜜採集花分泌出的花蜜。蜂蜜的成分除了葡萄糖、果糖之外還含有各種維生素、礦物質和胺基酸，比蔗糖更容易被人體吸收。蜂蜜用於烘焙上，可以增加特殊風味。

糖粉｜Powdered Sugar｜細砂糖磨成更細的粉末狀，適合口感更細緻的點心。若其中添加少許澱粉，可以做為蛋糕裝飾使用，不怕潮濕。

油脂類｜Oil Fats｜

無鹽奶油＆有鹽奶油｜Butter｜動物性油脂，由生乳中脂肪含量最高的一層提煉出來。奶油分為有鹽及無鹽兩種。如果配方中奶油份量不多，使用有鹽或無鹽都可以。若是份量較多，最好使用無鹽奶油才不會影響成品風味。

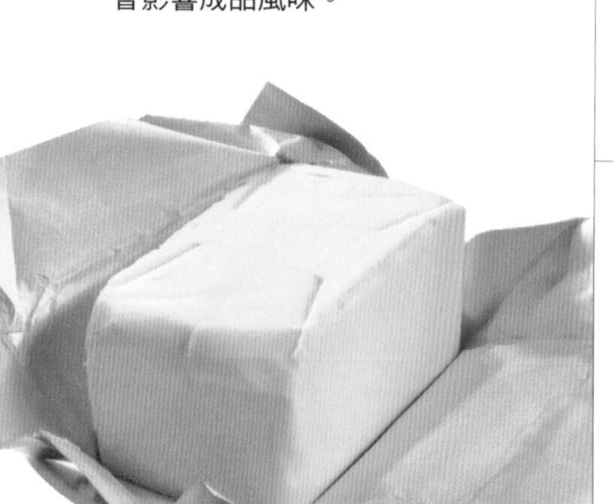

動物性鮮奶油｜Whipping Cream｜由牛奶提煉，口感比植物性鮮奶油佳。適合加熱使用，打發的時候需要另外添加細砂糖才有甜味。還可以用於料理中做白醬、濃湯等。鮮奶油開封後要密封放冰箱冷藏，開口部分要保持乾淨，使用完馬上放冰箱，這樣應該可以放20～30天。千萬不可以冷凍，一冷凍就油水分離無法打發了。

植物性油脂｜Vegetable Oil｜此類屬於流質類的油脂，例如沙拉油、蔬菜油、橄欖油、葡萄籽油或芥花油等。可以加入麵包中或蛋糕中代替動物性油脂。

奶類｜Milk｜

酸奶油｜Sour Cream｜酸奶油是用更高乳脂含量的奶油，經由細菌發酵過程製作出含有0.5%以上乳酸的奶油製品。經由發酵，奶油會變的更濃稠，也帶有酸味。

牛奶｜Milk｜可以用全脂奶粉沖泡或是使用鮮奶。添加在麵包中代替清水，可以使得麵包更香軟可口。

煉奶｜Condensed Milk｜煉奶是添加砂糖熬煮的濃縮牛奶，水分含量只剩下一般鮮奶的1/4。添加少量就可以達到濃郁的牛奶味。

常見起司類｜Cheese｜

切達起司｜Cheddar Cheese｜原產於英國，屬於硬質起司。色澤金黃，口味甘甜。放的越久，奶香味越重。

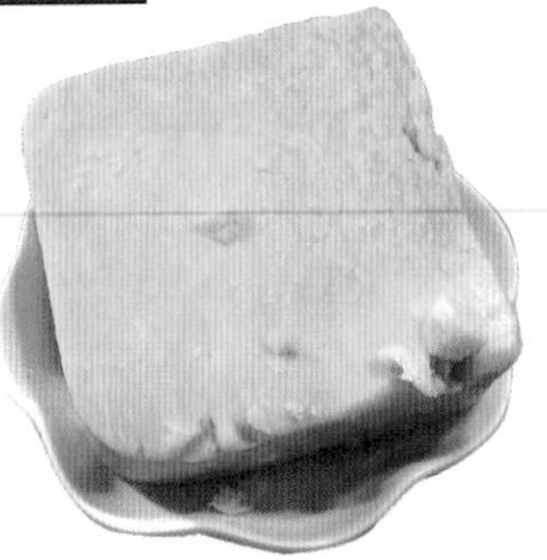

奶油乳酪｜Cream Cheese｜由全脂牛奶提煉，脂肪含量高，屬於天然、未經熟成的新鮮起司。質地鬆軟，奶味香醇，是最適合做甜點的乳酪。

起司片｜Parmesan Cheese｜起司片為加工乳酪，口味多、使用方便。

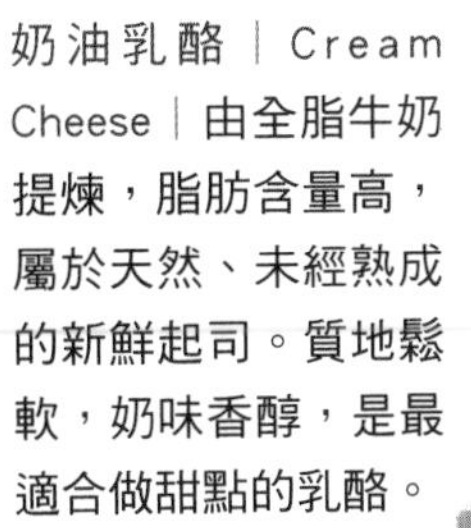

摩佐拉起司｜Mozzarella Cheese｜新鮮乳酪，傳統原料原是水牛奶做成，現在則大多由一般牛奶製造。新鮮Mozzarella乳酪可以跟番茄、蘿勒搭配，做出義大利著名的三色沙拉。也可以鋪放在披薩上，加熱後形成柔軟綿密的絲狀。

帕梅森起司｜Parmesan Cheese｜帕梅森起司原產於義大利，為一種硬質陳年起司，含水低味道香濃，可以長時間保存。蛋白質含量豐富，可以事先磨成粉末或切成薄片，再用於料理中。

酵母類｜Yeast｜

速發乾酵母｜Instant Yeast｜由廠商將純化出來的酵母菌經過乾燥製造而成，但是發酵時間可以縮短，用量約是乾燥酵母的一半。乾酵母會隨著擺放時間的增加而減低效力，所以必須適時的增加使用量，開封後必須密封放置冰箱冷藏保存以避免乾燥。

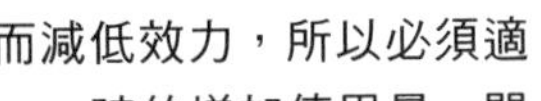

一般乾酵母｜Dry Yeast｜由廠商將純化出來的酵母菌經過乾燥製造而成，使用前，先用溫水泡5分鐘再加入到麵粉中。液體的溫度不可以超過35℃。

果乾類 | Dried Fruit Class |

堅果類 | Nuts | 如核桃、胡桃、杏仁等堅果類。購買的時候要注意保存期限，買回家必須放在冰箱冷凍室保存，以避免產生臭油味。

大杏仁 | Almond | 大杏仁在西點中使用機率很高，大杏仁與中式南北杏不同，不會有特殊強烈的氣味。大杏仁帶有濃厚的堅果香，很適合添加在糕點中增加風味，需放冷藏保存。一般常見有以下幾種形式：

a. 整顆沒有去皮的。

b. 去皮切成片狀，適合做杏仁瓦片酥及表面裝飾。

c. 去皮切成粒狀，適合增加餅乾口感及表面裝飾。

d. 磨成粉狀，適合添加在蛋糕中及做馬卡龍。

各式水果罐頭 | Cocktail Fruit in Syrup | 用糖水醃漬起來的水果，可以代替新鮮水果使用。

冷凍莓果 | Frozen Berries | 由覆盆子、藍莓、桑果組成。由於台灣沒有產這些水果，所以冷凍莓果使用非常方便。可以直接打成汁或加糖熬煮添加在西點中增添風味。

乾燥水果乾 | Dried Fruit | 如蔓越梅、杏桃、桂圓、葡萄乾、無花果乾等。由天然水果無添加糖乾燥而成。台灣氣候潮濕，最好放冰箱冷藏保存。

香草類｜Dry Herbs｜

巴西利｜Parsley｜也稱為「洋香芹」，是義大利料理及西式料理很常見的調味料。可增添顏色及香氣。

義大利綜合乾燥香草｜Italian Seasoning｜由羅勒（Basil）、茴香（Fennel）、薰衣草（Lavender）、馬鬱蘭（Marjoram）、迷迭香（Rosemary）、鼠尾草（Sage）、風輪菜（Summer Savory）、百里香（Thyme）、牛至（Oregano）等香草植物組成。

香草豆莢｜Vanilla Pod｜是由爬蔓類蘭花科植物雌蕊發酵乾燥而成，具有甜香的氣味。添加在西點中可以去除蛋腥，使得味道更為甜美。使用方式為：先以小刀將香草豆莢從中間剖開，將香草籽刮下來，然後再將整枝豆莢與香草籽一起放入所要使用的食材內增加香味。

香草精｜Vanilla Extract｜由香草豆莢蒸餾萃取製成，直接加入材料中混合使用。

洋酒類｜Wine｜

白蘭地｜Brandy｜白蘭地的原料是葡萄，由葡萄酒經過蒸餾再發酵製成。蒸餾出來的白蘭地必須貯存在橡木桶中醇化數年。將橡木的色素溶入酒中，形成褐色。存放年代越久，顏色越深越珍貴。

蘭姆酒｜Rum｜以甘蔗做為原料所釀製的酒。有微甜的口感，風味清淡典雅，非常適合添加於糕點中。

其他 | Others |

雞蛋 | Egg | 雞蛋是烘焙點心中不可缺少的材料，可以增加成品的色澤及味道，是非常重要的材料。蛋黃中含有的蛋黃成分具有乳化的作用。烘烤麵包最後刷上一層全蛋液也可以幫助麵包表面色澤美觀並保持柔軟。一顆全蛋約含75%的水分，蛋黃中的油脂也有柔軟成品的效果。一顆雞蛋淨重約50g，蛋黃約佔整顆雞蛋重量的33%，所以蛋黃大約是17g，蛋白是33g。

明太子 | Seasoned Cod Roe | 日本傳統醃漬食品，由鱈魚卵加上鹽、辣椒及清酒醃漬而成。滋味鹹辣甘醇，適合調理搭配或做為下酒菜食用。

鹽 | Salt | 可以用來調和甜味、去腥、提味，也可以醃製食物，保存食物等，在烹煮的世界中，鹽的妙用無窮。不僅是烹飪中最基本的調味，更是人體內不可缺少的成分。種類約有粗鹽、精緻鹽、餐桌鹽和加上香料的調味鹽；另外還有符合健康需求的低鈉鹽、美味鹽等。粗鹽多用來醃製食物，精緻鹽、低鈉鹽、美味鹽則用來烹調之用。在烘焙上，鹽可以增加麵粉的黏性及彈性，少量的鹽添加在西點中，可以使得甜度適宜，降低甜膩感。

洋菜條 | Agar | 洋菜亦稱石花菜、大菜、菜燕，是含有豐富膠質的海藻類植物提煉製成。成品半透明，可以做為布丁或果凍等凝結劑使用，熱量低富含纖維。

抹茶粉 | Green Tea Powder | 天然的綠茶研磨成粉末狀，微苦中帶著清新的茶香。適合日式風味的蛋糕麵包製作。

即溶咖啡粉 | Instant Coffee | 香氣及味道較重，使用前，先溶解於配方中的熱水或熱牛奶中，以製作咖啡口味點心。

椰子粉 | Coconut Powder | 將椰子肉榨油後剩餘部分烘烤切碎，可以裝飾麵包或做為椰子餡使用。

鯷魚 | Anchovy | 義大利傳統醃漬食品，非常具有地中海風味。是由地中海捕獲的細小銀魚用大量的鹽醃漬，再浸泡在橄欖油中。味道鹹香，可以入菜調理，搭配麵包或義大利麵都十分可口。

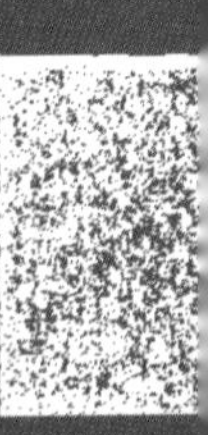

Part 0 麵包概說

Bread Introduction

只要有麵粉、水、酵母、鹽四種材料就可以製作麵包，這四種材料缺一不可。為了希望做出來的麵包更可口柔軟，可以將水的部分變化換成雞蛋或牛奶，並添加適度的糖及油脂，進而發展出更多不同風味的成品。麵包中的蛋白質因為拉伸串聯，於是產生筋性，所以麵糰可以擴展成為薄膜狀。麵糰形成薄膜之後，酵母菌在作用時就會產生二氧化碳，可以把麵糰中的薄膜撐起來，形成一個一個的小氣孔。這也就是麵包會膨脹的原因，烘烤出來的麵包才會鬆軟可口有彈性。

麵包基本材料介紹

一、麵粉

麵粉是由小麥研磨而成，小麥也是唯一一種具有筋性的穀物。麵粉因為蛋白質含量不同，又分為高、中、低筋三種。高筋麵粉中的蛋白質含量最高，也最適合製作麵包。麵粉中的蛋白質越高，吸水力也就越高。蛋白質會因為一次又一次的搓揉甩打，在拉伸過程中串聯在一起。

二、液體

麵粉中的蛋白質要吸收水分才能形成筋性，所以水分是必需材料。水分的多寡也影響成品的軟硬度，為了成品的風味更好，可以將水分改為雞蛋、牛奶、果汁等液體，添加雞蛋可增進麵糰的水分及柔軟度。

三、酵母菌

酵母菌是發酵過程中，幫助麵包膨脹的主要因素，它將麵粉所含的醣，轉換成為酒精及二氧化碳。酵母菌在攝氏30～35℃時，活動力最為旺盛，隨著溫度的升高，活動力會變得更強。若高於攝氏40℃時會開始死亡；在攝氏0～4℃的低溫下則會處於休眠狀態。

四、鹽

加入適量的鹽，除了可以幫助酵母發酵過程更加穩定，使酵母保持一定的活躍速度之外，也具有提高麵糰張力和彈性及增加麵包香味的作用。不過，鹽是一種高滲透壓的材料，添加過多會影響酵母的活動力。麵包中添加鹽的用量不可以超過2%，最適合的用量為0.5%。

五、油脂

適當的油脂可以柔軟麵筋、抑制麵包老化、延長保存期限、改善麵包組織及光澤。但若是添加過多，反而會使得成品組織粗糙且體積變小。此處的油脂都可以依照個人喜歡而選擇使用動物性奶油或液體植物油。如果過早加入奶油，將會影響麵筋產生，所以麵糰必須先搓揉攪拌至光滑程度，才能將奶油加入。如果添加的是液體植物油，一開始即可和其他材料一塊混合。

麵包製作標準流程

影響麵包成品的因素比較複雜，包括溫度、濕度、麵糰黏度等等。任何一個環節若是沒有做好，都有可能影響最後麵包的柔軟度。剛開始做麵包的時候，同一個配方多試幾次，才容易找到重點。看起來步驟程序很多，只要多做幾次熟悉之後，就會覺得做麵包一點也不麻煩了，也就能夠有自己的獨特配方及方法。家庭手作麵包跟店裡面有專業器具不同，所以必須利用家中一些現有器具來幫忙發酵，例如可以利用微波爐或是保麗龍箱來做為發酵箱。

冬天天氣冷，麵糰需要比較多的照顧，冬天酵母使用的份量可以比夏天多增加1/3。發酵的時候也需要放在密閉空間，旁邊隨時加一杯沸水幫忙提高溫濕度，也可以稍微延長一些發酵的時間，這些小技巧都可以讓在家製作麵包的過程更順利。所有麵包的基本製作方式都相同，只是在於材料及發酵方式。以下將標準流程做一清楚説明。

一、選擇麵包製作方式

一般來説，直接法做的麵包會比較容易老化，湯種或中種做的麵包則可以延緩老化。如果麵糰中加入洋芋、地瓜、米飯、山藥等材料，麵包也會比較柔軟保濕。以自己的習慣及喜好來選擇適合自己的方式製作，建議新手先由直接法開始練習，等到完全熟練後再試試其他方式。詳細做法請參見P.30麵包製作方式介紹。

二、秤量材料

每一種材料的計量務必要準確，才能確保麵包製作順利（圖1）。使用量匙可以多舀取一些，然後再以小刀或湯匙背刮平為準（圖2）。

1

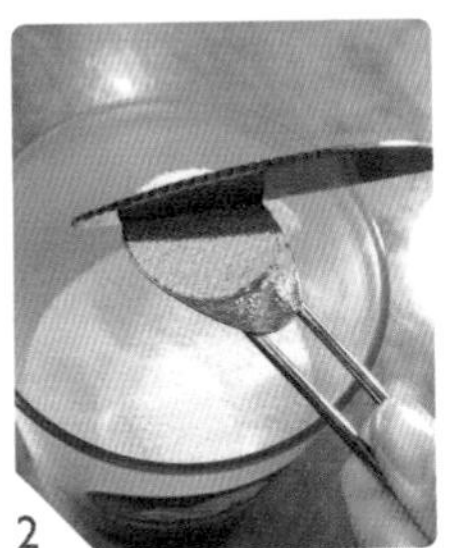
2

速發乾酵母正確的使用方法：包裝上如果載明使用份量是2%，表示使用份量就是配方中所有麵粉重量的2%（例如麵粉重300g×0.02＝6g）。

不同牌子的酵母可能會有不同的活動力，第一次使用要按照包裝上的份量，然後再依照烘烤出來的結果看看是否需要修正。如果烘烤出來的成品孔洞太多且組織粗糙，表示使用量太多，可以減少1/3再試試。如果麵糰在發酵過程都發的不好，就必須增加1/3的使用量。每一次換了不同的牌子都要這樣測試過，才能找到最好的使用份量。

冬天天氣冷的話，為了幫助酵母活動力好，可以將配方中的液體微微加熱到體溫的程度（35℃），以幫助酵母發酵的更好。而夏天的時候天氣熱，有時候必須使用冰水延緩搓揉甩打升高的溫度。氣溫與濕度對做麵包的影響非常大，所以必須視不同情況而用不同水溫。

三、搓揉麵糰

1 將所有乾性材料（奶油除外）放入工作盆中，再倒入液狀材料（如果使用液體植物油請直接加入混合）（圖3）。

*液體的部分一定要先保留1/4左右，在攪拌搓揉過程中分次慢慢添加。

2 用手將所有材料混合均勻（圖4）。

3 類似搓洗衣物的感覺，慢慢將麵粉搓揉均勻成為一個團狀（圖5）。

4 將剩下的水分分數次揉搓進入麵糰中，重複此動作直到麵糰可以單手輕鬆甩打出去就是最適當的柔軟度（液體盡量添加完，可以多加就再多添加）（圖6、7）。

5 抓住麵糰一角，將麵糰朝桌子上用力甩打出去，然後對折再抓住麵糰側邊90度的部位，再度往桌面上甩出去，一直重複此動作到麵糰變的有彈性且光滑（圖8、9）。

6 麵糰筋性變大有彈性之後，就將配方中的軟化的奶油丁加入（圖10）。

7 一直搓揉到所有奶油都與麵糰混合均勻為止（圖11、12）。

8 此時再度將麵糰反覆甩打拉伸，直到呈現光滑薄膜即完成揉麵步驟（圖13～17）。

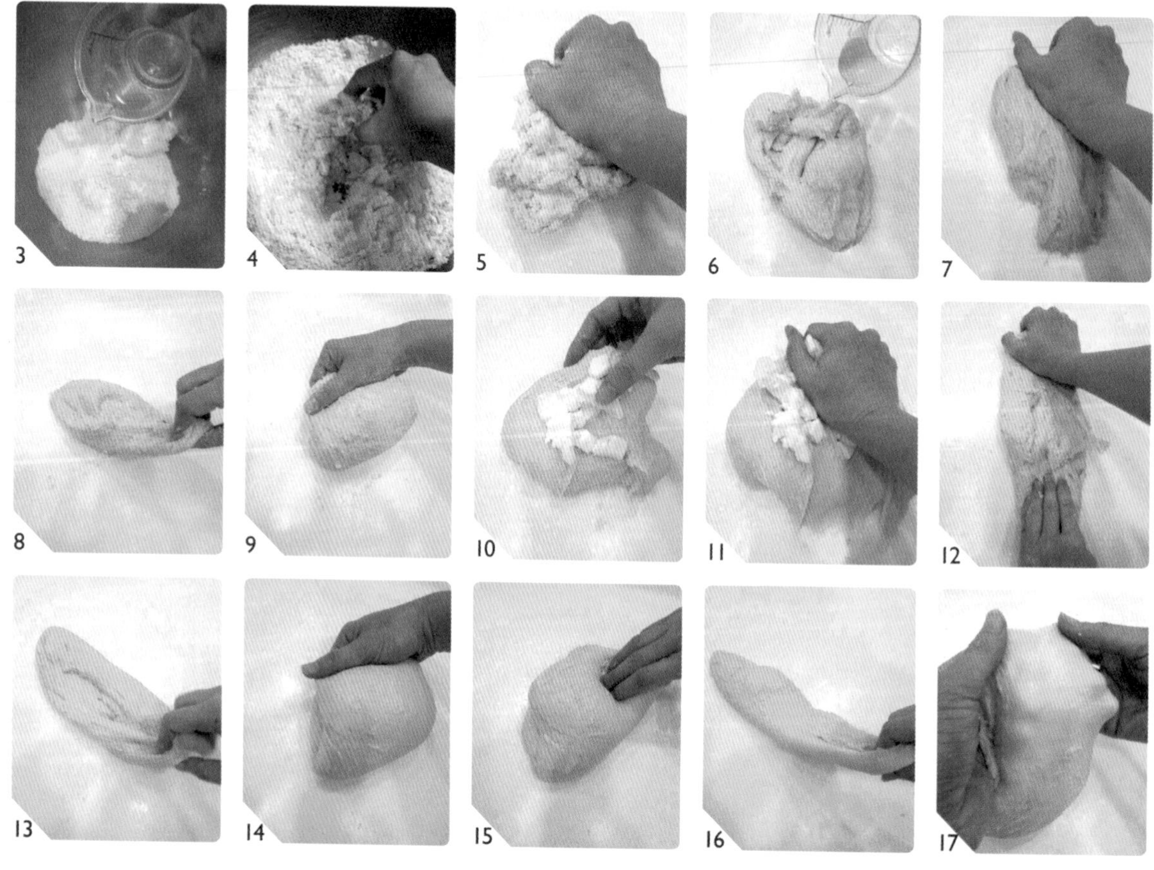
3 4 5 6 7 8 9 10 11 12 13 14 15 16 17

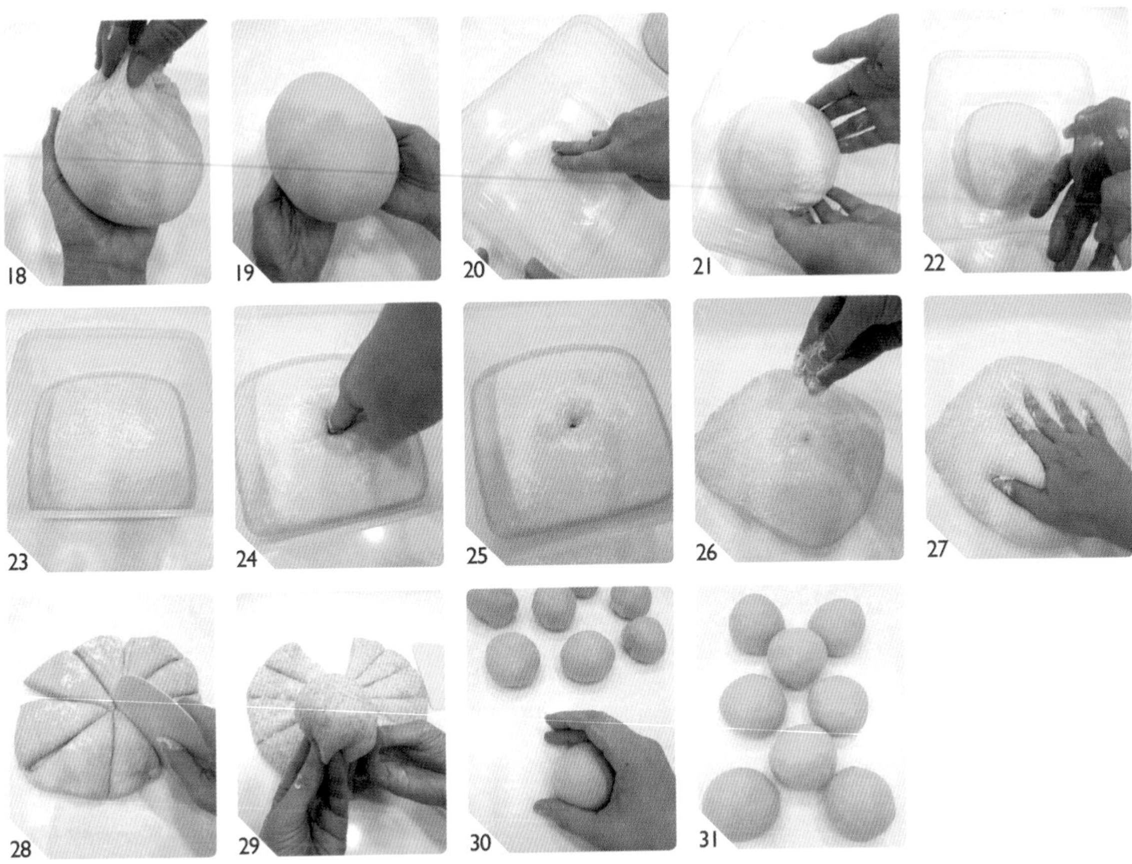

9 將麵糰光滑面翻折出來，收口捏緊（圖18、19）。

10 工作盆抹上一薄薄層油脂（圖20）。

11 完成的麵糰收口朝下放入工作盆中（圖21）。

12 麵糰表面噴一點水保持濕潤（圖22）。

13 工作盆表面覆蓋上擰乾的濕布（勿接觸麵糰）或蓋上蓋子，放置到溫暖密閉的空間，做第一次發酵變成兩倍大（圖23）。

14 第一次發酵時間到達後，用手指沾上高筋麵粉，然後直接戳入麵糰中心，如果戳出的洞沒有彈回的跡象就是完成第一次發酵，如果戳出的洞口漸漸回縮，就再繼續發酵5～10分鐘，然後再用同樣的方式試看看（圖24、25）。

15 工作桌上灑上一些高筋麵粉，將第一次發酵完成的麵糰從盆子中移出，麵糰表面也灑上一些高筋麵粉，然後將麵糰中的氣體用手壓下去擠出來（圖26、27）。

16 按照食譜份量用切麵刀做適當的分割（圖28）。

17 用手把麵糰表面光滑面翻折出來，收口捏緊朝下放置（圖29）。

18 將手掌弓起，麵糰位於手掌中心，利用手與桌面磨擦滾動將麵糰滾圓（桌上不要有粉才可以操作）（圖30）。

19 滾圓好之小麵糰蓋上布休息15～20分鐘，讓麵糰鬆弛方便後續整型步驟（圖31）。

四、第一次發酵

夏天氣溫高，第一次發酵可以直接放在室溫下即可。冬天天氣變冷，酵母的活動力會減緩，影響麵包的發酵。可以利用家中的微波爐來做為發酵箱，將工作盆放入微波爐中關上門進行第一次發酵；天氣冷可以在微波爐中放一杯沸水幫助提高溫度，水冷了就隨時再換一杯。或是準備一個保麗龍箱做為簡易的發酵箱，麵糰放到保麗龍箱中，箱子裡再放杯約60℃左右的溫水，將保麗龍箱蓋子蓋上，效果更好。這些簡便的器具就可以幫忙提高溫濕度，麵糰自然發酵的更好。一般來說，第一次發酵的時間至少約需要1個小時（圖32～34）。

32

33

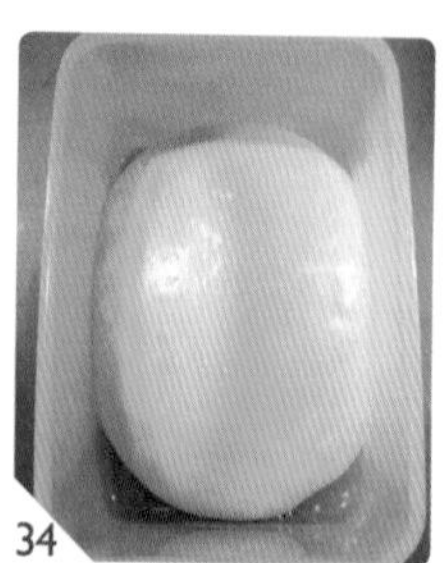
34

五、確定第一次發酵完成

1 第一次發酵時間到達後，用手指沾上高筋麵粉，然後直接戳入麵糰中心（圖35、36）。

2 如果戳出的洞沒有彈回的跡象，便完成第一次發酵；如果戳出的洞口漸漸回縮，則再繼續發酵5～10分鐘，然後再用同樣的方式測試（圖37）。

35

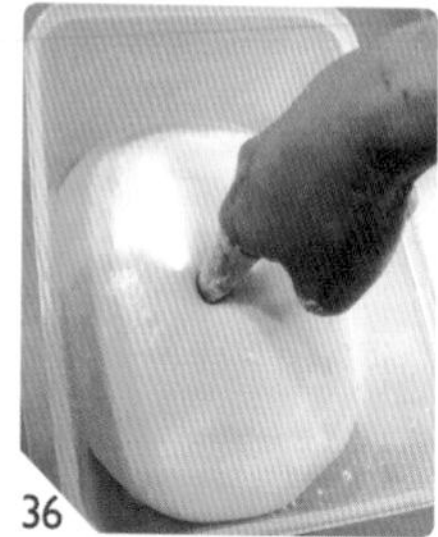
36

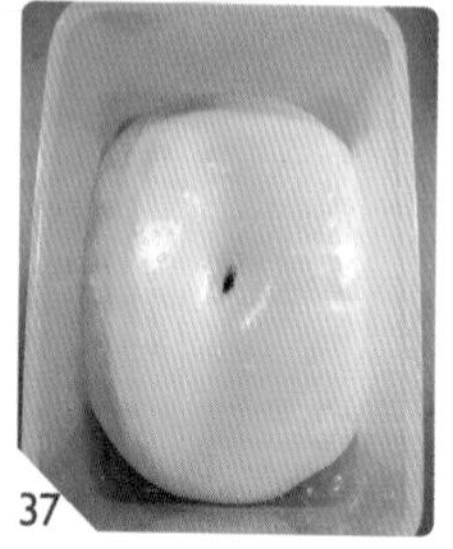
37

六、分割滾圓

1 工作桌上灑上一些高筋麵粉（圖38）。

2 將第一次發酵完成的麵糰從盆子中移出。

3 麵糰表面也灑上一些高筋麵粉，然後將麵糰用手壓下去將氣體擠出來（圖39、40）。

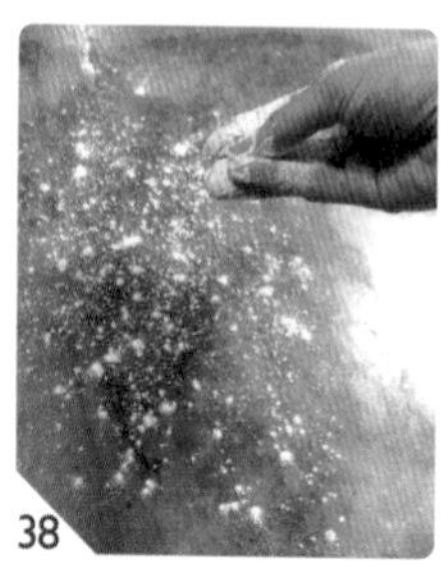
38

39

40

4 按照食譜份量用切麵刀做適當的分割（圖41）。

5 用手將麵糰光滑的那一面翻折出來，收口捏緊朝下放置（圖42～44）。

6 將手掌弓起，麵糰置於手掌中心，利用手與桌面摩擦滾動將麵糰滾圓（桌上不要有粉才可以操作）（圖45）。

7 滾圓好之小麵糰蓋上濕布（勿接觸麵糰）休息15～20分鐘，讓麵糰鬆弛，方便下一步整型（圖46、47）。

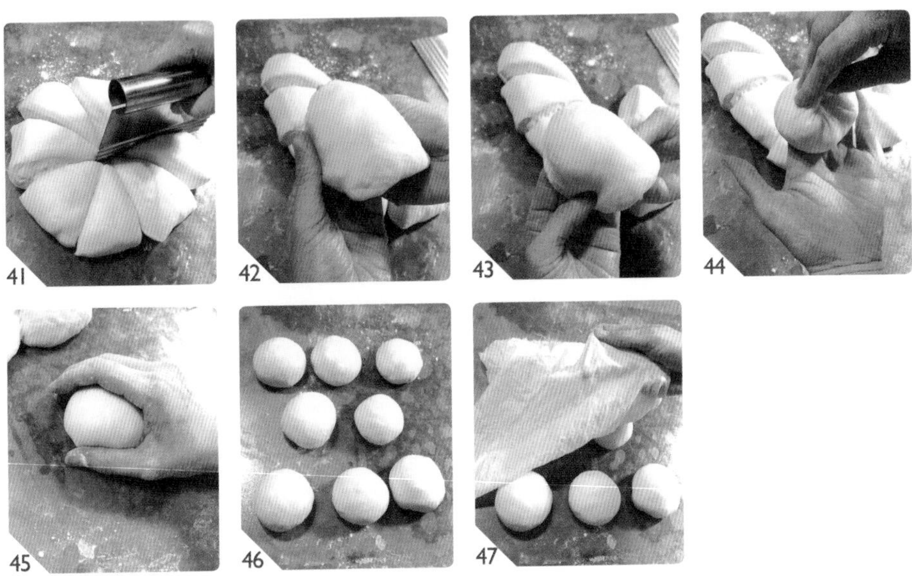

七、整型

麵包形狀基本上可以隨心所欲，橄欖形、牛角形或圓形包餡都可以。基本上，整型好的麵糰必須整齊排好，間隔適當的放在烤盤上，否則第二次發酵完成後會黏在一起。盡量依照自己的烤盤大小來製作（圖48～50）。

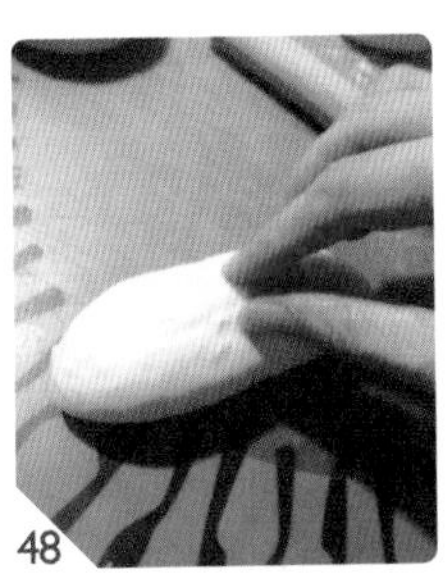

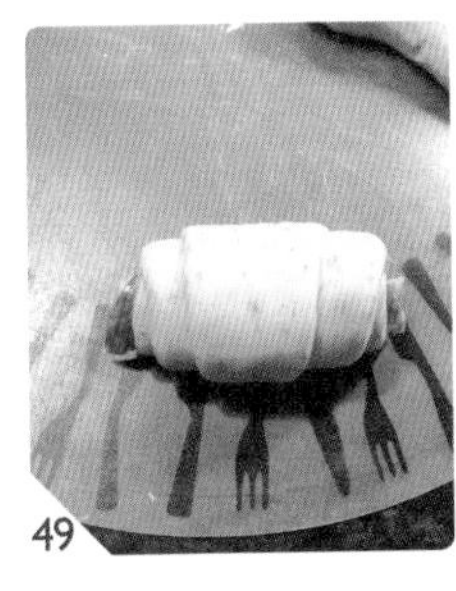

八、最後發酵

第二次發酵將烤盤整盤放入烤箱中，關上烤箱門避免乾燥。冬天天氣冷就要在烤箱中放一杯沸水幫忙提高溫濕度。在麵糰表面噴些水，隨時保持麵糰處在濕潤的狀態很重要（圖51～53）。

二次發酵時間到了就用手指沾一些水，輕輕壓一下麵包側腹，如果在麵包上有印出指印，就表示完成第二次發酵可以準備進烤箱。在第二次發酵完成前15分鐘，就先將烤盤移出放桌上，然後打開烤箱預熱。這樣剛好發酵完成，烤箱也已經預熱好，麵糰就可以放進去烤了（圖54、55）。

51

52

53

54

55

九、最後裝飾

為了使麵包更加的美觀又美味，在進烤箱前會做最後一道手續。根據麵包的種類又大致有以下幾種方法。

1 表面塗抹：又可以分為以下幾種方式：

（1）**全蛋蛋液**：使麵包表面金黃有光澤，表面也會比較柔軟（圖56）。

（2）**全蛋白蛋液**：麵包表面會比較酥脆，適合沾黏堅果等材料時使用（圖57）。

（3）**清水**：麵包表面會形成硬殼。

塗抹的時候不用刷太厚，薄薄均勻一層即可。刷的時候要輕，避免發酵好的麵糰被壓扁。

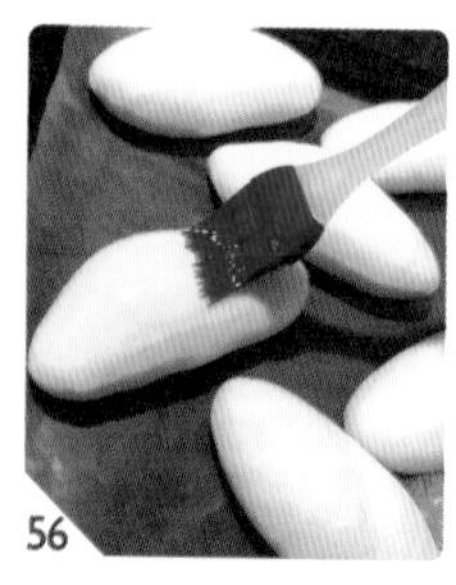
56

57

2 **用濾網篩上一層高筋麵粉**：歐式雜糧麵包常常會用此方法，歐式麵包通常不刷蛋汁看起來比較原味質樸（圖58）。

3 **劃線**：最好在發酵完成進烤箱前再劃會比較漂亮（刀刃上抹一點油較好劃線）（圖59）。

4 **開口處放上細條奶油**：烘烤後開口會變的非常美麗（圖60）。

5 用剪刀剪出花紋或十字形（圖61）。

6 利用擠花器在麵包表面擠出奶油、卡士達醬等裝飾（圖62）。

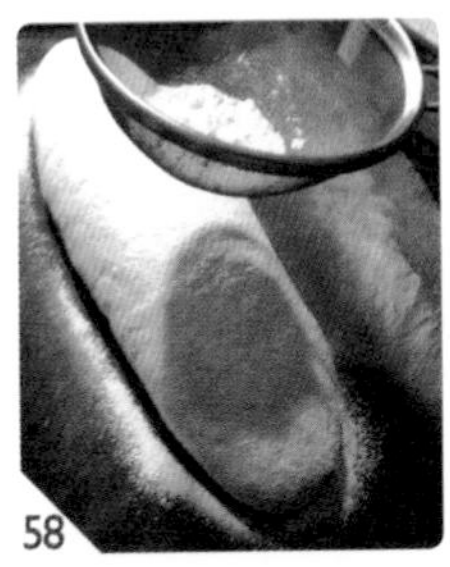
58

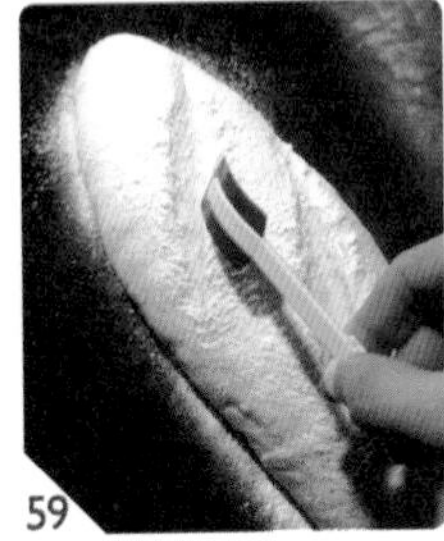
59

60

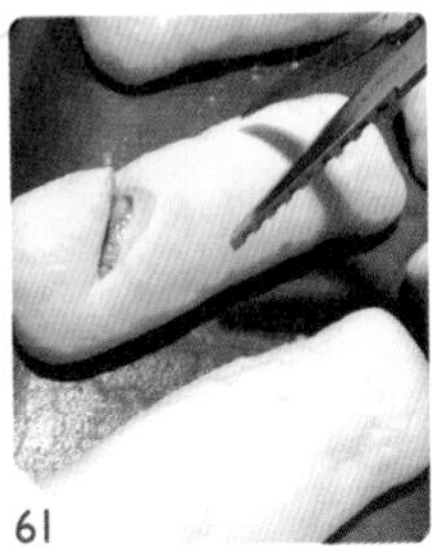
61

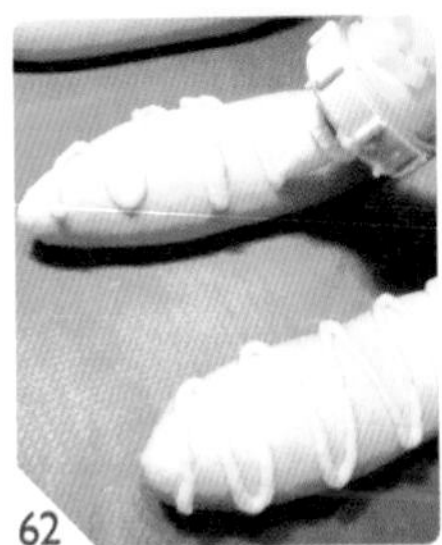
62

十、進烤箱烘烤

1 烤箱確實預熱到正確溫度非常重要，若是家中烤箱沒有預熱到達指示燈，通常到達170℃需要10～12分鐘，200℃需要15分鐘。

2 將麵包放入已經預熱到指定溫度的烤箱中，烘烤時間到達前不要隨便開烤箱門。剛開始做一定要仔細記錄烤焙的溫度及時間，因為每一台烤箱的溫度都有溫差，所以抓出自己家烤箱的正確溫度很重要（圖63）。

3 如果時間還沒有到，但是麵包上方已經上色太快，馬上拿一張鋁箔紙鋪在麵包表面，可以避免烘烤過焦（圖64）。

4 烤好出爐的麵包馬上移到鐵網架上放涼，避免在烤盤上被餘溫烘乾（圖65、66）。

63

64

65

66

麵包製作方式介紹

直接法

直接法是將所有材料直接放在一起搓揉攪拌再完成發酵，也是最普遍簡單的方式。直接法可以縮短製作的時間及步驟。缺點是做出來的麵包比較容易老化。但是如果在麵包中增添雞蛋牛奶等幫助乳化的材料，或是添加米飯及根莖類澱粉，直接法做出來的麵包還是具有保濕性及柔軟度。

材料：

高筋麵粉270g 低筋麵粉30g
速發乾酵母1.5g
雞蛋1個（約50g） 牛奶150cc
細砂糖30g 無鹽奶油30g 鹽1g

做法：

1 所有粉類過篩後放入工作盆，將牛奶倒入，攪拌搓揉成為一個均勻沒有粉粒的麵糰（液體的部分要先保留30cc，等麵糰已經攪拌成團後再慢慢加入）（圖1～4）。
2 將配方中的奶油切丁加入，再依照揉麵標準程序繼續搓揉甩打，成為撐得起薄膜的麵糰（圖5～8）。
3 將麵糰滾圓，收口朝下捏緊放入抹少許油的盆中（圖9）。
4 在麵糰表面噴一些水，罩上擰乾的濕布（勿接觸麵糰）或保鮮膜，放置到溫暖密閉的空間發酵約60分鐘至兩倍大（圖10）。
5 再按照配方份量切割整型，做最後發酵即可。

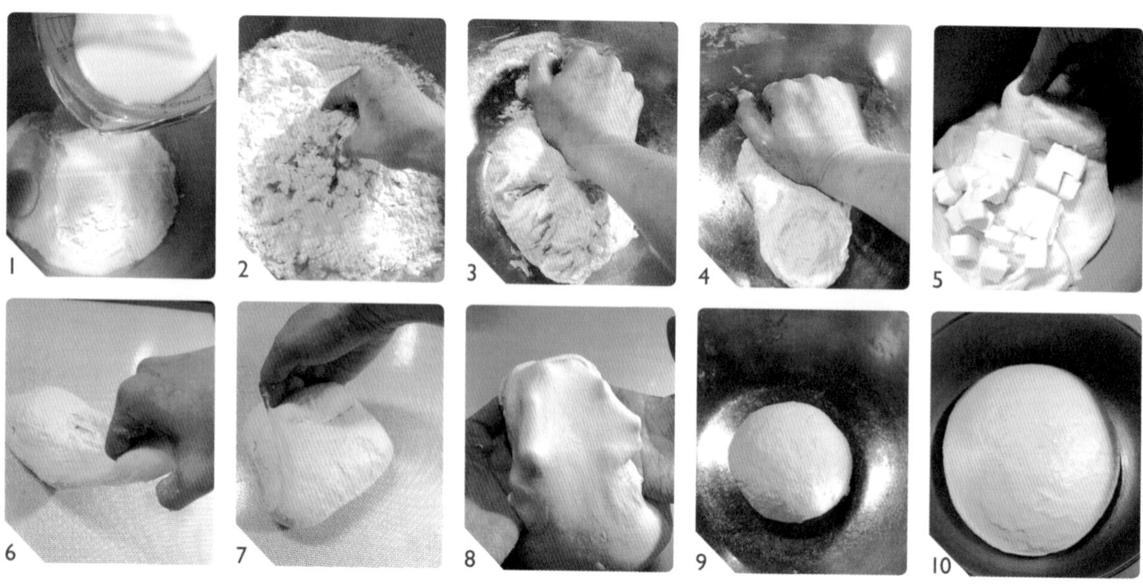

中種法

中種法是將直接法材料分成前後兩個階段來發酵，配方中70%的麵粉、水及全部酵母先做第一階段的發酵。第一階段完成後，再跟其餘的材料混合均勻，做第二次發酵。第一次發酵溫度不要太高，室溫約25～28℃為最適合，避免太高溫使得酵母作用過快而發酸。第一次發酵時間也不要太長，以免酵母後繼無力。這樣的方式雖然比較花時間，但是做出來的麵包品質穩定，麵包體細密柔軟，組織也非常有彈性，保濕力更佳。

（一）第一階段中種麵糰

材料：

高筋麵粉200g 速發乾酵母1.5g
冷水130cc

做法：

1 高筋麵粉與速發乾酵母放入工作盆中。
2 將冷水倒入，攪拌搓揉成為一個均勻沒有粉粒的麵糰（液體的部分要先保留30cc，等麵糰已經攪拌成團後再慢慢加入）（圖1、2）。
3 繼續將麵糰反覆搓揉7～8分鐘成為光滑的麵糰。
4 將麵糰滾圓，收口朝下捏緊，放入抹少許油的盆中。
5 在麵糰表面噴一些水，罩上擰乾的濕布（勿接觸麵糰）或保鮮膜，放置室溫發酵1～1.5小時至兩倍大（圖3、4）。

1

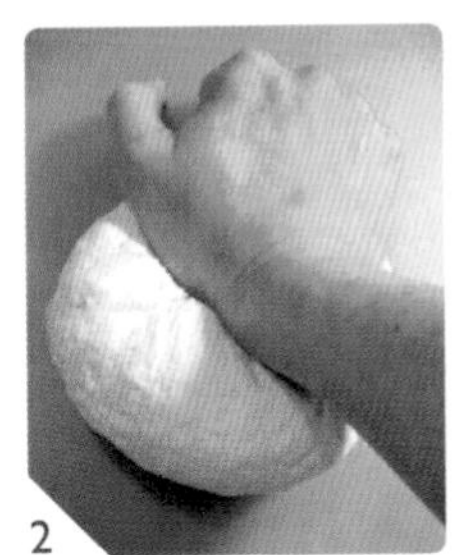
2

3

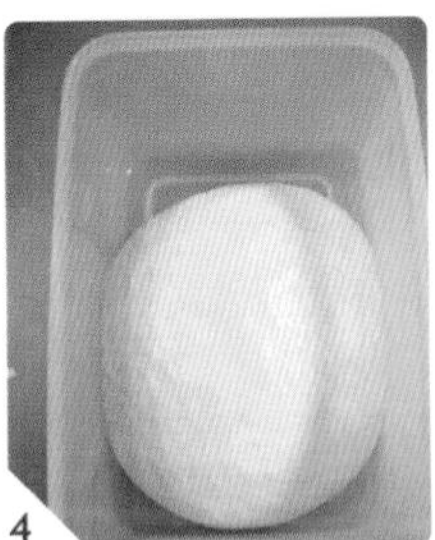
4

（二）第二階段主麵糰

材料：

中種麵糰全部 高筋麵粉70g
低筋麵粉30g 細砂糖20g 鹽1g
橄欖油20g 冷水65cc

做法：

1 發好的中種麵糰放入工作盆中。
2 將第二階段主麵糰所有材料倒入工作盆中（圖5、6）。
3 再將液體部分加入攪拌搓揉成為一個不黏手的麵糰（液體的部分要先保留30cc，在麵糰已經攪拌成糰後再慢慢加入）（圖7、8）。
4 依照揉麵標準程序繼續搓揉甩打，成為撐得起薄膜的麵糰（圖9～11）。
5 將麵糰滾圓，收口朝下捏緊放入抹少許油的盆中（圖12、13）。
6 在麵糰表面噴一些水，罩上擰乾的濕布（勿接觸麵糰）或保鮮膜，放置到溫暖密閉的空間發酵約40分鐘至兩倍大（圖14、15）。
7 再按照配方份量切割整型，做最後發酵即可（圖16、17）。

老麵法

老麵是過度發酵的麵糰，因為長時間的發酵所以帶有濃厚的酒味，添加老麵份量不要過多，以免成品發酵味道太重，適度添加老麵可以增加成品彈性及麵香。

材料：

高筋麵粉125g 速發乾酵母1.5g
鹽1g 冷水75cc

做法：

1 高筋麵粉、速發乾酵母及鹽放入工作盆中（圖1）。

2 將冷水倒入，攪拌搓揉成為一個均勻沒有粉粒的麵糰（液體的部分要先保留30cc，等麵糰已經攪拌成團後再慢慢加入）（圖2、3）。

3 繼續將麵糰反覆搓揉7～8分鐘成為光滑的麵糰（圖4、5）。

4 將麵糰滾圓，收口朝下捏緊，放入抹少許油的盆中（圖6）。

5 在麵糰表面噴一些水，罩上擰乾的濕布（勿接觸麵糰）或保鮮膜，放置室溫發酵3～4小時或放入冰箱低溫發酵到隔天早上（圖7、8）。

6 做好可以放冰箱冷藏3～4天，短時間用不完的可以分切成小塊（每塊約50g），分裝塑膠袋中放冰箱冷凍保存，使用前再退冰回溫即可（圖9～13）。

湯種法

麵粉加熱至糊化，可以吸收更多的水分，此燙麵糊添加在麵糰中讓成品更加保濕柔軟不容易老化。製作時，先將一部分麵粉加上沸水攪拌均勻，放涼冷藏，再加入主麵糰一起發酵。這是利用麵粉加熱事先糊化的過程使得麵粉更吸水，保濕性更佳，做出來的麵包組織也更柔軟。缺點是麵糰水量比較不好控制，搓揉攪拌過程比較黏手。

材料：

牛奶250cc 高筋麵粉50g

做法：

1 將牛奶加入高筋麵粉中攪拌均勻（圖1、2）。

2 將攪拌均勻的麵糊放入瓦斯爐上用中小火加熱（圖3）。

3 邊煮邊攪拌，煮到開始變的濃稠，攪拌時底部呈現出漩渦狀麵糊就馬上離火（圖4）。

4 表面用保鮮膜覆蓋避免乾燥，放涼後放冰箱可以冷藏3天（圖5、6）。

小叮嚀

- 牛奶也可以使用清水或豆漿代替。

低溫冷藏發酵法

時間不夠或是麵包做到一半臨時有事，麵糰都可以馬上密封放冰箱冷藏做低溫發酵，麵糰在溫度低的場合發酵會延緩，約8～12小時即可發到正常的大小，在麵糰的任何一個階段都可以利用這樣的步驟，對於忙碌的人是非常不錯的做麵包的方式，麵糰由冰箱取出要先靜置恢復室溫，再繼續之後的動作。

材料：

高筋麵粉200g 低筋麵粉40g
全麥麵粉60g 蜂蜜30g
細砂糖10g 鹽1t 速發乾酵母1/2t
冷水205cc
（可通用任何材料）

做法：

1 依照揉麵標準程序，繼續搓揉甩打成為撐得起薄膜的麵糰（圖1～5）。
2 將揉好的麵糰滾圓，收口捏緊，表面塗抹少許橄欖油（圖6、7）。
3 麵糰放入塑膠袋中或密閉容器中，表面噴一些水然後將袋子紮緊（圖8、9）。
4 放置到冰箱冷藏室（Fridge）低溫發酵10～24小時至麵糰完全膨脹（圖10）。
5 冰箱取出回復室溫30分鐘再繼續之後的步驟。
6 如果低溫發酵要超過1天（24小時）以上，建議麵糰要用2～3層以上塑膠袋裝起來紮緊，塑膠袋中不要有任何空氣，這樣可以避免麵糰發到過酸（圖11～13）。

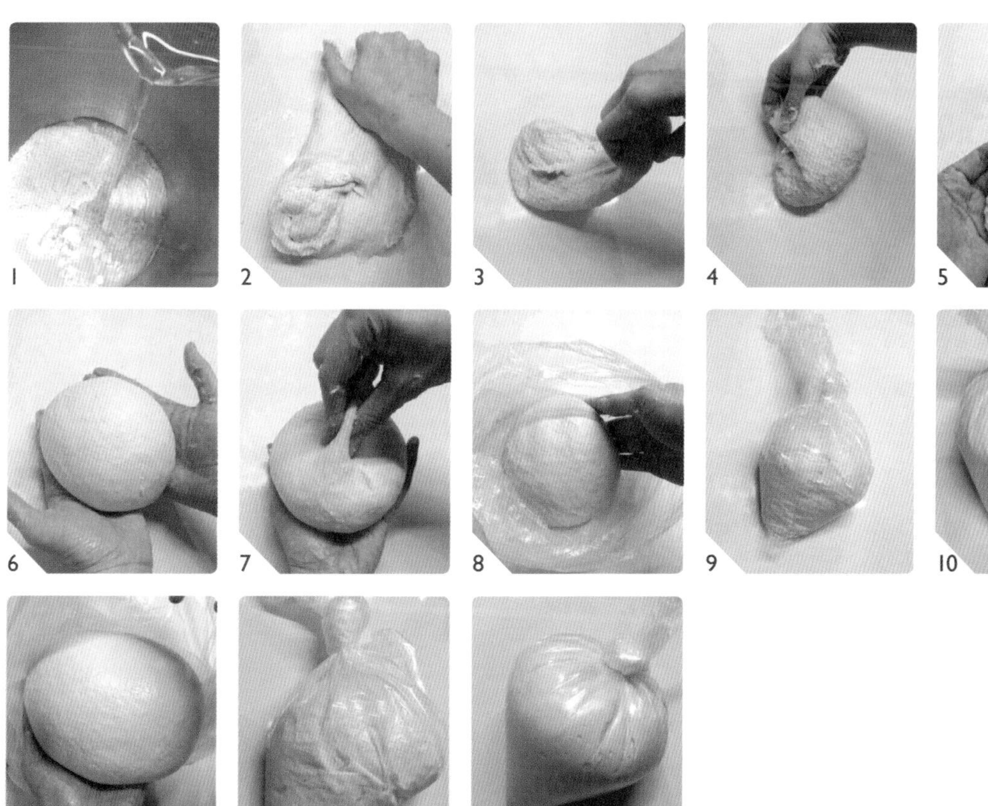

檸檬天然酵母

新鮮的水果或乾燥水果乾中含有天然的酵母菌，加上適量的糖及水靜置發酵就可以培養出屬於自己的天然酵母。

天然酵母一旦培養成功，就必須天天記得餵食養分，只要保持酵母乾淨，就可以生生不息，隨時取用，代替乾燥酵母做出好吃的麵包。天然酵母變數比較多，會受到水果本身、氣候及溫度等環境影響，不一定培養都可以順利成功，請嘗試的朋友要多點耐心。

材料：

新鮮檸檬1個（約70～80g）

冷開水200cc　細砂糖30g

蜂蜜15g（圖1）

天然酵母菌第一次餵養份量：

高筋麵粉100g　細砂糖1t

天然酵母菌養成之後每天早晚各1次餵養份量：

高筋麵粉2T　冷開水1～1.5T

細砂糖1/2t

做法：

1 玻璃瓶用煮沸熱水煮1～2分鐘，撈起晾乾（圖2）。

2 新鮮檸檬洗乾淨擦乾水分，連皮切成塊狀（圖3）。

3 將檸檬放進乾淨瓶子中，依序將冷開水、細砂糖及蜂蜜加入混合均勻（圖4～6）。

4 瓶口表面用保鮮膜密封，戳幾個小洞靜置陰涼處（圖7、8）。

5 每天稍微轉動一下瓶子使得糖與滲出的檸檬混合均勻，放置到出現非常旺盛的氣泡為止（此過程約需要7～14天，時間可視實際狀況延長或縮短）（圖9～13）。

小叮嚀

- 新鮮檸檬也可以使用同份量的蘋果、葡萄、葡萄乾或柳橙等水果代替。
- 發酵時間會因為溫度不同而有差異，請依照實際情形斟酌。

6 出現細緻氣泡後，這時應該會有濃郁的酒香，將檸檬濾出，剩下的液體加入100g高筋麵粉及1小匙細砂糖攪拌均勻（如果沒有酒香，反而出現異味或霉菌，就是混入太多雜菌而導致失敗了）（圖14～18）。

7 放置4～8小時後體積會明顯出現兩倍高，表示餵養順利（圖19、20）。

8 此後每天早晚固定時間加入2大匙的高筋麵粉，1大匙的冷開水及1/2小匙的細砂糖攪和均勻，濃度約類似美乃滋的感覺，太稀或太濃都不適合酵母生長（圖21）。

9 若酵母活力不佳，可以將細砂糖使用蜂蜜代替或是將餵養材料加倍。

10 每隔2～3天倒出一半的份量可以當做麵包酵母使用。

11 如果一段時間沒有使用也不希望繼續餵養，必須將天然酵母放入冰箱冷藏，讓酵母進入休眠狀態（圖22）。

12 從冰箱取出後，先將表面一層凝水倒掉，靜置3～4小時使得酵母完全回覆室溫。

13 完全回溫後，在天然酵母中加入1.5大匙的高筋麵粉、1大匙冷開水、1小匙的細砂糖混合均勻（圖23～26）。

14 蓋上蓋子，靜置2～3小時，酵母會發酵至原來的兩倍大，此時就是最佳的做麵包時機（圖27、28）。

15 連續餵養2～3天，務必將天然酵母倒出一半，才會保持酵母的活力。

16 倒出來的酵母剛好就可以製作麵包。

家庭製作麵包
基本要領

一、使用速發乾酵母注意事項：

1 每一家品牌酵母活力會不相同，酵母份量添加越多，發酵是會比較快，但也容易造成成品產生酒味或酸味，第一次使用請依照書中建議的份量試做，然後依照烘烤出來的結果再看看是否要修正酵母的用量，如果成品孔洞太多、組織粗糙、味道發酸，那就是量太多，下一次可以減少1/3再試試，反之，如果同樣的時間卻發的很差，成品過於紮實，那下一次就可以多添加一些再試試，每一次換了牌子都要這樣試過才能找到最適合的使用份量。

2 速發乾酵母開封後請密封放冰箱冷藏或冷凍防止潮濕失效，乾酵母也會隨著擺放時間增加而減低效力，所以必須適時的增加使用份量，冬天天氣冷，也可以比夏天的用量稍微增加一點。

二、家庭簡易發酵方式：

A. **麵糰第一次發酵：**

a. **冬天天氣比較冷，低於30℃的做法。**

1 完成的麵糰放入盆中，用濕潤的布巾覆蓋盆口，放入微波爐中，再將微波爐門關上，微波爐中可以放一杯沸水，水冷了隨時更換（圖1）。

2 準備一個保麗龍箱，再放杯約50℃的溫水，將麵糰放到保麗龍箱中不需要蓋蓋子，因為箱子中有熱水產生的水蒸氣，麵糰表面也不會乾燥，這樣就可以幫忙提高溫濕度讓麵糰發酵順利（圖2、3）。

b. **夏天天氣很熱，氣溫都超過30℃的做法。**

1 麵糰放入盆中，用濕潤的布巾覆蓋盆口，直接放置室溫（圖4）。

1 2 3 4 5 6 7 8 9

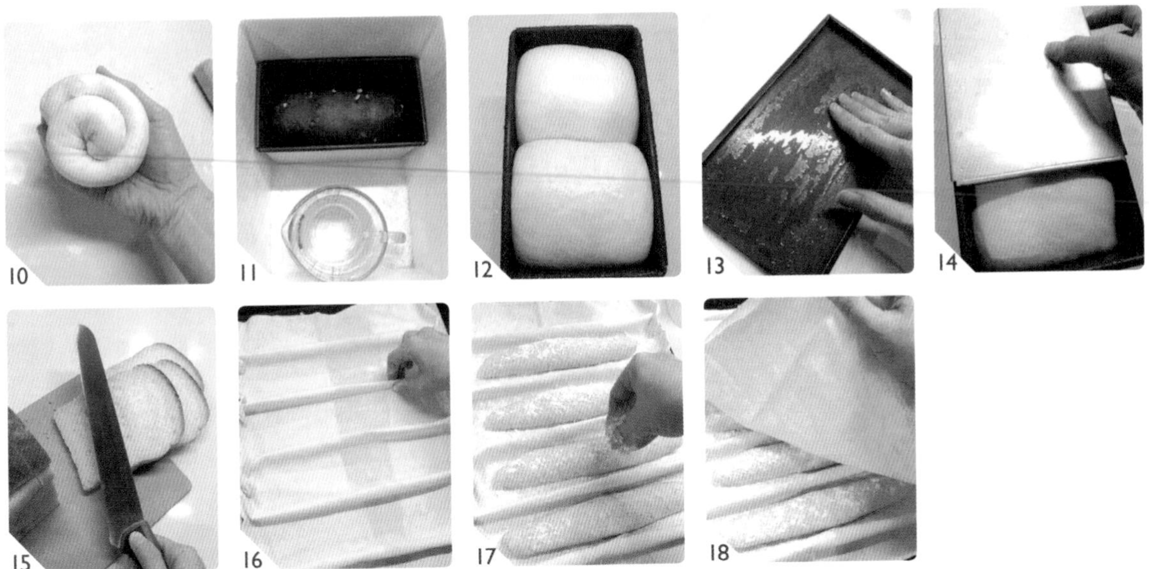

2 蓋上蓋子，密封好後，放置窗邊溫暖的地方（圖5）。

B. 麵糰中間發酵：

第一次發酵完成的麵糰經過分割滾圓後，要讓麵糰休息15分鐘恢復彈性，以利後續整型動作，小麵糰可以用乾的布巾覆蓋，或是將保鮮盒倒扣覆蓋避免乾燥（圖6、7）。

C. 麵糰第二次發酵：

整型完成的麵糰間隔整齊排放至烤盤，在麵糰表面噴些水，將烤盤整盤放入烤箱中，然後蓋上烤箱門，再發酵40～60分鐘至兩倍大，天氣冷烤箱中可以放杯沸水幫忙提高溫濕度，麵糰會發的更好（圖8、9）。

三、製作吐司注意事項：

1 吐司最後發酵常常容易不滿模，要注意捲吐司的時候輕輕捲起，千萬不要緊壓，讓麵糰保有彈性，因為麵糰是被限制在狹小的空間中，壓太緊的麵糰底部就比較發不起來（圖10）。

2 吐司因為隔了一層烤模，溫度比較不容易傳遞，所以第二次發酵必須稍微加溫，幫助酵母活動力，不管冬天或夏天最好都放到密閉空間，旁邊還放杯熱水幫忙提高溫濕度，這樣都可以讓發酵過程更順利，如果做了這些動作，還是發的不好，那酵母的份量就必須增加1/3再試試（圖11）。

3 捲吐司的時候要注意將麵皮光滑面朝外，手指甲小心不要摳破光滑的表皮，這樣發酵的時候表面才不會裂開（圖12）。

4 做有蓋吐司，如果不小心發的超過烤模，可以考慮烤成不帶蓋吐司，或是在烤模烤蓋內側塗抹一些油脂，以便順利將蓋子蓋上（圖13、14）。

5 吐司一定要放涼才切。才會切的整齊好看，準備一把長的鋸齒刀，切之前先想好要切幾片，用刀刃在吐司表面稍微做記號，使用邊切邊鋸的方式比較好操作（圖15）。

四、歐式麵包注意事項：

1 傳統歐式麵糰使用帆布巾來做為輔助形狀的用具，帆布透氣又可以任意塑型，麵糰形狀才會更加整齊好看，使用帆布可以依照麵糰大小長度調整，折出適當的凹槽並灑上大量麵粉避免沾黏，麵糰放上也必須在表面灑粉，並覆蓋另一條帆布避免乾燥，買不到帆布可以使用粿巾代替（圖16～18）。

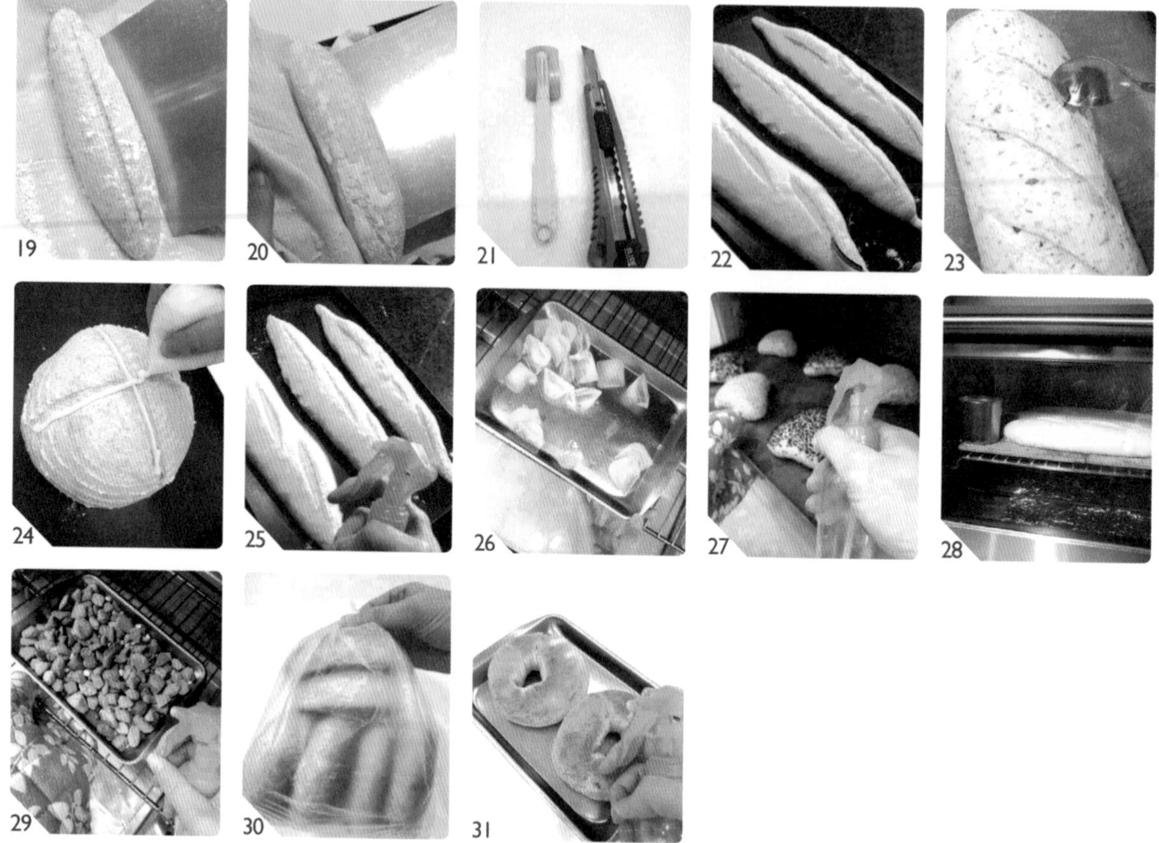

2 麵糰發酵完成，要從帆布移到烤盤中，請先準備一片薄且平的板子，一手將發好的麵糰從帆布輕輕滾到薄板上，再從薄板上輕輕滾到烤盤中（動作盡量輕，以免發酵好的麵糰消氣）（圖19、20）。

3 麵包表面劃線的劃線刀可以使用法國麵包專用劃線刀或美工刀，使用美工刀前先洗乾淨，然後擦點植物油就非常好用，劃線的時候刀刃抹一點油，不要猶豫一刀下去比較順利（圖21、22）。

4 在切口上淋一點液體油或擠上奶油都可以幫助裂口更漂亮（圖23、24）。

5 家庭烤箱蒸氣加熱方式。

a. 進烤箱前，在麵糰表面噴大量的水（圖25）。

b. 烤箱底部用盤子裝一些冰塊（圖26）。

c. 烘烤中間多開幾次烤箱朝向麵包噴水（圖27）。

d. 烤箱中放一杯沸水（圖28）。

e. 預熱烤箱時，在烤箱底層放入一盤小石頭一塊加熱，麵包放入烤箱後，在烘熱的小石頭上淋上沸水即可製造出水蒸氣（圖29）。

五、完成麵包成品保存：

麵包最佳保鮮方式是放涼馬上密封放冷凍，吃之前將麵包從冷凍取出自然回溫，然後在麵包表面噴水，放入已經預熱到150℃烤箱中，烘烤3～4分鐘烘熱，就跟剛出爐一樣好吃（圖30、31）。

Part 1 甜點麵包

Sweet Bread

由較多的糖、雞蛋及奶油做成滋味豐富的麵糰，
味道接近點心。
糖可以增添甜味，雞蛋讓麵糰濕潤，
油脂增加麵糰延展性。
成品組織更鬆軟，烘烤出來的顏色也金黃亮麗。

一口乳酪麵包

|直接法|

Mini Cheese Bread

一口一個，小小的乳酪麵包嘗起來很順口，
甜中帶點鹹的味道會忍不住多吃幾個，
翻出我的老日劇攤在沙發中，
靜靜消磨屬於一個人的下午時光。

份量

60~70個

材料

高筋麵粉200g　速發乾酵母1/3t
細砂糖30g　鹽1/8t　帕梅森起司粉1T
無鹽奶油30g　雞蛋1個　牛奶80cc

Baking Points

製作方法	直接法
第一次發酵	60分鐘
休息鬆弛	15分鐘
第二次發酵	40~50分鐘
預熱溫度	180℃
烘烤溫度	180℃
烘烤時間	12~14分鐘

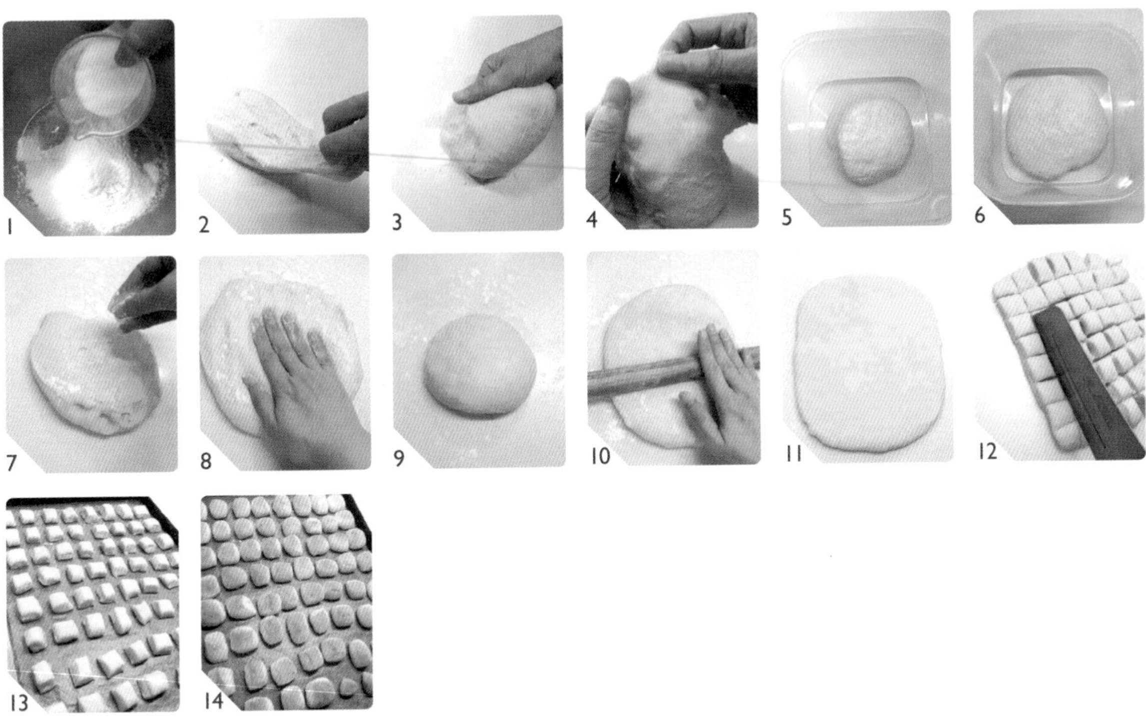

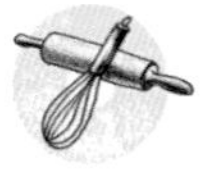

做 法

1 將所有材料（無鹽奶油除外）倒入鋼盆中，攪拌搓揉成為一個不黏手的麵糰（液體的部分要先保留30cc，等麵糰已經攪拌成團後再慢慢加入）。（圖1）
2 再加入已切成小塊回溫軟化的無鹽奶油丁，搓揉均勻。
3 依照揉麵標準程序，繼續搓揉甩打，成為撐得起薄膜的麵糰。（圖2～4）
4 將揉好的麵糰滾圓，收口朝下捏緊，放入塗抹少許油的保鮮盒中。（圖5）
5 在麵糰表面噴一些水，罩上擰乾的濕布（勿接觸麵糰）或蓋子，放置到溫暖密閉的空間，發酵約60分鐘至兩倍大。（圖6）
6 桌上灑上一些高筋麵粉，將發好的麵糰移出，麵糰表面也灑上一些高筋麵粉。（圖7）
7 將第一次發酵完成的麵糰空氣拍出，滾成圓形，蓋上乾淨的布，再讓麵糰休息15分鐘。（圖8、9）
8 休息好的麵糰表面灑些高筋麵粉避免沾黏，擀壓成為一塊厚度約1cm的麵皮。（圖10、11）
9 菜刀刀鋒沾些高筋麵粉避免沾黏，將麵皮切成約2cmx2cm的小方塊。（圖12）
10 完成的小麵糰間隔整齊排放在烤盤上。（圖13）
11 整盤放入烤箱中，麵糰表面噴些水，然後關上烤箱門，再發酵40～50分鐘約至1.5倍大。
12 發酵好前8～10分鐘，將烤盤從烤箱中取出，烤箱打開預熱至180℃。
13 放進已經預熱至180℃的烤箱中，烘烤12～14分鐘至表面呈現金黃色即可。（圖14）
14 麵包烤好後，移到鐵網架上放涼。

小叮嚀

- 不喜歡帕梅森起司粉（Parmesan Cheese）的話，可以直接省略。
- 麵糰切的大小會影響烘烤時間，請自行斟酌調整。

奶油餐包

| 直接法 |

Butter Buns

口味濃郁充滿奶油蛋香，這一款麵包令人停不下口，利用中空烤模做為模型，成品像一頂王冠般華麗而優雅。

份　量

（8吋中空烤模）

1個

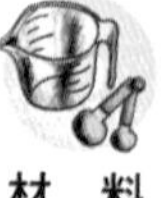

材　料

A. 麵糰

高筋麵粉200g　速發乾酵母1/3t
蛋黃2個（約35g）　細砂糖30g
鹽1/8t　無鹽奶油35g　牛奶95cc

B. 表面裝飾

全蛋液適量

Baking Points

製作方法……………直接法
第一次發酵……………60分鐘
休息鬆弛……………無
第二次發酵………40～50分鐘
預熱溫度……………190℃
烘烤溫度……………170℃
烘烤時間……………20分鐘

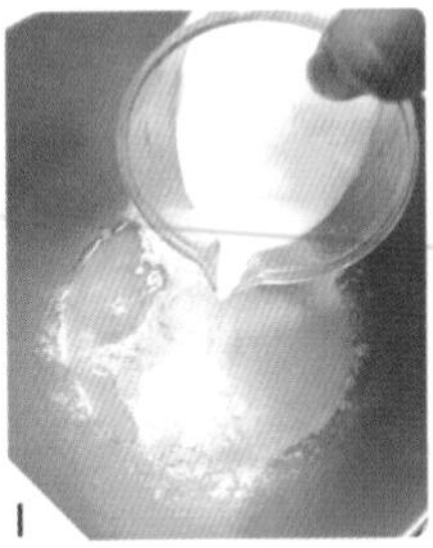

1 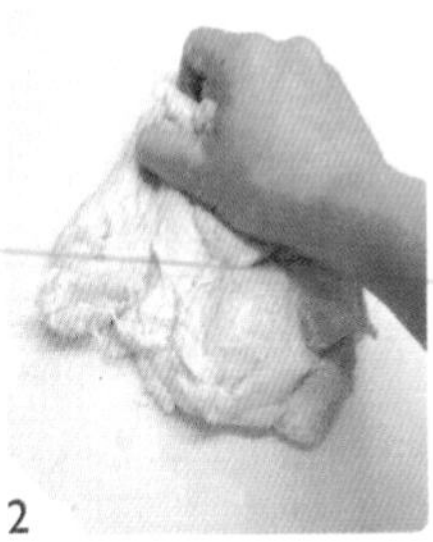 2 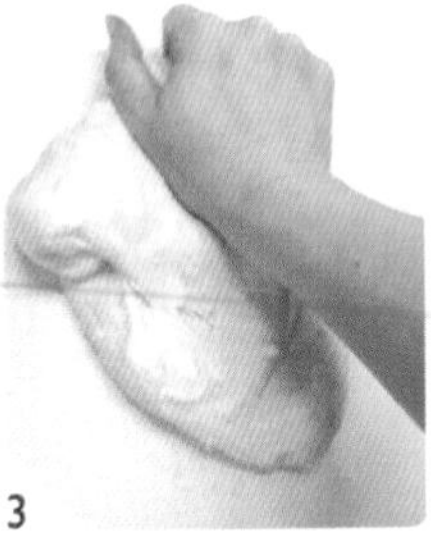 3  4 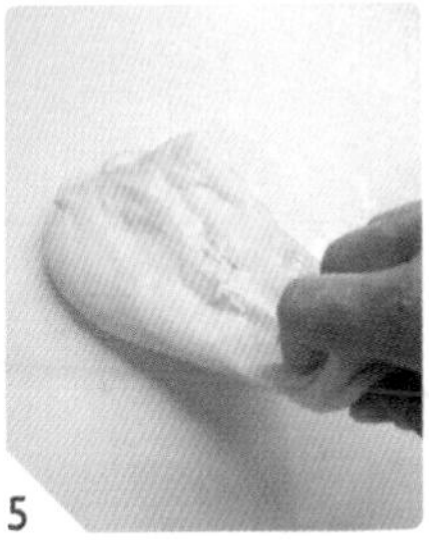 5

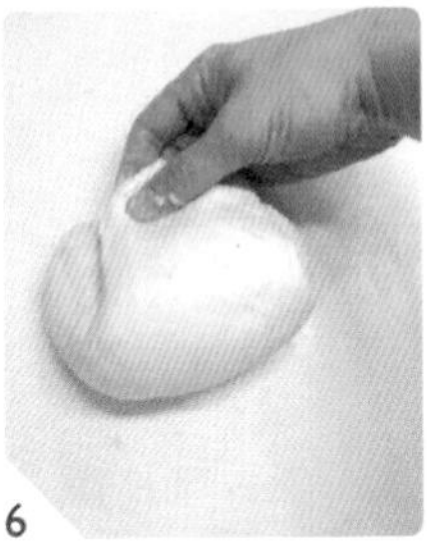

6 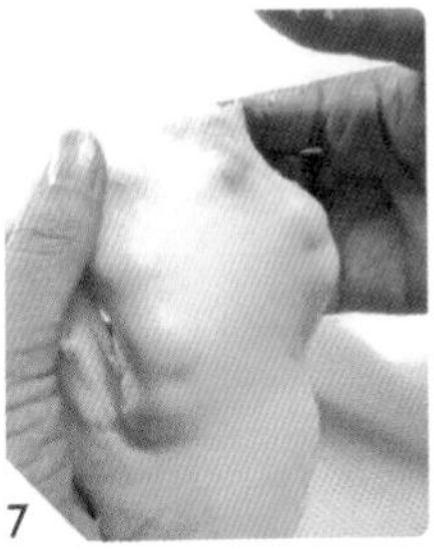 7 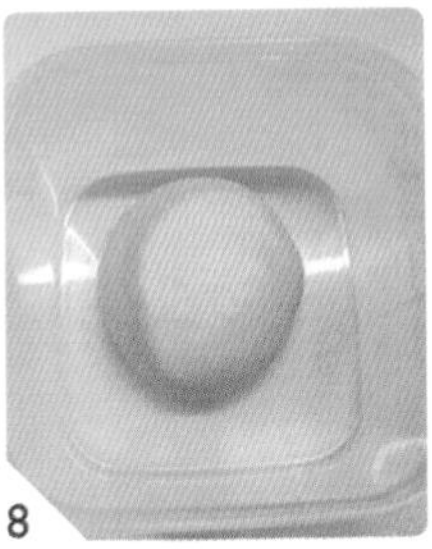 8 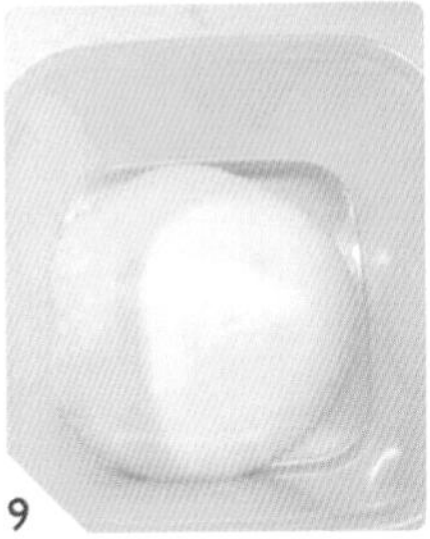 9  10

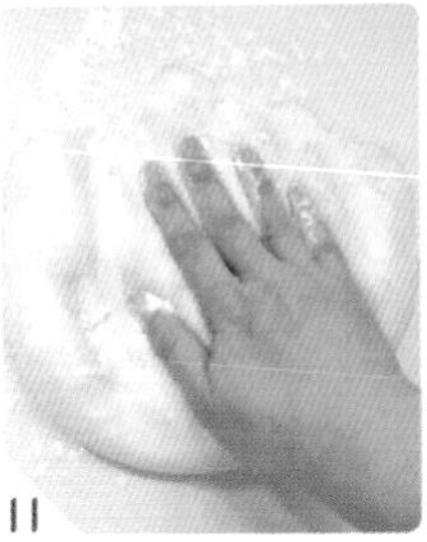

11  12 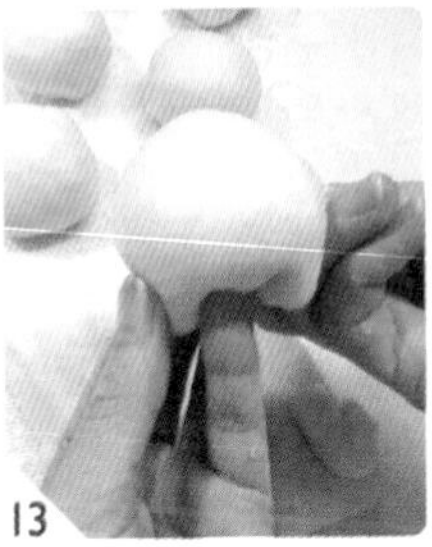 13 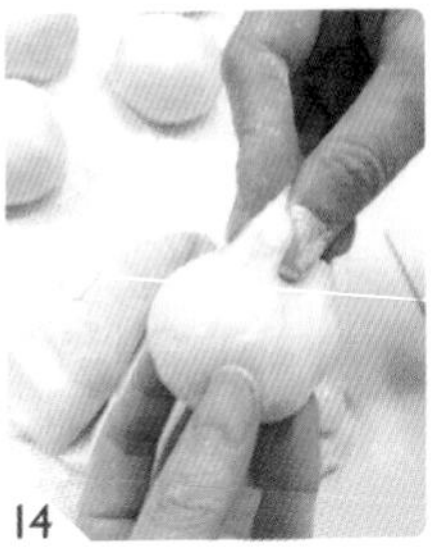 14 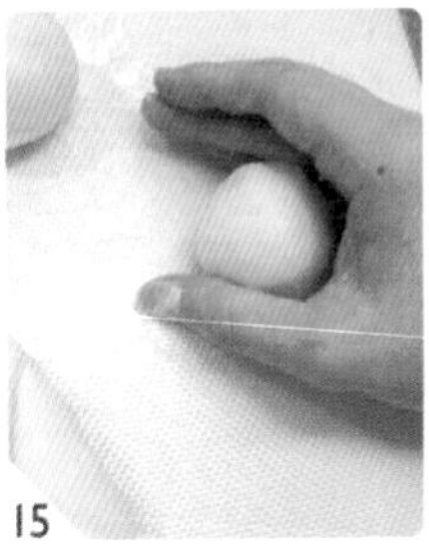 15

16

做 法

1 將所有材料（無鹽奶油除外）倒入鋼盆中，攪拌搓揉成為一個不黏手的麵糰（牛奶的部分要先保留30cc，等麵糰已經攪拌成團後再慢慢加入）。（圖1～3）
2 再加入已切成小塊回溫軟化的無鹽奶油丁，搓揉均勻。（圖4）
3 依照揉麵標準程序，繼續搓揉甩打，成為撐得起薄膜的麵糰。（圖5～7）
4 將揉好的麵糰滾圓，收口朝下捏緊，放入塗抹少許油的保鮮盒中。（圖8）
5 在麵糰表面噴一些水，罩上擰乾的濕布（勿接觸麵糰）或蓋子，放置到溫暖密閉的空間，發酵約60分鐘至兩倍大。（圖9）
6 桌上灑上一些高筋麵粉，將發好的麵糰移出，麵糰表面也灑上一些高筋麵粉。（圖10）
7 將第一次發酵完成的麵糰空氣拍出，平均分割成9等份（每塊約40g），然後滾成圓形。（圖11～16）

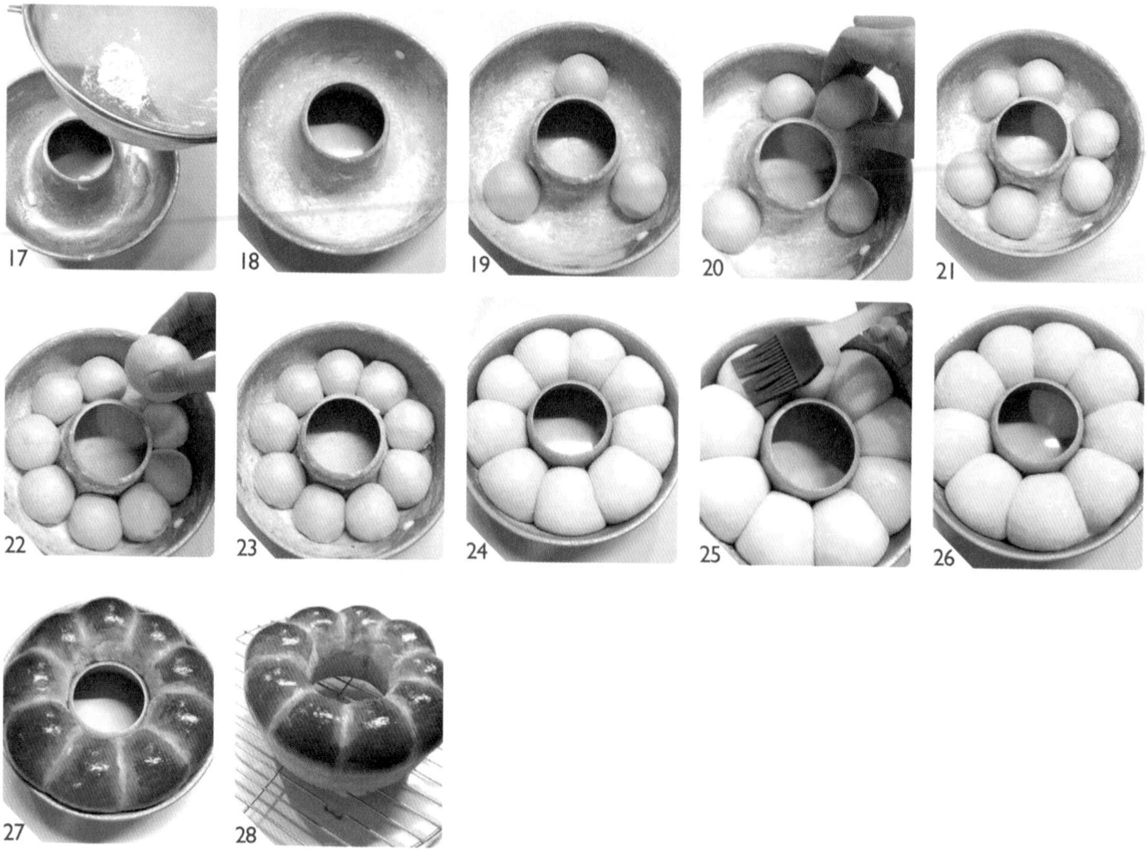

8 烤模塗抹上一層薄薄的奶油（液體植物油不適合）。
9 灑上一層薄薄的低筋麵粉，多餘的粉倒出。（圖17、18）
10 完成的小麵糰依序放入烤模中。（圖19～23）
11 烤模放入烤箱中，麵糰表面噴些水，然後關上烤箱門，再發酵40～50分鐘約至1.5倍大。（圖24）
12 發酵好前8～10分鐘，將烤盤從烤箱中取出，烤箱打開預熱至190℃。
13 進烤箱前，表面輕輕刷上一層全蛋液。（圖25、26）
14 放進已經預熱至190℃的烤箱中，再將溫度調整成170℃，烘烤20分鐘至表面呈現金黃色即可。（圖27、28）
15 麵包烤好後，倒扣出來移到鐵網架上放涼。

- 沒有中空烤模，也可以將麵糰間隔整齊直接放烤盤中，烤箱預熱至170℃，烘烤18～20分鐘。

黑糖牛奶哈斯麵包

| 老麵法 |

Brown Sugar Bread Loaf

黑糖有著純樸的甜，加在麵包中好吃又健康。
蓬鬆的哈斯麵包最適合切片做成三明治，
無論是簡餐輕食都讓人心滿意足。

份 量

1個

材 料

A. 麵糰

高筋麵粉250g　全麥麵粉50g　老麵50g
速發乾酵母1/2t　雞蛋1個　黑糖40g　鹽1/3t
無鹽奶油30g　牛奶150cc

B. 表面裝飾

高筋麵粉、橄欖油各適量

*老麵做法請參考33頁。

製作方法……………………老麵法
第一次發酵……………………60分鐘
休息鬆弛……………………15分鐘
第二次發酵………50～60分鐘
預熱溫度……………………170℃
烘烤溫度……………………170℃
烘烤時間……………………25分鐘

做 法

1 黑糖放入溫牛奶中混合均勻融化放涼。（圖1、2）
2 將所有材料A（無鹽奶油除外）倒入鋼盆中，攪拌搓揉成為一個不黏手的麵糰（牛奶的部分要先保留30cc，等麵糰已經攪拌成團後再慢慢加入）。（圖3、4）
3 再加入已切成小塊回溫軟化的無鹽奶油丁，搓揉均勻。（圖5、6）
4 依照揉麵標準程序，繼續搓揉甩打成為撐得起薄膜的麵糰。（圖7～9）
5 將揉好的麵糰滾圓，收口朝下捏緊，放入塗抹少許油的保鮮盒中。（圖10）

1

2

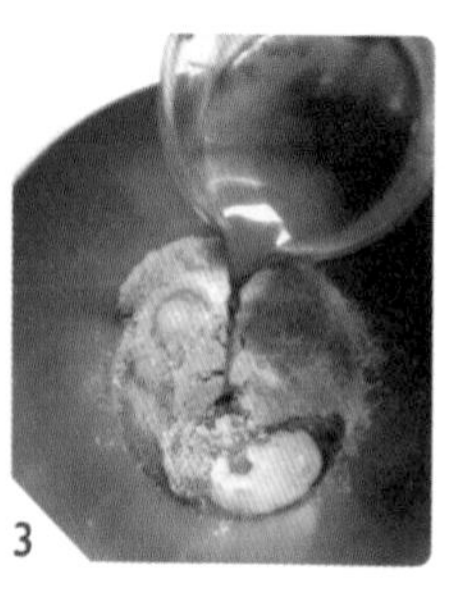
3

4

5

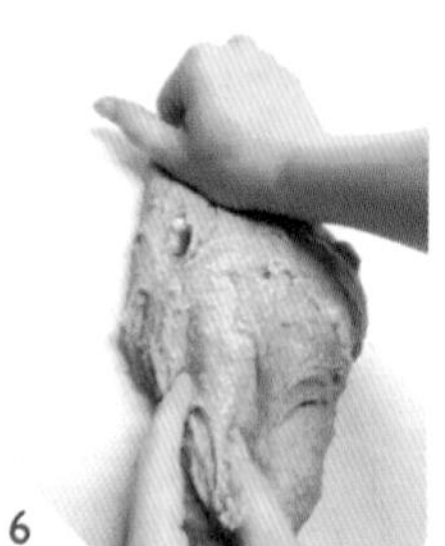
6

7

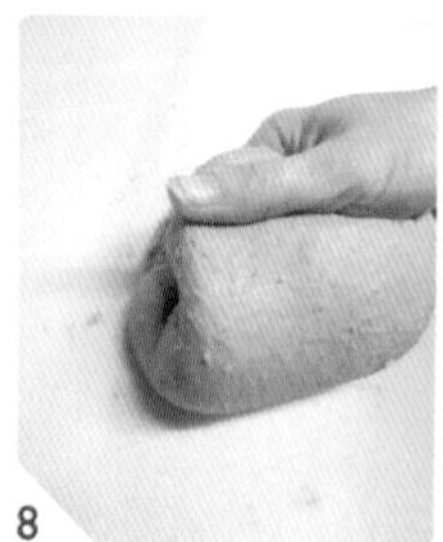
8

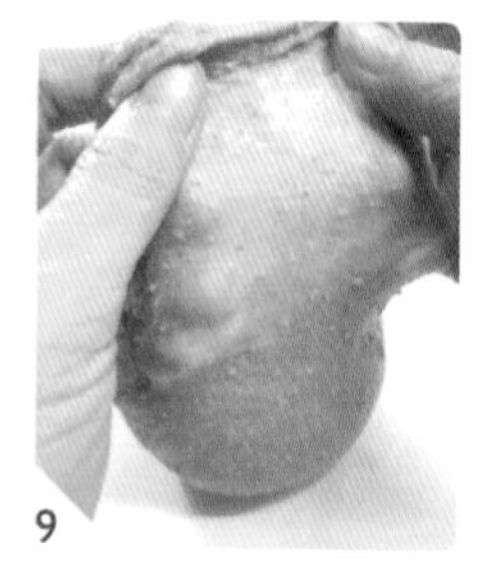
9

10

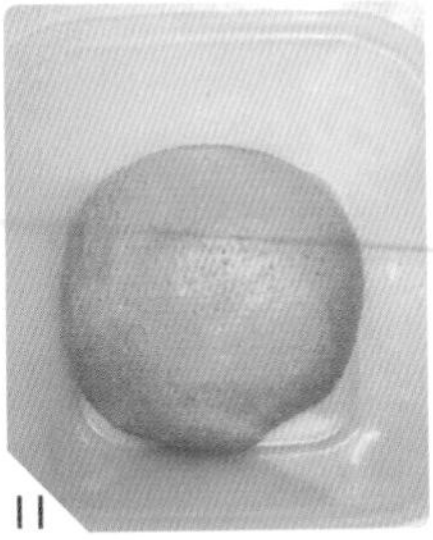
11
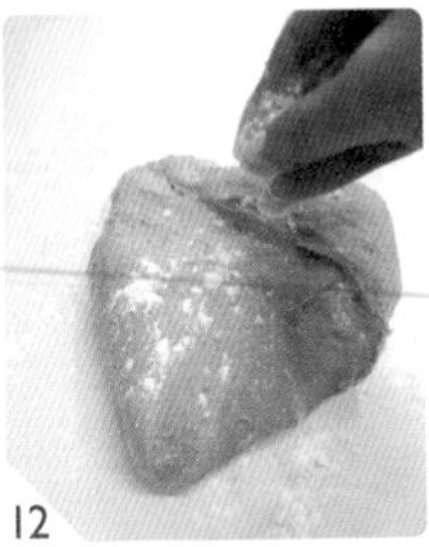
12
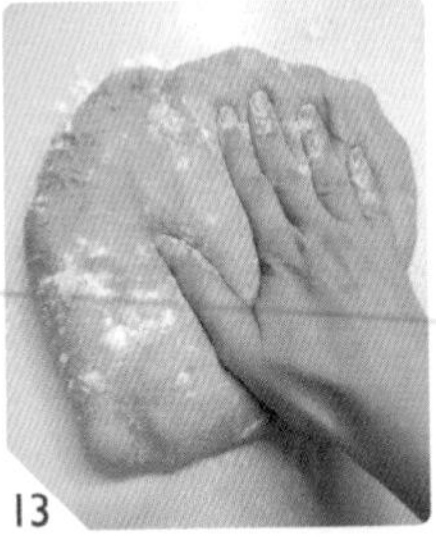
13
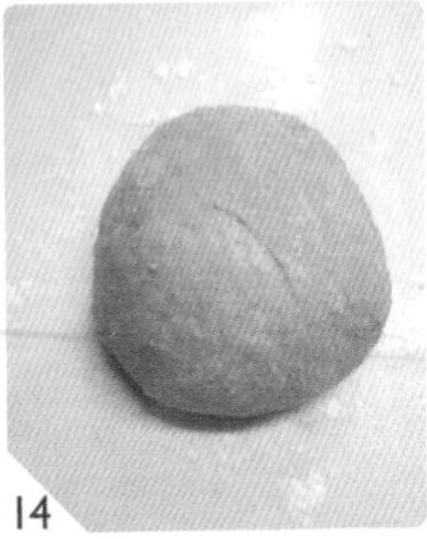
14
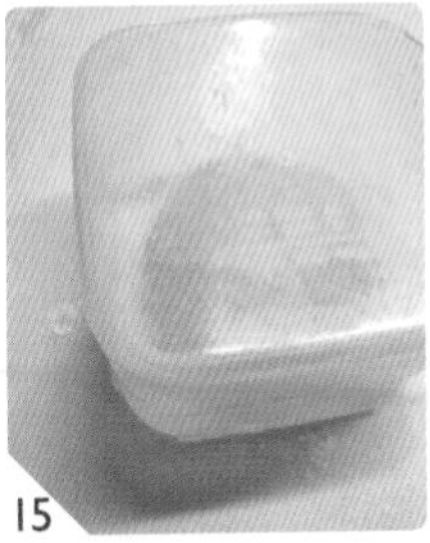
15
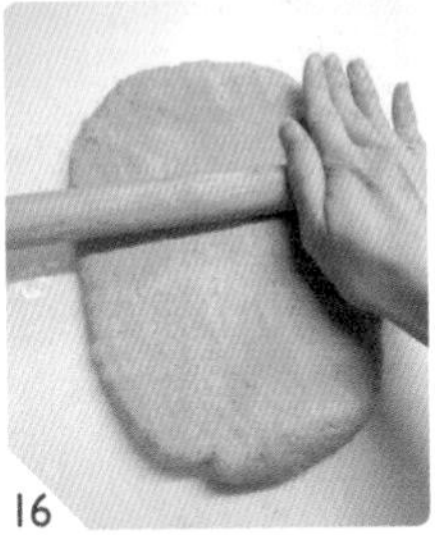
16
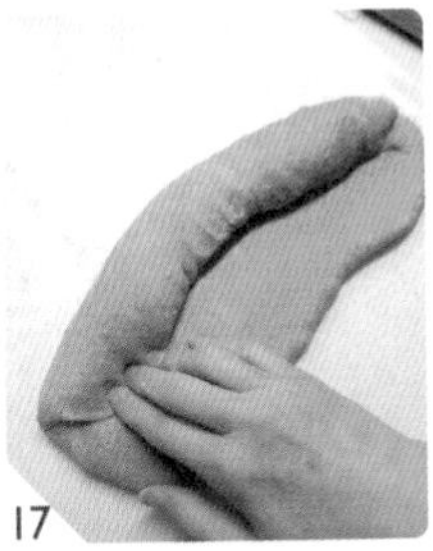
17
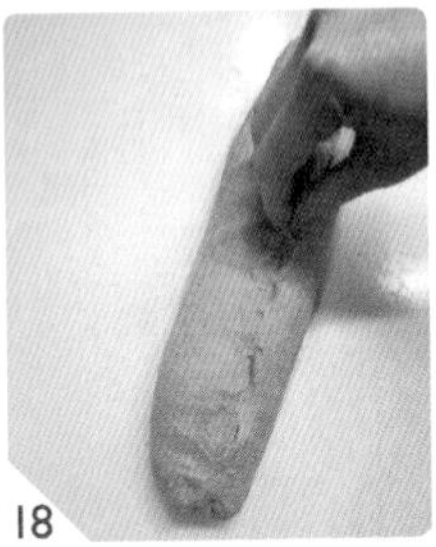
18
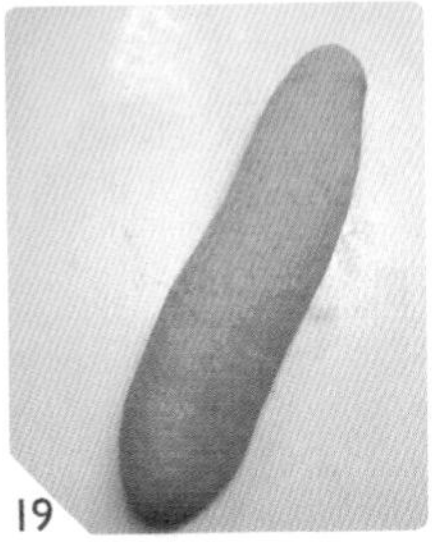
19
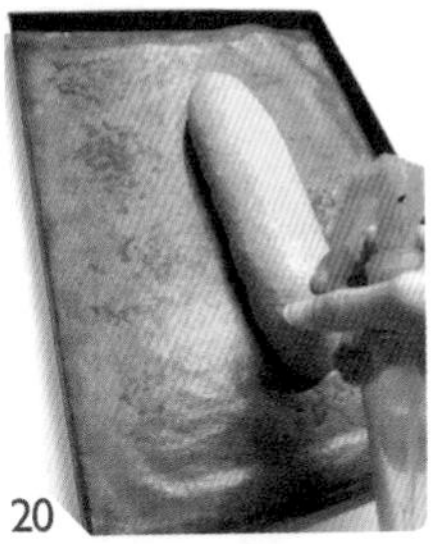
20
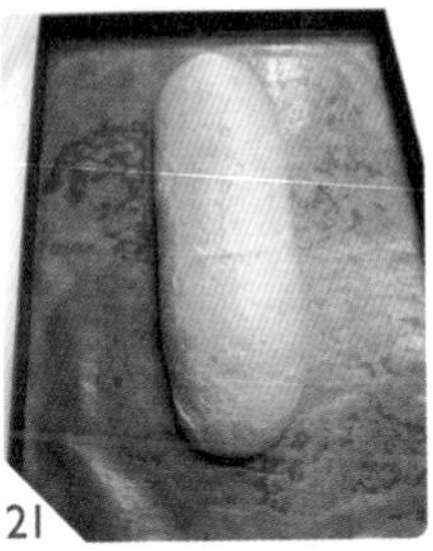
21
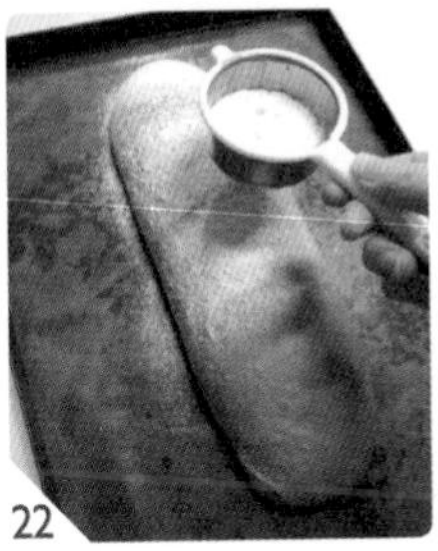
22
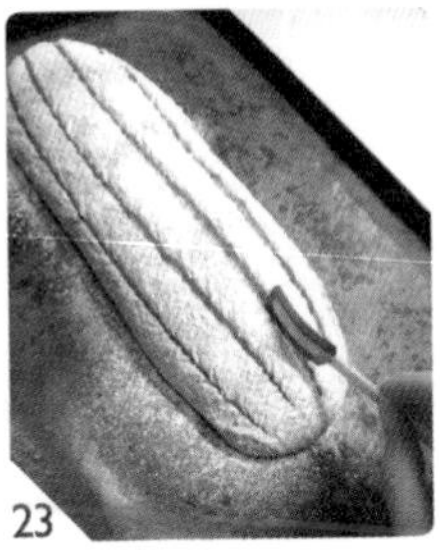
23
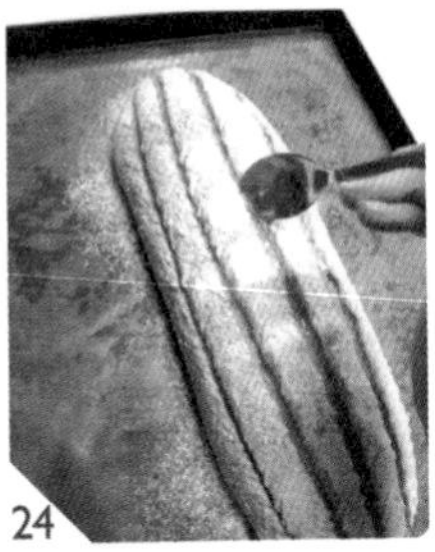
24
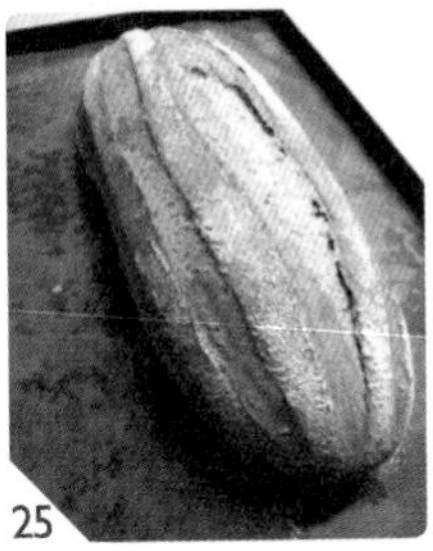
25

6 在麵糰表面噴一些水，罩上擰乾的濕布（勿接觸麵糰）或蓋子，放置到溫暖密閉的空間，發酵約60分鐘約至1.5倍大。（圖11）

7 桌上灑上一些高筋麵粉，將發好的麵糰移出，麵糰表面也灑上一些高筋麵粉。（圖12）

8 將第一次發酵完成的麵糰空氣拍出，然後滾成圓形，蓋上蓋子或布巾，再讓麵糰休息15分鐘。（圖13～15）

9 休息好的麵糰表面灑些高筋麵粉避免沾黏，用擀麵棍擀成長條形。（圖16）

10 將麵糰由長向捲起，邊捲邊壓一下，收口處捏緊成為一個橄欖形。（圖17～19）

11 麵糰放在烤盤上，整盤放入烤箱中，麵糰表面噴些水，然後關上烤箱門，再發酵50～60分鐘約至1.5倍大。（圖20、21）

12 發酵好前8～10分鐘，將烤盤從烤箱中取出，烤箱打開預熱至170℃。

13 進烤箱前，在麵糰表面用濾網篩上一層薄薄的高筋麵粉。（圖22）

14 用一把利刀在麵糰表面切開4道斜線。（圖23）

15 切面淋上少許橄欖油。（圖24）

16 放進已經預熱至170℃的烤箱中，烘烤25分鐘至表面呈現金黃色即可。（圖25）

17 麵包烤好後，移到鐵網架上放涼。

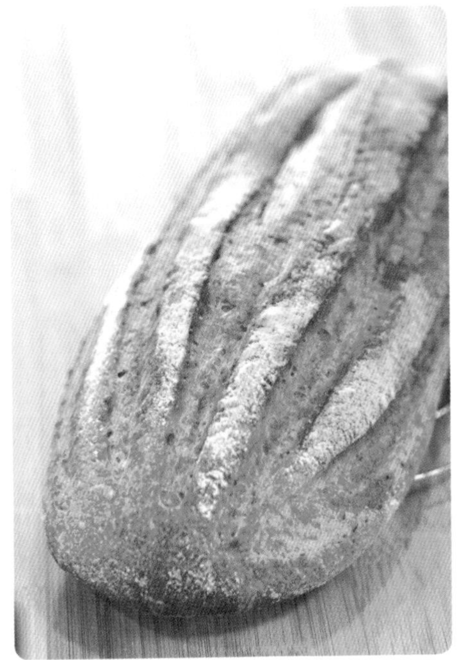

香濃牛奶麵包

| 中種法 |

Milk Bread Loaf

想到柔軟綿密的牛奶麵包，忍不住就動手了。一出爐放涼就急著切，自己都老王賣瓜稱讚不已。為了突顯奶香，材料中添加了煉乳，成品的味道更濃郁。

中種做法雖然比較花時間，但是絕對值得。麵包體香香軟軟，按下去還會反彈，真好吃！

份量

2個

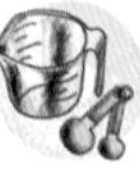

材料

A. 中種法基本麵糰

高筋麵粉200g　冷水130cc　速發乾酵母1/2t

B. 主麵糰

中種麵糰全部　高筋麵粉70g　低筋麵粉30g
煉乳30g　牛奶50cc　細砂糖20g　鹽1/8t
無鹽奶油40g

C. 表面裝飾

全蛋液適量　無鹽奶油20g（切細條）

Baking Points

製作方法	中種法
第一次發酵	40分鐘
休息鬆弛	15分鐘
第二次發酵	50～60分鐘
預熱溫度	170℃
烘烤溫度	170℃
烘烤時間	25分鐘

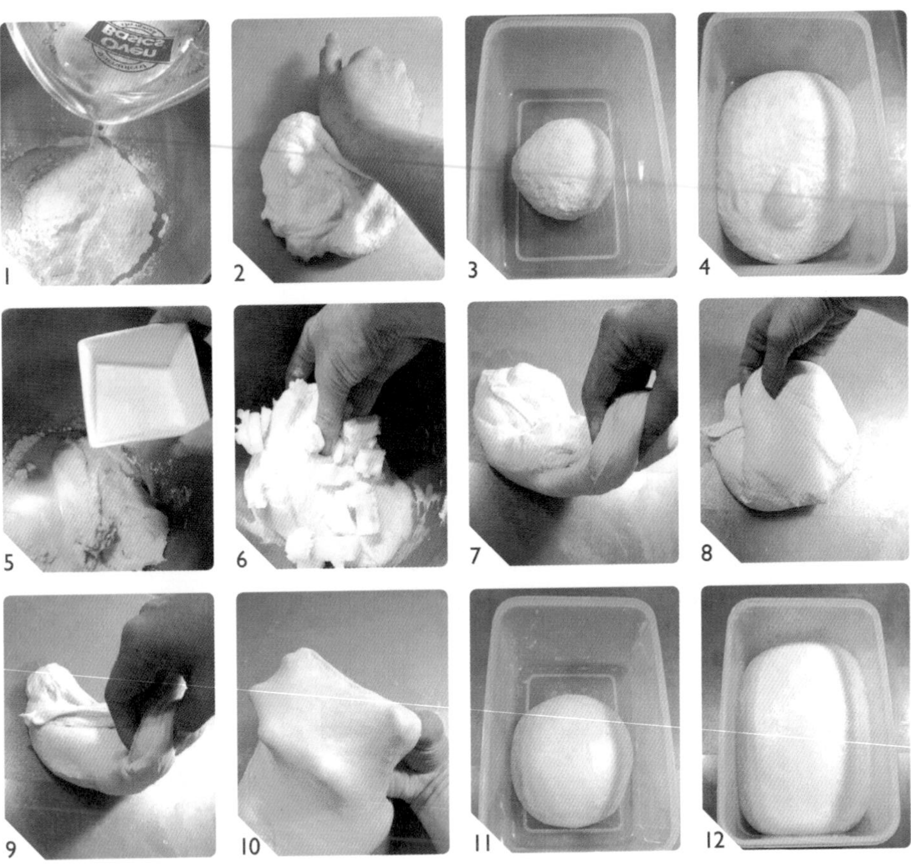

做　法

A　製作中種法基本麵糰

1 將中種材料攪拌搓揉成為一個均勻沒有粉粒的麵糰（液體的部分要先保留30cc，等麵糰已經攪拌成團後再慢慢加入）。（圖1）

2 繼續將麵糰反覆搓揉7～8分鐘成為光滑的麵糰。（圖2）

3 將麵糰滾圓，收口朝下捏緊，放入抹少許油的保鮮盒中。（圖3）

4 在麵糰表面噴一些水，罩上擰乾的濕布（勿接觸麵糰）或蓋子，放置室溫發酵1～1.5小時至兩倍大。（圖4）

B　製作主麵糰

5 將中種麵糰與主麵糰所有材料（無鹽奶油除外）倒入鋼盆中，攪拌搓揉成為一個不黏手的麵糰（液體的部分要先保留10cc，麵糰已經攪拌成團後再慢慢加入）。（圖5）

6 再加入已切成小塊回溫軟化的無鹽奶油丁，搓揉均勻。（圖6）

7 依照揉麵標準程序，繼續搓揉甩打成為撐得起薄膜的麵糰。（圖7～10）

8 將麵糰滾圓，收口朝下捏緊，放入抹少許油的保鮮盒中。（圖11）

9 在麵糰表面噴一些水，罩上擰乾的濕布（勿接觸麵糰）或保鮮膜，放置到溫暖密閉的空間，發酵約40分鐘約至1.5倍大。（圖12）

10 桌上灑上一些高筋麵粉，將發好的麵糰移出，麵糰表面也灑上一些高筋麵粉。（圖13）
11 將第一次發酵完成的麵糰空氣拍出，平均分割成兩等份（每塊約280g），然後滾成圓形，蓋上乾淨的布，再讓麵糰休息15分鐘。（圖14、15）
12 休息好的麵糰表面灑些高筋麵粉避免沾黏，用擀麵棍擀成長條形。（圖16）
13 將麵糰由長向捲起，邊捲邊壓一下，收口處捏緊成為一個橄欖形。（圖17、18）
14 間隔整齊排放在烤盤上，整盤放入烤箱中，麵糰表面噴些水，然後關上烤箱門，再發酵50～60分鐘約至1.5倍大。（圖19、20）
15 發酵好前8～10分鐘，將烤盤從烤箱中取出，烤箱打開預熱至170℃。
16 進烤箱前，在表面輕輕刷上一層全蛋液。（圖21）
17 用一把利刀在麵糰表面切開4道斜線。（圖22）
18 切面放上切成細條的奶油。（圖23）
19 放進已經預熱至170℃的烤箱中，烘烤25分鐘至表面呈現金黃色即可。（圖24）
20 麵包烤好後，移到鐵網架上放涼。

維也納夾心麵包

｜中種法｜

Soft French Bread with Butter Cream

麵包放涼後，我迫不及待將奶油抹醬抹上。哇！真的好好吃！柔軟的法國牛奶麵包中夾著香濃的奶油夾心，還吃的到些許糖粒的口感。吃著自己的手作麵包，這樣的享受讓人超幸福。

份　量

4個

材　料

A. 中種法基本麵糰

高筋麵粉200g　冷水130cc　速發乾酵母1/2t

B. 主麵糰

中種麵糰全部　高筋麵粉70g　低筋麵粉30g
全脂奶粉20g　牛奶60cc　細砂糖15g
鹽1/4t　橄欖油15g

C. 奶油夾餡適量

*奶油夾餡做法請參考383頁奶油煉乳抹醬。

製作方法……………中種法
第一次發酵…………40分鐘
休息鬆弛……………15分鐘
第二次發酵………50～60分鐘
預熱溫度……………180℃
烘烤溫度……………180℃
烘烤時間……………25分鐘

做　法

A　製作中種法基本麵糰

1　將中種材料攪拌搓揉成為一個均勻沒有粉粒的麵糰（液體的部分要先保留30cc，等麵糰已經攪拌成團後再慢慢加入）。（圖1）

2　繼續將麵糰反覆搓揉7～8分鐘成為光滑的麵糰。（圖2）

3　將麵糰滾圓，收口朝下捏緊，放入抹少許油的保鮮盒中。（圖3）

4　在麵糰表面噴一些水，罩上擰乾的濕布（勿接觸麵糰）或蓋子，放置室溫發酵1～1.5小時至兩倍大。（圖4）

B　製作主麵糰

5　將中種麵糰與主麵糰所有材料倒入鋼盆中，攪拌搓揉成為一個不黏手的麵糰（液體的部分要先保留10cc，等麵糰已經攪拌成團後再慢慢加入）。（圖5）

6　依照揉麵標準程序，繼續搓揉甩打成為撐得起薄膜的麵糰。（圖6～8）

1

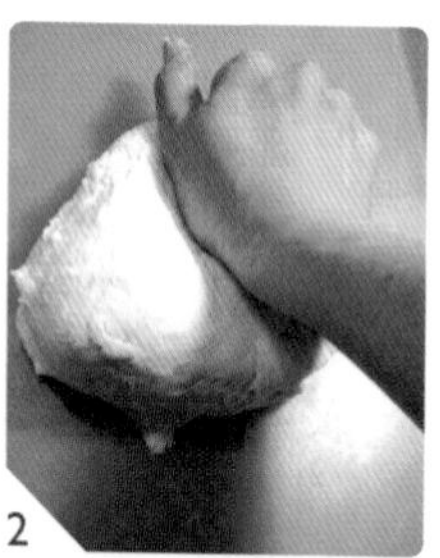
2

3

4

5

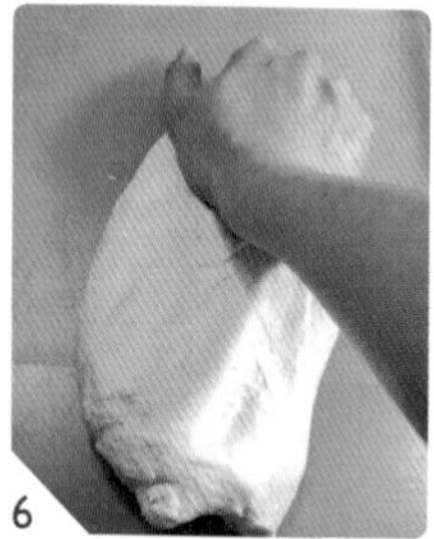
6

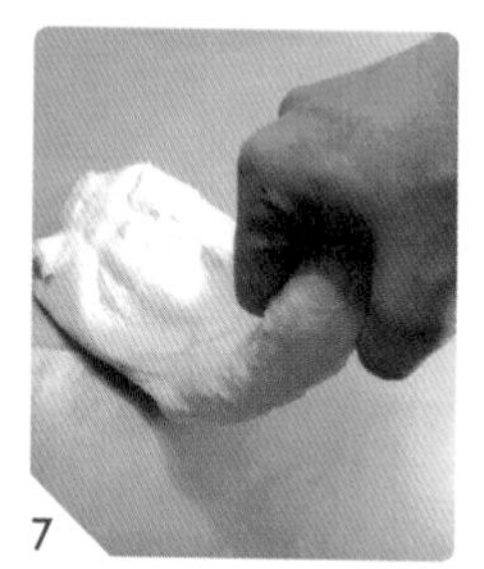
7

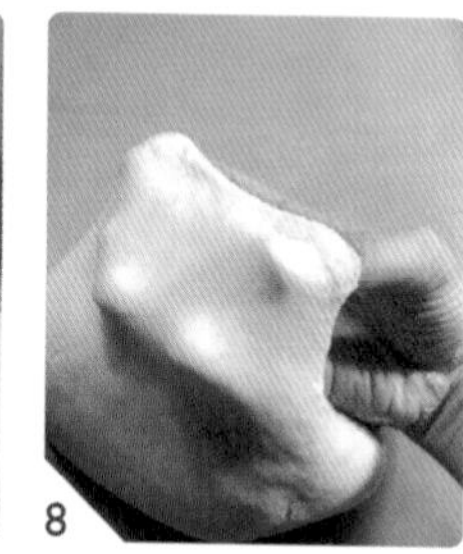
8

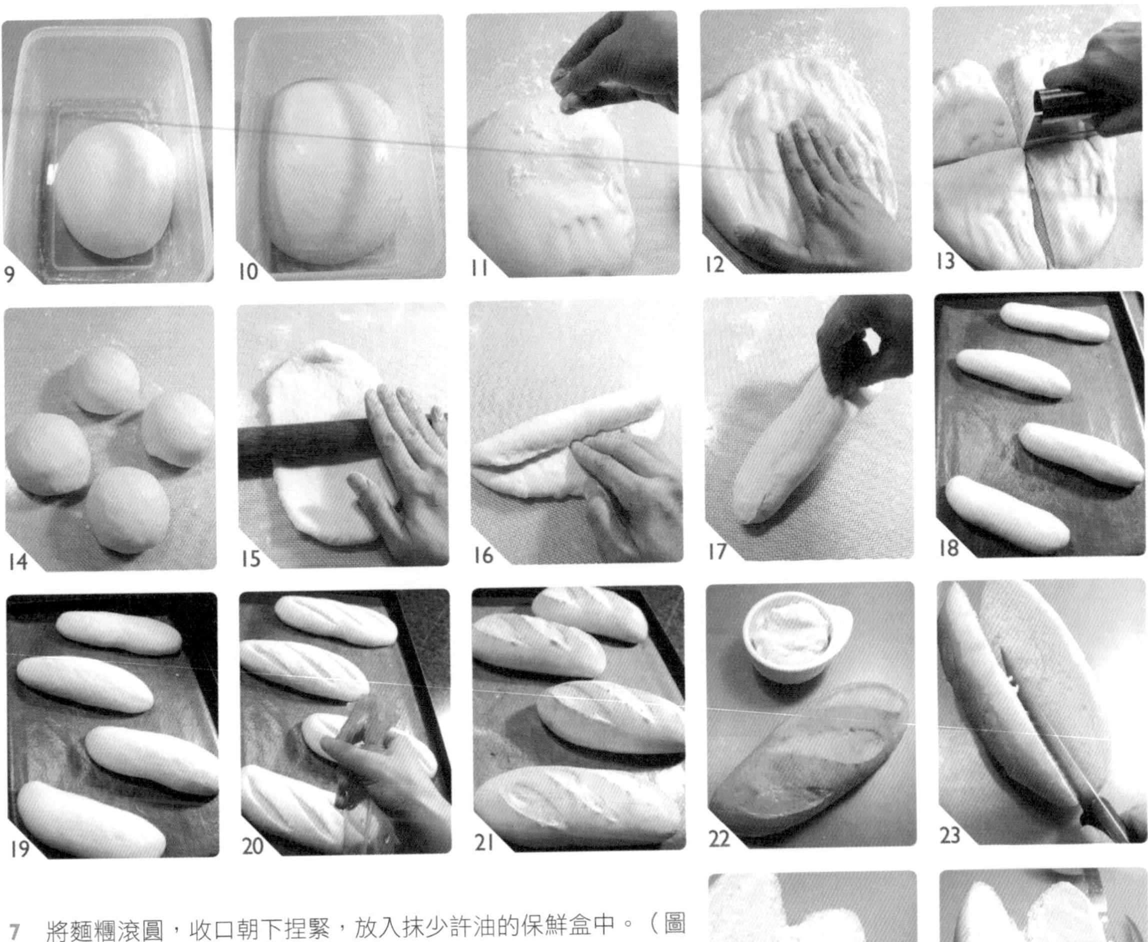

7 將麵糰滾圓，收口朝下捏緊，放入抹少許油的保鮮盒中。（圖9）

8 在麵糰表面噴一些水，罩上擰乾的濕布（勿接觸麵糰）或保鮮膜，放置到溫暖密閉的空間，發酵約40分鐘至1.5倍大。（圖10）

9 桌上灑上一些高筋麵粉，將發好的麵糰移出，麵糰表面也灑上一些高筋麵粉。（圖11）

10 將第一次發酵完成的麵糰空氣拍出，平均分割成4等份（每塊約130g），然後滾成圓形，蓋上乾淨的布，再讓麵糰休息15分鐘。（圖12～14）

11 休息好的麵糰表面灑些高筋麵粉避免沾黏，用擀麵棍擀成長條形。（圖15）

12 將麵糰由長向捲起，邊捲邊壓一下，收口處捏緊成為一個橄欖形。（圖16、17）

13 間隔整齊排放在烤盤上，整盤放入烤箱中，麵糰表面噴些水，然後關上烤箱門，再發酵50～60分鐘約至1.5倍大。（圖18、19）

14 發酵好前8～10分鐘，將烤盤從烤箱中取出，烤箱打開預熱至180℃。

15 進烤箱前，用一把利刀在麵糰表面斜切出3道斜線。

16 在麵糰上大量噴水。（圖20）

17 放進已經預熱至180℃的烤箱中，烘烤25分鐘至表面呈現金黃色即可。（圖21）

18 麵包烤好後，移到鐵網架上放涼。

19 將牛奶法國麵包橫剖成蝴蝶形。（圖22、23）

20 適量的奶油抹醬塗抹在麵包中間即可。（圖24、25）

高鈣鮮奶棒

| 中種法 |

Milk Bread

做好吃的麵包是我每天的功課也是我的最愛。
在廚房中靜靜感受麵糰的變化，
用安心的食材滿足家人不同的口味。
添加大量濃純的鮮奶及鮮奶油，
麵包有著濃濃奶味，
可愛的骨頭造型給生活增添許多趣味。

份量

8個

材料

A. 中種法基本麵糰

高筋麵粉200g　牛奶130cc　速發乾酵母1/2t

B. 主麵糰

中種麵糰全部　高筋麵粉70g　低筋麵粉30g
動物性鮮奶油75cc　全脂奶粉20g　細砂糖30g
鹽1/8t　牛奶10cc　無鹽奶油30g

C. 表面裝飾

全蛋液適量

Baking Points

製作方法……中種法
第一次發酵……40分鐘
休息鬆弛……15分鐘
第二次發酵……50～60分鐘
預熱溫度……170℃
烘烤溫度……170℃
烘烤時間……18～20分鐘

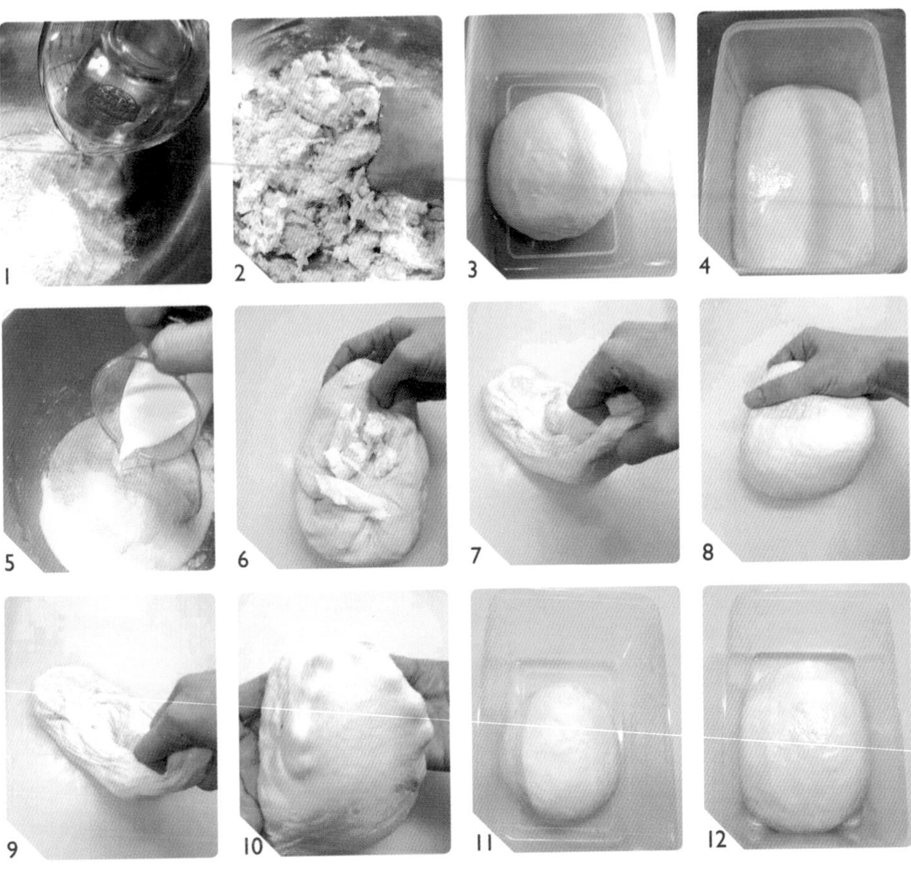

做 法

A 製作中種法基本麵糰

1 將中種材料攪拌搓揉成為一個均勻沒有粉粒的麵糰（牛奶的部分要先保留30cc，等麵糰已經攪拌成團後再慢慢加入）。（圖1）

2 繼續將麵糰反覆搓揉7～8分鐘成為光滑的麵糰。（圖2）

3 將麵糰滾圓，收口朝下捏緊，放入抹少許油的保鮮盒中。（圖3）

4 在麵糰表面噴一些水，罩上擰乾的濕布（勿接觸麵糰）或蓋子，放置室溫發酵1～1.5小時至兩倍大。（圖4）

B 製作主麵糰

5 將中種麵糰與主麵糰所有材料（無鹽奶油除外）倒入鋼盆中，攪拌搓揉成為一個不黏手的麵糰（液體的部分要先保留10cc，等麵糰已經攪拌成團後再慢慢加入）。（圖5）

6 再加入已切成小塊回溫軟化的無鹽奶油丁，搓揉均勻。（圖6）

7 依照揉麵標準程序，繼續搓揉甩打成為撐得起薄膜的麵糰。（圖7～10）

8 將麵糰滾圓，收口朝下捏緊，放入抹少許油的保鮮盒中。（圖11）

9 在麵糰表面噴一些水，罩上擰乾的濕布（勿接觸麵糰）或保鮮膜，放置到溫暖密閉的空間，發酵約40分鐘約至1.5倍大。（圖12）

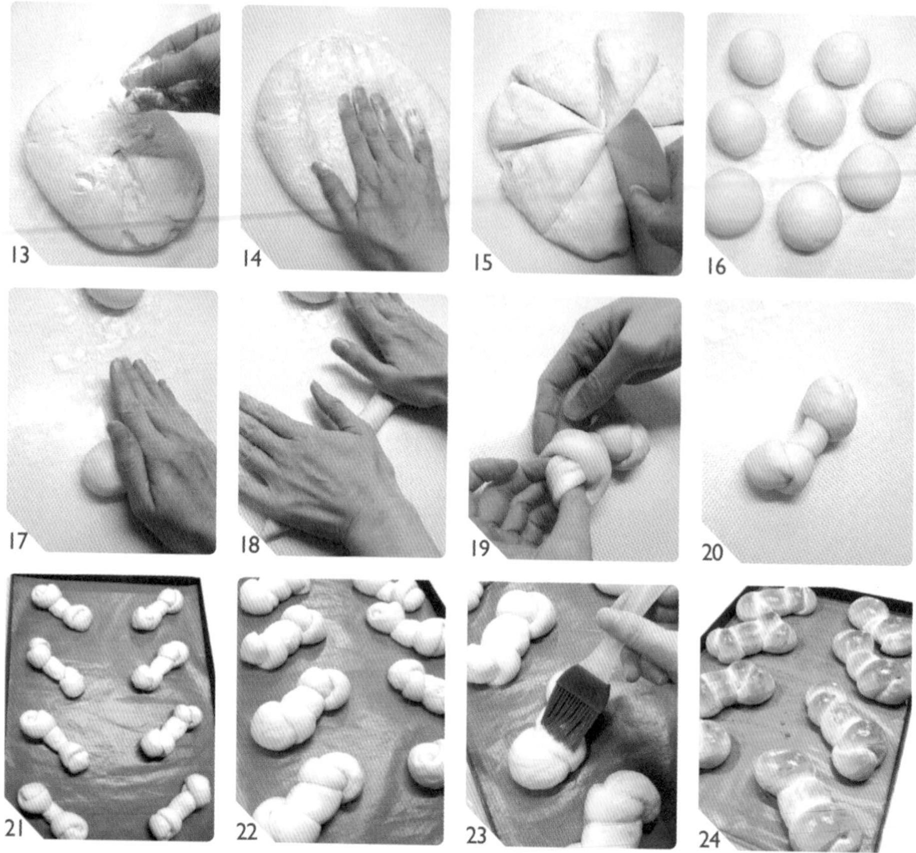

10 桌上灑上一些高筋麵粉，將發好的麵糰移出，麵糰表面也灑上一些高筋麵粉。（圖13）

11 將第一次發酵完成的麵糰空氣拍出，平均分割成8等份（每塊約70g），然後滾成圓形，蓋上乾淨的布，再讓麵糰休息15分鐘。（圖14～16）

12 小麵糰用雙手從中央往兩邊搓揉成約40cm的長條形。（圖17、18）

13 將長條形的麵糰兩頭各打一個單結成為骨頭造型。（圖19、20）

14 完成的麵糰間隔整齊排放在烤盤上。（圖21）

15 整盤放入烤箱中，麵糰表面噴些水然後關上烤箱門，再發酵50～60分鐘約至1.5倍大。（圖22）

16 發酵好前8～10分鐘，將烤盤從烤箱中取出，烤箱打開預熱至170℃。

17 進烤箱前，在表面輕輕刷上一層全蛋液。（圖23）

18 放進已經預熱至170℃的烤箱中，烘烤18～20分鐘至表面呈現金黃色即可。（圖24）

19 麵包烤好後，移到鐵網架上放涼。

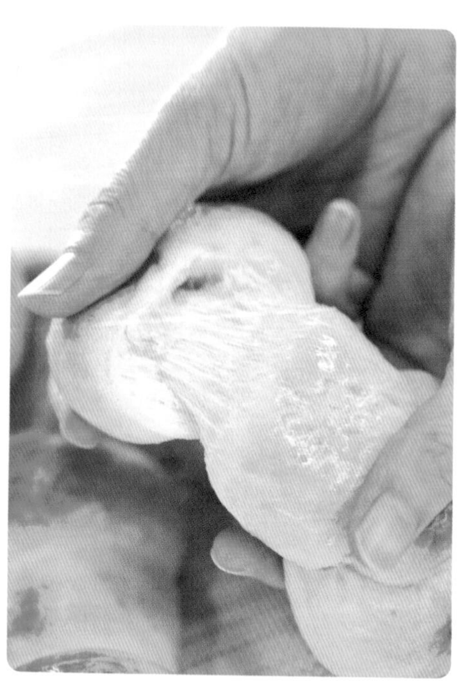

全麥奶香捲

｜低溫中種法｜

Whole Wheat Milk Rolls

麵糰經過一次又一次的擀壓，組織會變得比較細緻，發酵的氣孔也比較密實，奶香濃郁的全麥奶香捲，吃起來的口感別有一番滋味。

份 量

方形烤盒1盤（22cm×20cm×5cm）

9個

材 料

A. 中種法基本麵糰

高筋麵粉200g 全脂奶粉10g 雞蛋1個

速發乾酵母1/2t 牛奶65cc

B. 主麵糰

中種麵糰全部 高筋麵粉70g 全麥麵粉30g

煉乳30g 細砂糖20g 鹽1/4t 無鹽奶油60g

牛奶40cc

C. 表面裝飾

全蛋液適量 無鹽奶油20g（切小丁）

Baking Points

製作方法	低溫中種法
第一次發酵	12～18小時
休息鬆弛	15分鐘
第二次發酵	50～60分鐘
預熱溫度	170℃
烘烤溫度	170℃
烘烤時間	22～25分鐘

做 法

A 製作中種法基本麵糰

1 將中種材料攪拌搓揉成為一個沒有粉粒均勻的麵糰。（圖1、2）
2 繼續將麵糰反覆搓揉7～8分鐘成為光滑的麵糰。（圖3、4）
3 將麵糰滾圓，收口朝下捏緊，放入抹少許油的保鮮盒中。（圖5）
4 在麵糰表面噴一些水，蓋上蓋子，用塑膠袋密封，放置冰箱低溫冷藏發酵12～18小時至兩倍大。（圖6、7）

B 製作主麵糰

5 發好的中種麵糰冰箱取出回溫30分鐘。
6 將中種麵糰與主麵糰所有材料（無鹽奶油除外）倒入鋼盆中，攪拌搓揉成為一個不黏手的麵糰。（圖8、9）
7 再加入已切成小塊回溫軟化的無鹽奶油丁，搓揉均勻。（圖10）

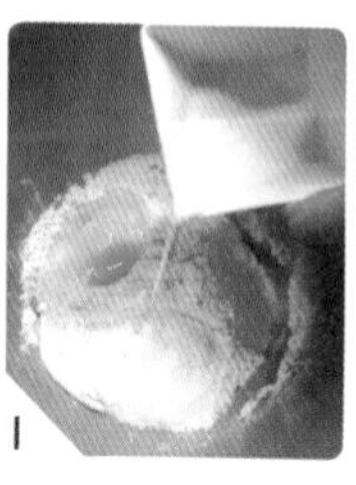
1

2

3

4

5
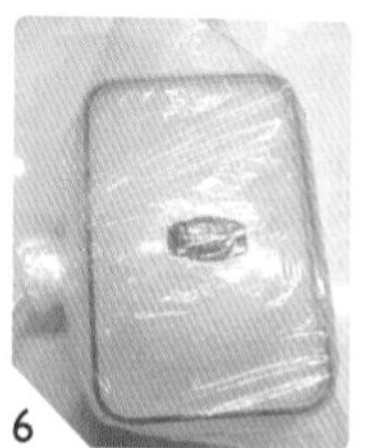
6
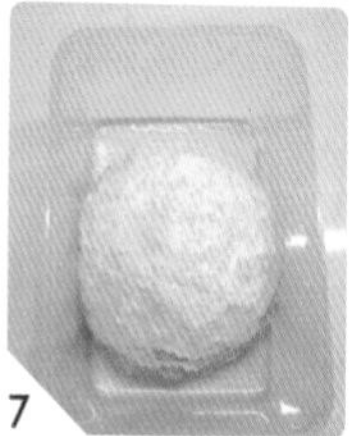
7
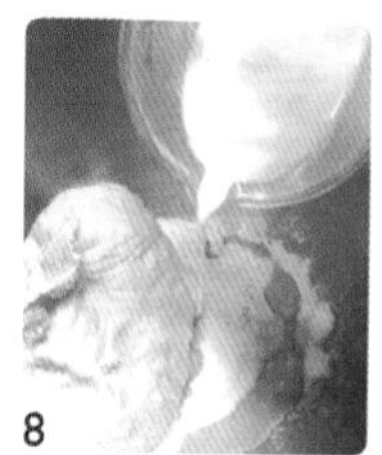
8
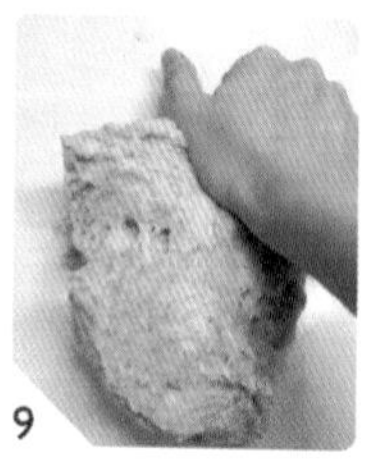
9
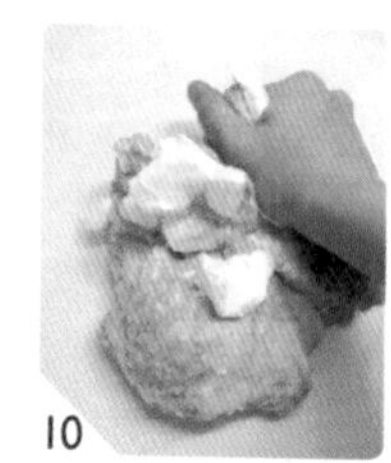
10

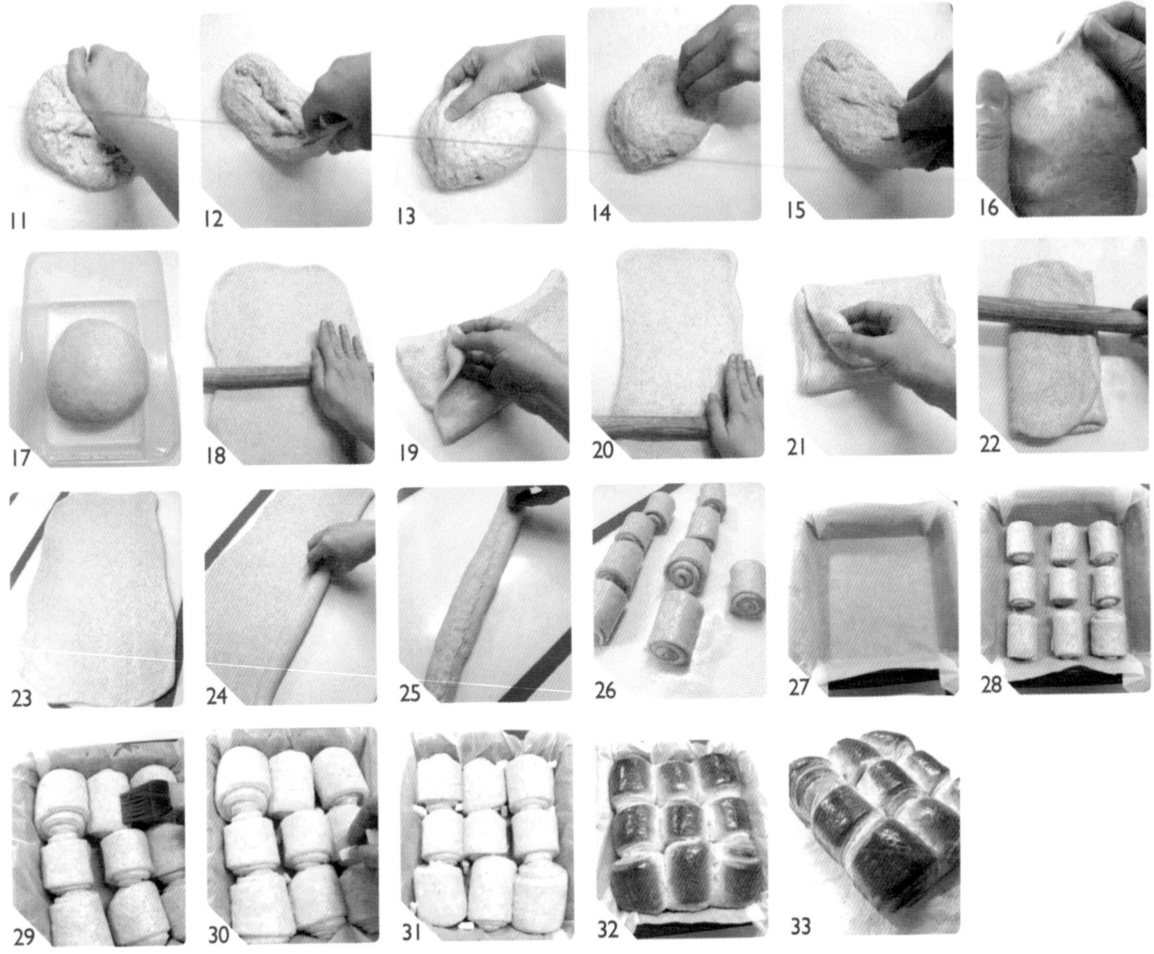

8 依照揉麵標準程序，繼續搓揉甩打成為撐得起薄膜的麵糰。（圖11～16）
9 將麵糰滾圓，收口朝下捏緊。（圖17）
10 在麵糰表面罩上擰乾的濕布（勿接觸麵糰）或保鮮膜，放置到溫暖密閉的空間，休息15分鐘。
11 桌上灑上一些高筋麵粉，將發好的麵糰移出，麵糰表面也灑上一些高筋麵粉。
12 用擀麵棍慢慢將麵糰擀開成為一個長方形大薄片。（圖18）
13 將麵糰折成3摺然後再度擀開。（圖19～22）
14 重複擀開對折這個做法至少10～12次以上，使得麵糰變得非常細緻光滑。
15 最後將麵糰擀成大薄片。（圖23）
16 由長向由一側密實捲起成為柱狀。（圖24、25）
17 平均切成9等份。（圖26）
18 在方形烤盒中鋪上一層防沾烤紙，小麵糰間隔整齊放入烤盤中。（圖27、28）
19 烤盤整盤放入烤箱中，麵糰表面噴些水，然後關上烤箱門，再發酵50～60分鐘約至1.5倍大。
20 發酵好前8～10分鐘，將烤盤從烤箱中取出，烤箱打開預熱至170℃。
21 進烤箱前，表面輕輕刷上一層全蛋液。（圖29）
22 將切成小丁狀的奶油均勻放在麵糰間隔處。（圖30、31）
23 放進已經預熱至170℃的烤箱中，烘烤22～25分鐘至表面呈現金黃色即可。（圖32、33）
24 麵包烤好後，移到鐵網架上放涼。

麵包鬆餅

|直接法|

Bread Waffle

和美式鬆餅不同，
這是利用酵母做出來的麵包鬆餅。
我更喜歡這種略為紮實的口感，
熱吃或冷食都別有風味，
沒有烤箱如果有鬆餅機，也可以用這樣的方法，
體驗一下純手工做麵包的樂趣。

份量

8個

材料

高筋麵粉120g　低筋麵粉100g　速發乾酵母1/2t
細砂糖50g　鹽1/8t　雞蛋1個　35℃溫牛奶60cc
蘭姆酒1/4t　無鹽奶油50g

Baking Points

製作方法……………直接法
第一次發酵………1～1.5小時
休息鬆弛………………………無
第二次發酵…………20分鐘
預熱溫度………………………無
烘烤溫度………………………無
烘烤時間…………3～3.5分鐘

做法

1 所有材料秤量好。（圖1）
2 高筋麵粉＋低筋麵粉混合均勻過篩。（圖2）
3 無鹽奶油回復室溫後，切小塊。（圖3）
4 速發乾酵母放入35℃溫牛奶中混合均勻。（圖4、5）
5 將鹽及細砂糖倒入過篩的麵粉中，混合均勻。
6 再將雞蛋、牛奶酵母液及蘭姆酒依序倒入麵粉中，用手慢慢將所有材料略混合成團狀。（圖6～8）
7 然後加入切成小塊的奶油丁，用手將奶油搓揉進麵糰中。（圖9、10）
8 混合約5～6分鐘成為一個均勻的麵糰（會有點濕黏是正常的，搓揉的時候可以用刮板輔助，將黏在桌上麵糰刮起）。
9 揉好的麵糰放入乾淨盆中。（圖11）
10 盆子表面覆蓋擰乾的溼布（勿接觸麵糰）或保鮮膜，放置到溫暖空間發酵1～1.5小時至兩倍大。（圖12）
11 桌上灑些低筋麵粉，將發好的麵糰從盆子移出，表面也灑一些低筋麵粉避免沾黏。（圖13）
12 將麵糰中的空氣壓出來，平均分割成8等份（每塊約50g）。（圖14）
13 手上抹點油，將小麵糰光滑面翻折出來。（圖15）
14 在桌上滾成圓形，覆蓋保鮮膜再發酵20分鐘。（圖16、17）
15 發酵時間到，將鬆餅機打開預熱。
16 預熱完成就將發酵好的麵糰直接放在鬆餅機正中間。（圖18）
17 蓋上蓋子，烘烤約3～3.5分鐘至表面呈現金黃色即可。（圖19、20）
18 依序將剩下的麵糰烘烤完成。
19 做好的鬆餅若吃不完，可以放冰箱冷藏或冷凍，要吃的時候再放入烤箱烘烤2～3分鐘到熱即可。

黑糖麵包捲

|低溫冷藏發酵法|

Brown Sugar Rolls

麵包捲一直是我很喜歡的麵包造型，麵糰經過拉長再捲起的過程，麵筋纖維更綿密，組織會牽絲，單純的口味，搭配西式餐點最適合。

份量

8個

材料

A. 麵糰

高筋麵粉300g　速發乾酵母3/4t　黑糖40g　鹽1/4t　無鹽奶油15g　溫水200cc

B. 表面裝飾

全蛋液適量

Baking Points

製作方法……低溫冷藏發酵法
第一次發酵………12～24小時
休息鬆弛………………15分鐘
第二次發酵………50～60分鐘
預熱溫度…………………170℃
烘烤溫度…………………170℃
烘烤時間…………18～20分鐘

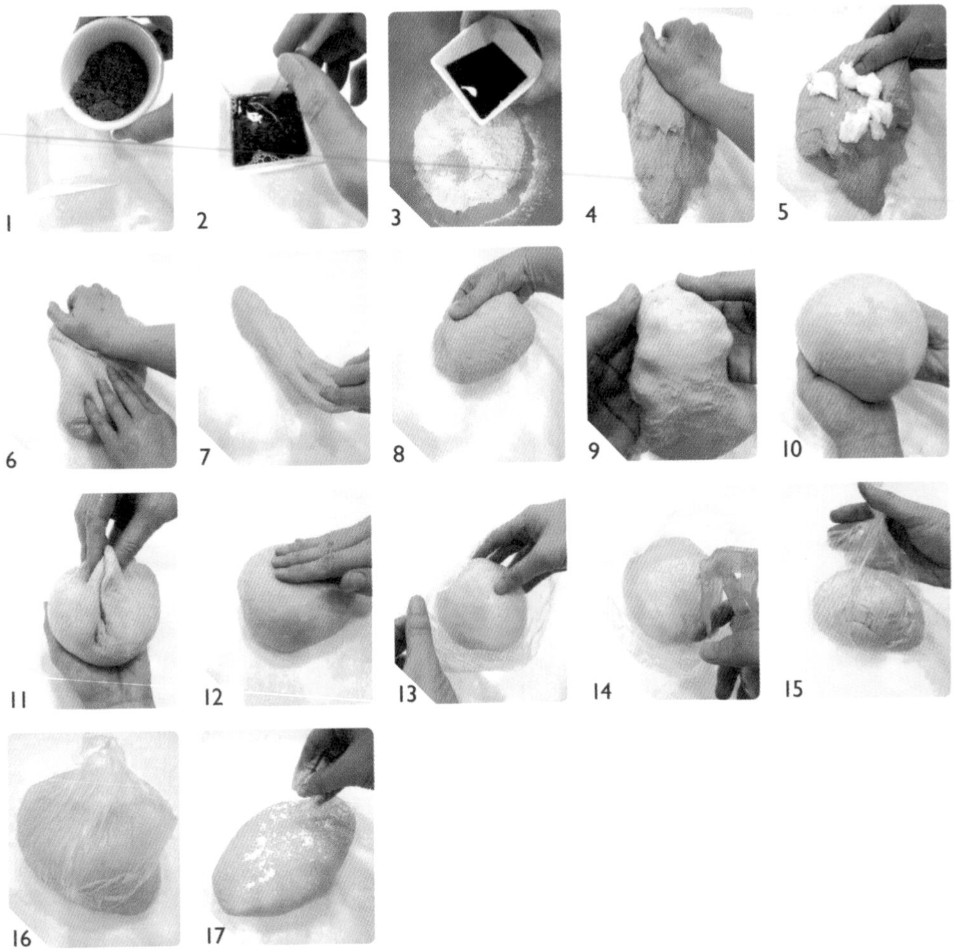

做法

1 黑糖放入溫水中混合均勻融化放涼。（圖1、2）
2 將所有材料A（無鹽奶油除外）倒入鋼盆中，攪拌搓揉成為一個不黏手的麵糰（液體的部分要先保留30cc，等麵糰已經攪拌成團後再慢慢加入）。（圖3、4）
3 再加入切成小塊回溫軟化的無鹽奶油丁，搓揉均勻。（圖5）
4 依照揉麵標準程序，繼續搓揉甩打成為撐得起薄膜的麵糰。（圖6～9）
5 將揉好的麵糰滾圓，收口朝下捏緊，表面塗抹少許橄欖油。（圖10～12）
6 麵糰放入塑膠袋中，表面噴一些水然後紮緊，塑膠袋中不要有任何空氣。（圖13～15）
7 放置到冰箱冷藏室低溫發酵12～24小時至麵糰完全膨脹。
8 從冰箱取出麵糰，回溫30分鐘。（圖16）
9 桌上灑上一些高筋麵粉，將發好的麵糰移出，麵糰表面也灑上一些高筋麵粉。（圖17）

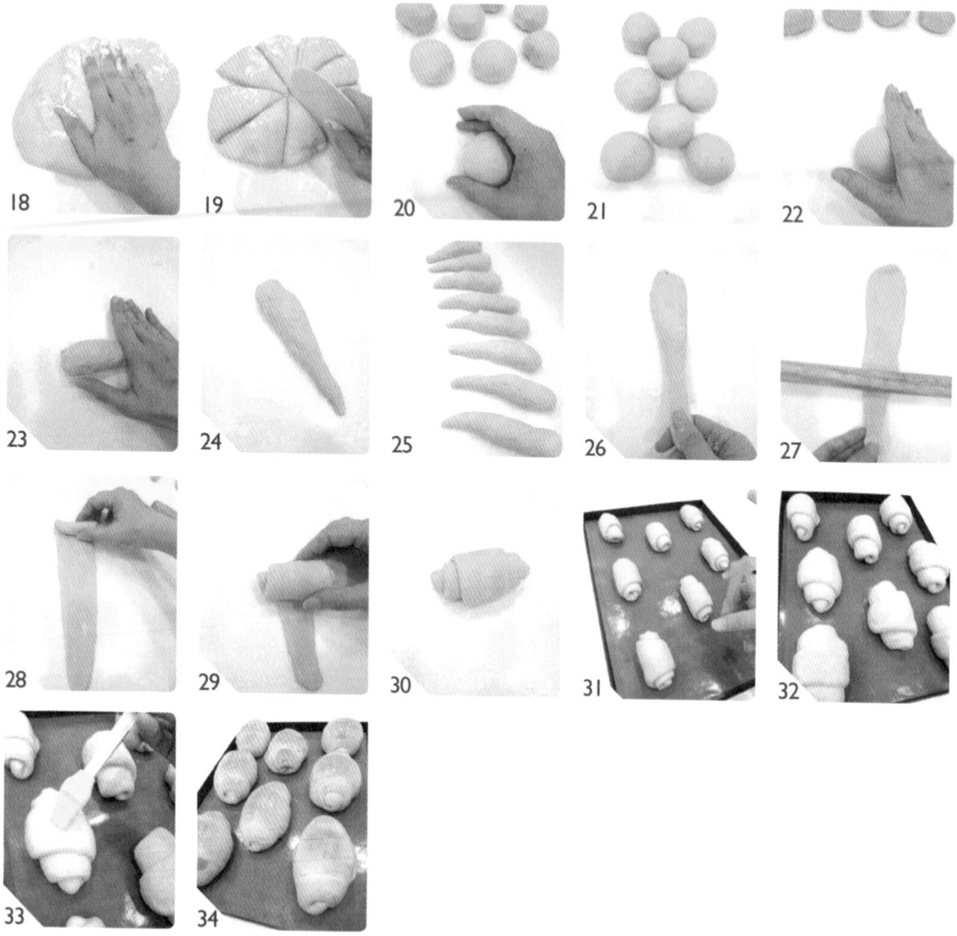

18 19 20 21 22 23 24 25 26 27 28 29 30 31 32 33 34

10 將第一次發酵完成的麵糰空氣拍出，平均分割成8等份（每塊約65g），然後滾成圓形，蓋上乾淨的布巾，再讓麵糰休息15分鐘。（圖18～21）
11 休息好的小麵糰用雙手搓揉成水滴形。（圖22～25）
12 一手拉著水滴形麵糰，一手用擀麵棍壓，將麵糰擀成約30cm的長形麵皮。（圖26、27）
13 由上往下慢慢捲起，收口朝下。（圖28～30）
14 完成的麵糰間隔整齊排放在烤盤上。
15 整盤放入烤箱中，麵糰表面噴些水，然後關上烤箱門，再發酵50～60分鐘約至1.5倍大。（圖31、32）
16 發酵好前8～10分鐘，將烤盤從烤箱中取出，烤箱打開預熱至170℃。
17 進烤箱前，在發好的麵糰上輕輕刷上一層全蛋液。（圖33）
18 放進已經預熱至170℃的烤箱中，烘烤18～20分鐘，至表面呈現金黃色即可。（圖34）
19 麵包烤好後，移到鐵網架上放涼。

Part 2 歐式麵包

European Style Bread

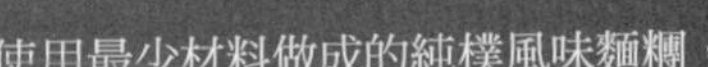

使用最少材料做成的純樸風味麵糰，
因為糖分添加非常少，
所以可以使用高溫烘烤也不容易焦黑。
油脂使用健康的橄欖油，成品充滿單純麥香，
口感外脆內軟，在口中咀嚼越吃越香。

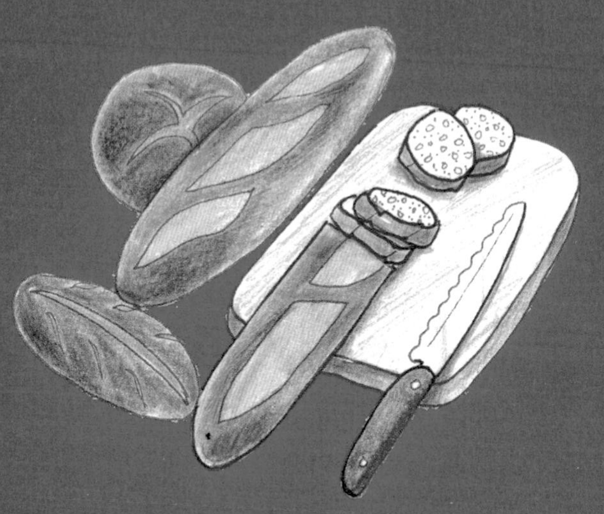

免揉乳酪麵包

｜直接法｜

No-knead Cheese Bread

很多朋友一聽到做麵包，
大都覺得是很麻煩又辛苦的事，
但是其實也有一些麵包是不需要花費太多精神，
只要靠時間幫助，就可以輕鬆完成。
這一款簡單免揉的歐式麵包，
成品皮脆內柔軟，絕對值得讓人等待。

份　量

8個

材　料

A. 麵糰

高筋麵粉270g　全麥麵粉30g　鹽1t
細砂糖10g　速發乾酵母1/2t　冷水230cc

B. 內餡配料

高融點乳酪120g

Baking Points

製作方法	直接法
第一次發酵	6～8小時
休息鬆弛	15分鐘
第二次發酵	50～60分鐘
預熱溫度	250℃
烘烤溫度	220℃
烘烤時間	18～20分鐘

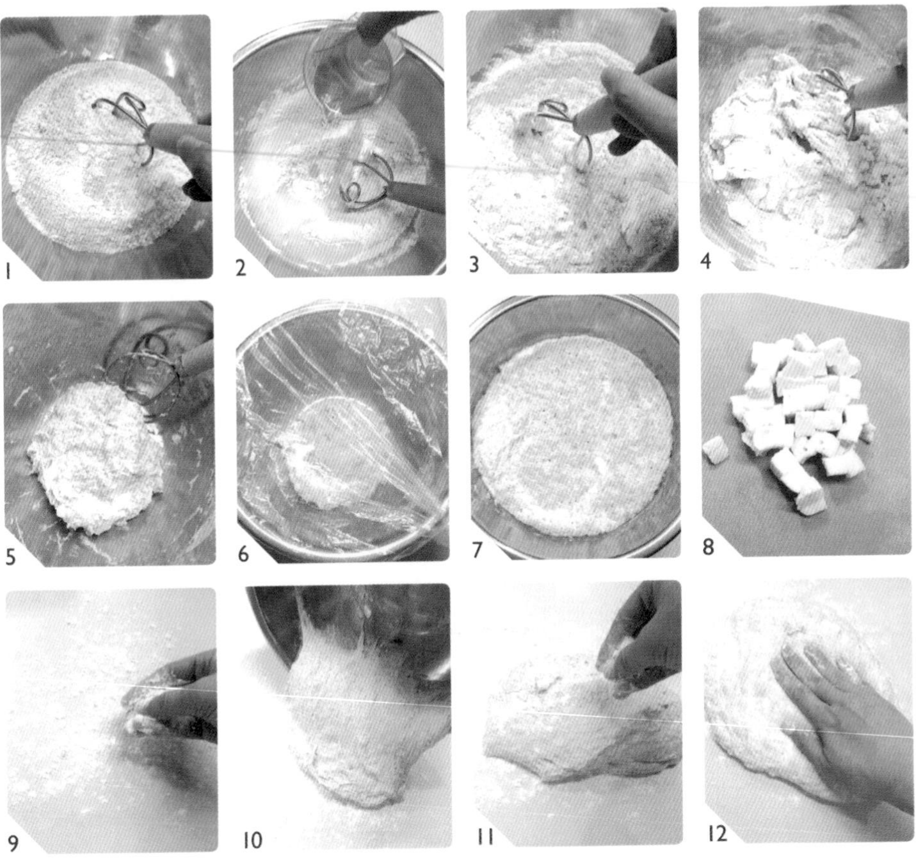

做 法

1 將材料A的所有乾性材料放入工作盆中，混合均勻。（圖1）

2 加入冷水，快速混合攪拌均勻成一團狀就好，不需要搓揉。（圖2～5）

3 工作盆包覆塑膠袋或保鮮膜密封好，放置室溫發酵6～8小時至2.5倍大。（圖6、7）

4 高融點乳酪切成約1cm丁狀。（圖8）

5 在工作檯面上，灑上大量高筋麵粉避免麵糰沾黏。（圖9）

6 將麵糰用刮板刮出，放置到灑上高筋麵粉的桌子上，麵糰表面也灑上高筋麵粉，輕壓拍出空氣。（圖10～12）

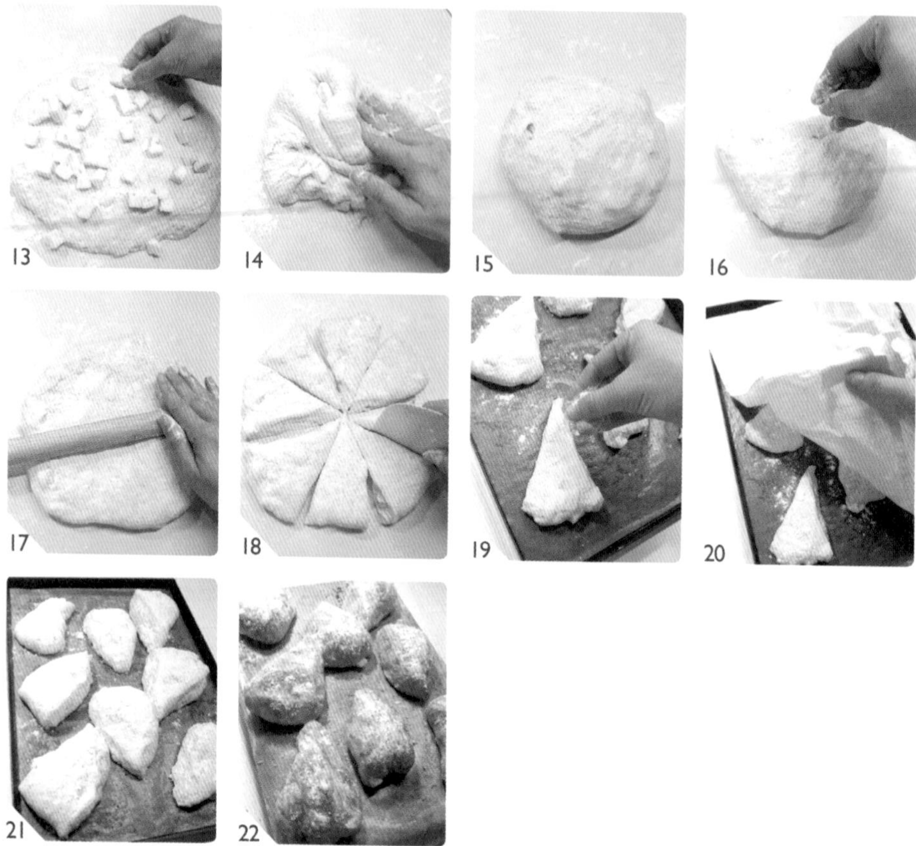

7 將乳酪丁慢慢混合入麵糰中，蓋上乾淨的布，讓麵糰休息15分鐘。（圖13～15）

8 麵糰表面灑上少許高筋麵粉，將麵糰擀開成為直徑約20cm的圓片狀。（圖16、17）

9 米字形平均分切成8塊（每塊約80g）。（圖18）

10 將切好的麵糰間隔整齊排放在烤盤上，表面灑上高筋麵粉。（圖19）

11 蓋上乾淨的布，再發酵50～60分鐘約至1.5倍大。（圖20、21）

12 發酵好前8～10分鐘，將烤盤從烤箱中取出，烤箱打開預熱至250℃。

13 放進已經預熱至250℃的烤箱中，將烤箱溫度調整為220℃，烘烤18～20分鐘至表面呈現金黃色即可。（圖22）

14 麵包烤好後，移到鐵網架上放涼。

免揉
棍子麵包

| 低溫冷藏發酵法 |

No-knead Baguette

不需要太高深的技巧，不需要搓揉甩打，
在家也可以輕鬆完成皮脆內軟的棍子麵包。
當天烘烤出爐是最佳品嘗時機，
開瓶紅酒，切塊乳酪，這就是無比的享受。

份 量

2條

材 料

高筋麵粉250g　全麥麵粉50g　鹽1/4t
速發乾酵母1/2t　麥芽糖1T　熱水210cc

製作方法……低溫冷藏發酵法
第一次發酵………12～16小時
休息鬆弛…………………15分鐘
第二次發酵……………90分鐘
預熱溫度……………………230℃
烘烤溫度……………………210℃
烘烤時間…………15～18分鐘

做 法

1. 將麥芽糖放入210cc的熱水中，混合均勻至溶化，然後放涼備用。（圖1、2）
2. 將所有材料放入工作盆中，加入放涼的麥芽糖水，快速混合均勻成一團狀（麥芽糖水可以先保留10cc慢慢添加，麵糰只要攪拌到照片中程度就好，不會水水的但是又濕潤成團的程度）。（圖3～6）
3. 將麵糰混合均勻就好，不需要搓揉。
4. 工作盆包覆塑膠袋或保鮮膜密封好，放置室溫發酵60分鐘。（圖7）
5. 再放入冰箱中冷藏一夜（約12～16小時）。
6. 發酵好的麵糰從冰箱取出回溫。（圖8）
7. 在工作檯面上灑上高筋麵粉避免麵糰沾黏。
8. 將麵糰用刮板取出，放置到灑上高筋麵粉的桌子上，麵糰表面也灑上高筋麵粉，輕壓拍出空氣。（圖9）

1

2

3

4

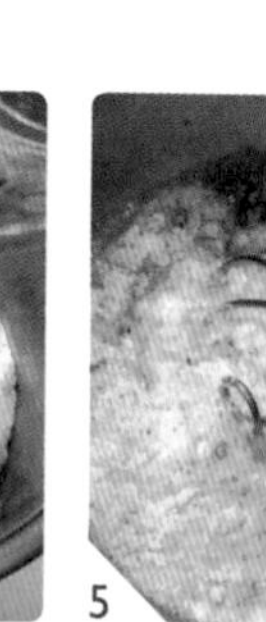
5

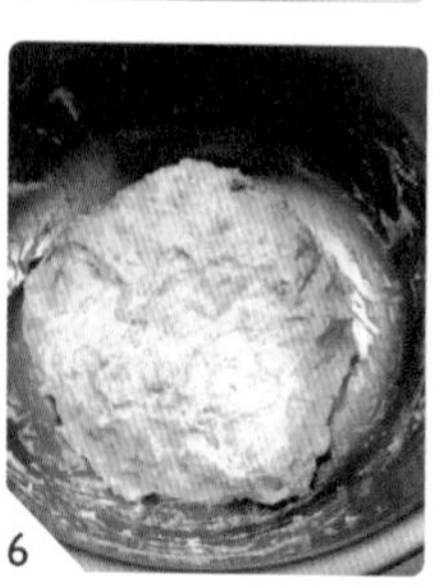
6

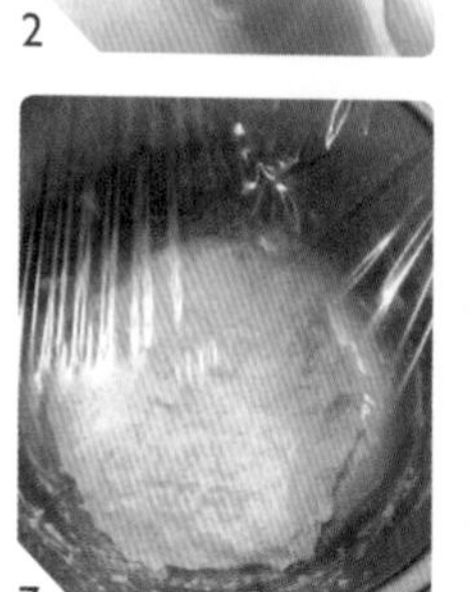
7

8

9

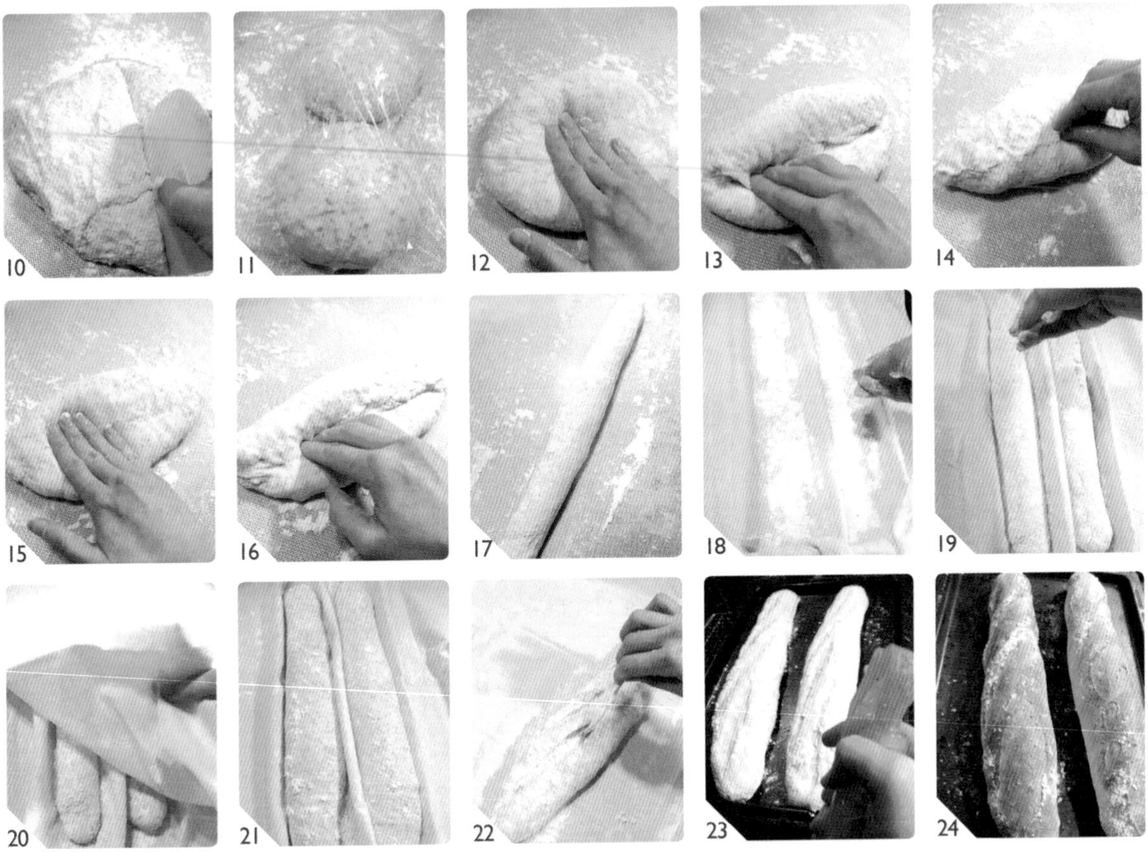

9 將麵糰平均分切成2塊（每塊約250g），滾成圓形，蓋上乾淨的布巾或保鮮膜，再讓麵糰休息15分鐘。（圖10、11）

10 用手把休息好的麵糰壓扁成一橢圓形。（圖12）

11 麵糰由長向慢慢折進來，壓緊，收口處捏緊。（圖13、14）

12 再把呈現橄欖形的麵糰壓扁成一橢圓形，由長向慢慢折進來，壓緊，收口處捏緊。（圖15、16）

13 將壓扁捲捏此步驟做約3次，就可以使得麵糰越來越長。（圖17）

14 鋪好帆布（或粿巾），將帆布折成兩個細長凹槽，在凹槽中間灑上大量高筋麵粉。（圖18）

15 將整型好的麵糰放入帆布凹槽中，麵糰上方再灑上一些高筋麵粉。（圖19）

16 上方蓋上乾的帆布，做第二次發酵90分鐘約至1.5倍大。（圖20、21）

17 將烤盤放入烤箱中，預熱到230℃。

18 麵糰發好，用利刀（刀刃上抹一點油較好劃線）在表面斜劃出3～4道深線（劃線的時候要快速而且不能猶豫，才會劃的漂亮）。（圖22）

19 準備一個長木板，將發好的麵糰從帆布輕輕滾到長木板上，再從長木板上輕輕滾到已經預熱的烤盤中（動作盡量輕，以免發酵好的麵糰消氣）。

20 烘烤前，在麵糰表面噴灑大量的水。（圖23）

21 放入已經預熱至230℃的烤箱中，烘烤10分鐘，然後將溫度調整為210℃，再烘烤15～18分鐘至表面呈現金黃色即可，中間打開烤箱，快速噴一些水（烤箱中放一杯沸水，杯子必須是瓷器或不鏽鋼材質，這樣可以幫助製造水蒸氣，達成外皮薄脆的效果）。（圖24）

- 麥芽糖可以用黃砂糖或細砂糖代替。
- 此麵包當天吃風味口感最佳。若放置隔天，吃之前將麵包切片，在麵包表面噴灑些水，放入已經預熱到150℃的烤箱中，烘烤3～5分鐘再吃口感較佳。
- 沒有帆布就將麵糰直接放在灑有高筋麵粉的烤盤中發酵。

什錦佛卡夏

|直接法|

Assorted Focaccia

佛卡夏很方便當成佐餐麵包，
製作整型都快速方便，
是我常常準備的歐式麵包。
放上豐富的餡料裝飾，好看又好吃。

份 量

6個

材 料

A. 麵糰

高筋麵粉270g　低筋麵粉30g　細砂糖15g
速發乾酵母1/2t　橄欖油30g　鹽1/4t　冷水200cc

B. 表面裝飾

橄欖油、小番茄、黑橄欖、培根片、鯷魚各適量

Baking Points

製作方法……………直接法
第一次發酵……………60分鐘
休息鬆弛……………15分鐘
第二次發酵………20～30分鐘
預熱溫度……………200℃
烘烤溫度……………200℃
烘烤時間…………18～20分鐘

做　法

1 小番茄、黑橄欖切片；培根切小塊備用。（圖1）

2 將所有材料A倒入鋼盆中，攪拌搓揉成為一個不黏手的麵糰（冷水的部分要先保留30cc，等麵糰已經攪拌成團後再慢慢加入）。（圖2）

3 依照揉麵標準程序，繼續搓揉甩打成為撐得起薄膜的麵糰。（圖3～6）

4 將揉好的麵糰滾圓，收口朝下捏緊，放入塗抹少許油的保鮮盒中。（圖7）

5 在麵糰表面噴一些水，罩上擰乾的濕布（勿接觸麵糰）或蓋子，放置到溫暖密閉的空間，發酵約60分鐘至兩倍大。（圖8）

6 桌上灑上一些高筋麵粉，將發好的麵糰移出，麵糰表面也灑上一些高筋麵粉。（圖9）

7 將第一次發酵完成的麵糰空氣拍出，平均分割成6等份（每塊約90g），然後滾成圓形，蓋上乾淨的布，再讓麵糰休息15分鐘。（圖10～12）

13

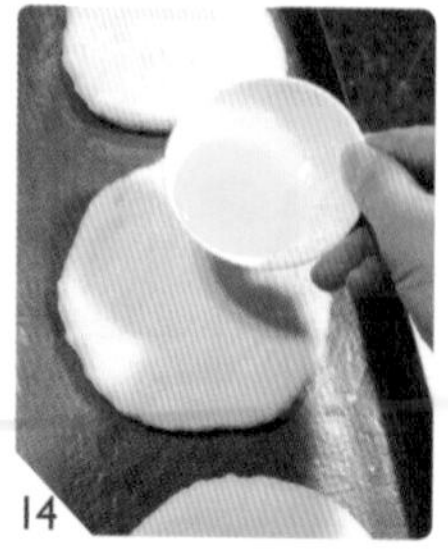
14

15

16

17

18

8 將麵糰壓一下，用擀麵棍擀成一個厚度約1cm的圓形薄片。（圖13）

9 完成的麵糰間隔整齊排放在烤盤上。

10 麵糰表面噴些水，整盤放入烤箱中，然後關上烤箱門，再發酵20～30分鐘約至1.5倍大。

11 發酵好前8～10分鐘，將烤盤從烤箱中取出，烤箱打開預熱至200℃。

12 在每一個小麵糰上淋上1/2小匙的橄欖油，用手抹平。（圖14、15）

13 在麵糰上用手指戳出一些小洞。（圖16）

14 任意擺放上事先準備好的配料。（圖17）

15 放進已經預熱至200℃的烤箱中，烘烤18～20分鐘至表面呈現金黃色即可。（圖18）

16 麵包烤好後，移到鐵網架上放涼。

全麥蒜香佛卡夏

｜直接法｜

Whole Wheat Garlic Focaccia

做麵包是急不來的事情，
酵母要在適當的溫度及充足的時間中才能夠發揮最好的效果。
也就是因為這樣繁複的步驟，每一樣成品更顯得珍貴。
大蒜與帕梅森起司粉讓這組佛卡夏無比美味！

份量

4個

材料

A. 麵糰

高筋麵粉250g　全麥麵粉50g　細砂糖10g
速發乾酵母1/2t　橄欖油20g　鹽1/2t
冷水200cc

B. 表面裝飾

橄欖油適量　蒜頭3～4瓣　乾燥巴西利適量
帕梅森起司粉適量

製作方法	直接法
第一次發酵	60分鐘
休息鬆弛	15分鐘
第二次發酵	20～30分鐘
預熱溫度	200℃
烘烤溫度	200℃
烘烤時間	18～20分鐘

做法

1 蒜頭切末備用。（圖1）
2 將所有材料A倒入鋼盆中，攪拌搓揉成為一個不黏手的麵糰（冷水的部分要先保留30cc，等麵糰已經攪拌成團後再慢慢加入）。（圖2、3）
3 依照揉麵標準程序，繼續搓揉甩打成為撐得起薄膜的麵糰。（圖4～6）
4 將揉好的麵糰滾圓，收口朝下捏緊，放入塗抹少許油的保鮮盒中。（圖7）
5 在麵糰表面噴一些水，罩上擰乾的濕布（勿接觸麵糰）或蓋子，放置到溫暖密閉的空間，發酵約60分鐘至兩倍大。（圖8）

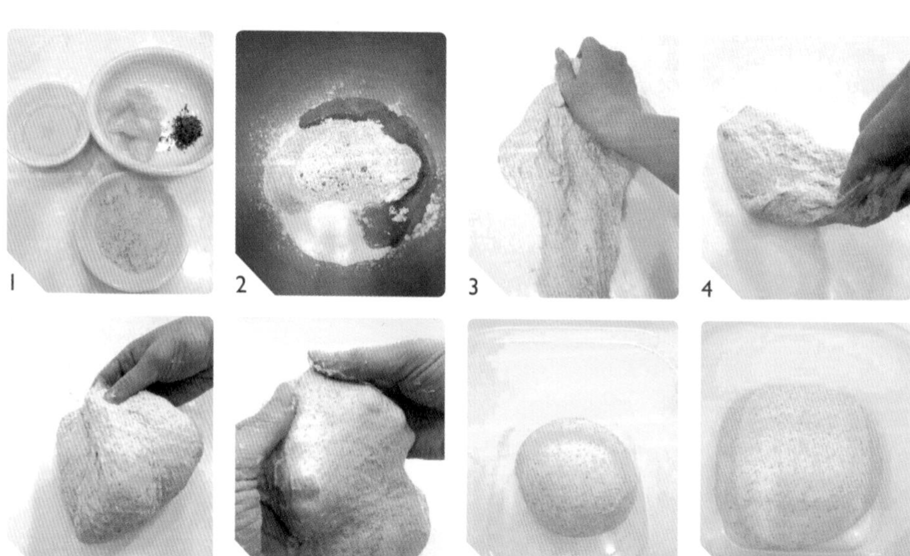

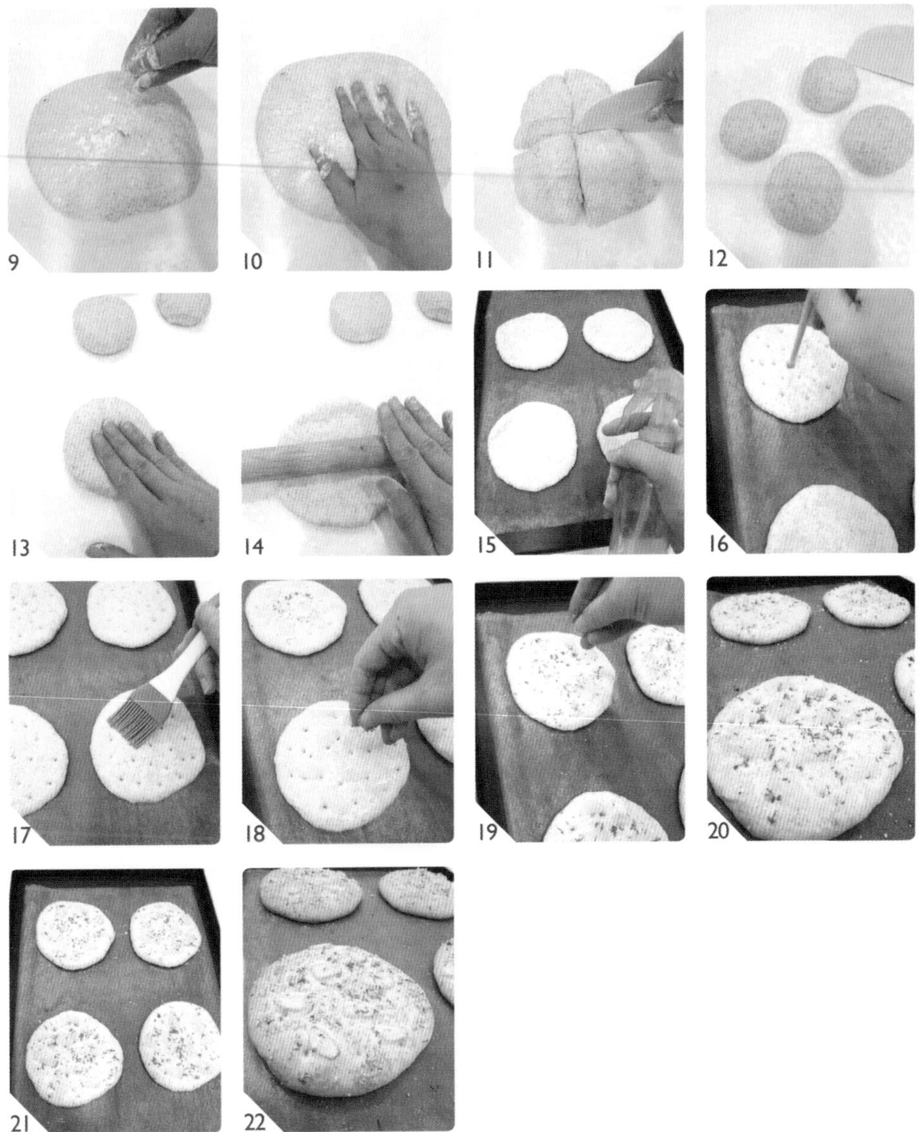

6 桌上灑上一些高筋麵粉，將發好的麵糰移出，麵糰表面也灑上一些高筋麵粉。（圖9）

7 將第一次發酵完成的麵糰空氣拍出，平均分割成4等份（每塊約130g），然後滾成圓形，蓋上乾淨的布，再讓麵糰休息15分鐘。（圖10～12）

8 將麵糰壓一下，用擀麵棍擀成一個厚度約1cm的圓形薄片。（圖13、14）

9 完成的麵糰間隔整齊排放在烤盤上。

10 麵糰表面噴些水，整盤放入烤箱中，然後關上烤箱門，再發酵20～30分鐘約至1.5倍大。（圖15）

11 發酵好前8～10分鐘，將烤盤從烤箱中取出，烤箱打開預熱至200℃。

12 在麵糰上用筷子或手指戳出一些小洞，淋上1/2小匙的橄欖油，用手或刷子抹平。（圖16、17）

13 表面鋪上事先準備好的蒜末，灑上適量乾燥巴西利及帕梅森起司粉。（圖18～21）

14 放進已經預熱至200℃的烤箱中，烘烤18～20分鐘至表面呈現金黃色即可。（圖22）

15 麵包烤好後，移到鐵網架上放涼。

法國蜂蜜麵包

|直接法|

Honey Country Bread

省力又操作簡單的一款免揉麵包，重點在第一次發酵過程每隔30分鐘就做一次翻折的動作，讓麵筋在反覆拉伸中慢慢形成，烘烤的過程滿屋子都是淡淡的蜂蜜香，空氣中充滿幸福的味道，帶點甜的鄉村麵包讓人更容易親近，連小朋友也會愛上。

份　量

（8吋藤籃）

1個

材　料

A. 麵糰

高筋麵粉200g　低筋麵粉40g　全麥麵粉60g
蜂蜜30g　細砂糖10g　鹽1t　速發乾酵母1/2t
冷水205cc

B. 表面裝飾

無鹽奶油或橄欖油少許

Baking Points

製作方法	直接法
第一次發酵	2小時
休息鬆弛	15分鐘
第二次發酵	50～60分鐘
預熱溫度	250℃
烘烤溫度	230℃
烘烤時間	25～27分鐘

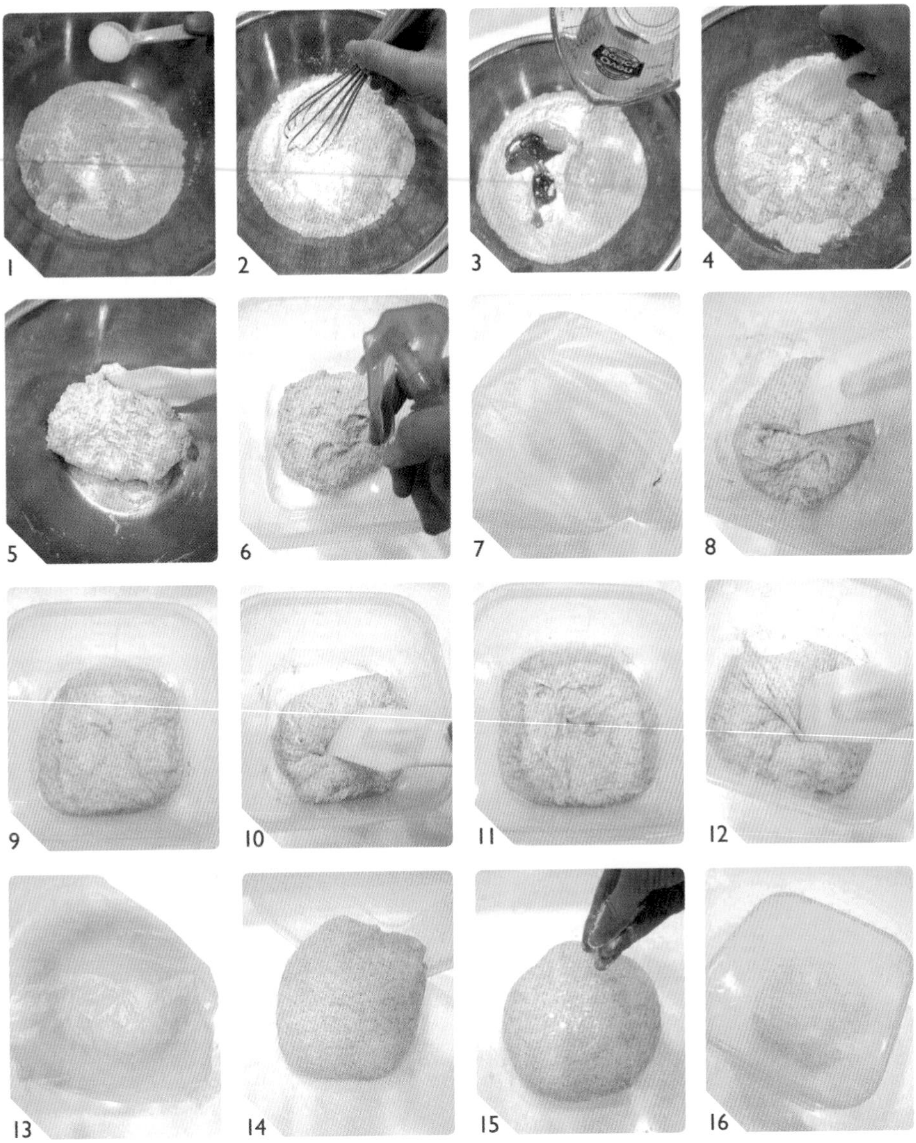

做 法

1 將所有乾性材料倒入鋼盆中混合均勻。（圖1、2）
2 加入蜂蜜及水，用橡皮刮刀混合3～4分鐘成為一個均勻的麵糰。（圖3～5）
3 將麵糰放到保鮮盒中，表面噴些水，蓋上蓋子或套上塑膠袋，密封醒置30分鐘。（圖6、7）
4 時間到，打開塑膠袋，用刮刀將四周的麵糰往中間折壓。（圖8～10）
5 然後再蓋上蓋子或套上塑膠袋，密封醒置30分鐘。
6 時間到，打開塑膠袋，再度用刮刀將四周的麵糰往中間折壓。（圖11、12）
7 然後再蓋上蓋子或套上塑膠袋，密封醒置30分鐘。（圖13）
8 2小時發酵時間總共做折壓動作3次。
9 桌上灑上一些高筋麵粉，將發好的麵糰移出，麵糰表面也灑上一些高筋麵粉。（圖14、15）
10 將第一次發酵完成的麵糰空氣拍出，然後滾成圓形，放入盆中，蓋上保鮮膜，再讓麵糰休息15分鐘。（圖16）

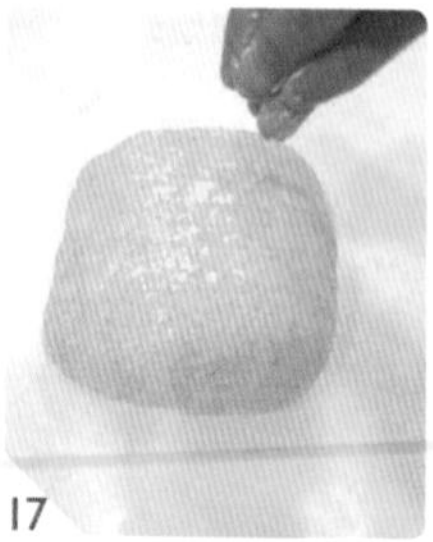
17
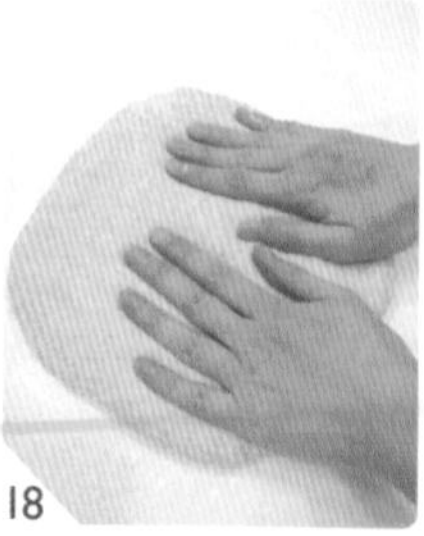
18
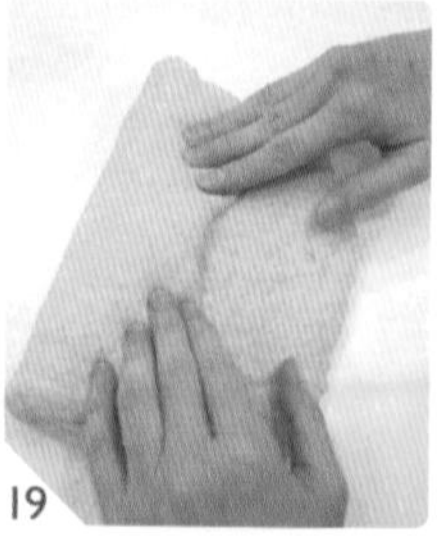
19
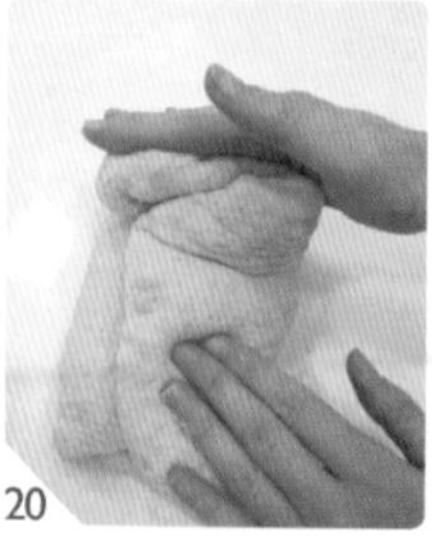
20
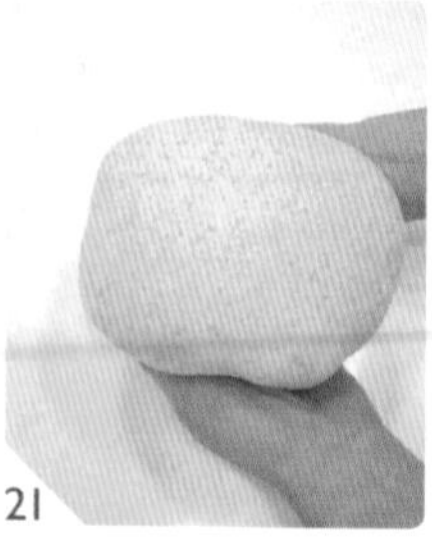
21
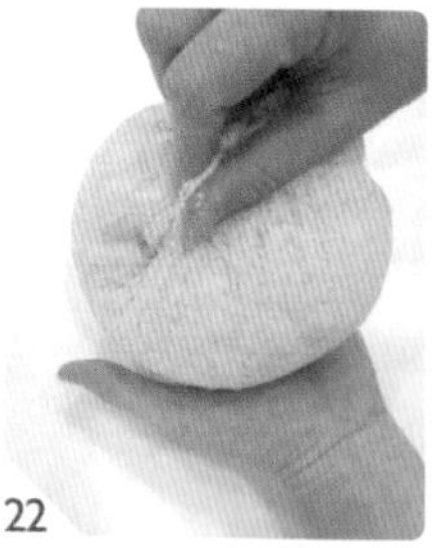
22
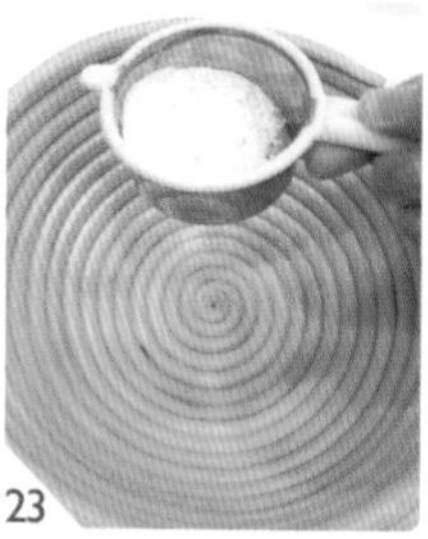
23
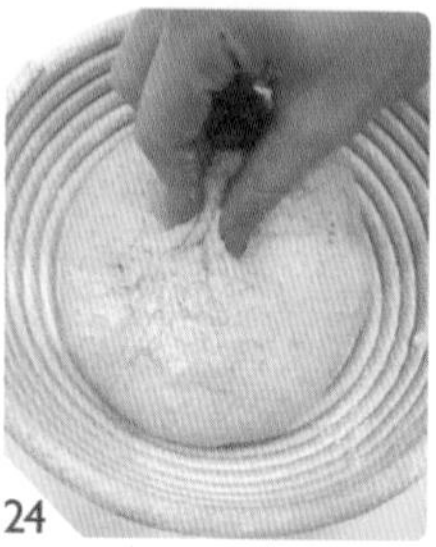
24
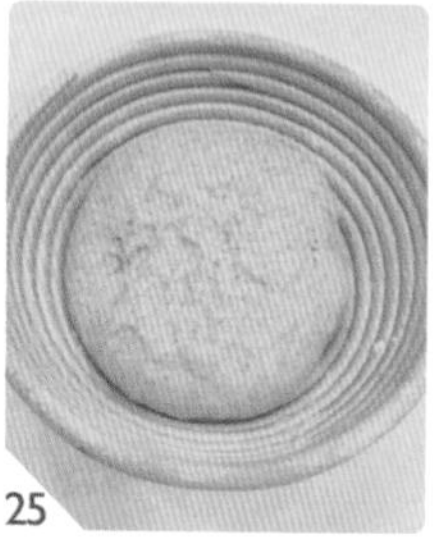
25
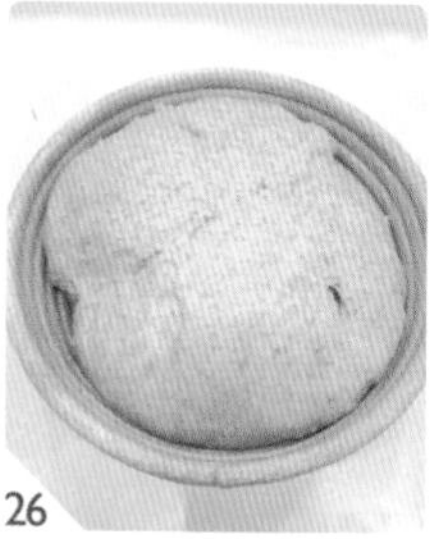
26
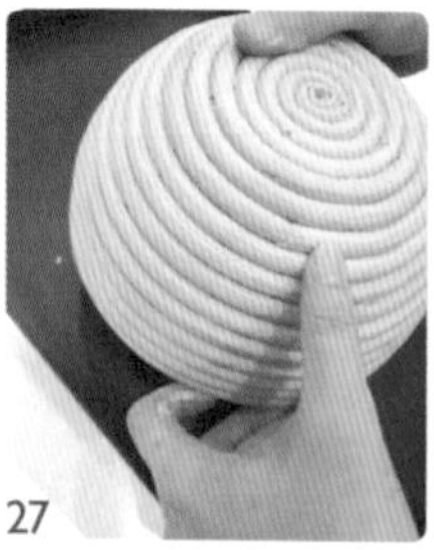
27
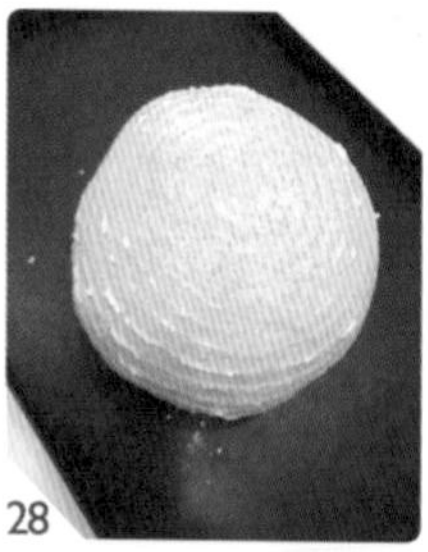
28
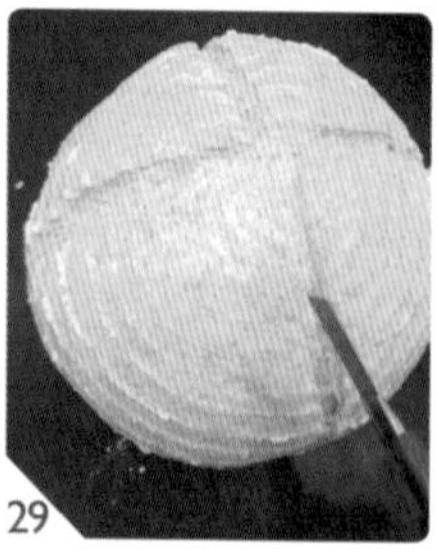
29
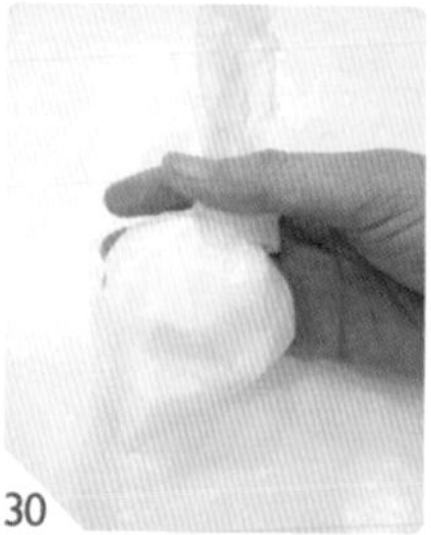
30
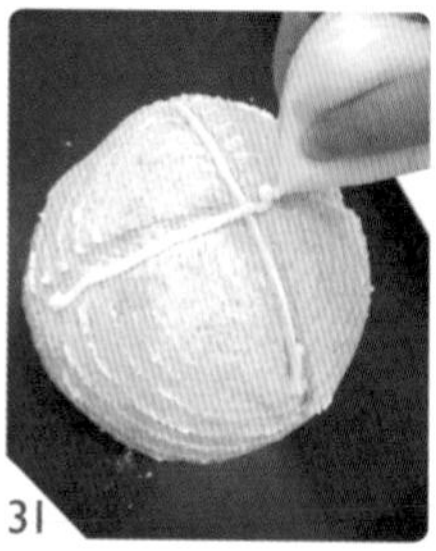
31
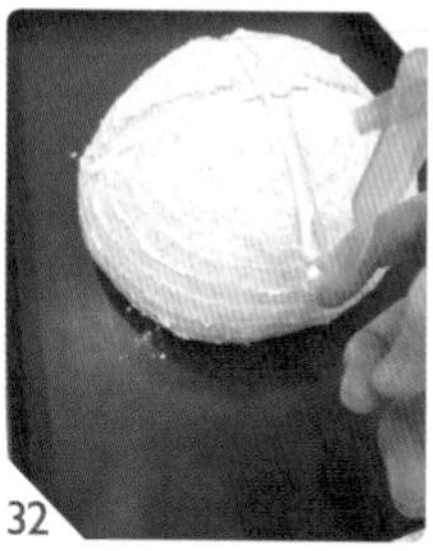
32
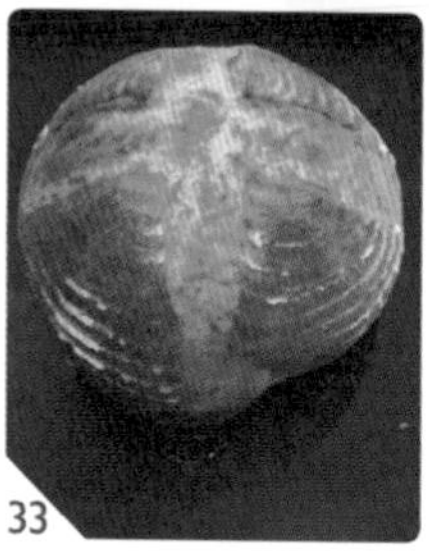
33

11 將休息完的麵糰取出，表面灑上一些高筋麵粉，直接壓平，折成3摺再左右3摺成一球狀，底部收口捏緊。（圖17～22）

12 在藤籃中均勻灑上一層高筋麵粉。（圖23）

13 麵糰收口朝上放入藤籃中，藤籃覆蓋上乾淨的布。（圖24、25）

14 放置到溫暖密閉的空間，再發酵50～60分鐘至九分滿。（圖26）

15 發酵好前8～10分鐘，烤箱打開預熱至250℃。

16 進烤箱前，將麵糰倒扣在烤盤上。（圖27、28）

17 用一把利刀在麵糰中央切出十字深痕，切口擠上軟化的無鹽奶油或橄欖油。（圖29～31）

18 在表面噴上大量冷水。（圖32）

19 放進已經預熱至250℃的烤箱中，再將烤箱溫度調整為230℃，烘烤25～27分鐘至表面呈現金黃色即可。（圖33）

20 麵包烤好後，移到鐵網架上放涼。

法國奶油棍子麵包

|中種法|

Butter Baguette

我愛法國麵包，香脆的外皮，柔軟多孔的內裡，無論做幾次心情都如此喜悅！麵包出爐馬上切一塊，不用任何夾餡就可以啃上一塊，麥香濃厚的滋味，誰想放棄！

份 量

2條

材 料

A. 中種法基本麵糰

高筋麵粉200g 速發乾酵母1/2t 冷水130cc

B. 主麵糰

中種麵糰全部 高筋麵粉100g 鹽3/4t 水65cc

無鹽奶油20g

C. 表面裝飾

橄欖油適量

製作方法……………………中種法
第一次發酵………40～60分鐘
休息鬆弛…………………15分鐘
第二次發酵………40～60分鐘
預熱溫度…………………210℃
烘烤溫度…………………210℃
烘烤時間…………18～20分鐘

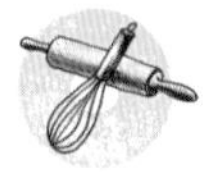

做 法

A 製作中種法基本麵糰

1 將高筋麵粉與速發乾酵母放入鋼盆中。
2 將中種材料攪拌搓揉成為一個沒有粉粒均勻的麵糰（液體的部分要先保留15cc，等麵糰已經攪拌成團後再慢慢加入）。（圖1）
3 繼續將麵糰反覆搓揉7～8分鐘成為光滑的麵糰。（圖2）
4 將麵糰滾圓，收口朝下捏緊，放入抹少許油的保鮮盒中。（圖3）
5 在麵糰表面噴一些水，罩上擰乾的濕布（勿接觸麵糰）或蓋子，放置室溫發酵1.5～2小時至兩倍大。（圖4）

B 製作主麵糰

6 將中種麵糰與主麵糰所有材料倒入（奶油除外）鋼盆中，攪拌搓揉成為一個不黏手的麵糰（液體的部分要先保留30cc，等麵糰已經攪拌成團後再慢慢加入）。
7 再加入已切成小塊回溫軟化的無鹽奶油丁，搓揉均勻。（圖5）
8 依照揉麵標準程序，繼續搓揉甩打，成為撐得起薄膜的麵糰。（圖6）
9 將麵糰滾圓，收口朝下捏緊，放入抹少許油的盆中。（圖7）
10 在麵糰表面噴一些水，罩上擰乾的濕布（勿接觸麵糰）或保鮮膜，放置到溫暖密閉的空間，發酵約40～60分鐘約至1.5倍大。（圖8）

1

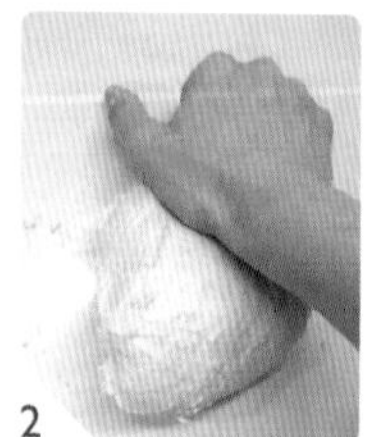
2

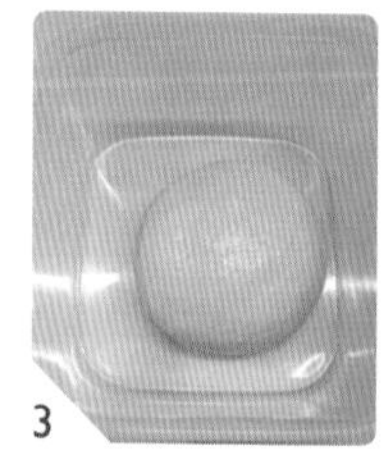
3

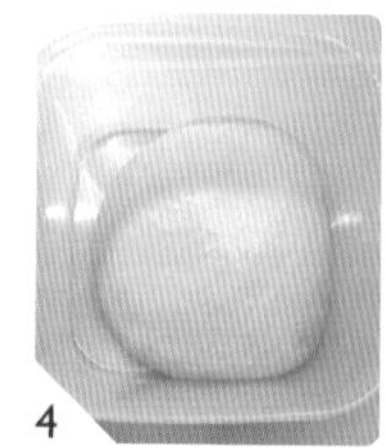
4

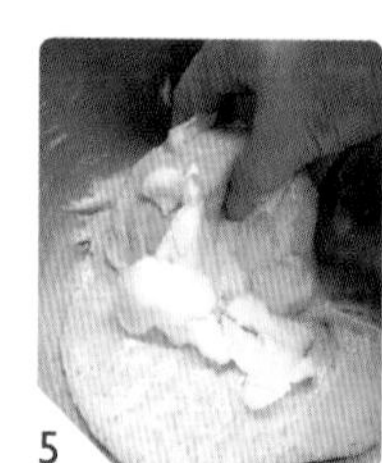
5

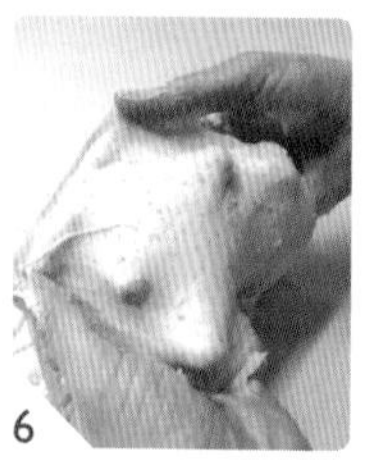
6

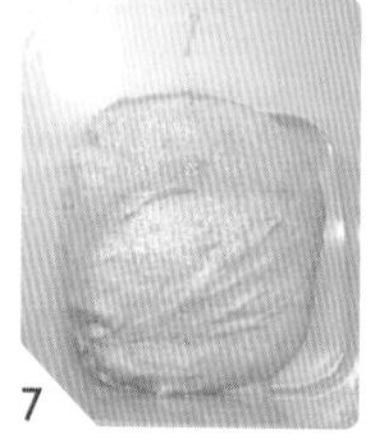
7

8

9

10

11

12

13

14

15

16

17

18

19

20

21

22

23

24

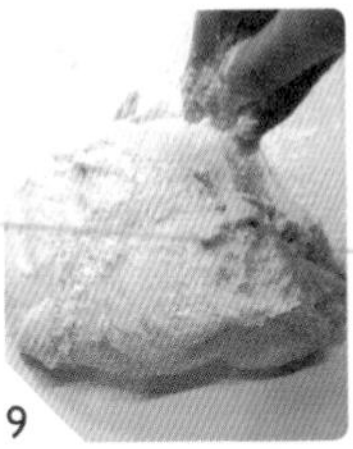

11 桌上灑上一些高筋麵粉，將發好的麵糰移出，麵糰表面也灑上一些高筋麵粉。（圖9）

12 將第一次發酵完成的麵糰空氣拍出，平均分割成兩個小麵糰（每個約260g），然後將小麵糰滾圓，蓋上乾淨的布，再讓麵糰休息15分鐘。（圖10～12）

13 休息好的麵糰表面灑些高筋麵粉避免沾黏，用擀麵棍擀成長條形。（圖13）

14 將麵糰由短向捲起，一邊壓一邊捲，收口處捏緊，成為一個棍形（圖14、15）

15 帆布折出兩個長形凹槽，灑上高筋麵粉避免沾黏。（圖16）

16 將麵糰放入帆布凹槽中，麵糰表面灑上高筋麵粉，覆蓋上乾淨的布。（圖17、18）

17 整盤放入烤箱中，再發酵40～50分鐘約至1.5倍大。（圖19）

18 發酵好前8～10分鐘，將烤盤從烤箱中取出，烤箱打開預熱至210℃。

19 進烤箱前，用一把利刀在麵糰中央斜切3道線。（圖20、21）

20 準備一個平板，將發好的麵糰從帆布輕輕滾到平板上，再從平板上輕輕滾到烤盤中（動作盡量輕，以免發酵好的麵糰消氣）。（圖22）

21 在切口處淋上少許橄欖油，在表面噴水。（圖23）

22 放進已經預熱至210℃的烤箱中，烘烤18～20分鐘至表面呈現金黃色即可。（圖24）

23 麵包烤好後，移到鐵網架上放涼。

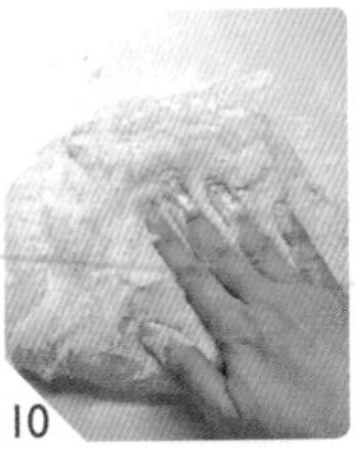

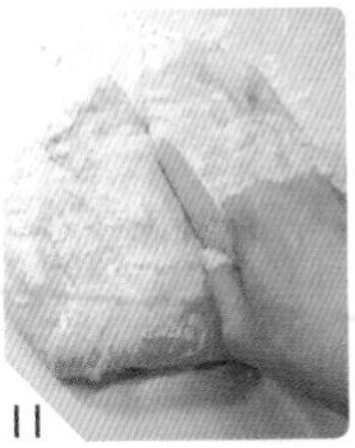

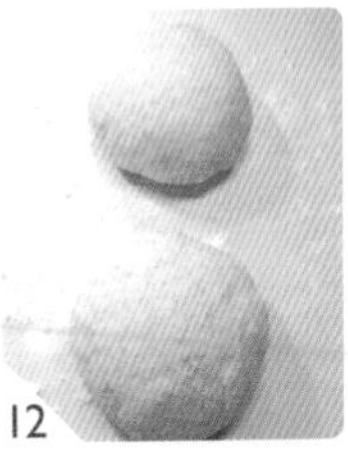

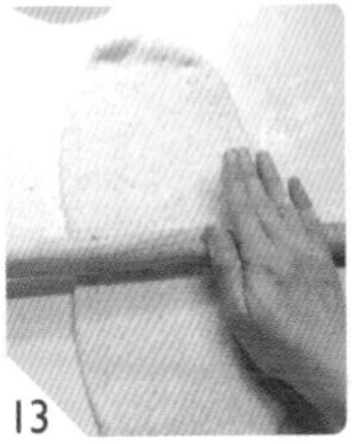

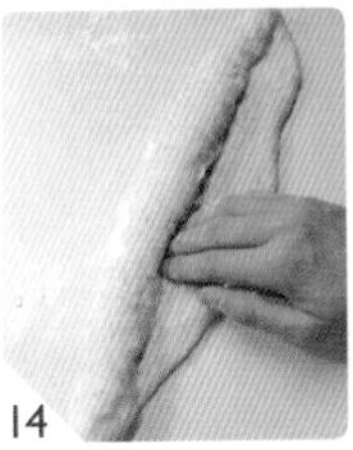

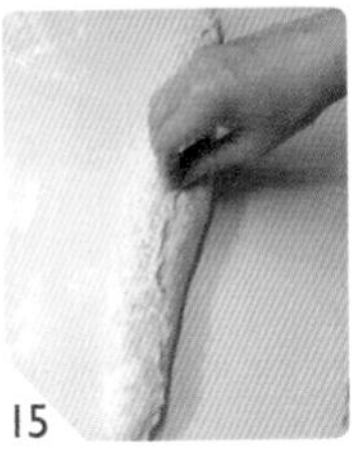

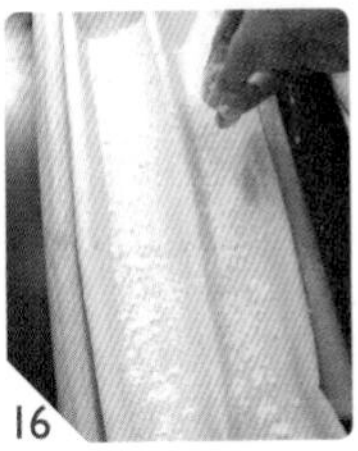

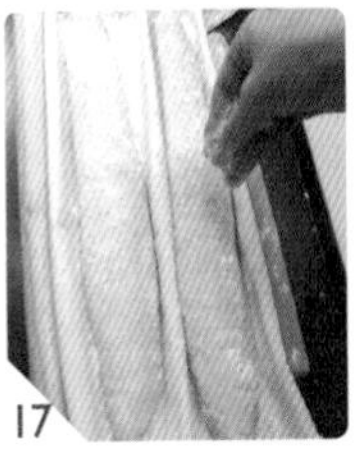

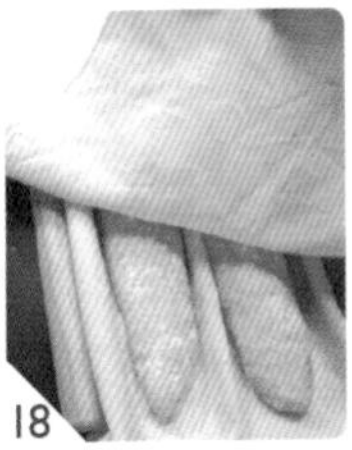

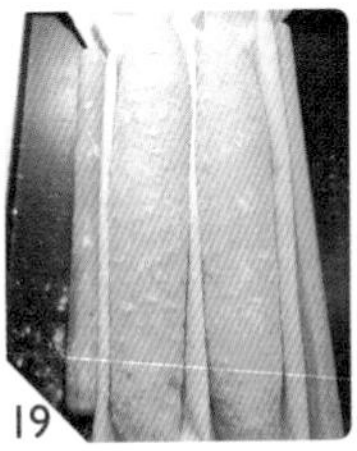

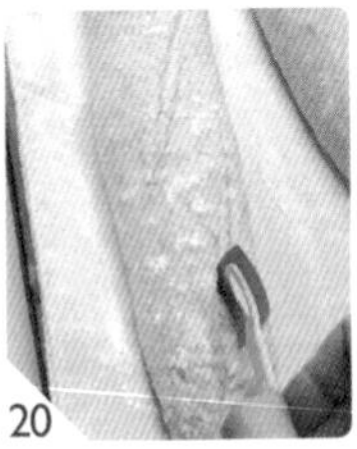

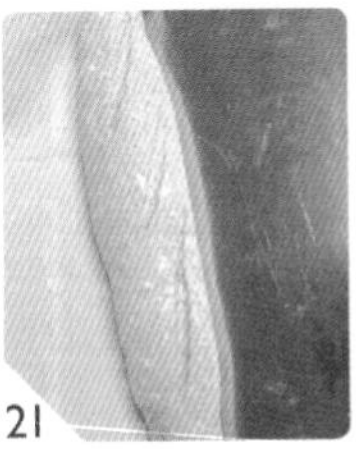

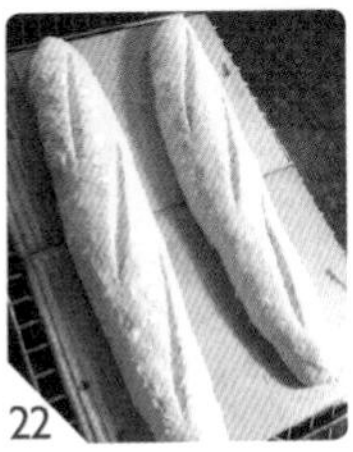

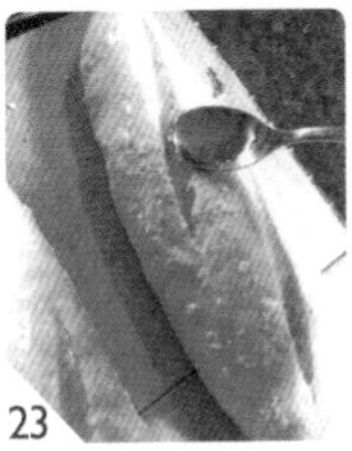

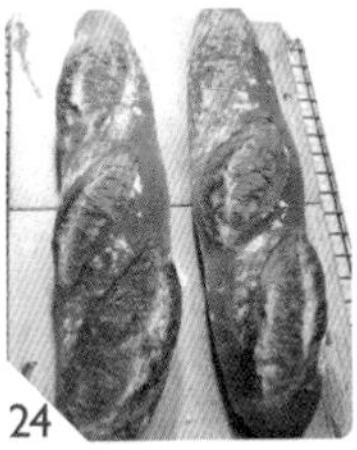

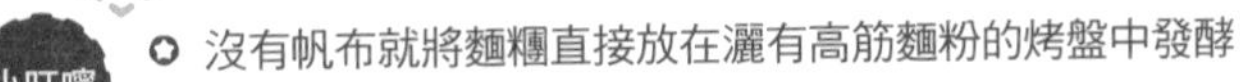

小叮嚀

- 沒有帆布就將麵糰直接放在灑有高筋麵粉的烤盤中發酵。

紅酒果乾核桃麵包

｜老麵法｜

Red Wine Country Bread with Walnut and Dry Fruit

淡淡的紅酒香，
加上大量的果乾及堅果，
屬於我的紅酒麵包出爐了，
皮脆內裡Q軟，
材料豐富有著多層次的口感，
真是好吃極了！
拿來搭配奶油雞肉燉菜，
是假日晚餐完美的句點。

份量

（8吋藤籃）
1個

材料

A. 紅酒漬果乾
蔓越莓乾20g　桂圓乾20g　紅酒50g

B. 主麵糰
老麵麵糰50g　高筋麵粉200g　全麥麵粉50g
紅酒100g　速發乾酵母1/2t　鹽3/4t
核桃40g　水90cc
*老麵做法請參考33頁。

C. 表面裝飾
橄欖油或無鹽奶油少許

Baking Points

製作方法……………老麵法
第一次發酵……………40分鐘
休息鬆弛……………無
第二次發酵……………50～60分鐘
預熱溫度……………230℃
烘烤溫度……………210℃
烘烤時間……………25～27分鐘

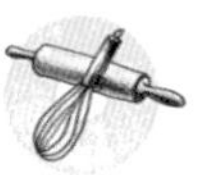

做　法

A　製作紅酒漬果乾

1　蔓越莓乾＋桂圓乾放入小碗中，倒入50g紅酒。（圖1）
2　密封好，放進冰箱浸泡至少2～3天（久一點沒有關係）。（圖2）
3　做麵包前，從冰箱取出回溫。
4　用濾網將果乾湯汁濾掉。（圖3、4）
5　果乾放在餐巾紙上，將多餘水分吸除。（圖5）
6　核桃放入已經預熱至150℃的烤箱中，烘烤7～8分鐘，取出放涼，切小塊。（圖6）
7　果乾中濾出來的紅酒再加上新的紅酒，共取100g。
8　將紅酒煮沸，放涼備用（務必煮過，以免影響發酵）。

B　製作主麵糰

9　老麵事先做好取50g。（圖7）
10　將所有材料倒入鋼盆中（果乾除外），加入煮沸放涼的紅酒及水攪拌，搓揉成為一個不黏手的麵糰（冷水的部分要先保留30cc，等麵糰已經攪拌成團後再慢慢加入）。（圖8、9）
11　依照揉麵標準程序，繼續搓揉甩打，成為撐得起薄膜的麵糰。（圖10～14）

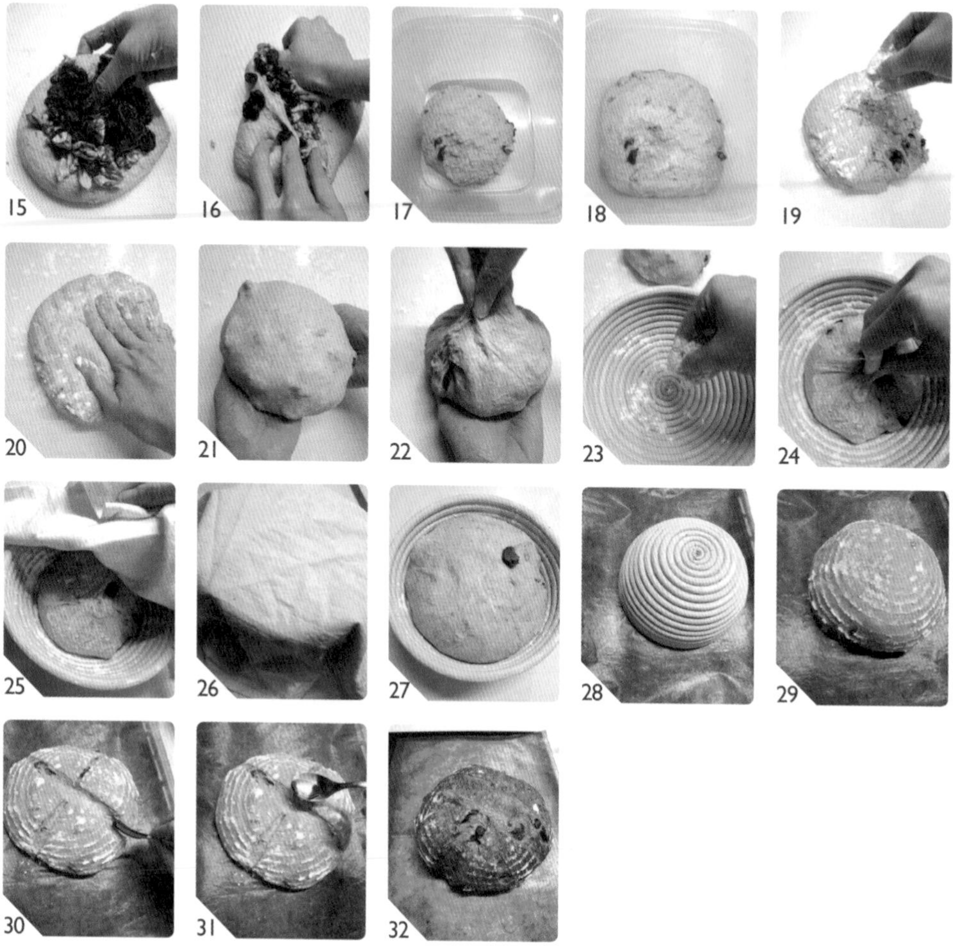

15 16 17 18 19 20 21 22 23 24 25 26 27 28 29 30 31 32

12 將果乾及核桃均勻揉入麵糰中。（圖15、16）

13 將麵糰滾圓，收口朝下捏緊，放入抹了少許油的工作盆中。（圖17）

14 在麵糰表面噴一些水，罩上擰乾的濕布（勿接觸麵糰）或保鮮膜，放置到溫暖密閉的空間，發酵約40分鐘約至1.5倍大。（圖18）

15 桌上灑上一些高筋麵粉，將發好的麵糰移出，麵糰表面也灑上一些高筋麵粉。（圖19）

16 將第一次發酵完成的麵糰空氣拍出，然後捏成圓形，底部收口捏緊。（圖20～22）

17 在藤籃中均勻灑上一層高筋麵粉。（圖23）

18 麵糰收口朝上，放入藤籃中，藤籃覆蓋上乾淨的布。（圖24～26）

19 放置到溫暖密閉的空間，再發酵50～60分鐘至九分滿。（圖27）

20 發酵好前8～10分鐘，烤箱打開預熱至230℃。

21 進烤箱前，將麵糰倒扣在烤盤上。（圖28、29）

22 用一把利刀在麵糰中央切出十字深痕，切口淋上橄欖油。（圖30、31）

23 在表面噴上大量冷水。

24 放進已經預熱至230℃的烤箱中，將烤箱溫度調整為210℃，烘烤25～27分鐘至表面呈現金黃色即可。（圖32）

25 麵包烤好後，移到鐵網架上放涼。

Part 3 蔬菜雜穀麵包

Vegetables, Fruit and Multi-grain Bread

添加季節性蔬果及各式各樣穀類在其中的麵糰，
創造出風味特殊，口味獨特的成品。
這些麵包可以嘗到多種食材，
除了當做一般佐餐主食，
也非常適合直接代替正餐食用。

燕麥起司麵包 | 直接法 |
Oatmeal Cheese Bread

洋蔥起司麵包 | 直接法 |
Onion Cheese Bread

竹炭起司麵包 | 直接法 |
Charcoal Cheese Bread

九層塔起司培根麵包 | 直接法 |
Basil Bacon Cheese Bread

培根黑橄欖麵包條 | 直接法 |
Bacon Olive Grissini

牛奶香蕉麵包 | 直接法 |
Banana Milk Bread

卡士達全麥米餐包 | 直接法 |
Whole Wheat Rice Buns with Custard Cream

英式鬆餅麵包 | 直接法 |
English Muffin Bread

燕麥奶油千層餐包 | 直接法 |
Oatmeal Butter Rolls

全麥漢堡包 | 直接法 |
Whole Wheat Hamburger Buns

燕麥乳酪麵包 | 直接法 |
Oatmeal Cheese Buns

雜糧堅果乳酪麵包 | 直接法 |
Multi-grain Cheese Bread Loaf with Nuts

豆腐芝麻麵包 | 直接法 |
Tofu Bread with Sesame

紫薯葡萄乾麵包 | 直接法 |
Purple Potato Bread with Raisins

寒天葡萄乾乳酪麵包 | 直接法 |
Agar Cheese Buns

豆渣鄉村麵包 | 直接法 |
Okara Country Bread

番茄豆渣麵包 | 直接法 |
Okara Tomatoes Bread

雜糧乳酪馬蹄形麵包 | 低溫冷藏發酵法 |
Multi-grain Cheese Bread

雜糧餐包 | 直接法 |
Multi-grain Buns

亞麻子起司麵包 | 中種法 |
Linseed Cheese Bread

亞麻子全麥起司條 | 中種法 |
Whole Wheat Linseed Cheese Bread

德式亞麻子餐包 | 中種法 |
Linseed Semmel

南瓜煉乳餐包 | 中種法 |
Pumpkin Milk Buns

黃豆小餐包 | 老麵法 |
Soya Flour Bread

湯種全麥小餐包 | 湯種法 |
Whole Wheat Buns

馬鈴薯大蒜餐包 | 低溫冷藏發酵法 |
Potato Bread with Garlic Butter

燕麥起司麵包

|直接法|

Oatmeal Cheese Bread

燕麥可以幫助體內環保及增加飽足感，是現在很多人早餐的首選，將好處多多的燕麥添加到麵包中，成品保濕又柔軟，還多了水溶性膳食纖維，一舉數得。這款好吃的麵包請務必嘗試看看。

份量

10個

材料

A. 燕麥糊

即食燕麥片50g　沸水150cc

B. 主麵糰

燕麥糊全部　高筋麵粉250g　全麥麵粉50g
小麥胚芽2T　速發乾酵母3/4t　細砂糖20g
鹽1/4t　橄欖油20g　冷水85cc

C. 表面裝飾

橄欖油適量　起司片2片（切成細條）
乾燥巴西利少許

Baking Points

製作方法……………直接法
第一次發酵…………60分鐘
休息鬆弛……………15分鐘
第二次發酵………50～60分鐘
預熱溫度……………170℃
烘烤溫度……………170℃
烘烤時間………18～20分鐘

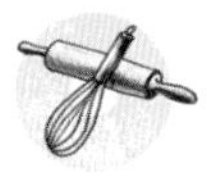

做 法

A 製作燕麥糊

1 將沸水加入到即食燕麥片中，混合均勻。（圖1）
2 蓋上蓋子，燜15分鐘。（圖2）
3 時間到，打開蓋子，放涼備用。（圖3）

B 製作主麵糰

4 將所有材料倒入鋼盆中，攪拌搓揉成為一個不黏手的麵糰（液體的部分要先保留30cc，等麵糰已經攪拌成團後再慢慢加入）。（圖4）
5 依照揉麵標準程序，繼續搓揉甩打成為撐得起薄膜的麵糰。（圖5～7）
6 將揉好的麵糰滾圓，收口朝下捏緊，放入抹少許油的保鮮盒中。（圖8）
7 在麵糰表面噴一些水，罩上擰乾的濕布（勿接觸麵糰）或蓋子，放置到溫暖密閉的空間，發酵約60分鐘至兩倍大。（圖9）
8 桌上灑上一些高筋麵粉，將發好的麵糰移出，麵糰表面也灑上一些高筋麵粉。（圖10）
9 將第一次發酵完成的麵糰空氣拍出，平均分割成10等份（每塊約60g），然後滾成圓形，蓋上乾淨的布，再讓麵糰休息15分鐘。（圖11、12）

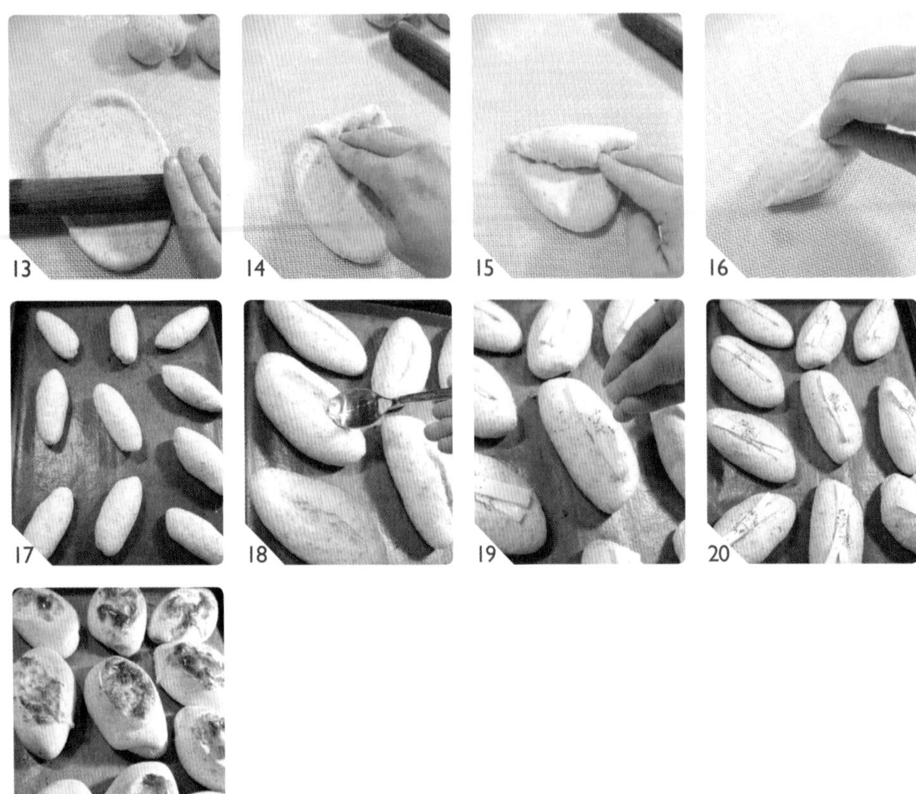

10 休息好的麵糰表面灑些高筋麵粉避免沾黏，用擀麵棍擀成長形。（圖13）

11 將麵糰光滑面在下，由短向捲起，一邊捲一邊壓一下，收口處捏緊成為一個橄欖形。（圖14～16）

12 完成的麵糰間隔整齊排放在烤盤上。（圖17）

13 整盤放入烤箱中，麵糰表面噴些水，然後關上烤箱門，再發酵50～60分鐘約至1.5倍大。

14 發酵好前8～10分鐘，將烤盤從烤箱中取出，烤箱打開預熱至170℃。

15 進烤箱前，用一把利刀在麵糰中央切開一道深痕。

16 在切口處淋上少許橄欖油，表面放上兩小片起司片，最後灑上少許乾燥巴西利。（圖18～20）

17 放進已經預熱至170℃的烤箱中，烘烤18～20分鐘至表面呈現金黃色即可。（圖21）

18 麵包烤好後，移到鐵網架上放涼。

洋蔥起司麵包

| 直接法 |

Onion Cheese Bread

單純的麵包麵糰包入豐富的蔬菜餡料，
馬上變成可當正餐的料理，
洋蔥經過烘烤帶著甘甜，這股香誰都抵擋不住！

份 量

2個

材 料

A. 麵糰

高筋麵粉270g　低筋麵粉30g　雞蛋1個
速發乾酵母1/2t　細砂糖20g　冷水150cc
橄欖油30g　鹽1/4t

B. 內餡配料

洋蔥1/4個　火腿3片　切達起司50g
摩佐拉起司50g

C. 表面裝飾

高筋麵粉2T

製作方法……………………直接法
第一次發酵………………60分鐘
休息鬆弛…………………15分鐘
第二次發酵………50～60分鐘
預熱溫度…………………250℃
烘烤溫度…………………210℃
烘烤時間…………25～28分鐘

做 法

1 洋蔥切絲；火腿切小丁；切達起司及摩佐拉起司切小丁。（圖1）
2 將所有材料A倒入鋼盆中，攪拌搓揉成為一個不黏手的麵糰（液體的部分要先保留30cc，等麵糰已經攪拌成團後再慢慢加入）。（圖2）
3 依照揉麵標準程序，繼續搓揉甩打成為撐得起薄膜的麵糰。（圖3～5）
4 將揉好的麵糰滾圓，收口朝下捏緊，放入塗抹少許油的保鮮盒中。（圖6）
5 在麵糰表面噴一些水，罩上擰乾的濕布（勿接觸麵糰）或蓋子，放置到溫暖密閉的空間，發酵約60分鐘至兩倍大。（圖7）
6 桌上灑上一些高筋麵粉，將發好的麵糰移出，麵糰表面也灑上一些高筋麵粉。（圖8）

1

2

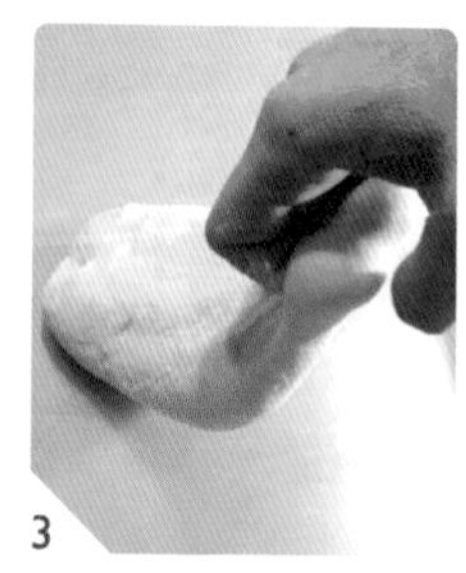
3

4

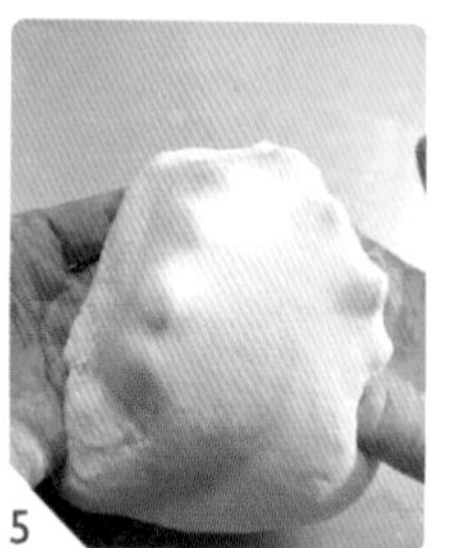
5

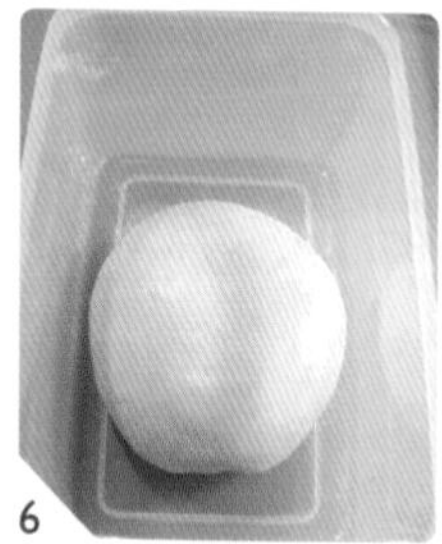
6

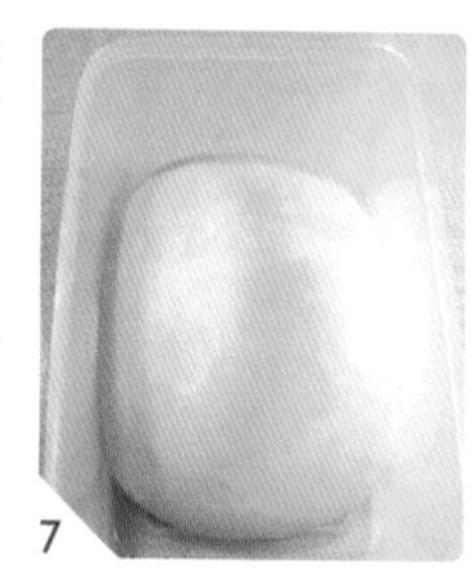
7

8

7 將第一次發酵完成的麵糰空氣拍出，平均分割成兩等份（每塊約270g），然後滾成圓形，蓋上乾淨的布，再讓麵糰休息15分鐘。（圖9、10）

8 休息好的麵糰表面灑些高筋麵粉避免沾黏，用擀麵棍擀成厚約0.5cm的圓形片狀。（圖11、12）

9 將內餡配料平均分成兩等份，鋪放在麵皮上。（圖13）

10 將麵糰由長向捲起，收口處捏緊，成為一個橄欖形。（圖15、16）

11 完成的麵糰間隔整齊排放在烤盤上，表面用濾網均勻篩上一層高筋麵粉。（圖17）

12 整盤放入烤箱中，關上烤箱門，再發酵50～60分鐘約至1.5倍大。（圖18）

13 發酵好前8～10分鐘，將烤盤從烤箱中取出，烤箱打開預熱至250℃。

14 進烤箱前，用一把利刀在麵糰中央切開一道深痕。（圖19）

15 放進已經預熱至250℃的烤箱中，將溫度調低到210℃，烘烤25～28分鐘至表面呈現金黃色即可。（圖20）

16 麵包烤好後，移到鐵網架上放涼。

竹炭起司麵包

｜直接法｜

Charcoal Cheese Bread

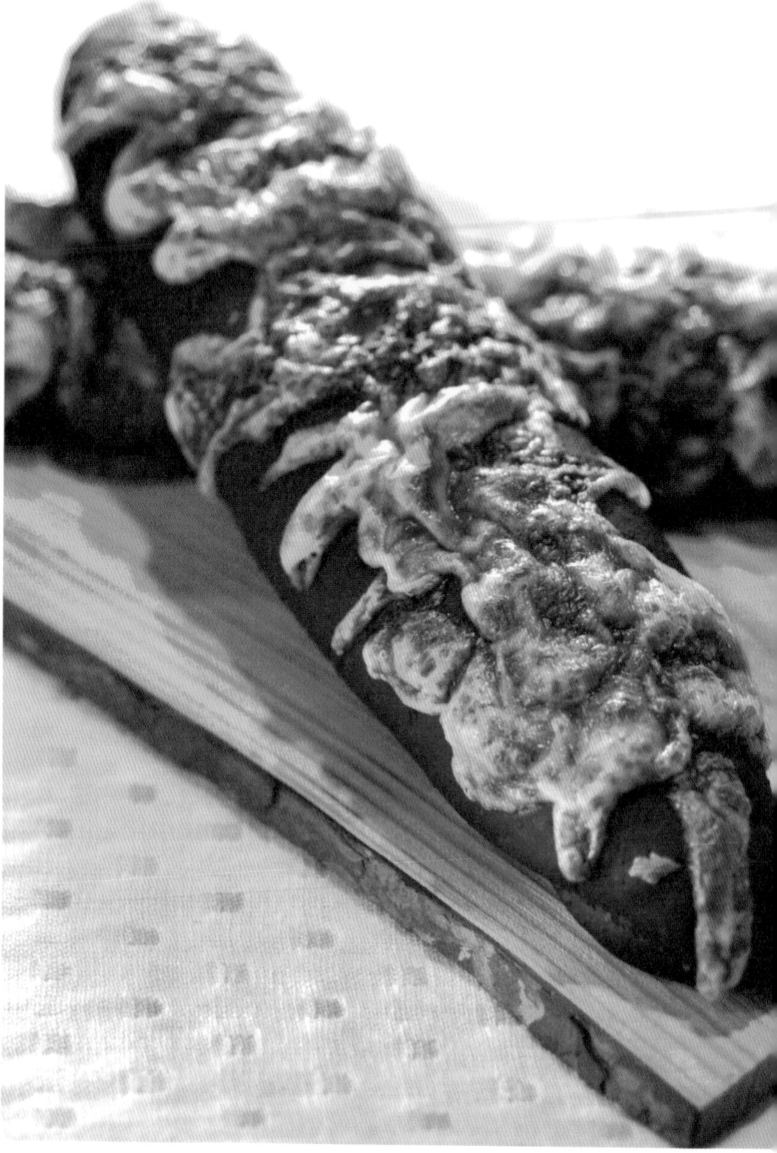

黑色的竹炭粉添加在麵糰中，顏色新鮮又吸睛，竹炭吸水的特性也讓成品能夠吸收更多的液體達到濕潤柔軟的目的。

份　量

4個

材　料

A. 麵糰
高筋麵粉250g　全麥麵粉50g　竹炭粉1T
速發乾酵母1/2t　細砂糖20g　冷水210cc
橄欖油20g　鹽1/2t

B. 內餡配料
起司片4片

C. 表面裝飾
摩佐拉起司100g

製作方法……………直接法
第一次發酵……………60分鐘
休息鬆弛……………15分鐘
第二次發酵………50～60分鐘
預熱溫度……………170℃
烘烤溫度……………170℃
烘烤時間………18～20分鐘

做法

1 將所有材料A倒入鋼盆中，攪拌搓揉成為一個不黏手的麵糰（液體的部分要先保留30cc，等麵糰已經攪拌成團後再慢慢加入）。（圖1、2）
2 依照揉麵標準程序，繼續搓揉甩打成為撐得起薄膜的麵糰。（圖3～5）
3 將揉好的麵糰滾圓，收口朝下捏緊，放入塗抹少許油的保鮮盒中。（圖6）
4 在麵糰表面噴一些水，罩上擰乾的濕布（勿接觸麵糰）或蓋子，放置到溫暖密閉的空間，發酵約60分鐘至兩倍大。（圖7）
5 桌上灑上一些高筋麵粉，將發好的麵糰移出，麵糰表面也灑上一些高筋麵粉。（圖8）
6 將第一次發酵完成的麵糰空氣拍出，平均分割成4等份（每塊約130g），然後滾成圓形，蓋上乾淨的布，再讓麵糰休息15分鐘。（圖9～11）
7 在休息好的麵糰表面灑些高筋麵粉避免沾黏，用擀麵棍擀成約20cm的長條形。（圖12）
8 將起司片撕成小塊鋪在面皮上。（圖13）
9 將麵糰由長向捲起，一邊捲一邊壓一下，收口處捏緊成為一個長條形。（圖14、15）
10 完成的麵糰用雙手再搓揉至約25cm長。（圖16）
11 間隔整齊排放在烤盤上，整盤放入烤箱中，麵糰表面噴些水，然後關上烤箱門，再發酵50～60分鐘約至1.5倍大。（圖17）
12 發酵好前8～10分鐘，將烤盤從烤箱中取出，烤箱打開預熱至170℃。
13 進烤箱前，在麵糰表面平均灑上摩佐拉起司絲。（圖18）
14 放進已經預熱至170℃的烤箱中，烘烤18～20分鐘至表面起司呈現金黃色即可。（圖19）
15 麵包烤好後，移到鐵網架上放涼。

九層塔起司培根麵包

|直接法|

Basil Bacon Cheese Bread

露台的九層塔長的茂密，清新特殊的香氣是我做料理的重要香料之一，保持水分及充足陽光，常常修剪摘心，是非常好照顧的香草植物，摘上一把揉成麵糰，成品香噴噴！

份量

1個

材料

A. 麵糰

高筋麵粉250g　全麥麵粉50g　速發乾酵母1/2t
細砂糖15g　橄欖油20g　鹽1/2t
九層塔15g（1小把）　冷水200cc

B. 內餡配料

培根3片

C. 表面裝飾

橄欖油少許　摩佐拉起司100g

Baking Points

製作方法	直接法
第一次發酵	60分鐘
休息鬆弛	15分鐘
第二次發酵	50～60分鐘
預熱溫度	200℃
烘烤溫度	190℃
烘烤時間	22～25分鐘

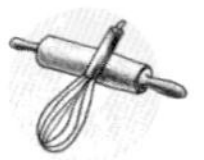

做 法

1 九層塔洗乾淨切碎。
2 將所有材料A倒入鋼盆中，攪拌搓揉成為一個不黏手的麵糰（液體的部分要先保留30cc，等麵糰已經攪拌成團後再慢慢加入）。（圖1）
3 依照揉麵標準程序，繼續搓揉甩打成為撐得起薄膜的麵糰。（圖2～4）
4 將揉好的麵糰滾圓，收口朝下捏緊，放入塗抹少許油的保鮮盒中。（圖5）
5 在麵糰表面噴一些水，罩上擰乾的濕布（勿接觸麵糰）或蓋子，放置到溫暖密閉的空間，發酵約60分鐘至兩倍大。（圖6）
6 桌上灑上一些高筋麵粉，將發好的麵糰移出，麵糰表面也灑上一些高筋麵粉。
7 將第一次發酵完成的麵糰空氣拍出，然後滾成圓形，蓋上乾淨的布，再讓麵糰休息15分鐘。（圖7、8）
8 在休息好的麵糰表面灑些高筋麵粉避免沾黏，用擀麵棍擀成長約25cm的長方形。（圖9）
9 將培根片平均鋪放在麵皮中央。（圖10）
10 將麵糰由短向輕輕捲起，收口處捏緊成為一個柱狀。（圖11、12）
11 完成的麵糰間隔整齊排放在烤盤上，表面噴點水。（圖13）
12 整盤放入烤箱中，然後關上烤箱門，再發酵50～60分鐘約至1.5倍大。
13 發酵好前8～10分鐘，將烤盤從烤箱中取出，烤箱打開預熱至200℃。
14 進烤箱前，用一把利刀在麵糰中央切出4道深痕。（圖14）
15 在切口處淋上少許橄欖油，平均鋪放摩佐拉起司。（圖15、16）
16 放進已經預熱至200℃的烤箱中，將溫度調低到190℃，烘烤22～25分鐘至表面呈現金黃色即可。（圖17）
17 麵包烤好後，移到鐵網架上放涼。

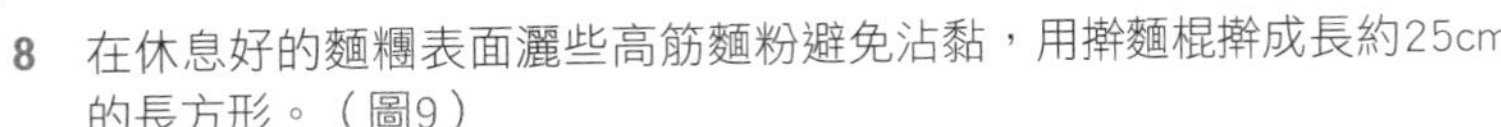

培根黑橄欖麵包條

| 直接法 |

Bacon Olive Grissini

條狀的義大利麵包是很適合當做開胃點心的麵食，加入鹹香的培根及黑橄欖，搭配生火腿或是沾濃湯一塊食用，用餐心情一極棒！

份 量

9~10個

材 料

A. 主麵糰

高筋麵粉250g 全麥麵粉50g
速發乾酵母1/2t 細砂糖15g 鹽1/2t
橄欖油30g 冷水190cc

B. 內餡配料

培根80g 醃漬黑橄欖60g

Baking Points

製作方法	直接法
第一次發酵	60分鐘
休息鬆弛	15分鐘
第二次發	20～30分鐘
預熱溫度	180℃
烘烤溫度	180℃
烘烤時間	16～18分鐘

1 2 3 4 5

6 7 8 9 10

11 12 13 14 15

做 法

1 培根及醃漬黑橄欖切碎。（圖1）
2 將所有主麵糰材料倒入鋼盆中混合均勻（液體的部分要先保留30cc，等麵糰已經攪拌成團後再慢慢加入）。（圖2）
3 移到工作檯上，搓揉5～6分鐘成為一個不黏手的麵糰。（圖3）
4 將培根及醃漬黑橄欖均勻揉入麵糰中。（圖4、5）
5 揉好的麵糰滾圓，收口朝下捏緊，放入抹少許油的保鮮盒中。（圖6）
6 在麵糰表面噴一些水，罩上擰乾的濕布（勿接觸麵糰）或蓋子，放置到溫暖密閉的空間，發酵約60分鐘至兩倍大。（圖7）
7 桌上灑上一些高筋麵粉，將發好的麵糰移出，麵糰表面也灑上一些高筋麵粉。（圖8）
8 將第一次發酵完成的麵糰空氣拍出，然後滾成圓形，蓋上乾淨的布，再讓麵糰休息15分鐘。（圖9、10）
9 在休息好的麵糰表面灑些高筋麵粉避免沾黏，用擀麵棍擀成約25x30cm長方形。（圖11）
10 利用鋼尺輔助，用切麵刀切成約1.5cm寬長條。（圖12）
11 切好的麵糰一條一條間隔整齊放置在烤盤中。（圖13）
12 整盤放入烤箱中，麵糰表面噴些水然後關上烤箱門，再發酵20～30分鐘約至1.5倍大。（圖14）
13 發酵好前8～10分鐘，將烤盤從烤箱中取出，烤箱打開預熱至180℃。
14 放進已經預熱至180℃的烤箱中，烘烤16～18分鐘至表面呈現金黃色即可。（圖15）
15 麵包烤好後，移到鐵網架上放涼。

牛奶香蕉麵包

| 直接法 |

Banana Milk Bread

將熟軟的香蕉融入麵包中，一方面幫忙蕉農，一方面也可以做出香噴噴又營養的麵包，一舉二得！

加了香蕉的麵糰特別有彈性，口感也非常Q軟，帶著熱帶果香風情，喜歡香蕉的朋友可以試試看。

份　量

8個

材　料

A. 主麵糰

香蕉泥180g　高筋麵粉270g　低筋麵粉30g
煉乳30g　速發乾酵母1/2t　鹽1/8t　牛奶60cc

B. 表面裝飾

無鹽奶油15g（切細條）　糖粉適量

製作方法	直接法
第一次發酵	60分鐘
休息鬆弛	15分鐘
第二次發酵	50～60分鐘
預熱溫度	170℃
烘烤溫度	170℃
烘烤時間	18～20分鐘

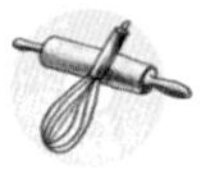

做法

1 熟軟的香蕉用叉子壓成泥狀。（圖1、2）
2 將所有主麵糰材料倒入鋼盆中混合均勻（液體的部分要先保留30cc，等麵糰已經攪拌成團後再慢慢加入）。（圖3）
3 依照揉麵標準程序，繼續搓揉甩打成為撐得起薄膜的麵糰。（圖4～6）
4 將麵糰滾圓，收口朝下捏緊，放入抹少許油的盆中。（圖7）
5 在麵糰表面噴一些水，罩上擰乾的濕布（勿接觸麵糰）或保鮮膜，放置到溫暖密閉的空間，發酵約60分鐘至2倍大。（圖8）
6 桌上灑上一些高筋麵粉，將發好的麵糰移出，麵糰表面也灑上一些高筋麵粉。（圖9）
7 將第一次發酵完成的麵糰空氣拍出，平均分割成8等份（每塊約70g），然後滾成圓形，蓋上乾淨的布，再讓麵糰休息15分鐘。（圖10、11）
8 在休息好的麵糰表面灑些高筋麵粉避免沾黏，用擀麵棍擀成長形。（圖12）
9 將麵糰光滑面在下，由長向捲起，一邊捲一邊壓一下，收口處捏緊成為一個橄欖形。（圖13、14）
10 完成的麵糰間隔整齊排放在烤盤上。（圖15）
11 整盤放入烤箱中，麵糰表面噴些水，然後關上烤箱門，再發酵50～60分鐘約至1.5倍大。
12 發酵好前8～10分鐘，將烤盤從烤箱中取出，烤箱打開預熱至170℃。
13 進烤箱前，用一把利刀在麵糰中央切開一道深痕。（圖16）
14 在切口處放上無鹽奶油，灑上少許糖粉。（圖17）
15 放進已經預熱至170℃的烤箱中，烘烤18～20分鐘至表面呈現金黃色即可。（圖18）
16 麵包烤好後，移到鐵網架上放涼。

小叮嚀

- 表面裝飾可以省略，直接塗刷一層全蛋液。
- 糖粉可以以細砂糖代替。
- 煉乳部分可以使用全脂奶粉20g＋細砂糖30g＋牛奶20g取代。

卡士達全麥米餐包

| 直接法 |

Whole Wheat Rice Buns with Custard Cream

加了米飯的麵包特別保濕柔軟，
總讓人一再嘗試，
搭配香甜的卡士達醬，
小巧的全麥米餐包
一出爐連吃兩個都停不下來。

份量

（22cm×20cm×5cm）
方形烤盒
16個

材料

A. 卡士達軟餡

a. 雞蛋1個　細砂糖20g
b. 牛奶130cc　低筋麵粉10g
c. 無鹽奶油5g　白蘭地（或蘭姆酒）1/2t

B. 米麵包麵糰

a. **米飯糊**：乾飯100g　水200cc
b. **主麵糰**：米飯糊230cc　高筋麵粉200g
全麥麵粉100g　速發乾酵母3/4t　鹽1/8t
細砂糖30g　無鹽奶油40g

C. 表面裝飾

全蛋液、卡士達醬各適量

Baking Points

製作方法……………………直接法
第一次發酵……………60分鐘
休息鬆弛…………………………無
第二次發酵………50～60分鐘
預熱溫度…………………170℃
烘烤溫度…………………170℃
烘烤時間…………20～22分鐘

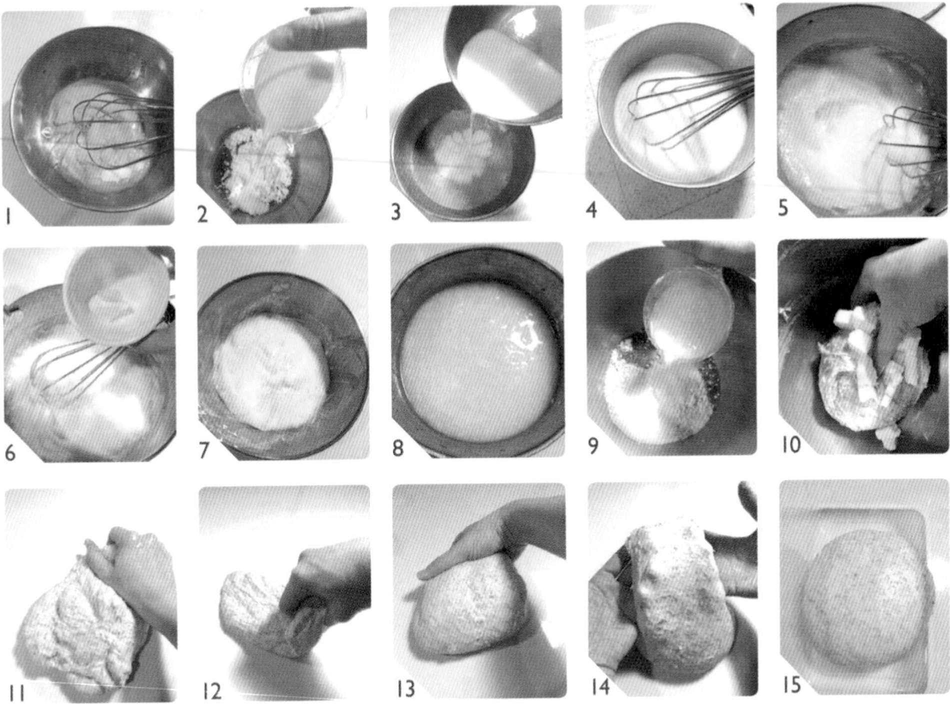

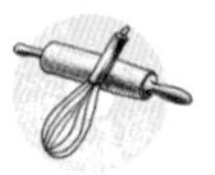

做 法

A 製作卡士達軟餡

1 材料a的雞蛋及細砂糖用打蛋器攪拌均勻。（圖1）
2 材料b的牛奶加入過篩的低筋麵粉中混合均勻。（圖2）
3 將攪拌均勻的材料b加入混合好的材料a中，混合均勻。（圖3）
4 放上爐上，用小火加熱，一邊煮一邊攪拌到變濃稠就離火。（圖4、5）
5 加入材料c的無鹽奶油攪拌均勻。（圖6）
6 稍微放涼一些，加入白蘭地攪拌均勻即可。
7 表面封上保鮮膜避免乾燥，等完全涼了之後，放進冰箱備用。（圖7）

B 製作米麵包麵糰

8 將乾飯＋水熬煮5～6分鐘成稀飯後，放涼備用。（圖8）
9 將所有材料（奶油除外）倒入鋼盆中，攪拌搓揉成為一個不黏手的麵糰（稀飯的部分要先保留30cc，等麵糰已經攪拌成團後再慢慢加入）。（圖9）
10 再加入切成小塊回溫軟化的無鹽奶油丁，搓揉均勻。（圖10）
11 依照揉麵標準程序，繼續搓揉甩打成為撐得起薄膜的麵糰。（圖11～14）
12 將揉好的麵糰滾圓，收口朝下捏緊，放入塗抹少許油的保鮮盒中。（圖15）

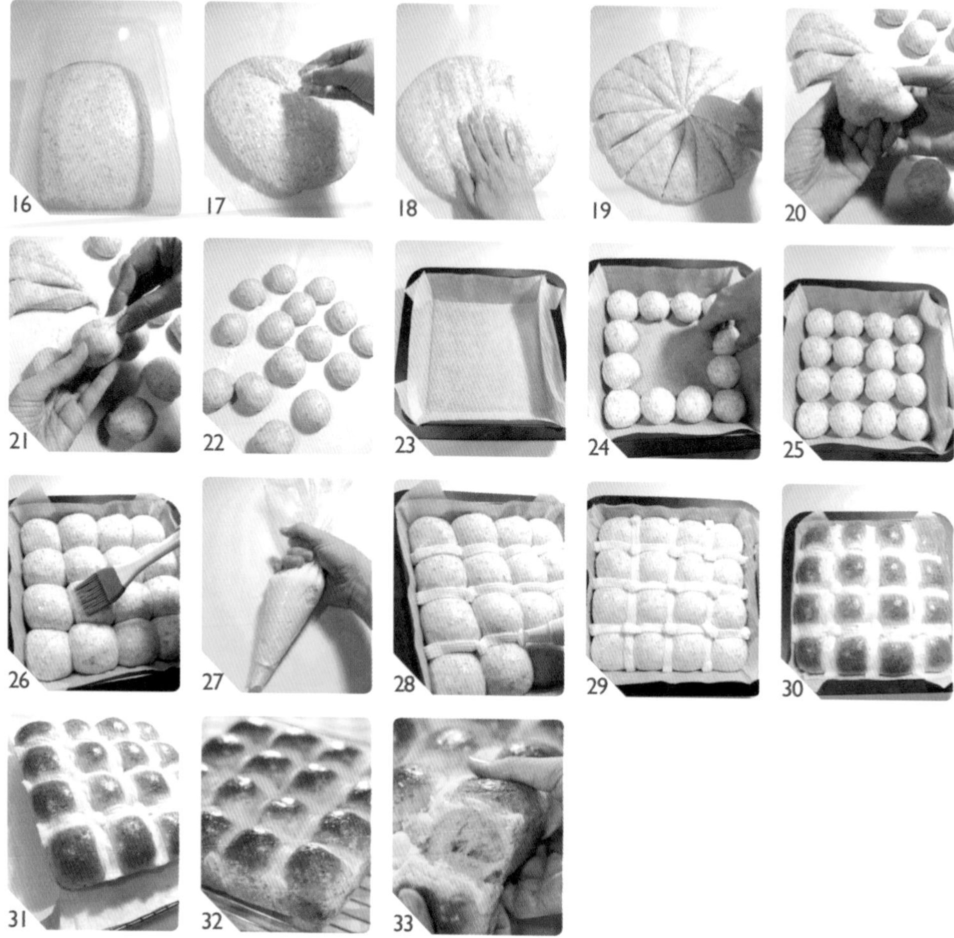

13 在麵糰表面噴一些水，罩上擰乾的濕布（勿接觸麵糰）或蓋子，放置到溫暖密閉的空間，發酵約60分鐘至兩倍大。（圖16）

14 桌上灑上一些高筋麵粉，將發好的麵糰移出，麵糰表面也灑上一些高筋麵粉。（圖17）

15 將第一次發酵完成的麵糰空氣拍出，平均分割成16個小麵糰（每個約40g），然後將小麵糰滾圓。（圖18～22）

16 在方形烤模鋪上一層防沾烤紙。（圖23）

17 完成的小麵糰間隔整齊放入烤模中。（圖24、25）

18 烤模整盤放入烤箱中，麵糰表面噴些水，然後關上烤箱門，再發酵50～60分鐘至九分滿模。

19 發酵好前8～10分鐘，將烤盤從烤箱中取出，烤箱打開預熱至170℃。

20 在發好的麵糰表面輕輕塗抹上一層全蛋液。（圖26）

21 將卡士達醬裝入擠花袋中，用齒狀擠花嘴在麵糰接合處，均勻擠上垂直交錯的條紋。（圖27～29）

22 放進已經預熱至170℃的烤箱中，烘烤20～22分鐘至表面呈現金黃色即可。（圖30）

23 麵包烤好後，移到鐵網架上放涼。（圖31～33）

英式
鬆餅麵包

｜直接法｜

English Muffin Bread

有一陣子好喜歡吃滿福堡，假日會趕著早上十點半前去速食店買早餐。自從做了全職家庭主婦，外食機會變少很多，我總會想辦法讓餐廳中的料理出現在家裡的餐桌，利用厚紙板折一些紙圈，美味的英式鬆餅麵包也可以輕鬆完成。今天，我們的早餐很有速食風。

份量

8個

材料

A. 自製簡易烤模

厚紙板　錫箔紙　釘書機

B. 主麵糰

高筋麵粉270g　低筋麵粉30g　速發乾酵母1/2t
細砂糖10g　鹽1t　橄欖油15g　牛奶100cc
冷水100cc

C. 表面裝飾

碎玉米粒適量

製作方法	直接法
第一次發酵	50～60分鐘
休息鬆弛	15分鐘
第二次發酵	50～60分鐘
預熱溫度	200℃
烘烤溫度	180℃
烘烤時間	16～18分鐘

做法

A　製作簡易烤模

1　將厚紙板裁剪成35cm×3cm的長條。（圖1）
2　將裁剪下來的條紙板圍成直徑約10cm的圓形（尾端多出來的長度3cm，做為接合重疊訂合用）。（圖2）
3　接合處用釘書機釘牢即可。（圖3）
4　將鋁箔紙裁剪成長條紙板的兩倍大，將紙板完全包覆起來即可。（圖4、5）
5　總共做8個備用。（圖6）

B　製作主麵糰

1　將所有主麵糰材料倒入鋼盆中混合均勻（液體的部分要先保留30cc，等麵糰已經攪拌成團後再慢慢加入）。（圖7）
2　依照揉麵標準程序，繼續搓揉甩打成為撐得起薄膜的麵糰。（圖8～10）

1

3

4
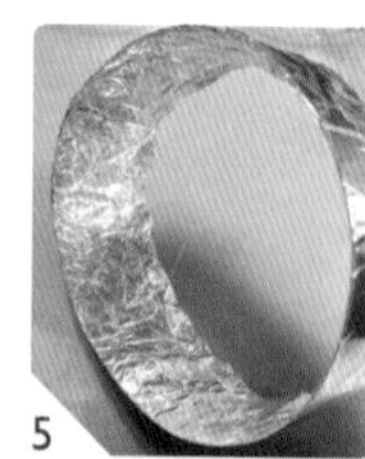
5
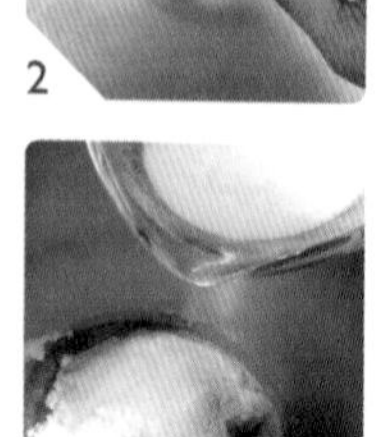
7

8

9
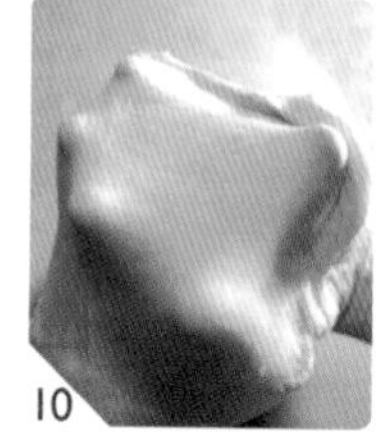
10

3 將麵糰滾圓，收口朝下捏緊，放入抹少許油的盆中。（圖11）

4 在麵糰表面噴一些水，罩上擰乾的濕布（勿接觸麵糰）或保鮮膜，放置到溫暖密閉的空間，發酵約50～60分鐘至兩倍大。（圖12）

5 桌上灑上一些高筋麵粉，將發好的麵糰移出，麵糰表面也灑上一些高筋麵粉。（圖13）

6 將第一次發酵完成的麵糰空氣拍出，平均分割成8等份（每塊約60g），然後滾成圓形，蓋上乾淨的布，再讓麵糰休息15分鐘。（圖14～16）

7 麵糰稍微用手壓扁，表面刷上一層冷水，沾上一層碎粒玉米。（圖17～19）

8 自製烤模邊緣塗抹上一層軟化的奶油，再灑些低筋麵粉避免沾黏，整齊排放在烤盤中。（圖20）

9 烤模底部灑上一些碎粒玉米。（圖21）

10 將完成的麵糰收口朝下放入烤模中央。（圖22）

11 整盤放入烤箱中，麵糰表面噴些水，然後關上烤箱門，再發酵50～60分鐘至九分滿模。（圖23）

12 發酵好前8～10分鐘，將烤盤從烤箱中取出，烤箱打開預熱至200℃。

13 進烤箱前在麵糰上方壓一個鐵盤。（圖24）

14 放進已經預熱至200℃的烤箱中，馬上將溫度調整成180℃，烘烤16～18分鐘至表面呈現金黃色即可。（圖25）

15 麵包烤好後，移到鐵網架上放涼。（圖26）

16 中間切開，可夾火腿煎蛋。

燕麥奶油千層餐包

｜直接法｜

Oatmeal Butter Rolls

揉麵糰就好像做勞作，
麵糰變成黏土發揮各式各樣創意。
將麵糰一層一層抹上油脂再堆疊起來，
呈現出來的造型猶如扇子般可愛。
多多利用烘焙烤模，
就可以變化出各式各樣的形狀，
讓成品口味及視覺都兼顧！

份 量

（馬芬烤盤）
12個

材 料

A. 燕麥糊
即食燕麥片50g　熱牛奶150cc

B. 主麵糰
燕麥糊全部　高筋麵粉200g　全麥麵粉50g
小麥胚芽2T　速發乾酵母1/2t　細砂糖15g
鹽1/4t　橄欖油30g　牛奶75cc

C. 內餡塗抹
無鹽奶油30g　細砂糖15g

D. 表面裝飾
全蛋液適量

Baking Points

製作方法……………直接法
第一次發酵……………60分鐘
休息鬆弛……………15分鐘
第二次發酵………50～60分鐘
預熱溫度……………180℃
烘烤溫度……………180℃
烘烤時間…………16～18分鐘

做　法

A　**製作燕麥糊**

1　將熱牛奶加入到即食燕麥片中混合均勻。（圖1～3）

2　蓋上蓋子，燜15分鐘。

3　時間到，打開蓋子，放涼備用。（圖4）

B　**製作主麵糰**

4　將所有材料倒入鋼盆中，攪拌搓揉成為一個不黏手的麵糰（牛奶的部分要先保留30cc，等麵糰已經攪拌成團後再慢慢加入）。（圖5）

5　依照揉麵標準程序，繼續搓揉甩打成為撐得起薄膜的麵糰。（圖6～9）

6　將揉好的麵糰滾圓，收口朝下捏緊，放入抹少許油的保鮮盒中。（圖10）

7　在麵糰表面噴一些水，罩上擰乾的濕布（勿接觸麵糰）或蓋子，放置到溫暖密閉的空間，發酵約60分鐘至兩倍大。（圖11）

8　桌上灑上一些高筋麵粉，將發好的麵糰移出，麵糰表面也灑上一些高筋麵粉。（圖12）

9　將第一次發酵完成的麵糰空氣拍出，然後滾成圓形，蓋上乾淨的布，再讓麵糰休息15分鐘。（圖13）

10　休息好的麵糰表面灑些高筋麵粉避免沾黏，用擀麵棍擀成30×40cm長方片形。（圖14、15）

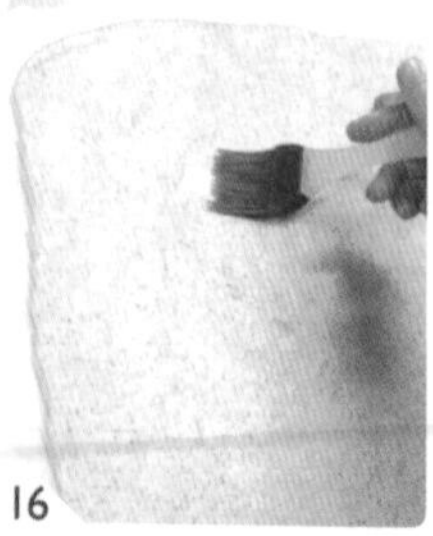
16

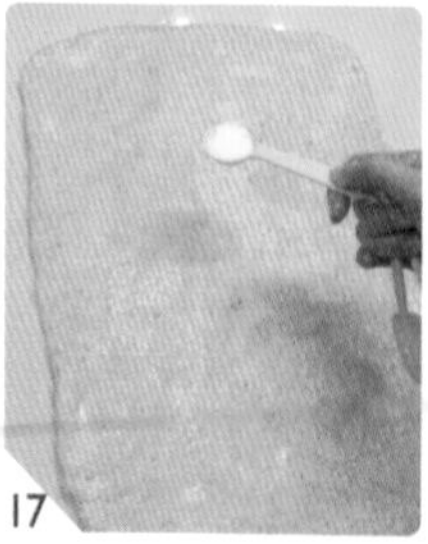
17

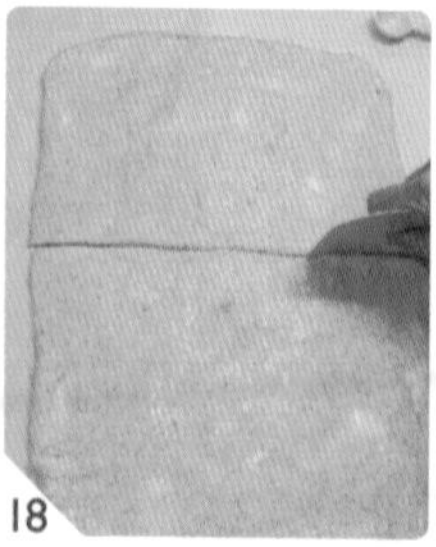
18

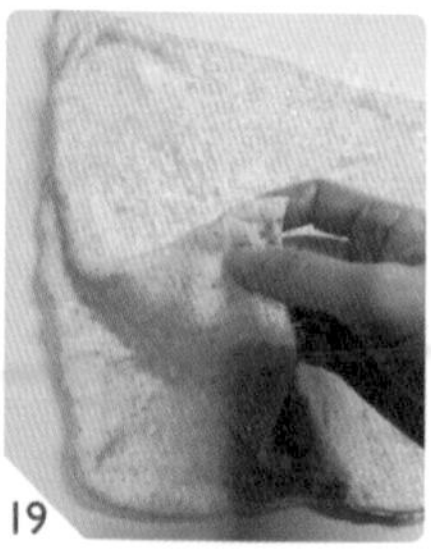
19

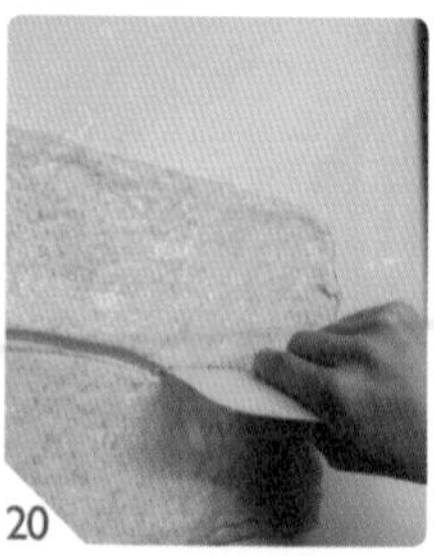
20

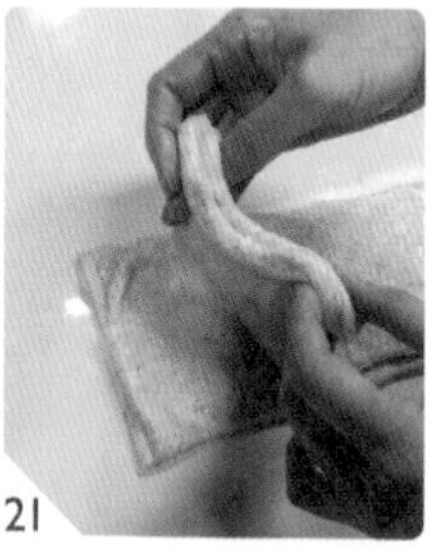
21

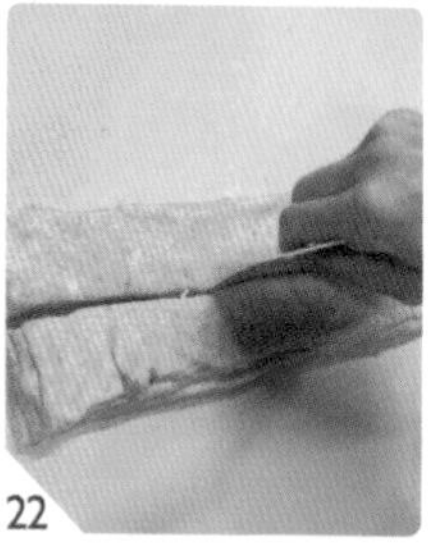
22

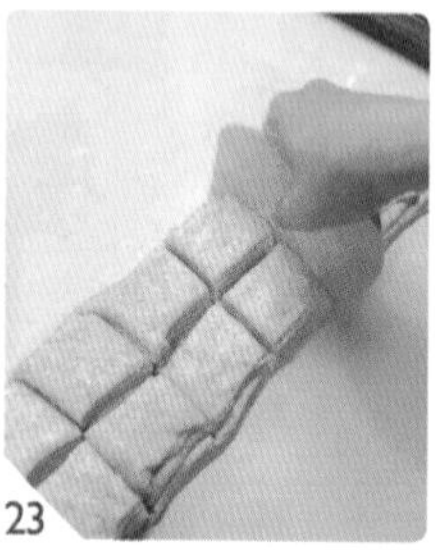
23

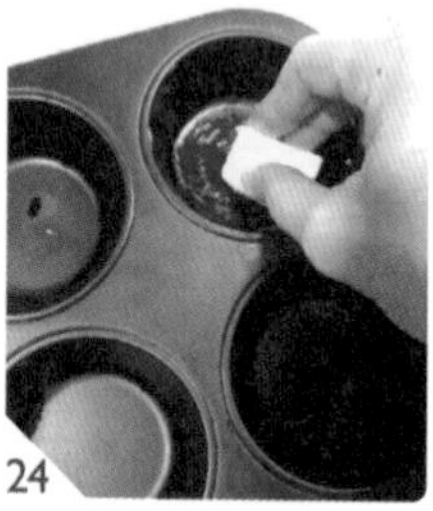
24

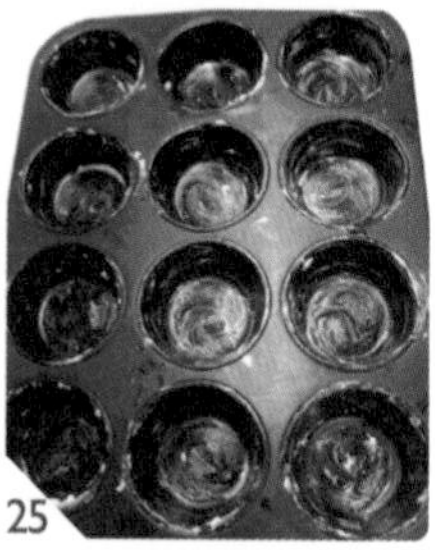
25

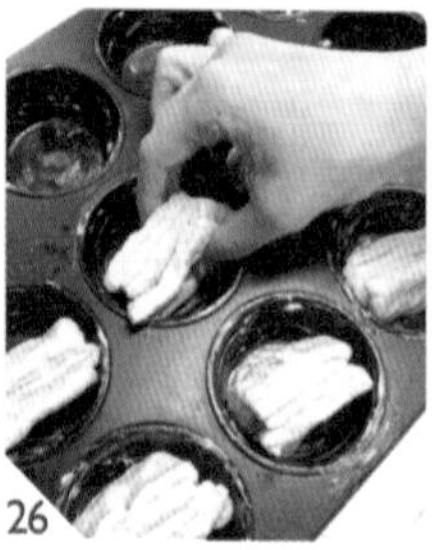
26

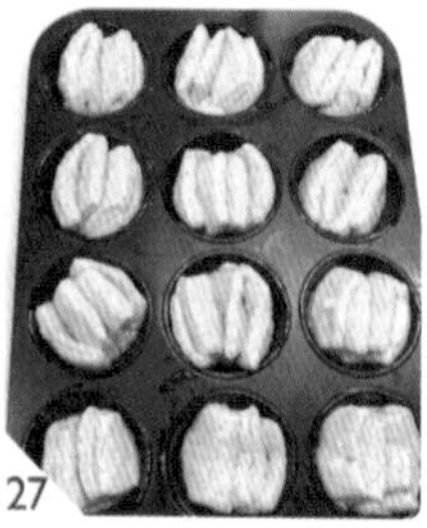
27

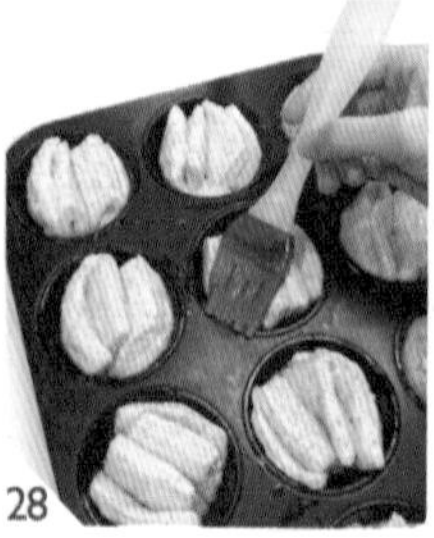
28

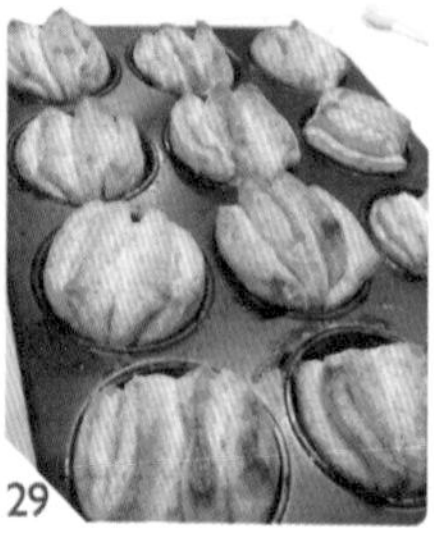
29

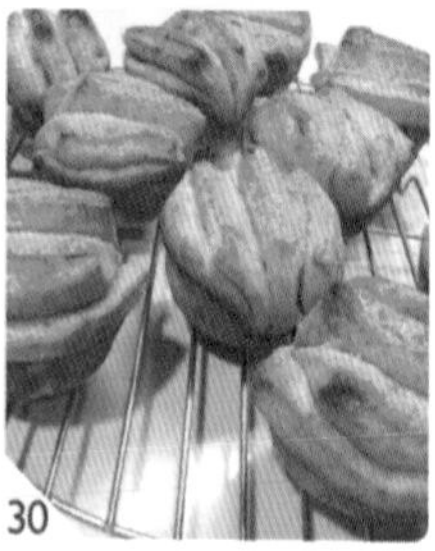
30

11 回軟的無鹽奶油用刷子均勻塗抹在麵皮上。（圖16）

12 均勻灑上細砂糖。（圖17）

13 將麵皮平均切成兩等份疊起來。（圖18、19）

14 再切成兩等份疊起來，平均切成12個小方塊。（圖20～23）

15 馬芬烤盤塗抹上一層軟化的無鹽奶油，灑上一層薄薄的低筋麵粉。（圖24、25）

16 將切成方塊的小麵糰，以垂直的方式放入馬芬烤盤中。（圖26、27）

17 整盤放入烤箱中，麵糰表面噴些水，然後關上烤箱門，再發酵50～60分鐘。

18 發酵好前8～10分鐘，將烤盤從烤箱中取出，烤箱打開預熱至180℃。

19 表面刷上蛋液，放進已經預熱至180℃的烤箱中，烘烤16～18分鐘至表面呈現金黃色即可。（圖28、29）

20 麵包烤好後，移到鐵網架上放涼。（圖30）

小叮嚀

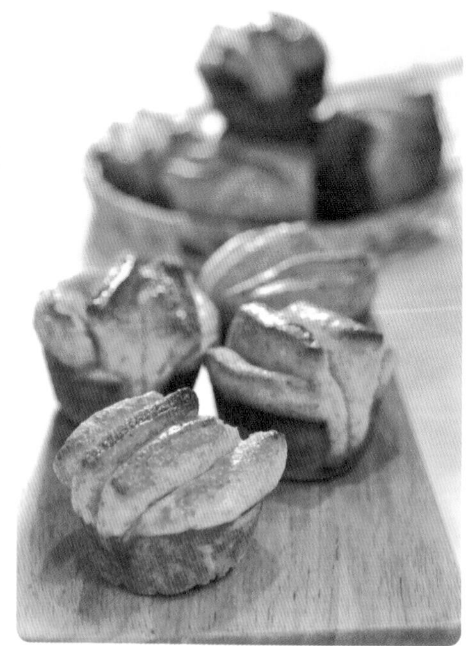

- 內餡塗抹的無鹽奶油也可以使用橄欖油代替。

全麥漢堡包

｜直接法｜

Whole Wheat Hamburger Buns

生菜、新鮮番茄、酸黃瓜、乳酪片，再加上自製漢堡肉，滿滿的材料層層堆疊，這是兒子最喜歡的假日輕食風。用厚紙板及鋁箔紙做的簡單烤模，不用買專門模型，就可以讓漢堡包形狀更漂亮。

份量

8個

材料

A. 自製簡易烤模

厚紙板　錫箔紙　釘書機

B. 主麵糰

高筋麵粉240g　全麥麵粉60g　速發乾酵母1/2t
細砂糖30g　鹽1/4t　橄欖油20g　雞蛋1個
牛奶150cc

C. 表面裝飾

芝麻適量

製作方法	直接法
第一次發酵	60分鐘
休息鬆弛	無
第二次發酵	50～60分鐘
預熱溫度	170℃
烘烤溫度	170℃
烘烤時間	18～20分鐘

做法

A 製作簡易烤模

步驟做法請參考108頁。

B 製作主麵糰

1 將所有主麵糰材料倒入鋼盆中，混合均勻（牛奶的部分要先保留30cc，等麵糰已經攪拌成團後再慢慢加入）。（圖1）
2 依照揉麵標準程序，繼續搓揉甩打成為撐得起薄膜的麵糰。（圖2～5）
3 將麵糰滾圓，收口朝下捏緊，放入抹少許油的盆中。（圖6）
4 在麵糰表面噴一些水，罩上擰乾的濕布（勿接觸麵糰）或保鮮膜，放置到溫暖密閉的空間，發酵約60分鐘至兩倍大。（圖7、8）

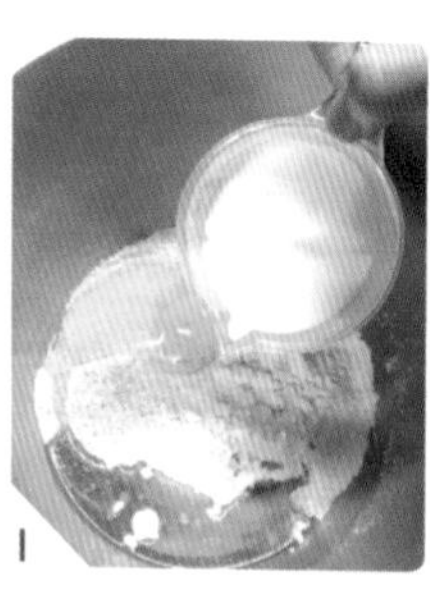
1

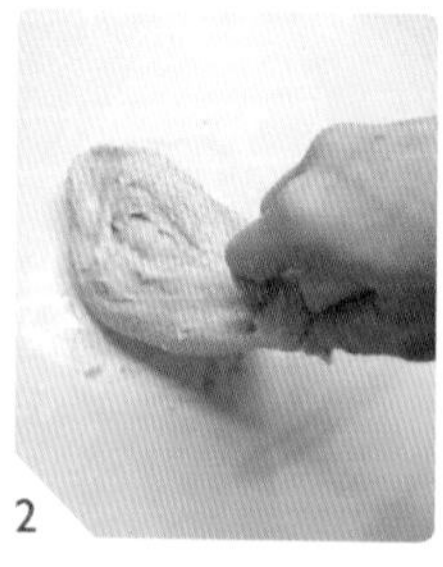
2

3

4

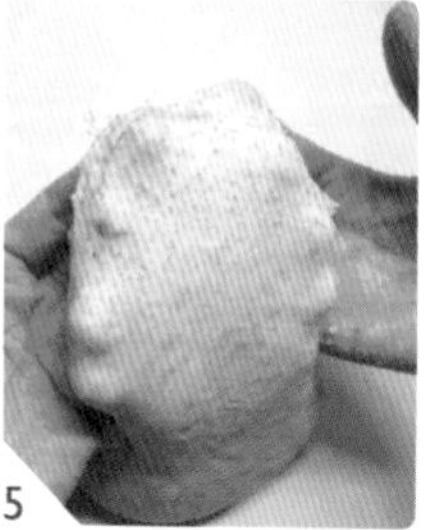
5

6

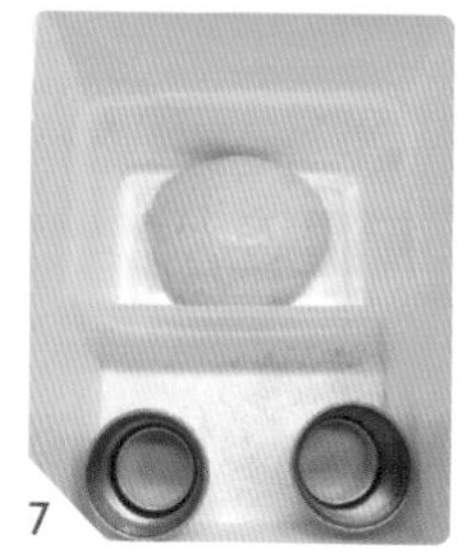
7

8

5 桌上灑上一些高筋麵粉，將發好的麵糰移出，麵糰表面也灑上一些高筋麵粉。（圖9）

6 將第一次發酵完成的麵糰空氣拍出，平均分割成8等份（每塊約65g），然後滾成圓形。（圖10～13）

7 自製烤模邊緣塗抹上一層軟化的奶油，再灑上一層低筋麵粉避免沾黏，整齊排放在烤盤中。

8 將完成的麵糰收口朝下放入烤模中央。（圖14）

9 整盤放入烤箱中，麵糰表面噴些水，然後蓋上烤箱門，再發酵50～60分鐘至九分滿模。（圖15）

10 發酵好前8～10分鐘，將烤盤從烤箱中取出，烤箱打開預熱至170℃。

11 進烤箱前在發好的麵糰表面輕輕塗抹上一層全蛋液。（圖16）

12 灑上適量芝麻。（圖17、18）

13 放進已經預熱至170℃的烤箱中，烘烤18～20分鐘至表面呈現金黃色即可。（圖19）

14 麵包烤好後，移出自製模型到鐵網架上放涼。（圖20）

15 中間切開，可夾火腿或漢堡片。

燕麥乳酪麵包

|直接法|

Oatmeal Cheese Buns

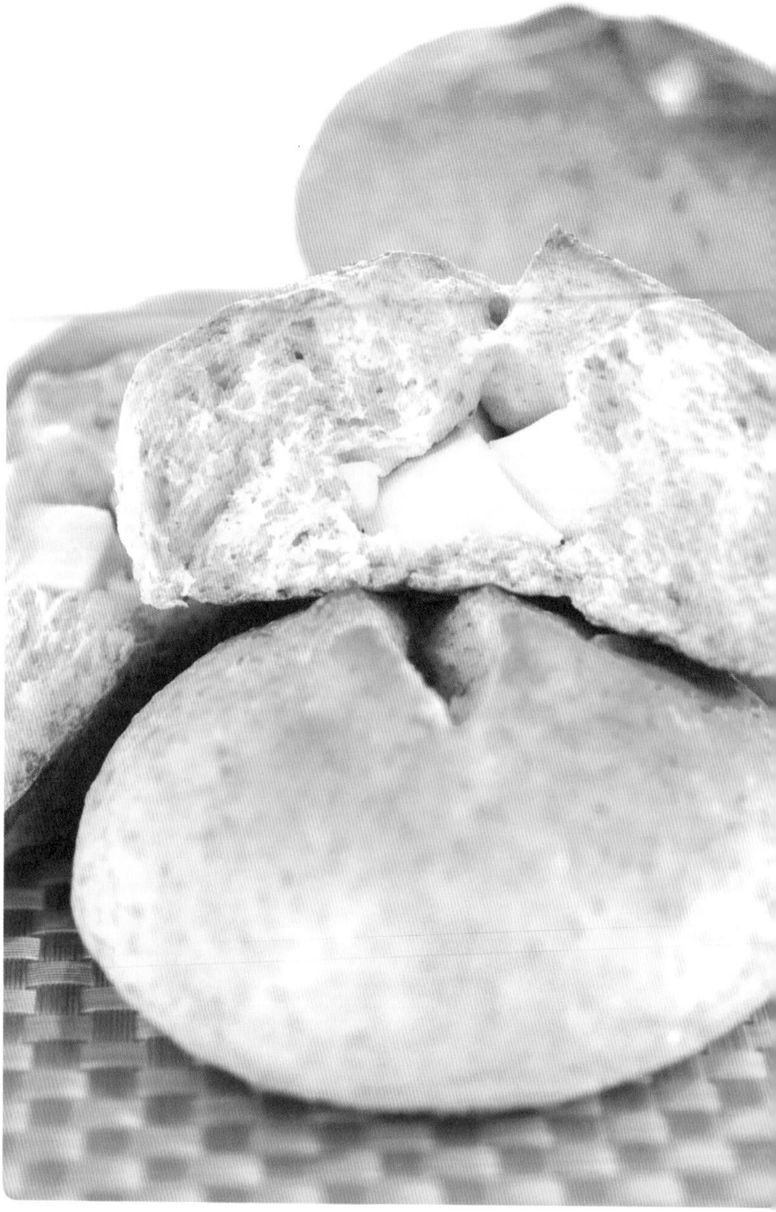

乳酪永遠是麵包的好搭檔，
再平凡無奇的麵包體，
只要有了乳酪的加持，味道及賣相就馬上升級。
柔軟濕潤的燕麥麵糰
包入蛋白質豐富的乳酪、早餐、午茶，
有一點餓的時候，
讓這款麵包成為餐桌的主角。

份 量

8個

材 料

A. 燕麥糊

即食燕麥片50g　熱水150cc

B. 主麵糰

燕麥糊全部　高筋麵粉250g　全麥麵粉50g
速發乾酵母3/4t　細砂糖15g　鹽1/2t
橄欖油20g　冷水85cc

C. 內餡配料

高融點乳酪150g

製作方法……………直接法
第一次發酵……………60分鐘
休息鬆弛……………15分鐘
第二次發酵………50～60分鐘
預熱溫度……………200℃
烘烤溫度……………200℃
烘烤時間…………18～20分鐘

做 法

A 製作燕麥糊

1 將熱水加入到即食燕麥片中，混合均勻。（圖1、2）

2 蓋上蓋子，燜15分鐘。

3 時間到，打開蓋子，放涼備用。（圖3）

B 製作主麵糰

4 將所有材料倒入鋼盆中，攪拌搓揉成為一個不黏手的麵糰（液體的部分要先保留30cc，等麵糰已經攪拌成團後再慢慢加入）。（圖4）

5 依照揉麵標準程序，繼續搓揉甩打成為撐得起薄膜的麵糰。（圖5～9）

6 將揉好的麵糰滾圓，收口朝下捏緊，放入抹少許油的保鮮盒中。（圖10）

7 在麵糰表面噴一些水，罩上擰乾的濕布（勿接觸麵糰）或蓋子，放置到溫暖密閉的空間，發酵約60分鐘至兩倍大。（圖11）

8 桌上灑上一些高筋麵粉，將發好的麵糰移出，麵糰表面也灑上一些高筋麵粉。（圖12）

9 將第一次發酵完成的麵糰空氣拍出，平均分割成8等份（每塊約80g），然後滾成圓形，蓋上乾淨的布，再讓麵糰休息15分鐘。（圖13～15）

16  17  18  19  20

21  22 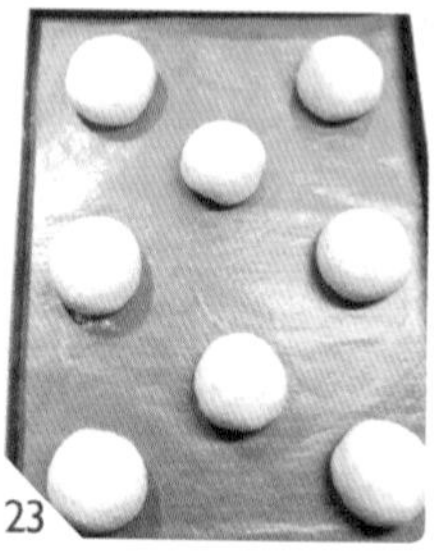 23  24  25

26  27

10 高融點乳酪切成約1cm丁狀，分成8等分。（圖16）
11 休息完成的麵糰用手壓一下，用麵棍成一個直徑約12cm的圓形麵皮。（圖17）
12 再將4～5粒乳酪丁放入麵糰中央。（圖18）
13 然後將麵糰邊緣慢慢縮小，收口捏緊朝下成為一個球形麵糰。（圖19～21）
14 在雙手間稍微搓揉一下整型。（圖22）
15 完成的麵糰收口朝下，間隔整齊排放在烤盤上。（圖23）
16 整盤放入烤箱中，麵糰表面噴些水，然後關上烤箱門，再發酵50～60分鐘約至1.5倍大。（圖24）
17 發酵好前8～10分鐘，將烤盤從烤箱中取出，烤箱打開預熱至200℃。
18 進烤箱前，在發好的麵糰表面用剪刀剪出十字。（圖25）
19 表面噴灑適量的水。（圖26）
20 放進已經預熱至200℃的烤箱中，烘烤18～20分鐘至表面呈現金黃色即可。（圖27）
21 麵包烤好後，放到鐵網架上放涼。

雜糧堅果乳酪麵包

｜直接法｜

Multi-grain Cheese Bread Loaf with Nuts

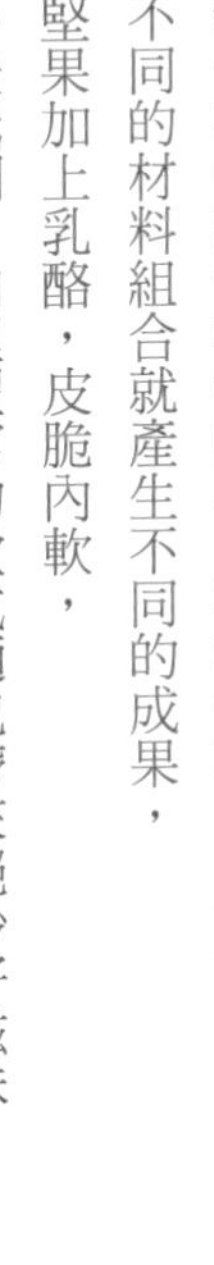

每一次做麵包都很開心，喜歡做不同口味讓家人不會吃膩。
不同的材料組合就產生不同的成果，
堅果加上乳酪，皮脆內軟，
外表低調，內裡豐富的歐式麵包帶來絕妙好滋味。

份量

1個

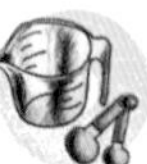

材料

A. 麵糰

高筋麵粉250g　全麥麵粉30g　雜糧粉20g
速發乾酵母1/2t　蜂蜜10g　鹽1/2t
液體植物油30g　清水190cc　綜合堅果50g

B. 夾餡材料

切達起司丁100g

C. 表面裝飾

高筋麵粉少許　橄欖油少許

製作方法	直接法
第一次發酵	60分鐘
休息鬆弛	15分鐘
第二次發酵	50～60分鐘
預熱溫度	200℃
烘烤溫度	200℃
烘烤時間	22～25分鐘

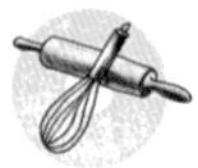

做法

1. 綜合堅果放入已經預熱至150℃的烤箱中，烘烤7～8分鐘，取出放涼切碎。（圖1）
2. 將所有材料A倒入鋼盆中，攪拌搓揉成為一個不黏手的麵糰（液體的部分要先保留30cc，等麵糰已經攪拌成團後再慢慢加入）。（圖2）
3. 依照揉麵標準程序，繼續搓揉甩打成為撐得起薄膜的麵糰。（圖3～5）
4. 將綜合堅果均勻揉入麵糰中。（圖6）
5. 將揉好的麵糰滾圓，收口朝下捏緊，放入塗抹少許油的保鮮盒中。（圖7）
6. 在麵糰表面噴一些水，罩上擰乾的濕布（勿接觸麵糰）或蓋子，放置到溫暖密閉的空間，發酵約60分鐘至兩倍大。（圖8）

1

2

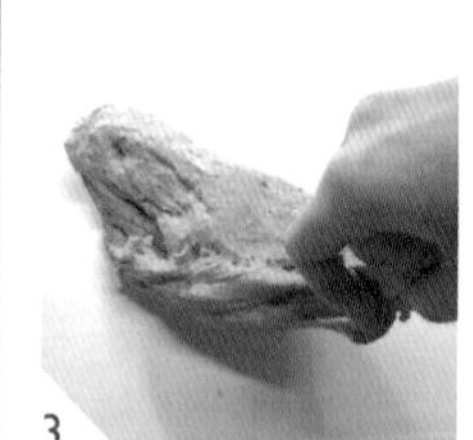
3

4

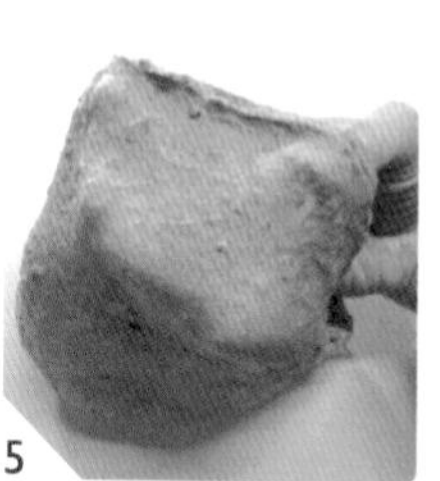
5

6

7

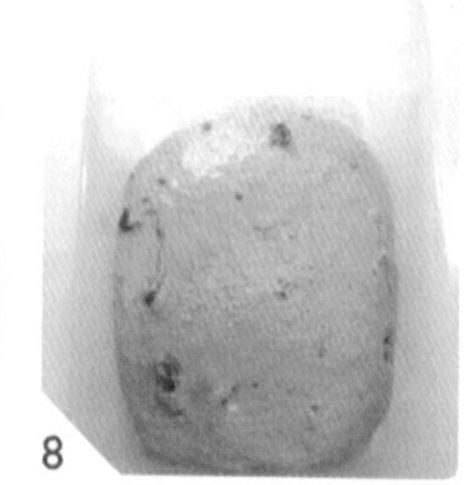
8

- 雜糧粉可以在烘焙材料行購買，沒有可以用高筋麵粉或全麥麵粉代替。
- 綜合堅果包含核桃、腰果、南瓜子、葵花子等。
- 切達起司丁可以用高融點乳酪或自己喜歡的乳酪代替。

9 10 11 12 13 14 15 16 17 18 19 20 21

7 桌上灑上一些高筋麵粉，將發好的麵糰移出，麵糰表面也灑上一些高筋麵粉。（圖9）

8 將第一次發酵完成的麵糰空氣拍出，然後滾成圓形，蓋上乾淨的布，再讓麵糰休息15分鐘。（圖10）

9 休息好的麵糰表面灑些高筋麵粉避免沾黏，用擀麵棍擀成長約30cm長橢圓形片狀。（圖11、12）

10 將乳酪丁平均鋪放在麵皮中央。（圖13）

11 將麵糰由短向輕輕捲起，收口處及兩端捏緊成為一個橢圓狀。（圖14～16）

12 完成的麵糰放在烤盤上，表面灑上些高筋麵粉。（圖17）

13 整盤放入烤箱中，然後關上烤箱門，再發酵50～60分鐘。（圖18）

14 發酵好前8～10分鐘，將烤盤從烤箱中取出，烤箱打開預熱至200℃。

15 進烤箱前，用一把利刀在麵糰中央切出4道深痕。（圖19）

16 在切口處淋上少許橄欖油，平均鋪放摩佐拉起司。

17 烤盤放中置放一杯沸水，再放進已經預熱至200℃的烤箱中，烘烤22～25分鐘至表面呈現金黃色即可。（圖20）

18 麵包烤好後，移到鐵網架上放涼。（圖21）

豆腐芝麻麵包

| 直接法 |

Tofu Bread with Sesame

烘烤一個大大的麵包很過癮，而且整型簡單，可以省去很多繁複步驟。

成品可以直接切片代替吐司，對於沒有吐司模的人是很好的取代方式。

將料理使用的豆腐直接代替配方中的液體，黑芝麻香氣逼人，豆味濃郁，口感也十分醇厚，非常適合素食的朋友食用。

份 量

1個

材 料

A. 麵糰

板豆腐200g　高筋麵粉220g　全麥麵粉80g
熟黑芝麻2T　糖15g　鹽1/2t　液體植物油30g
速發乾酵母3/4t　豆漿80cc

B. 表面裝飾

黑芝麻2～3T

Baking Points

製作方法……………直接法
第一次發酵…………60分鐘
休息鬆弛……………15分鐘
第二次發酵………50～60分鐘
預熱溫度……………200℃
烘烤溫度……………200℃
烘烤時間…………22～25分鐘

做 法

1 板豆腐用叉子壓成泥狀。（圖1）

2 將所有材料A倒入鋼盆中，攪拌搓揉成為一個不黏手的麵糰（豆漿的部分要先保留30cc，等麵糰已經攪拌成團後再慢慢加入）。（圖2）

3 依照揉麵標準程序，繼續搓揉甩打成為撐得起薄膜的麵糰。（圖3～7）

4 將揉好的麵糰滾圓，收口朝下捏緊，放入塗抹少許油的保鮮盒中。（圖8）

5 在麵糰表面噴一些水，罩上擰乾的濕布（勿接觸麵糰）或蓋子，放置到溫暖密閉的空間，發酵約60分鐘至兩倍大。（圖9）

6 桌上灑上一些高筋麵粉，將發好的麵糰移出，麵糰表面也灑上一些高筋麵粉。（圖10）

小叮嚀

- 板豆腐也可以使用盒裝嫩豆腐，但是盒裝嫩豆腐含水比較高，另外添加的豆漿請酌量減少。

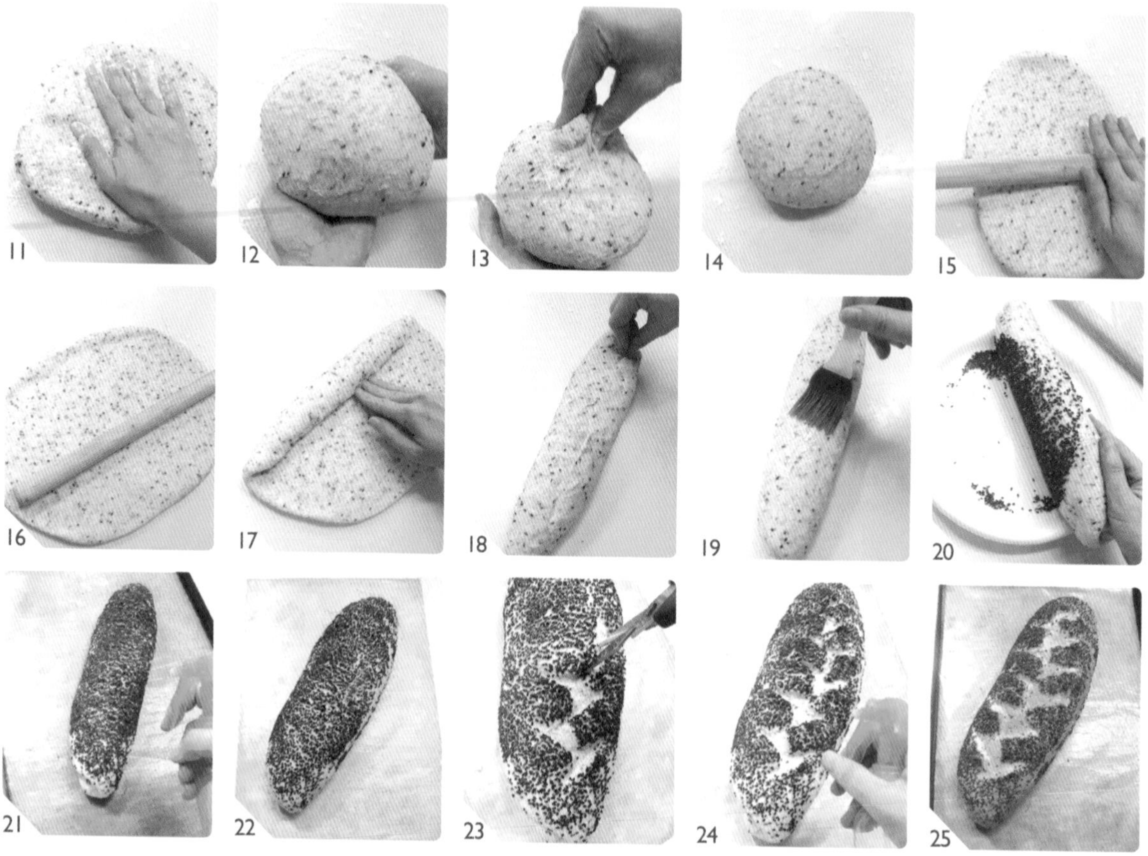

11 12 13 14 15

16 17 18 19 20

21 22 23 24 25

7 將第一次發酵完成的麵糰空氣拍出，然後滾成圓形，蓋上乾淨的布，再讓麵糰休息15分鐘。（圖11～14）

8 休息好的麵糰表面灑些高筋麵粉避免沾黏，用擀麵棍擀成長約30cm長橢圓形片狀。（圖15、16）

9 將麵糰由長向輕輕捲起，一邊捲一邊壓一下，收口處捏緊成為一個柱狀。（圖16～18）

10 在麵糰表面刷上一層水，均勻沾上黑芝麻。（圖19、20）

11 完成的麵糰放在烤盤上，表面噴適量水，整盤放入烤箱中，然後關上烤箱門，再發酵50～60分鐘約至1.5倍大。（圖21、22）

12 發酵好前8～10分鐘，將烤盤從烤箱中取出，烤箱打開預熱至200℃。

13 進烤箱前用一把剪刀在麵糰中央交錯剪出花紋。（圖23）

14 表面噴大量冷水，放進已經預熱至200℃的烤箱中，烘烤22～25分鐘至表面呈現金黃色即可。（圖24、25）

15 麵包烤好後，移到鐵網架上放涼。

紫薯葡萄乾麵包

｜直接法｜

Purple Potato Bread with Raisins

加了紫薯泥成品真美麗，成品帶有神祕的色彩，歐式麵包特有的麥香與果乾融合越嚼越香。無糖無油，健康無負擔。

份 量

2個

材 料

A. 麵糰

紫薯泥190g　高筋麵粉250g　全麥麵粉50g

鹽1/2t　速發乾酵母1/2t　冷水95cc　葡萄乾100g

B. 表面裝飾

橄欖油適量

製作方法	直接法
第一次發酵	90分鐘
休息鬆弛	15分鐘
第二次發酵	50～60分鐘
預熱溫度	220℃
烘烤溫度	220℃
烘烤時間	18～20分鐘

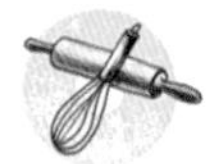

做 法

1 紫薯去皮切塊，大火蒸10分鐘至軟爛。
2 趁熱用叉子壓成泥，取190g放涼。（圖1）
3 將所有材料A（葡萄乾除外）倒入鋼盆中，混合均勻（液體的部分要先保留30cc，等麵糰已經攪拌成團後再慢慢加入）。（圖2）
4 依照揉麵標準程序，繼續搓揉甩打成為撐得起薄膜的麵糰。（圖3～6）
5 將葡萄乾均勻揉入麵糰中。（圖7）
6 將麵糰滾圓，收口朝下捏緊，放入抹少許油的盆中。（圖8）
7 在麵糰表面噴一些水，罩上擰乾的濕布（勿接觸麵糰）或保鮮膜，放置到溫暖密閉的空間，發酵約60分鐘。（圖9）

1

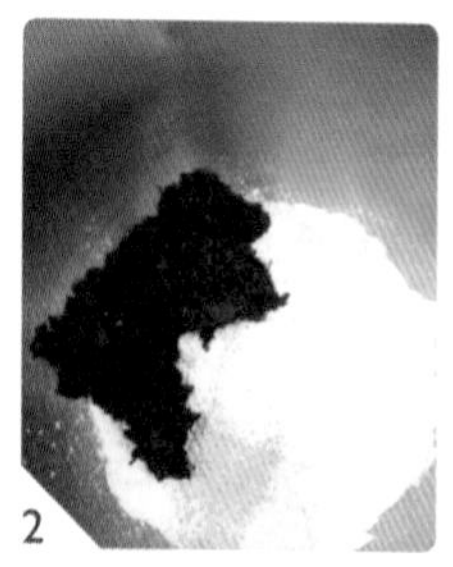
2

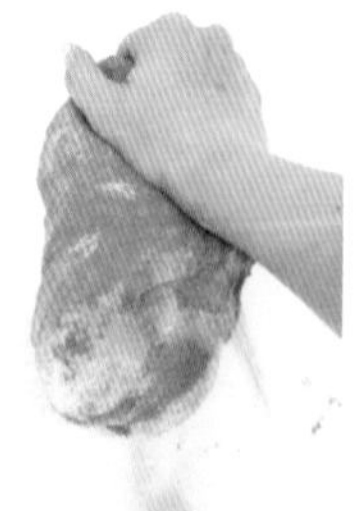
3

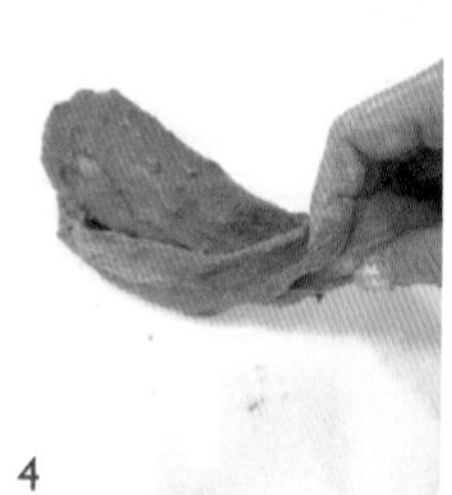
4

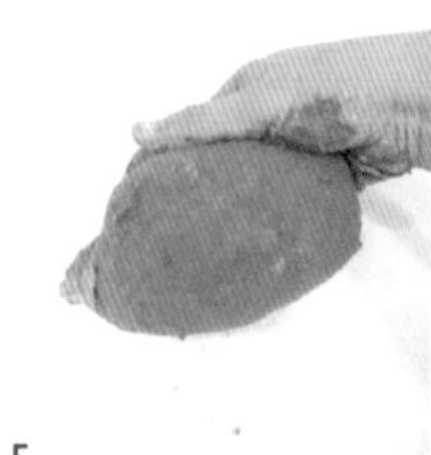
5

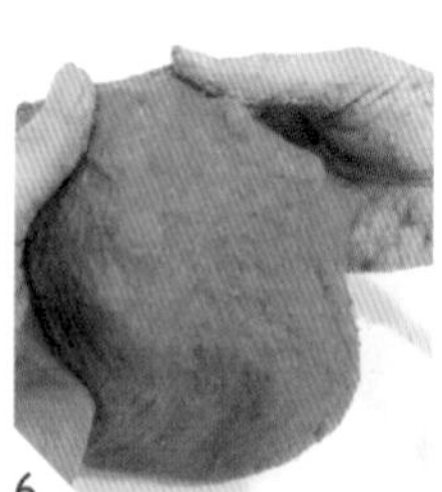
6

7

8

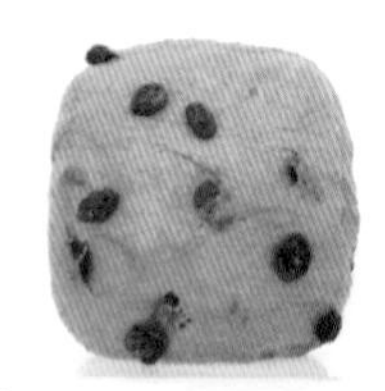
9

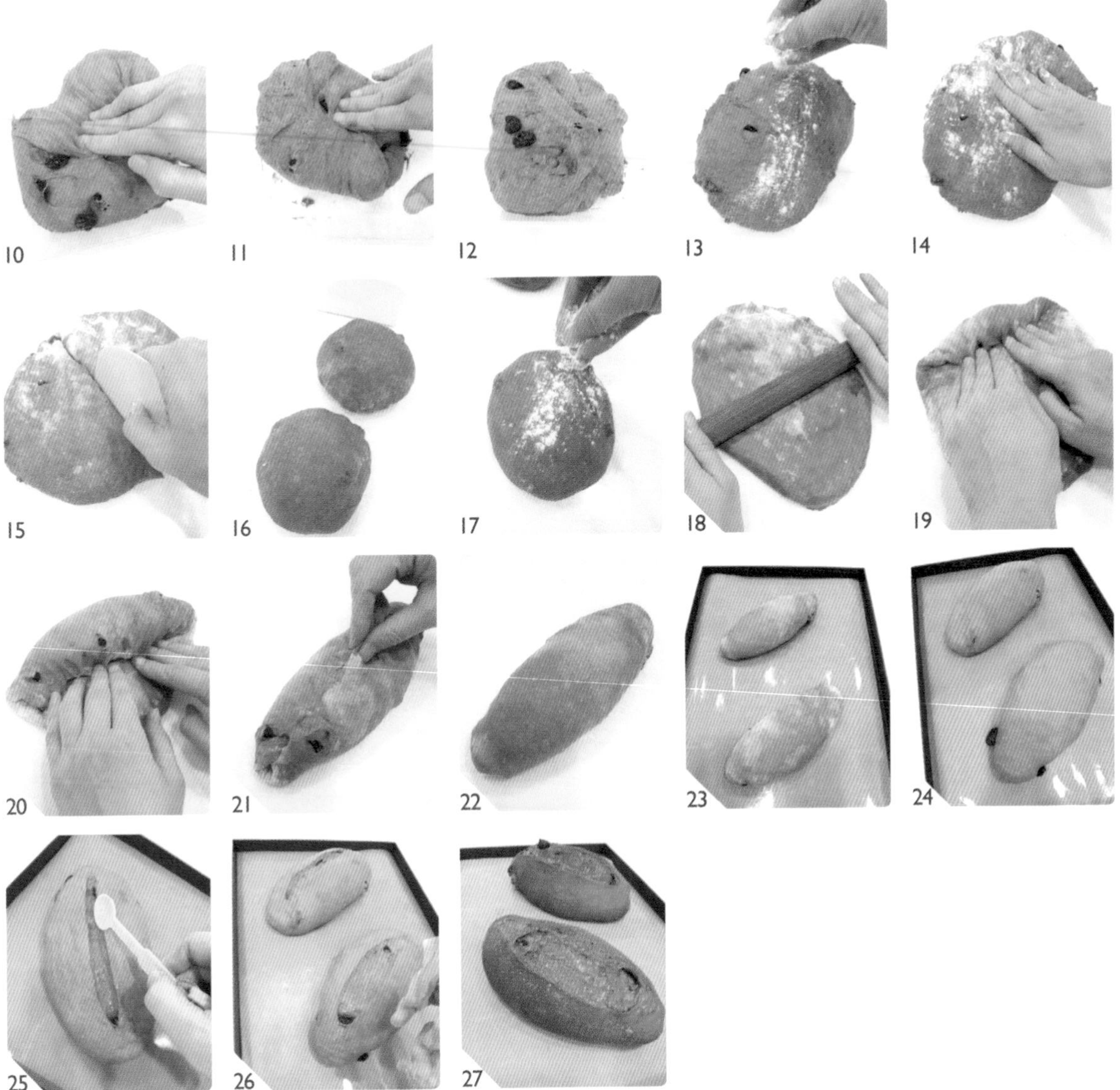
10 11 12 13 14 15 16 17 18 19 20 21 22 23 24 25 26 27

8 時間到，打開保鮮盒，用手直接將四周的麵糰往中間折壓兩次。（圖10～12）
9 然後再蓋上蓋子，密封發酵30分鐘。
10 桌上灑上一些高筋麵粉，將發好的麵糰移出，麵糰表面也灑上一些高筋麵粉。（圖13）
11 將第一次發酵完成的麵糰空氣拍出，平均分割成兩等份（每塊約340g），然後滾成圓形，蓋上擰乾的溼布再讓麵糰休息15分鐘。（圖14～16）
12 休息好的小麵糰表面灑些高筋麵粉避免沾黏，用擀麵棍擀成長形。（圖17、18）
13 將麵糰光滑面在下，由短向捲起，一邊捲一邊壓一下，收口處捏緊成為橄欖形。（圖19～22）
14 完成的麵糰間隔整齊排放在烤盤上。（圖23）
15 整盤放入烤箱中，麵糰表面噴些水，然後關上烤箱門，再發酵50～60分鐘約至1.5倍大。（圖24）
16 發酵好前8～10分鐘，將烤盤從烤箱中取出，烤箱打開預熱至220℃。
17 進烤箱前，用一把利刀在麵糰中央切開一道深痕。（圖25）
18 在切口處淋上少許橄欖油，表面噴上大量冷水。（圖26）
19 放進已經預熱至220℃的烤箱中，烘烤18～20分鐘至表面呈現金黃色即可。（圖27）
20 麵包烤好後，移到鐵網架上放涼。

寒天葡萄乾乳酪麵包

| 直接法 |

Agar Cheese Buns

現代人對吃越來越講究，都希望吃的好吃的健康。寒天就是最近幾年很熱門的食材，高纖低熱量又有飽足感，是很多人喜愛的海藻食品。將寒天加入麵包中，除了保濕，也增加纖維的攝取，好處多多！

份量

8個

材料

A. 麵糰

乾燥洋菜條6g　高筋麵粉250g　全麥麵粉50g
細砂糖15g　速發乾酵母1/2t　鹽3/4t　冷水200cc
葡萄乾50g

B. 夾餡材料

高融點乳酪100g

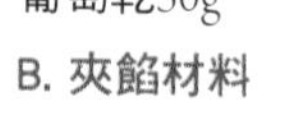

Baking Points

製作方法……………直接法
第一次發酵……………60分鐘
休息鬆弛……………15分鐘
第二次發酵……………50～60分鐘
預熱溫度……………200℃
烘烤溫度……………200℃
烘烤時間……………18～20分鐘

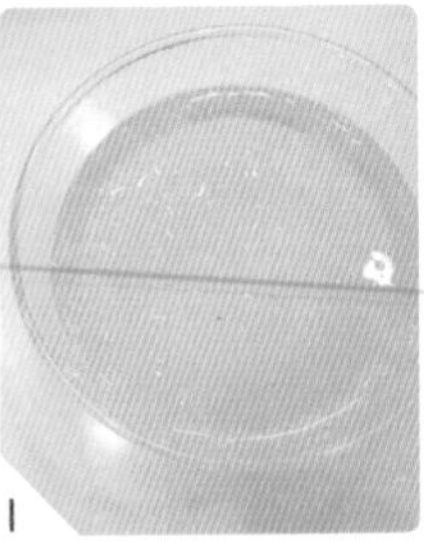

做 法

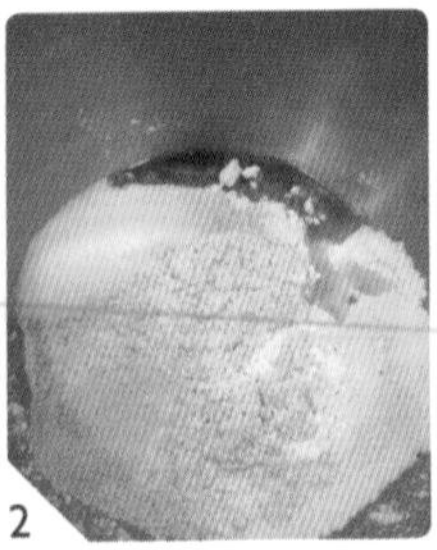

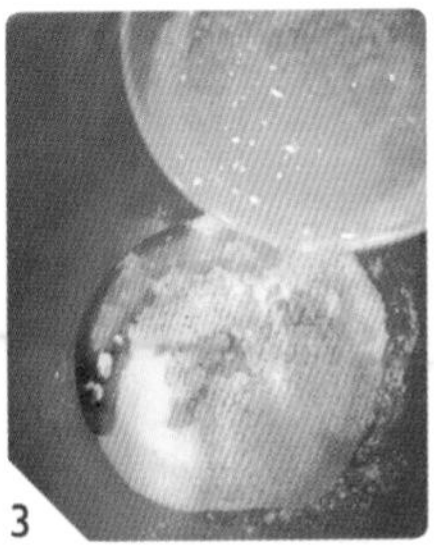

1 將乾燥洋菜條泡入足量的冷水中（份量外）1小時軟化。（圖1）
2 撈起軟化的洋菜條，瀝乾水分，用剪刀剪成約0.5cm段狀。
3 將所有材料A倒入鋼盆中，攪拌搓揉成為一個不黏手的麵糰（冷水的部分要先保留30cc，等麵糰已經攪拌成團後再慢慢加入）。（圖2～4）
4 依照揉麵標準程序，繼續搓揉甩打成為撐得起薄膜的麵糰。（圖5～9）
5 將葡萄乾均勻揉入麵糰中。（圖10）
6 將揉好的麵糰滾圓，收口朝下捏緊，放入塗抹少許油的保鮮盒中。
7 在麵糰表面噴一些水，罩上擰乾的濕布（勿接觸麵糰）或蓋子，放置到溫暖密閉的空間，發酵約60分鐘至兩倍大。（圖11、12）
8 桌上灑上一些高筋麵粉，將發好的麵糰移出，麵糰表面也灑上一些高筋麵粉。（圖13、14）

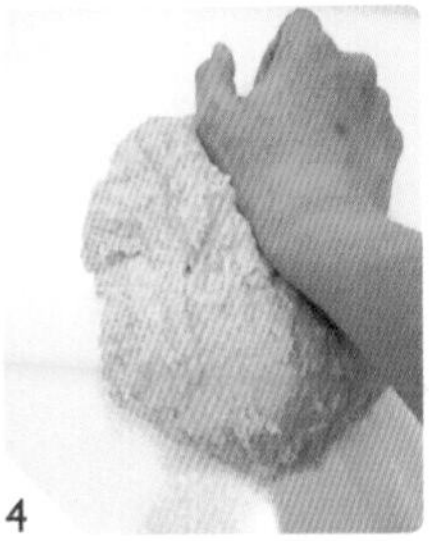

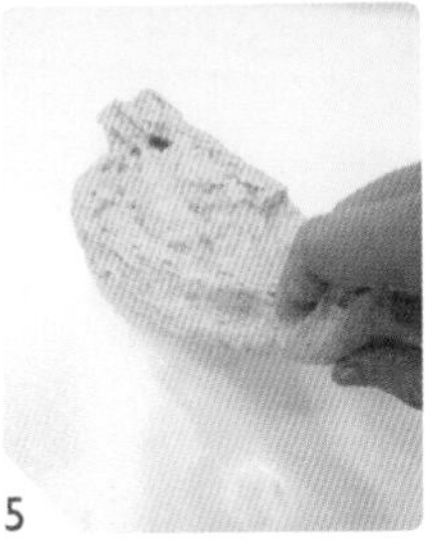

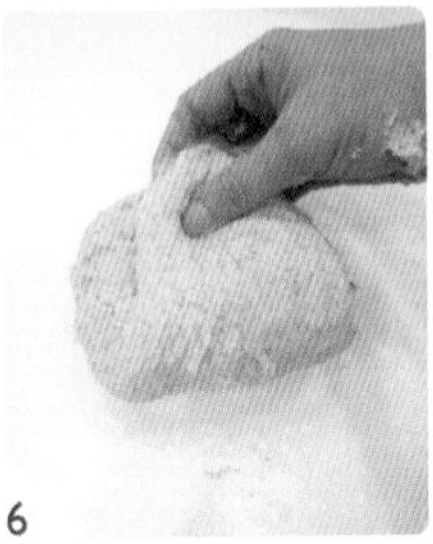

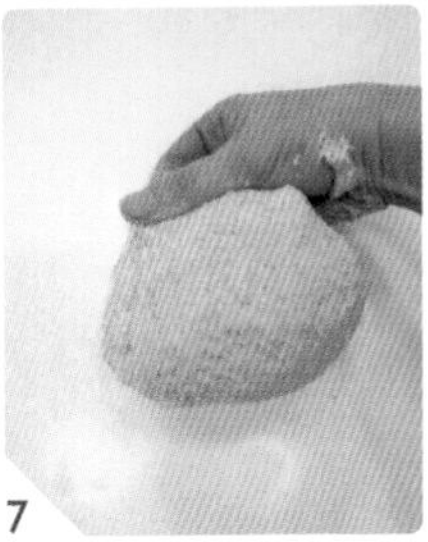

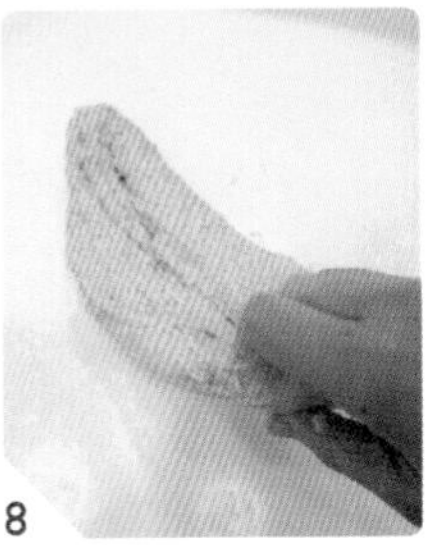

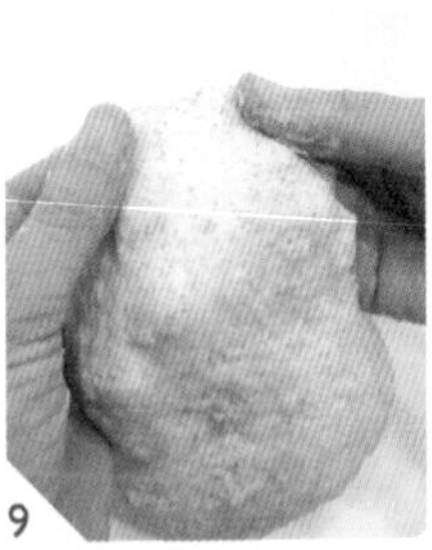

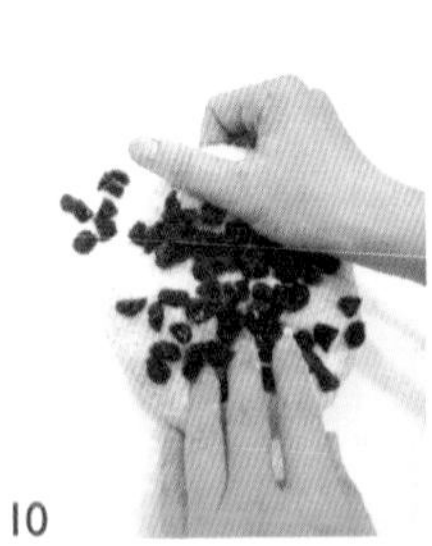

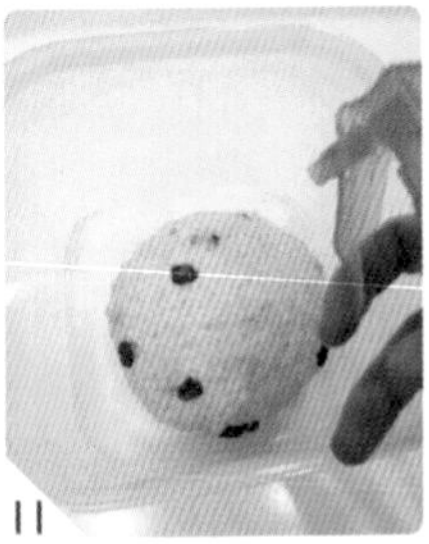

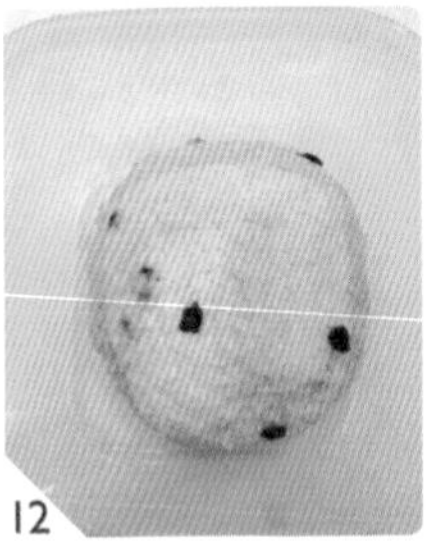

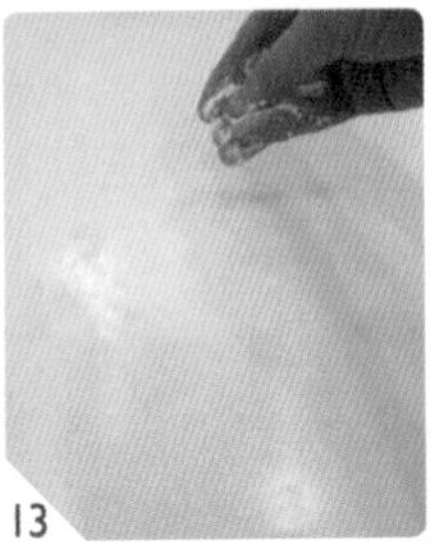

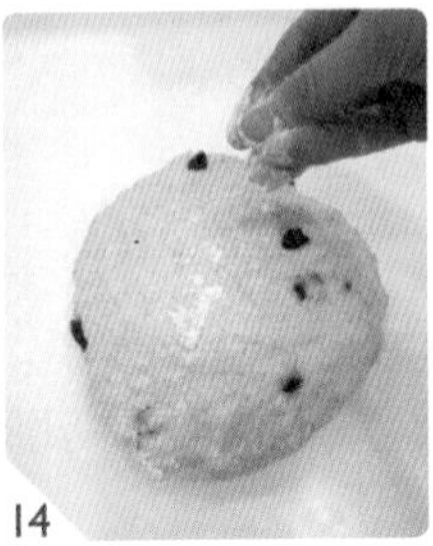

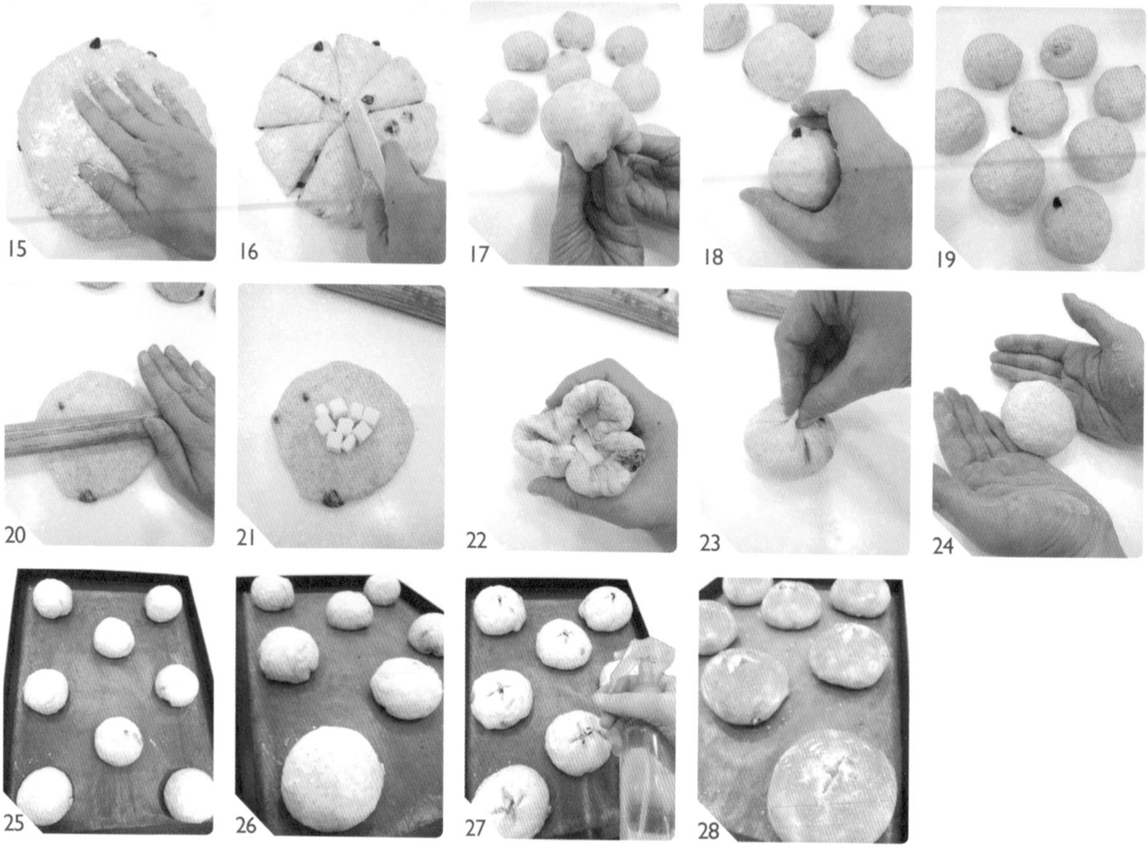

15 16 17 18 19

20 21 22 23 24

25 26 27 28

9 將第一次發酵完成的麵糰空氣拍出，平均分割成8等份（每塊約60g），然後滾成圓形，蓋上乾淨的布，再讓麵糰休息15分鐘。（圖15～19）

10 高融點乳酪切成約0.5cm丁狀，分成8等份。

11 休息完成的麵糰用手壓一下，用擀麵棍擀成一個直徑約12cm的圓形麵皮。（圖20）

12 再將乳酪丁7～8顆放入麵糰中央。（圖21）

13 然後將麵糰邊緣慢慢縮小，收口捏緊朝下成為一個球形麵糰。（圖22、23）

14 在雙手間稍微搓揉一下整型。（圖24）

15 完成的麵糰收口朝下，間隔整齊排放在烤盤上。（圖25）

16 整盤放入烤箱中，麵糰表面噴些水，然後關上烤箱門，再發酵50～60分鐘約至1.5倍大。（圖26）

17 發酵好前8～10分鐘，將烤盤從烤箱中取出，烤箱打開預熱至200℃。

18 進烤箱前，在發好的麵糰表面用剪刀剪出十字。

19 表面噴灑適量的水。（圖27）

20 放進已經預熱至200℃的烤箱中，烘烤18～20分鐘至表面呈現金黃色即可。（圖28）

21 麵包烤好後，放到鐵網架上放涼。

豆渣鄉村麵包

|直接法|

Okara Country Bread

小小一顆黃豆營養可是不少，含有豐富的植物性蛋白質、碳水化合物以及油脂，卻不含膽固醇，是素食者重要營養來源之一。平時在家都會自製一些豆漿，剩下來的豆渣可不要丟棄，任何資源都要妥善運用。這些豆渣可以做料理或添加在麵包中，就可以發揮最大的功效。

份 量

4個

材 料

A. 麵糰

豆渣100g 高筋麵粉270g 低筋麵粉30g
速發乾酵母3/4t 細砂糖15g 鹽1/2t
橄欖油30g 牛奶160cc

B. 表面裝飾

豆渣鬆適量

Baking Points

製作方法	直接法
第一次發酵	60分鐘
休息鬆弛	15分鐘
第二次發酵	50～60分鐘
預熱溫度	190℃
烘烤溫度	190℃
烘烤時間	18～20分鐘

做 法

1. 豆渣200g（份量外）放入已經預熱到150℃烤箱中，烘烤15～18分鐘至呈現金黃色，成為表面裝飾的豆渣鬆備用。（圖1）
2. 將所有材料A倒入鋼盆中，攪拌搓揉成為一個不黏手的麵糰（牛奶的部分要先保留30cc，等麵糰已經攪拌成團後再慢慢加入）。（圖2）
3. 依照揉麵標準程序，繼續搓揉甩打成為撐得起薄膜的麵糰。（圖3～5）
4. 將揉好的麵糰滾圓，收口朝下捏緊，放入塗抹少許油的保鮮盒中。（圖6）
5. 在麵糰表面噴一些水，罩上擰乾的濕布（勿接觸麵糰）或蓋子，放置到溫暖密閉的空間，發酵約60分鐘至兩倍大。（圖7）
6. 桌上灑上一些高筋麵粉，將發好的麵糰移出，麵糰表面也灑上一些高筋麵粉。
7. 將第一次發酵完成的麵糰空氣拍出，平均分割成4等份（每塊約150g），然後滾成圓形，蓋上乾淨的布，再讓麵糰休息15分鐘。（圖8、9）
8. 休息好的麵糰表面灑些高筋麵粉避免沾黏，用擀麵棍擀成約25cm橢圓形。

1

2

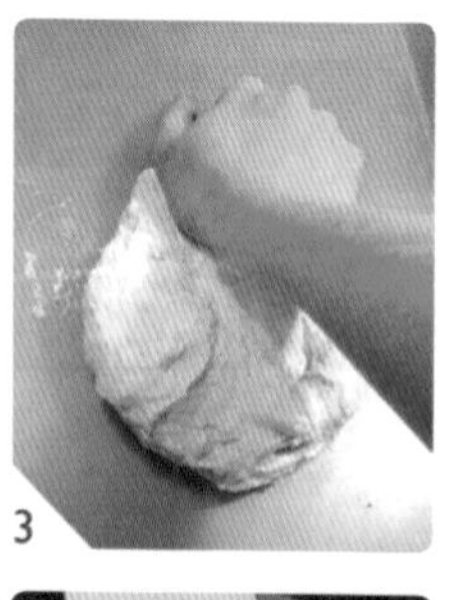
3

4

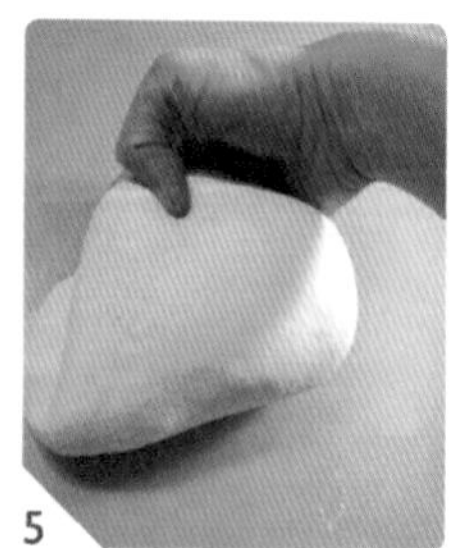
5

6

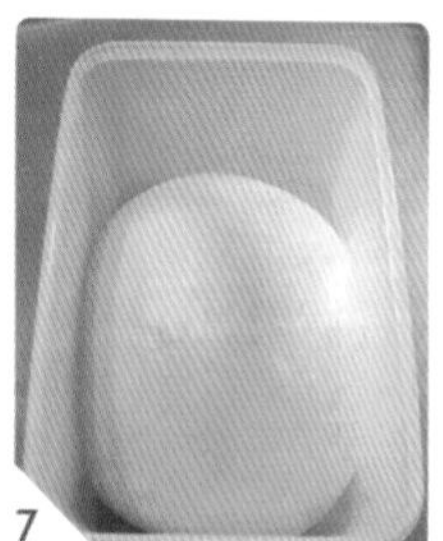
7

8

9

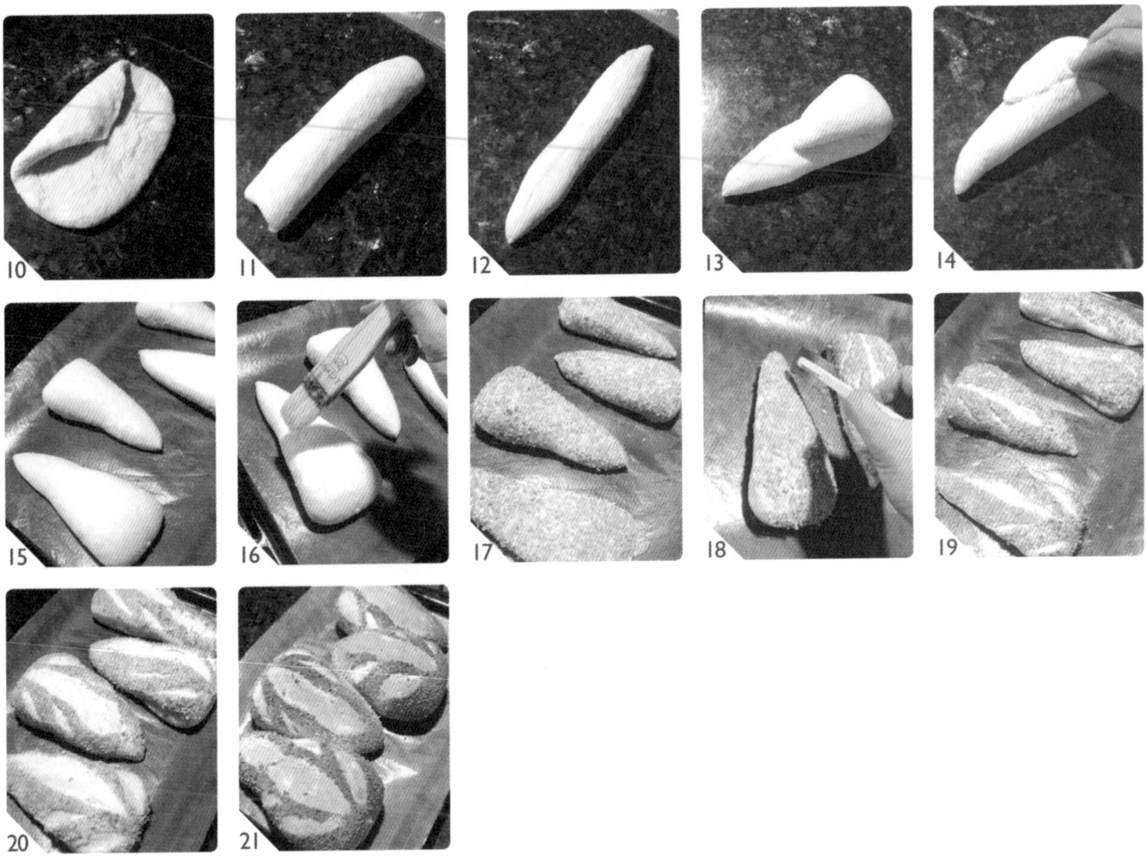

9 將麵糰由長向捲起，收口處捏緊，兩端搓尖成為一個條狀。（圖10～12）
10 將條狀麵糰收口朝上，於1/3處位置對折成為長三角形。（圖13）
11 邊緣收口捏緊。（圖14）
12 收口朝下間隔整齊排放在烤盤上。（圖15）
13 表面刷上一層水，均勻沾附一層烤好的豆渣鬆。（圖16、17）
14 用利刀在麵糰表面切出葉脈痕。（圖18）
15 整盤放入烤箱中，麵糰表面噴些水，然後關上烤箱門，再發酵50～60分鐘約至1.5倍大。（圖19、20）
16 發酵好前8～10分鐘，將烤盤從烤箱中取出，烤箱打開預熱至190℃。
17 放進已經預熱至190℃的烤箱中，烘烤18～20分鐘至表面呈現金黃色。（圖21）
18 麵包烤好後，移到鐵網架上放涼。

番茄豆渣麵包

| 直接法 |

Okara Tomatoes Bread

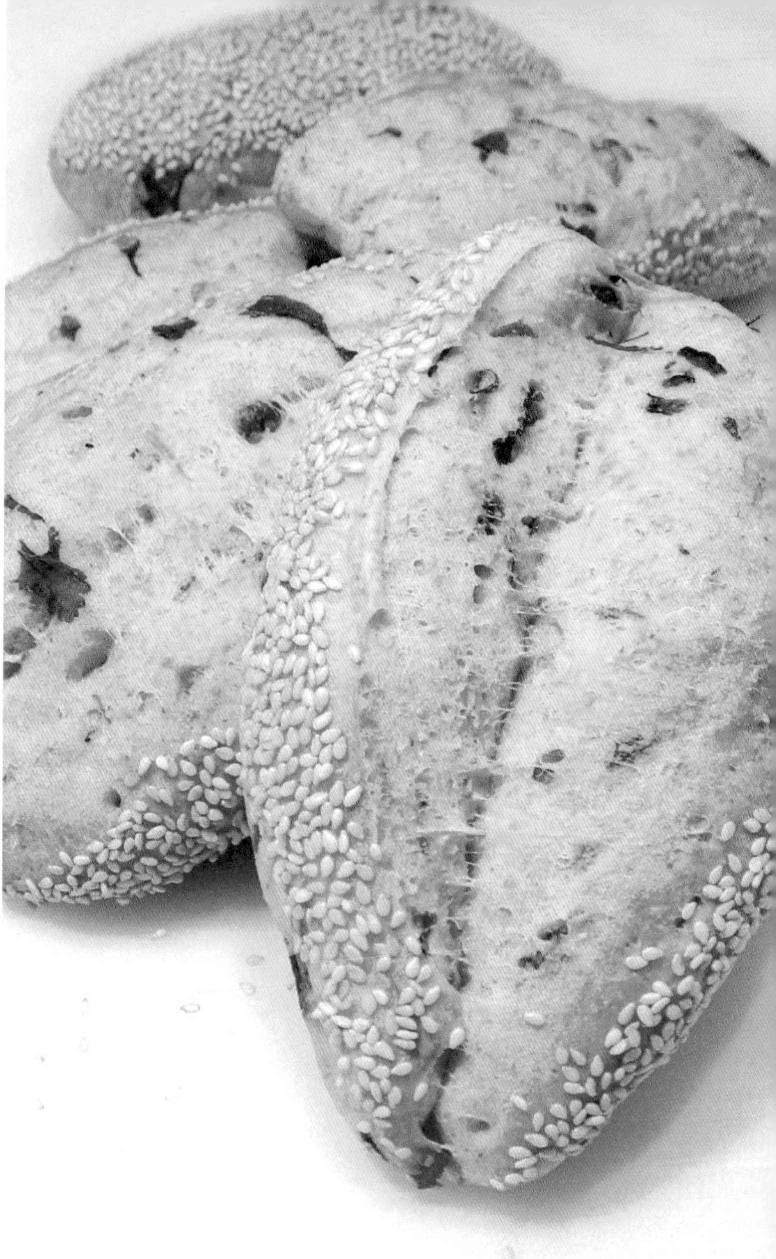

媽媽生日，我們全家約了一塊吃飯幫她過壽，
一家人聚在一起就有聊不完的話題，
我特別珍惜這樣的時光，
祝福親愛的父母身體都健康，心情愉快。
打完豆漿的豆渣別浪費，
與番茄及香菜一起加入麵包中，風味特殊，
為家人量身打造獨特的麵包，
是手工揉麵糰最大的樂趣！

份 量

6個

材 料

A. 麵糰

豆渣50g　高筋麵粉230g　全麥麵粉50g
細砂糖10g　速發乾酵母1/2t　鹽1/2t
全脂奶粉10g　香菜2～3支（約7～8g）
無鹽奶油30g　番茄泥170g

B. 表面裝飾

蛋白液、熟白芝麻各適量

製作方法……………………直接法
第一次發酵………………60分鐘
休息鬆弛…………………15分鐘
第二次發酵………50～60分鐘
預熱溫度…………………180℃
烘烤溫度…………………180℃
烘烤時間…………20～22分鐘

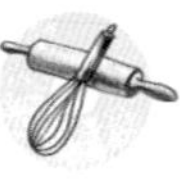

做 法

1 新鮮牛番茄洗乾淨去蒂，在尾部劃上十字痕跡。
2 煮一鍋沸水，將番茄放入汆燙1～2分鐘，至番茄表皮翻起。
3 取出沖冷水，用手將番茄皮撕去。
4 番茄切成大塊，用果汁機打成番茄泥取170g。
5 香菜洗乾淨，瀝乾水分，將葉子摘下來。
6 將所有材料A（無鹽奶油及香菜除外）倒入鋼盆中，攪拌搓揉成為一個不黏手的麵糰。（番茄泥的部分要先保留30g，等麵糰已經攪拌成團後再慢慢加入）（圖1）
7 再加入切成小塊回溫軟化的無鹽奶油丁，搓揉均勻。（圖2）
8 依照揉麵標準程序，繼續搓揉甩打成為撐得起薄膜的麵糰。（圖3）
9 將香菜葉均勻揉入麵糰中。（圖4）
10 將揉好的麵糰滾圓，收口朝下捏緊，放入塗抹少許油的保鮮盒中。（圖5）
11 在麵糰表面噴一些水，罩上擰乾的濕布（勿接觸麵糰）或蓋子，放置到溫暖密閉的空間，發酵約60分鐘至兩倍大。（圖6）
12 桌上灑上一些高筋麵粉，將發好的麵糰移出，麵糰表面也灑上一些高筋麵粉。
13 將第一次發酵完成的麵糰空氣拍出，平均分割成6等份（每塊約90g），然後滾成圓形，蓋上擰乾的溼布再讓麵糰休息15分鐘。（圖7、8）
14 休息好的小麵糰用手壓扁。
15 麵糰表面灑些高筋麵粉避免沾黏，用擀麵棍擀成約20cm橢圓形片狀。（圖9）
16 將麵糰光滑面在下，由長向捲起，一邊捲一邊壓一下，收口處捏緊成為橄欖形。（圖10、11）
17 筷子沾點高筋麵粉，在麵糰中央壓出一道深痕。（圖12）
18 麵糰表面刷上一層蛋白液，沾上一層白芝麻。（圖13、14）
19 完成的麵糰間隔整齊排放在烤盤上。（圖15）
20 整盤放入烤箱中，麵糰表面噴些水，然後關上烤箱門，再發酵50～60分鐘約至1.5倍大。（圖16）
21 發酵好前8～10分鐘，將烤盤從烤箱中取出，烤箱打開預熱至180℃。
22 放進已經預熱至180℃的烤箱中，烘烤20～22分鐘至表面呈現金黃色即可。（圖17）
23 麵包烤好後，移到鐵網架上放涼。

雜糧乳酪馬蹄形麵包

｜低溫冷藏發酵法｜

Multi-grain Cheese Bread

彎彎的馬蹄形麵包中間包裹了濃郁的乳酪，
雜糧獨特的風味，
為這款造型可愛的麵包加分。
簡單而味香，不繁複反而突顯原味之美。

份 量

6個

材 料

A. 麵糰

高筋麵粉250g　雜糧粉50g　速發乾酵母1/2t
鹽1/2t　冷水190cc

B. 夾餡材料

高融點乳酪90g

C. 表面裝飾

高筋麵粉適量

Baking Points

製作方法……低溫冷藏發酵法
第一次發酵………12～24小時
休息鬆弛……………15分鐘
第二次發酵………50～60分鐘
預熱溫度……………190℃
烘烤溫度……………170℃
烘烤時間…………15～18分鐘

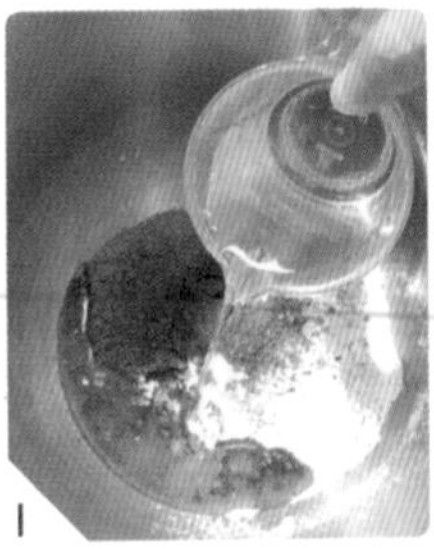

做 法

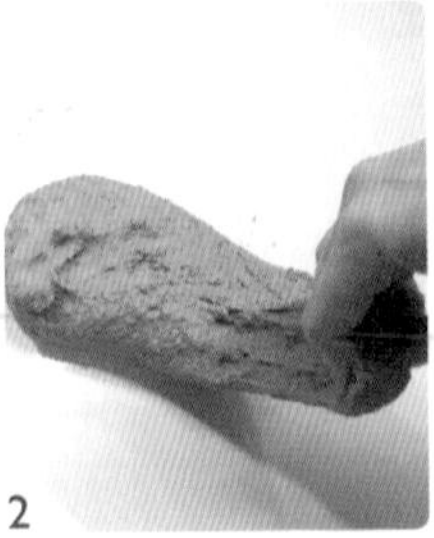

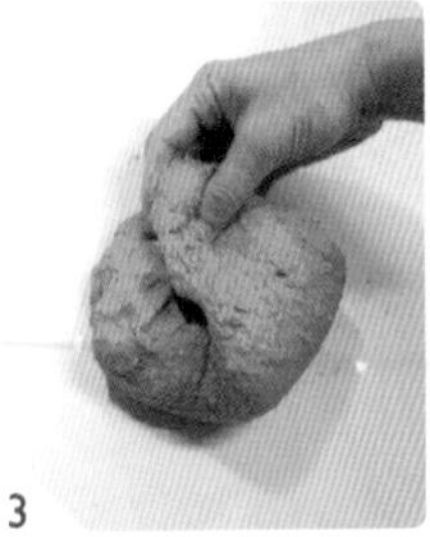

1 將所有材料A倒入鋼盆中，攪拌搓揉成為一個不黏手的麵糰（液體的部分要先保留30cc，等麵糰已經攪拌成團後再慢慢加入）。（圖1）
2 依照揉麵標準程序，繼續搓揉甩打成為撐得起薄膜的麵糰。（圖2～5）
3 將揉好的麵糰滾圓，收口朝下捏緊，表面塗抹少許橄欖油。
4 麵糰放入塑膠袋或保鮮盒中，表面噴一些水，然後蓋上蓋子。（圖6～8）
5 包覆一層塑膠袋避免乾燥。（圖9）
6 放置到冰箱冷藏室（Fridge），低溫發酵12～24小時至麵糰完全膨脹兩倍。（圖10）
7 冰箱取出回溫30分鐘。
8 桌上灑上一些高筋麵粉，將發好的麵糰移出，麵糰表面也灑上一些高筋麵粉。（圖11、12）
9 將第一次發酵完成的麵糰空氣拍出，平均分割成6等份（每塊約80g），然後滾成圓形，蓋上擰乾的溼布，再讓麵糰休息15分鐘。（圖13～15）
10 高融點乳酪切成約0.5cm丁狀。（圖16）

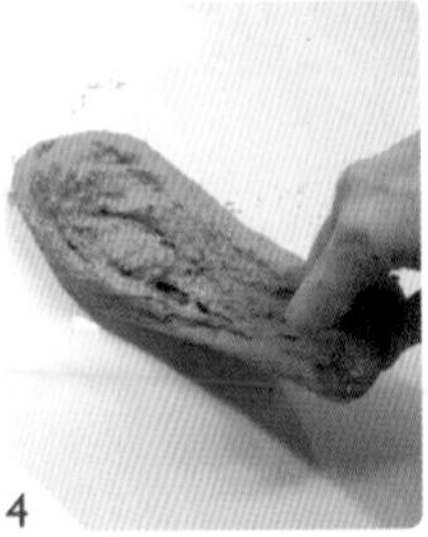

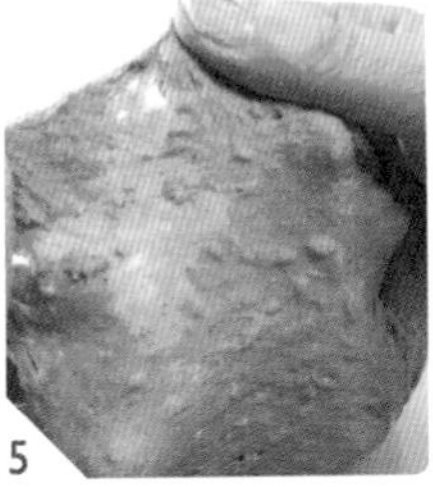

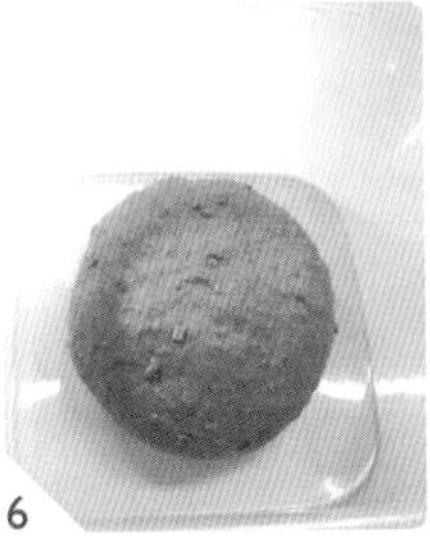

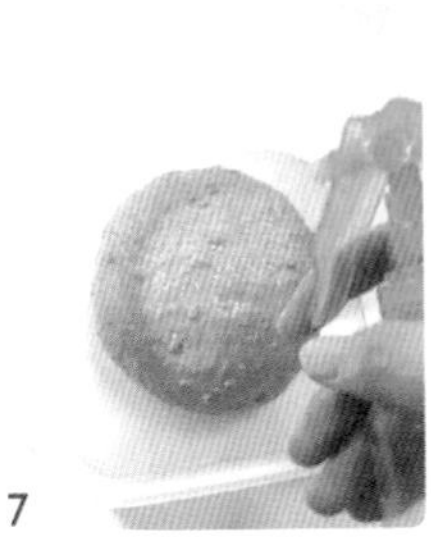

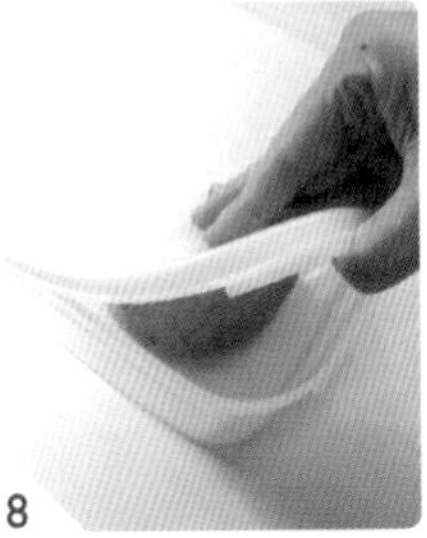

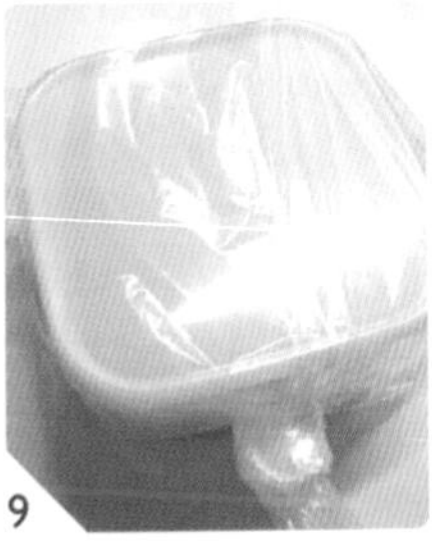

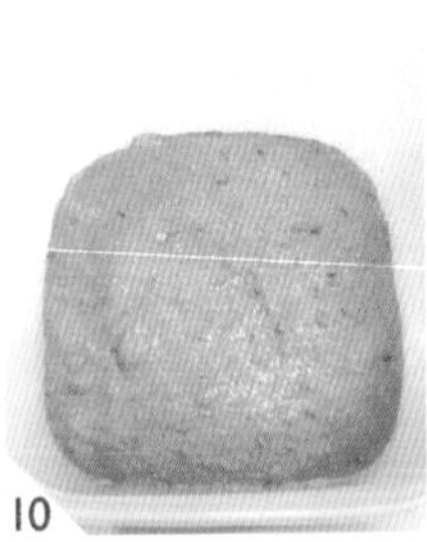

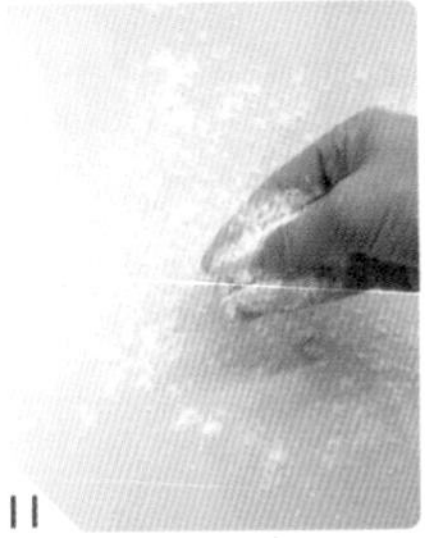

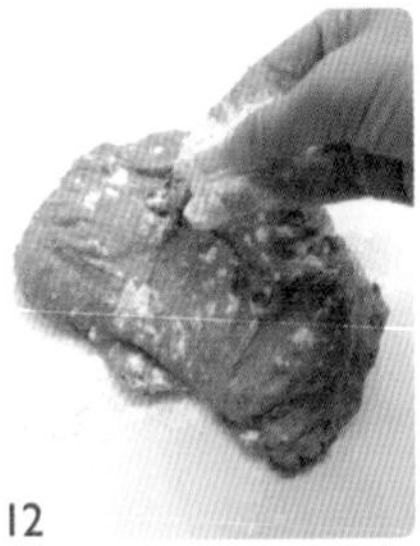

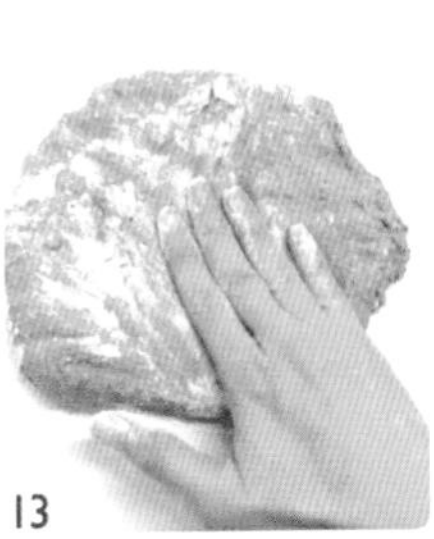

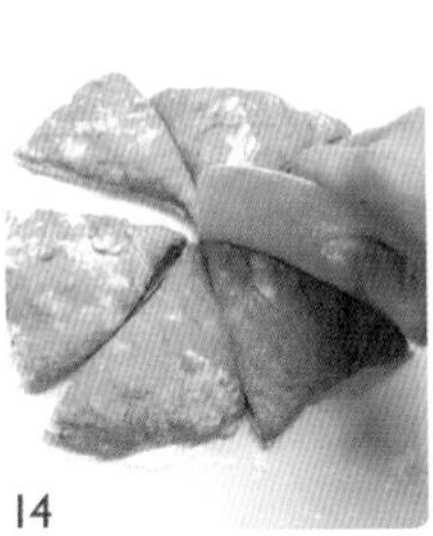

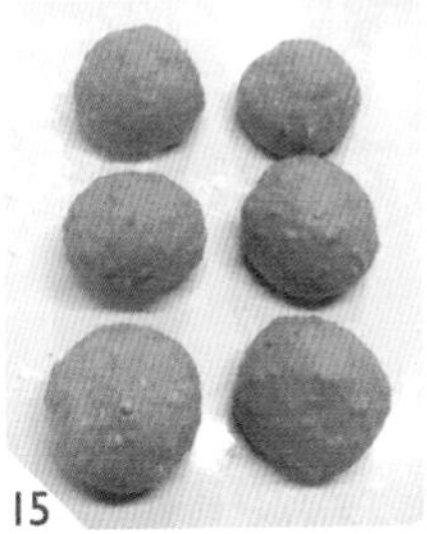

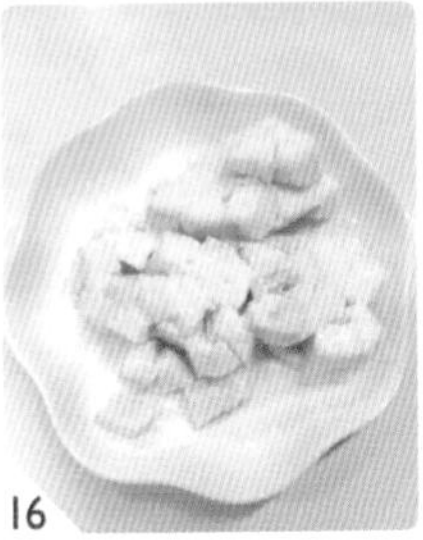

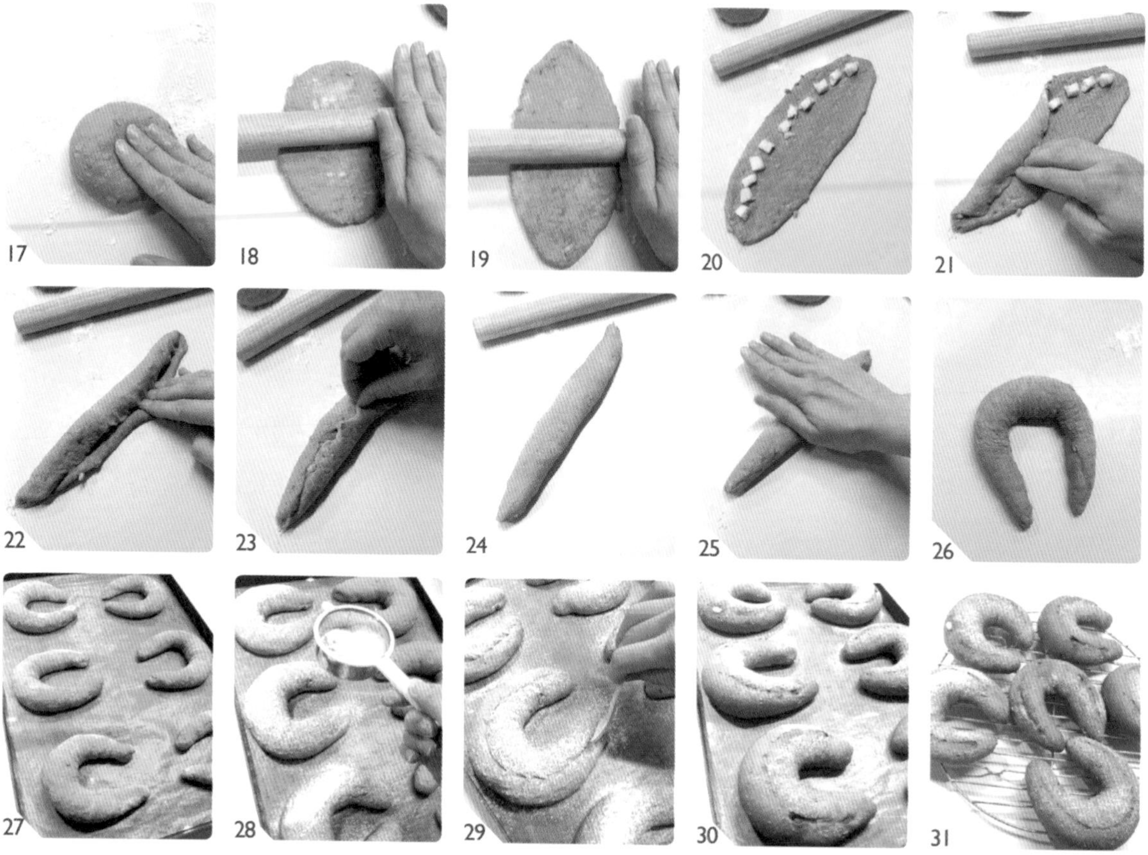

11 休息好的小麵糰用手壓扁。（圖17）
12 麵糰表面灑些高筋麵粉避免沾黏，用擀麵棍擀成長形。（圖18、19）
13 放上15g的乳酪丁。（圖20）
14 將麵糰由長向捲起，一邊捲一邊壓一下，收口處捏緊成為一個長條狀。（圖21～24）
15 雙手搓揉使得麵糰成為約30cm長。（圖25）
16 將兩頭彎折成為馬蹄形。（圖26）
17 完成的麵糰收口朝下間隔整齊排放在烤盤上。（圖27）
18 整盤放入烤箱中，麵糰表面噴些水，然後關上烤箱門，再發酵50～60分鐘約至1.5倍大。
19 發酵好前8～10分鐘，將烤盤從烤箱中取出，烤箱打開預熱至190℃。
20 進烤箱前，在發好的麵糰上用濾網輕輕篩上一層高筋麵粉。（圖28）
21 用利刀在麵糰表面中央切出1條切痕。（圖29）
22 放進已經預熱至190℃的烤箱中，將溫度調整為170℃，烘烤15～18分鐘至表面呈現金黃色即可。（圖30）
23 麵包烤好後，移到鐵網架上放涼。（圖31）

雜糧餐包

|直接法|

Multi-grain Buns

雜糧粉是由黑麥，裸麥等多種穀物及堅果研磨混合而成。
聞起來就有一股樸實溫厚的味道，適量添加在麵包中會有特殊的香氣。
記得在美國旅行時，對路上隨處可見的熱狗攤印象深刻。
將這份懷念的味道在自家廚房重現，
淋上番茄醬及芥末醬，大口咬下，一整個滿足！

份　量

6個

材　料

A. 麵糰

高筋麵粉260g　全麥麵粉20g　雜糧粉20g
速發乾酵母1/2　細砂糖20g　鹽1/4t
橄欖油20g　冷水190cc

B. 表面裝飾

全蛋液適量

製作方法……………………直接法
第一次發酵………………60分鐘
休息鬆弛……………………15分鐘
第二次發酵………50～60分鐘
預熱溫度……………………170℃
烘烤溫度……………………170℃
烘烤時間…………16～18分鐘

做　法

1 將所有材料倒入鋼盆中，攪拌搓揉成為一個不黏手的麵糰（冷水的部分要先保留30cc，等麵糰已經攪拌成團後再慢慢加入）。（圖1、2）
2 依照揉麵標準程序，繼續搓揉甩打成為撐得起薄膜的麵糰。（圖3～7）
3 將揉好的麵糰滾圓，收口朝下捏緊，放入塗抹少許油的保鮮盒中。（圖8）
4 在麵糰表面噴一些水，罩上擰乾的濕布（勿接觸麵糰）或蓋子，放置到溫暖密閉的空間，發酵約60分鐘至兩倍大。（圖9）
5 桌上灑上一些高筋麵粉，將發好的麵糰移出，麵糰表面也灑上一些高筋麵粉。（圖10）

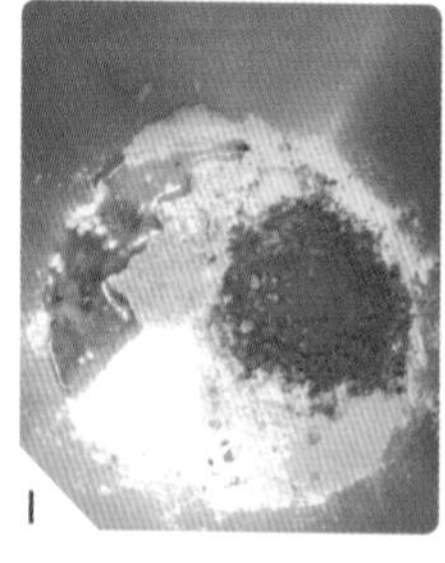
1

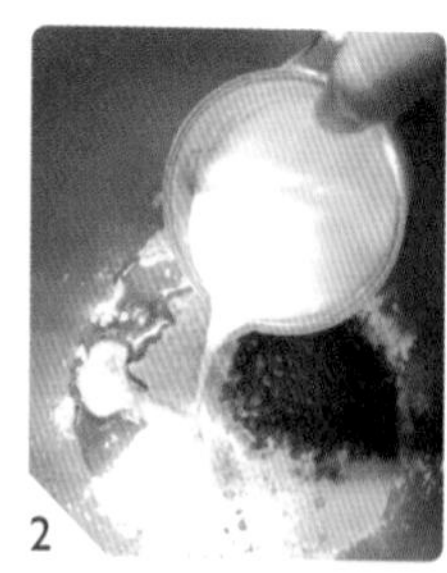
2

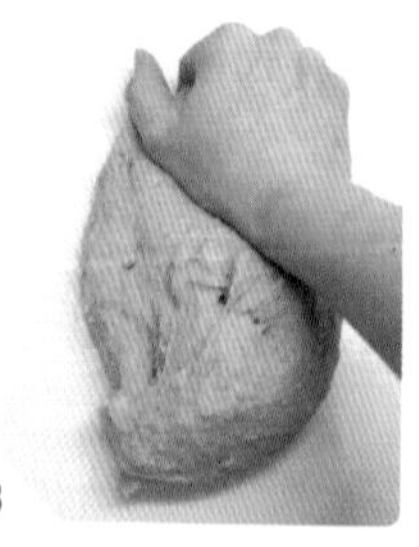
3

4

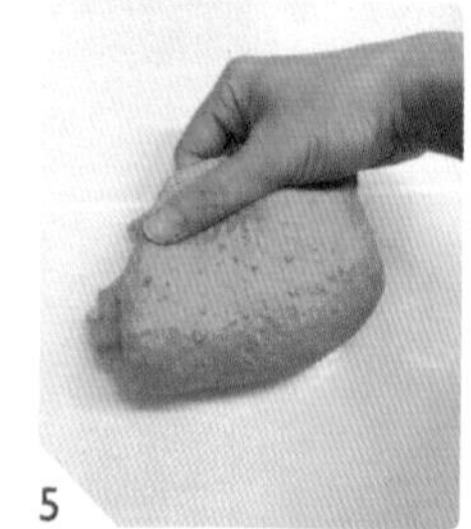
5

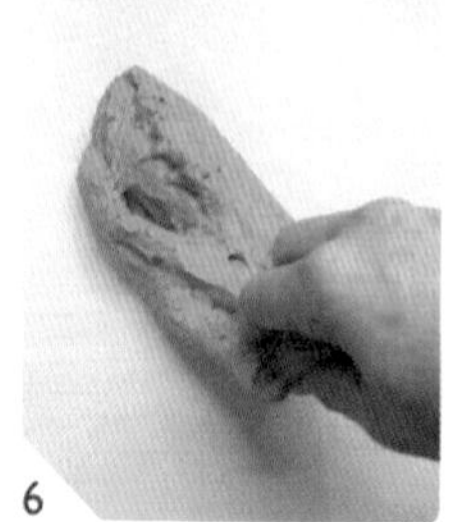
6

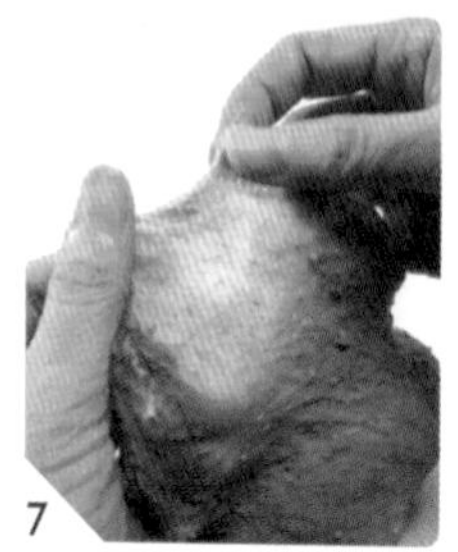
7

8

9

10

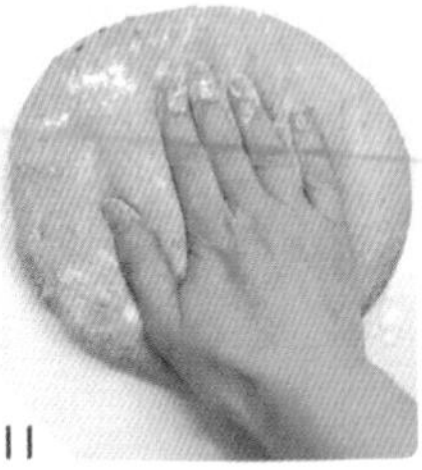

11  12  13 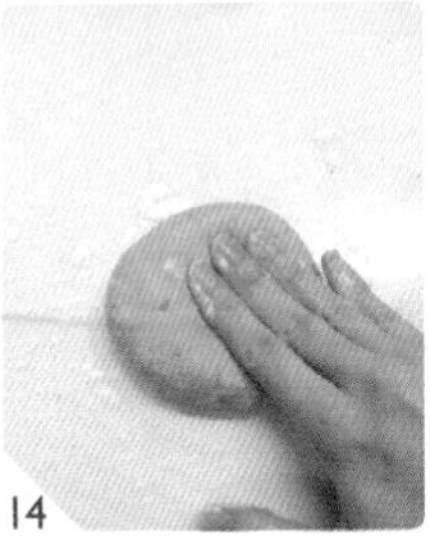 14  15

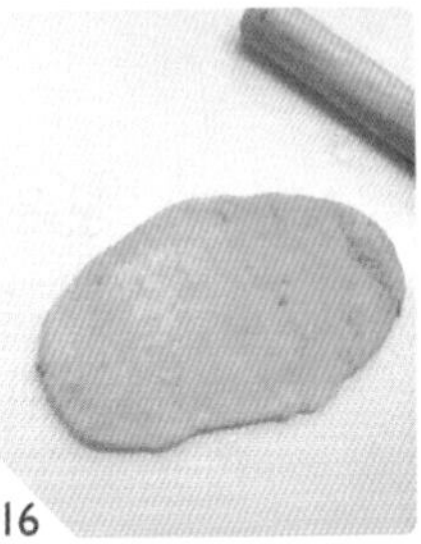

16 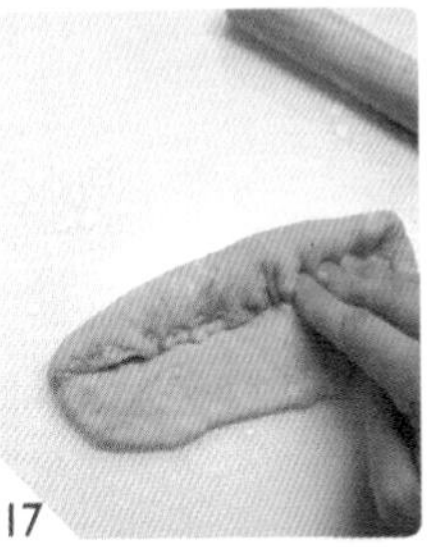 17 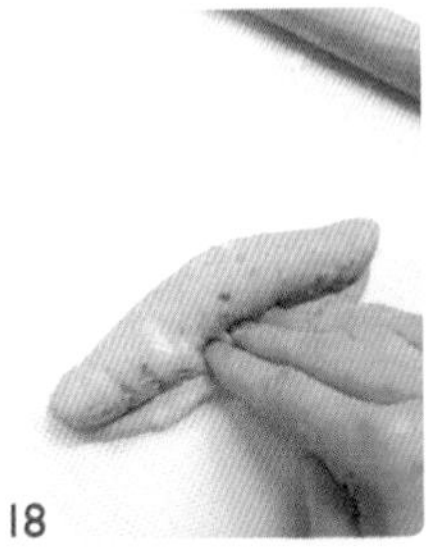 18  19  20

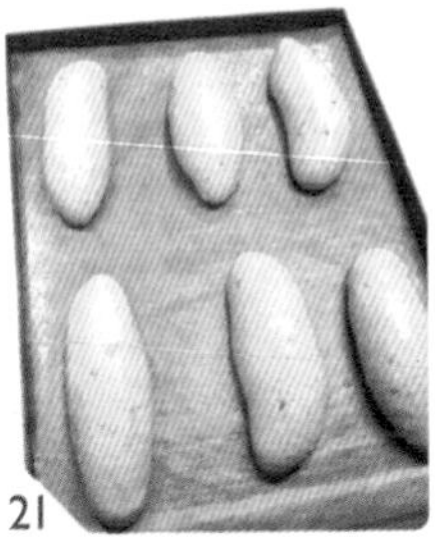

21 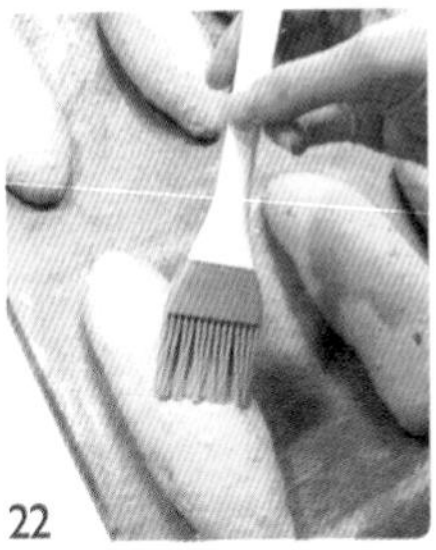 22 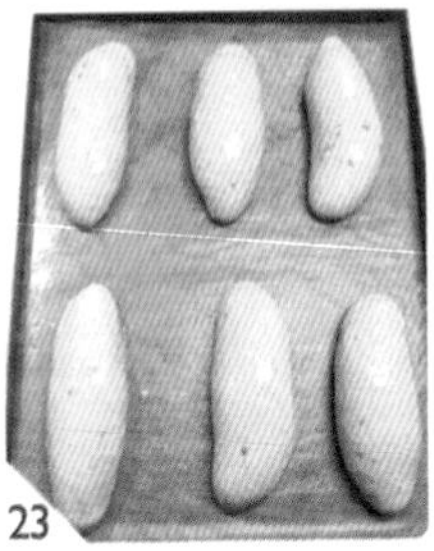 23  24  25

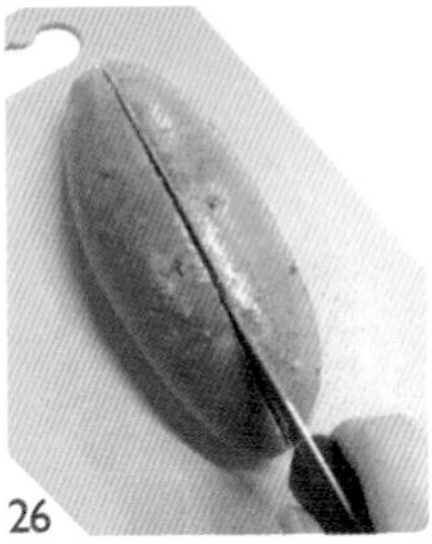

26  27

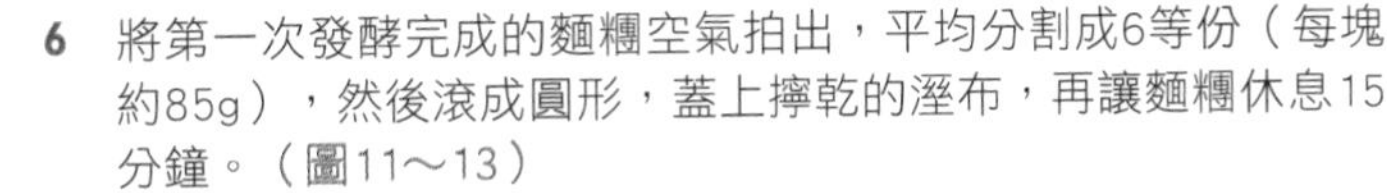

6 將第一次發酵完成的麵糰空氣拍出，平均分割成6等份（每塊約85g），然後滾成圓形，蓋上擰乾的溼布，再讓麵糰休息15分鐘。（圖11～13）

7 休息好的小麵糰用手壓扁。（圖14）

8 麵糰表面灑些高筋麵粉避免沾黏，用擀麵棍擀成長形。（圖15、16）

9 將麵糰光滑面在下，由長向捲起，一邊捲一邊壓一下，收口處捏緊成為橄欖形。（圖17～20）

10 完成的麵糰間隔整齊排放在烤盤上。（圖21）

11 整盤放入烤箱中，麵糰表面噴些水，然後關上烤箱門，再發酵50～60分鐘約至1.5倍大。

12 發酵好前8～10分鐘，將烤盤從烤箱中取出，烤箱打開預熱至170℃。

13 進烤箱前，表面輕輕刷上一層全蛋液（圖22、23）。

14 放進已經預熱至170℃的烤箱中，烘烤16～18分鐘至表面呈現金黃色即可。（圖24）

15 麵包烤好後，移到鐵網架上放涼。（圖25）

16 麵包中央切開，放上生菜葉及德國香腸，淋上番茄醬及芥末醬即成熱狗堡。（圖26、27）

亞麻子起司麵包

| 中種法 |

Linseed Cheese Bread

亞麻子是一粒一粒細小的棕色種子，
體積稍微比芝麻大一點，
是Omega-3 脂肪酸和木酚素的良好來源。
將磨成粉的亞麻子添加在麵包中，
更能吸收到營養，味道也十分順口，
與烤的微焦的乳酪搭配簡單而味香。

份量

8個

材料

A. 中種法基本麵糰

高筋麵粉170g　全麥麵粉30g　冷水130cc
速發乾酵母1/2t

B. 主麵糰

中種麵糰全部　高筋麵粉70g　全麥麵粉30g
亞麻籽粉3T　細砂糖20g　鹽1/2t　橄欖油20g
冷水75cc

C. 表面裝飾

摩佐拉起司絲50g　切達起司絲50g

Baking Points

製作方法……………中種法
第一次發酵…………40分鐘
休息鬆弛………………無
第二次發酵………50～60分鐘
預熱溫度……………190℃
烘烤溫度……………190℃
烘烤時間…………18～20分鐘

做　法

A　**製作中種法基本麵糰**

1　將中種材料攪拌搓揉成為一個沒有粉粒均勻的麵糰。（圖1）

2　繼續將麵糰反覆搓揉7～8分鐘成為光滑的麵糰。（圖2）

3　將麵糰滾圓，收口朝下捏緊，放入抹少許油的保鮮盒中。（圖3）

4　在麵糰表面噴一些水，罩上擰乾的濕布（勿接觸麵糰）或蓋子，放置室溫發酵1～1.5小時至兩倍大。（圖4）

B　**製作主麵糰**

5　將中種麵糰與主麵糰所有材料倒入鋼盆中，攪拌搓揉成為一個不黏手的麵糰（液體的部分要先保留30cc，等麵糰已經攪拌成團後再慢慢加入）。（圖5）

6　依照揉麵標準程序，繼續搓揉甩打成為撐得起薄膜的麵糰。（圖6～8）

7　將麵糰滾圓，收口朝下捏緊，放入抹少許油的盆中。（圖9）

8　在麵糰表面噴一些水，罩上擰乾的濕布（勿接觸麵糰）或保鮮膜，放置到溫暖密閉的空間，發酵約40分鐘至1.5倍大。（圖10）

9　桌上灑上一些高筋麵粉，將發好的麵糰移出，麵糰表面也灑上一些高筋麵粉。

10　將第一次發酵完成的麵糰空氣拍出，平均分割成8個小麵糰（每個約65g），然後將小麵糰滾圓。（圖11、12）

11　完成的麵糰間隔整齊排放在烤盤上，整盤放入烤箱中，麵糰表面噴些水，然後關上烤箱門，再發酵50～60分鐘約至1.5倍大。（圖13）

12　發酵好前8～10分鐘，將烤盤從烤箱中取出，烤箱打開預熱至190℃。

13　進烤箱前，在麵糰表面用剪刀剪出十字形。（圖14）

14　在十字形切口處平均灑上摩佐拉起司絲及切達起司絲。（圖15）

15　進烤箱前在麵糰表面噴水，放進已經預熱至190℃的烤箱中，烘烤18～20分鐘至表面呈現金黃色即可。（圖16、17）

16　麵包烤好後，移到鐵網架上放涼。

亞麻子全麥起司條

| 中種法 |

Whole Wheat Linseed Cheese Bread

假日下雨，到那裡都不方便，
最適合在家做好吃的麵包。
冰箱翻翻，櫥櫃找找，
想吃的麵包雛形漸漸浮現腦海。
廚房開始忙碌起來，烤箱火力全開，
迎接麵包的出爐。
帶有亞麻子香味的全麥起司條金黃香酥，
請好好品嘗這份手作的美味！

份　量

6個

材　料

A. 中種法基本麵糰

高筋麵粉200g　冷水130cc　速發乾酵母1/2t

B. 主麵糰

中種麵糰全部　高筋麵粉70g　全麥麵粉30g
亞麻籽3T　細砂糖20g　鹽1/2t　橄欖油20g
冷水65cc

C. 表面裝飾

摩佐拉起司絲150g

Baking Points

製作方法……中種法
第一次發酵……40分鐘
休息鬆弛……15分鐘
第二次發酵……50分鐘
預熱溫度……170℃
烘烤溫度……170℃
烘烤時間……18～20分鐘

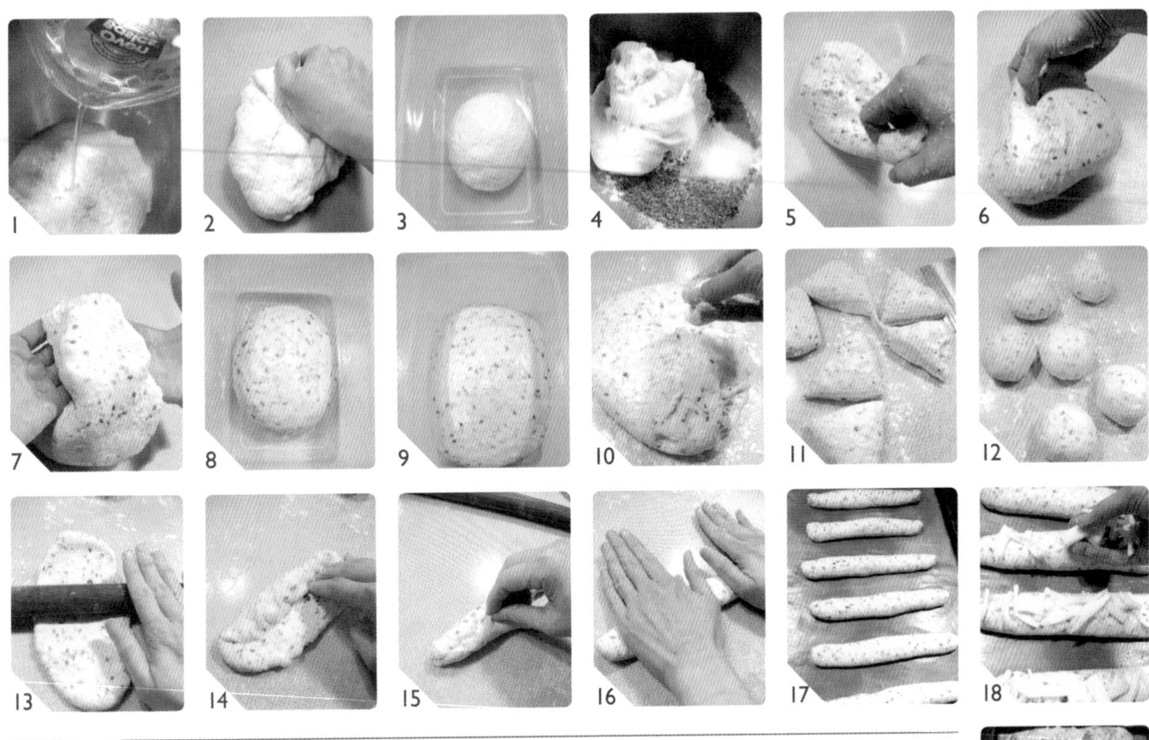

做法

A 製作中種法基本麵糰

1 將中種材料攪拌搓揉成為一個沒有粉粒均勻的麵糰。（圖1）

2 繼續將麵糰反覆搓揉7～8分鐘成為光滑的麵糰。（圖2）

3 將麵糰滾圓，收口朝下捏緊，放入抹少許油的保鮮盒中。（圖3）

4 在麵糰表面噴一些水，罩上擰乾的濕布或蓋子，放置室溫發酵1～1.5小時至兩倍大。

B 製作主麵糰

5 將中種麵糰與主麵糰所有材料倒入鋼盆中，攪拌搓揉成為一個不黏手的麵糰（液體的部分要先保留10cc，等麵糰已經攪拌成團後再慢慢加入）。（圖4）

6 依照揉麵標準程序，繼續搓揉甩打成為撐得起薄膜的麵糰。（圖5～7）

7 將麵糰滾圓，收口朝下捏緊，放入抹少許油的盆中。（圖8）

8 在麵糰表面噴一些水，罩上擰乾的濕布（勿接觸麵糰）或保鮮膜，放置到溫暖密閉的空間，發酵約40分鐘至1.5倍大。（圖9）

9 桌上灑上一些高筋麵粉，將發好的麵糰移出，麵糰表面也灑上一些高筋麵粉。（圖10）

10 將第一次發酵完成的麵糰空氣拍出，平均分割成6個小麵糰（每個約90g），然後將小麵糰滾圓，蓋上乾淨的布，再讓麵糰休息15分鐘。（圖11、12）

11 休息好的麵糰表面灑些高筋麵粉避免沾黏，用擀麵棍擀成長條形。（圖13）

12 將麵糰光滑面在下，由長向捲起，一邊捲一邊壓一下，收口處捏緊成為一個橄欖形。（圖14、15）

13 完成的麵糰用雙手再搓揉至約25cm長。（圖16）

14 間隔整齊，收口朝下，排放在烤盤上，整盤放入烤箱中，麵糰表面噴些水，然後關上烤箱門，再發酵50分鐘約至1.5倍大。（圖17）

15 發酵好前8～10分鐘，將烤盤從烤箱中取出，烤箱打開預熱至170℃。

16 進烤箱前，在麵糰表面平均灑上摩佐拉起司絲。（圖18）

17 放進已經預熱至170℃的烤箱中，烘烤18～20分鐘至表面呈現金黃色即可。（圖19）

18 麵包烤好後，移到鐵網架上放涼。

德式亞麻子餐包

|中種法|

Linseed Semmel

麵包表面有著像海星般的紋路，這是德國非常著名的一款小餐包。皮脆內軟，表面滿滿香味四溢的芝麻，搭配任何西式主餐都非常宜人。可愛的星形紋路只要利用家中的湯匙就可以輕易做出，請好好品嘗這份手作的美味麵包！

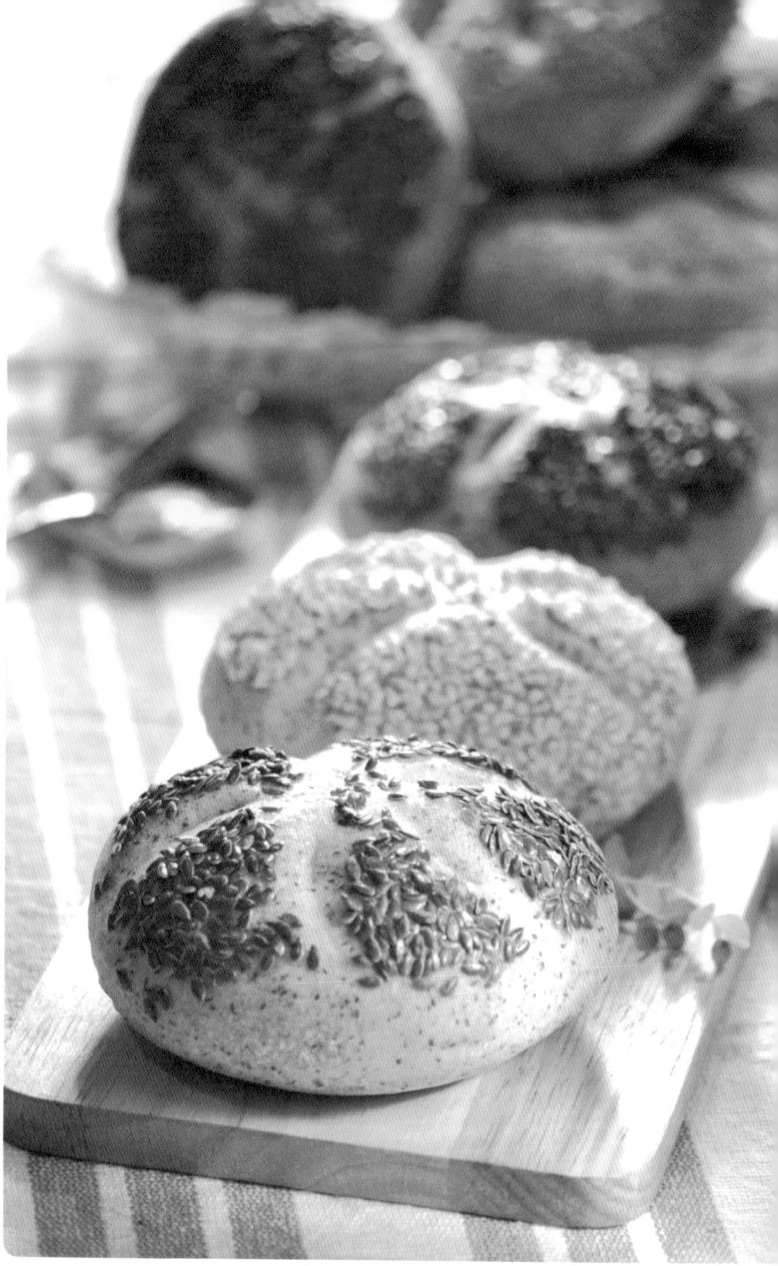

份 量

8個

材 料

A. 中種法基本麵糰

高筋麵粉170g　全麥麵粉30g　冷水130cc

速發乾酵母1/2t

B. 主麵糰

中種麵糰全部　高筋麵粉100g　亞麻子粉2T

細砂糖15g　鹽1/4t　橄欖油20g　冷水70cc

C. 表面裝飾

蛋白液、亞麻子仁、芝麻仁各適量

製作方法……………………中種法

第一次發酵……………………40分鐘

休息鬆弛……………………15分鐘

第二次發酵………50～60分鐘

預熱溫度……………………180℃

烘烤溫度……………………180℃

烘烤時間…………18～20分鐘

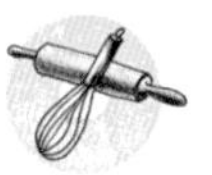

做 法

A 製作中種法基本麵糰

1 將中種材料攪拌搓揉成為一個均勻沒有粉粒的麵糰。（圖1）

2 繼續將麵糰反覆搓揉7～8分鐘成為光滑的麵糰。（圖2）

3 將麵糰滾圓，收口朝下捏緊，放入抹少許油的保鮮盒中。（圖3）

4 在麵糰表面噴一些水，罩上擰乾的濕布或蓋子，放置室溫發酵1～1.5小時至兩倍大。（圖4）

B 製作主麵糰

5 將中種麵糰與主麵糰所有材料倒入鋼盆中，攪拌搓揉成為一個不黏手的麵糰（液體的部分要先保留10cc，等麵糰已經攪拌成團後再慢慢加入）。（圖5）

6 依照揉麵標準程序，繼續搓揉甩打成為撐得起薄膜的麵糰。（圖6～8）

7 將麵糰滾圓，收口朝下捏緊，放入抹少許油的盆中。（圖9）

8 在麵糰表面噴一些水，罩上擰乾的濕布（勿接觸麵糰）或保鮮膜，放置到溫暖密閉的空間，發酵約40分鐘至1.5倍大。（圖10）

9 桌上灑上一些高筋麵粉，將發好的麵糰移出，麵糰表面也灑上一些高筋麵粉。（圖11）

10 將第一次發酵完成的麵糰空氣拍出，平均分割成8個小麵糰（每個約65g），然後將小麵糰滾圓，蓋上乾淨的布，再讓麵糰休息15分鐘。（圖12、13）

11 將小麵糰直接壓扁，利用湯匙在麵糰間隔平均壓出5道星狀花紋。（圖14～16）

12 麵糰表面刷上一層蛋白液，沾上亞麻子仁或芝麻仁。（圖17、18）

13 完成的麵糰間隔整齊排放在烤盤上，整盤放入烤箱中，麵糰表面噴些水，然後關上烤箱門，再發酵50～60分鐘約至1.5倍大。（圖19、20）

14 發酵好前8～10分鐘，將烤盤從烤箱中取出，烤箱打開預熱至180℃。

15 進烤箱前在麵糰表面噴上大量水。

16 放進已經預熱至180℃的烤箱中，烘烤18～20分鐘至表面呈現金黃色即可。（圖21）

17 麵包烤好後，移到鐵網架上放涼。

南瓜煉乳餐包

|中種法|

Pumpkin Milk Buns

好朋友Meling寄來自己家種的南瓜，
這兩個南瓜個頭之大，每一顆都要雙手才拿得起來。
這南瓜甜美水分又少，組織細緻，吃起來有番薯的味道。
有了好吃的南瓜，當然要來做個金黃耀眼的麵包，添加了米粉更保濕柔軟。
這一陣子我們家的料理跟烘焙都「非常南瓜」！

份 量

8個

材 料

A. 中種法基本麵糰

高筋麵粉200g　南瓜泥130g　速發乾酵母1/2t
清水50cc

B. 主麵糰

中種麵糰全部　高筋麵粉70g　在來米粉30g
煉乳30g　南瓜泥65g　鹽1/8t　無鹽奶油30g
清水25cc

C. 表面裝飾

在來米粉適量

製作方法	中種法
第一次發酵	40分鐘
休息鬆弛	無
第二次發酵	50～60分鐘
預熱溫度	170℃
烘烤溫度	170℃
烘烤時間	18～20分鐘

做 法

A 製作中種法基本麵糰

1 南瓜洗乾淨，連皮切大塊，以大火蒸15分鐘至熟軟，取需要的份量，壓成泥狀後，放涼。（圖1）

2 將中種材料攪拌搓揉成為一個沒有粉粒均勻的麵糰（液體的部分視麵糰實際乾濕狀況，等麵糰已經攪拌成團後再慢慢加入）。（圖2）

3 繼續將麵糰反覆搓揉7～8分鐘成為光滑的麵糰。（圖3）

4 將麵糰滾圓，收口朝下捏緊，放入抹少許油的保鮮盒中。（圖4）

5 在麵糰表面噴一些水，罩上擰乾的濕布（勿接觸麵糰）或蓋子，放置室溫發酵1～1.5小時至兩倍大。（圖5）

B 製作主麵糰

6 將中種麵糰與主麵糰所有材料（無鹽奶油除外）倒入鋼盆中，攪拌搓揉成為一個不黏手的麵糰（液體的部分要先保留，視麵糰實際的乾濕狀況再慢慢加入）。（圖6～8）

1

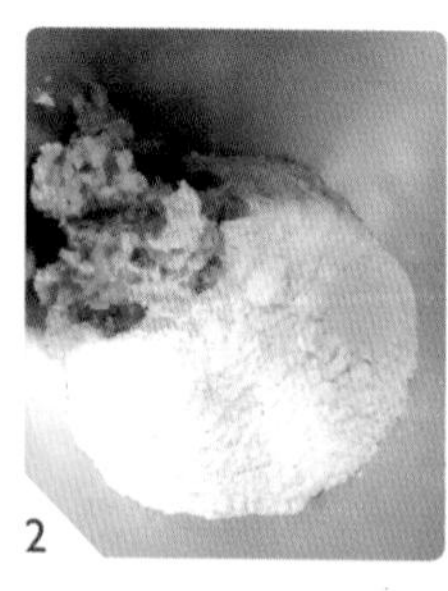
2

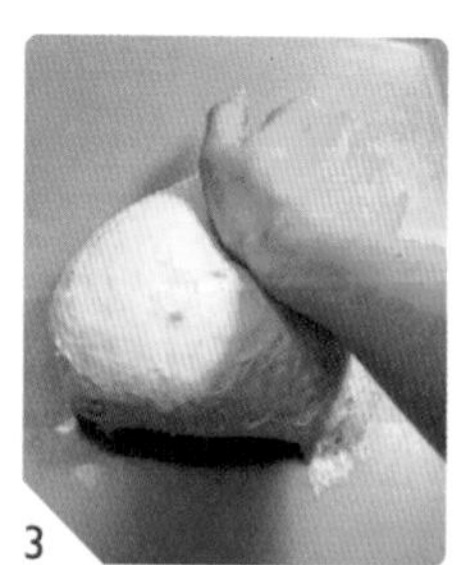
3

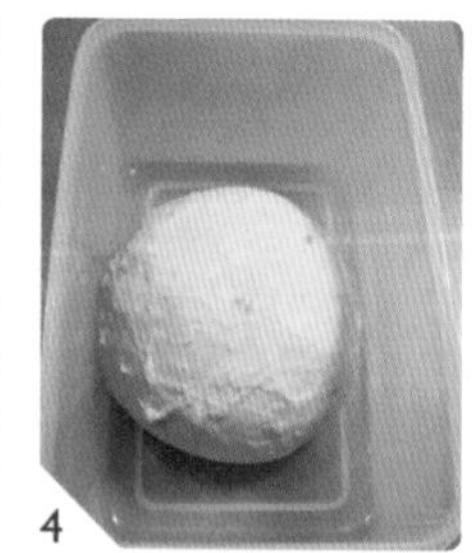
4

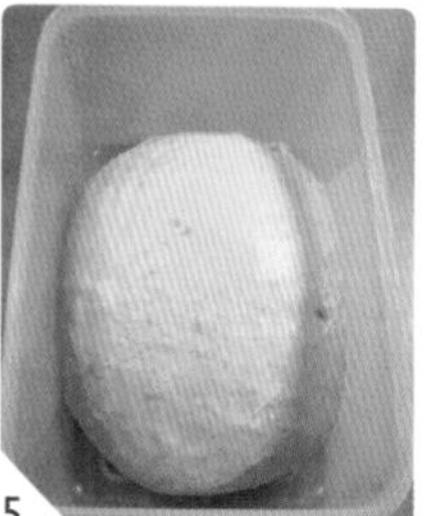
5

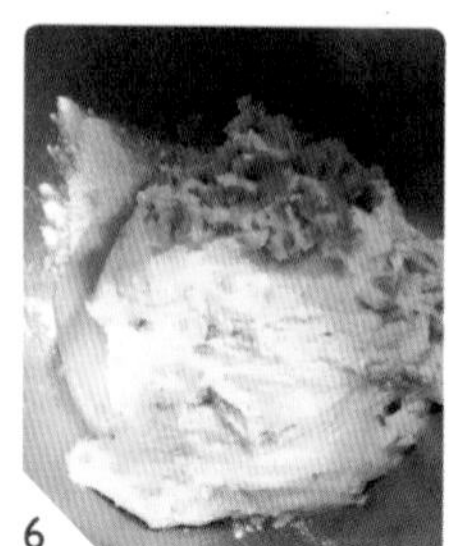
6

7

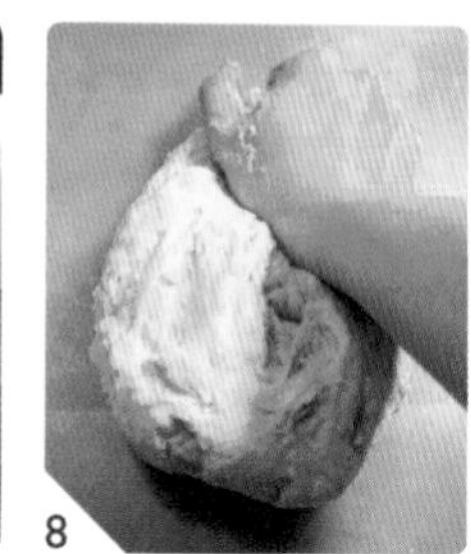
8

7 再加入切成小塊回溫軟化的無鹽奶油丁，搓揉均勻。（圖9）
8 依照揉麵標準程序，繼續搓揉甩打成為撐得起薄膜的麵糰。（圖10、11）
9 將麵糰滾圓，收口朝下捏緊，放入抹少許油的盆中。（圖12）
10 在麵糰表面噴一些水，罩上擰乾的濕布（勿接觸麵糰）或蓋子，放置到溫暖密閉的空間，發酵約40分鐘至1.5倍大。（圖13）
11 桌上灑上一些高筋麵粉，將發好的麵糰移出，麵糰表面也灑上一些高筋麵粉。（圖14）
12 將第一次發酵完成的麵糰空氣拍出，平均分割成8等份（每塊約65g），然後滾成圓形。（圖15、16）
13 完成的麵糰間隔整齊排放在烤盤上，整盤放入烤箱中，麵糰表面噴些水，然後關上烤箱門，再發酵50～60分鐘約至1.5倍大。（圖17）
14 發酵好前8～10分鐘，將烤盤從烤箱中取出，烤箱打開預熱至170℃。
15 在發好的麵糰表面篩上一層在來米粉。（圖18）
16 用利刀在麵糰表面中央切出1條切痕。（圖19）
17 放進已經預熱至170℃的烤箱中，烘烤18～20分鐘至表面呈現金黃色即可。（圖20）
18 麵包烤好後，移到鐵網架上放涼。

- 南瓜因為品種各地不同，含水率也會不同，配方中的水分要特別注意。
- 一般台灣買到的南瓜水分比較高，另外添加的水分就比較少，因為這個南瓜品種含水低，所以這一次配方的水分加的比較多，請依照實際狀況適量添加水調整。

黃豆小餐包

| 老麵法 |

Soya Flour Bread

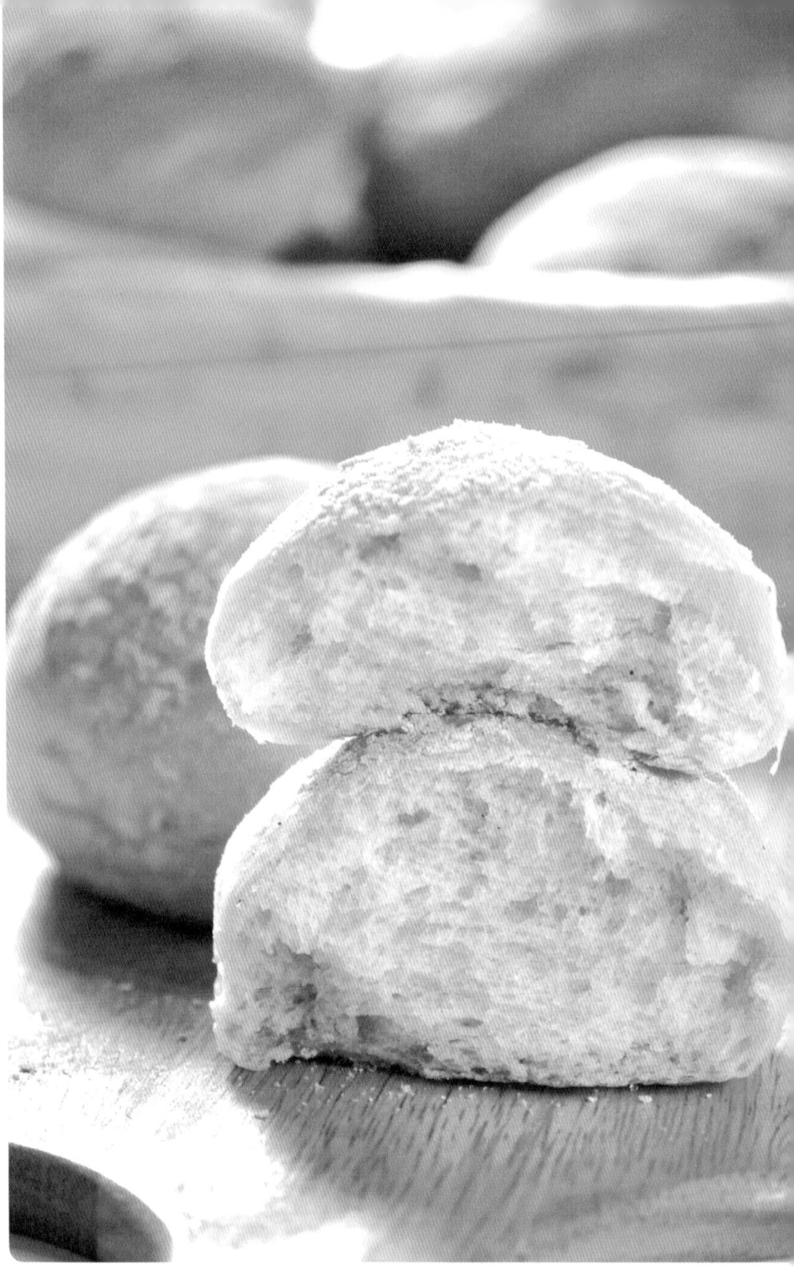

添加了黃豆粉的麵糰可以吸收更高量的水分，黃豆粉獨特的純樸香氣細膩又迷人。不加蛋，使用橄欖油做出來，依然保濕又柔軟。純素的小小餐包抹上自製果醬，是早餐的好搭檔。

份量

16個

材料

A. 麵糰

老麵50g　黃豆粉30g　高筋麵粉270g　細砂糖20g
速發乾酵母1/2t　橄欖油20g　鹽1/4t
冷水220cc

*老麵做法請參考33頁。

B. 表面裝飾

黃豆粉適量

製作方法……老麵法
第一次發酵……60分鐘
休息鬆弛……無
第二次發酵……50～60分鐘
預熱溫度……170℃
烘烤溫度……170℃
烘烤時間……16～18分鐘

1 2 3 4 5

6 7 8 9 10

11 12 13 14 15

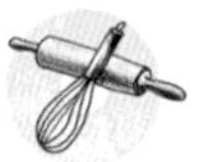

做 法

1 將所有材料A倒入鋼盆中，攪拌搓揉成為一個不黏手的麵糰（冷水的部分要先保留30cc，等麵糰已經攪拌成團後再慢慢加入）。（圖1）
2 依照揉麵標準程序，繼續搓揉甩打成為撐得起薄膜的麵糰。（圖2～4）
3 將揉好的麵糰滾圓，收口朝下捏緊，放入塗抹少許油的保鮮盒中。（圖5）
4 在麵糰表面噴一些水，罩上擰乾的濕布（勿接觸麵糰）或蓋子，放置到溫暖密閉的空間，發酵約60分鐘至兩倍大。（圖6）
5 桌上灑上一些高筋麵粉，將發好的麵糰移出，麵糰表面也灑上一些高筋麵粉。（圖7）
6 將第一次發酵完成的麵糰空氣拍出，平均分割成16等份（每塊約35g），然後滾成圓形。（圖8～10）
7 抓住小麵糰收口處，表面沾上適量的黃豆粉。（圖11）
8 完成的麵糰間隔整齊排放在烤盤上，麵糰表面噴些水。（圖12）
9 整盤放入烤箱中，然後關上烤箱門，再發酵50～60分鐘約至1.5倍大。（圖13）
10 發酵好前8～10分鐘，將烤盤從烤箱中取出，烤箱打開預熱至170℃。
11 放進已經預熱至170℃的烤箱中，烘烤16～18分鐘至表面呈現金黃色即可。（圖14、15）
12 麵包烤好後，移到鐵網架上放涼。

湯種全麥小餐包

| 湯種法 |

Whole Wheat Buns

小的時候沒有像現在這樣多的麵包店，大街小巷叫賣的行動麵包車是我們採買麵包的唯一來源。小餐包是媽媽常常買的單品，是我跟妹妹放學回家的點心。單純的麥香，不矯飾的外形，大口咬上，這個小餐包讓我回到兒時。

份　量

16個

材　料

A. 湯種麵糊

冷水90cc　高筋麵粉20g

B. 主麵糰

牛奶湯種麵糊全部（約100g）　高筋麵粉250g
全麥麵粉50g　速發乾酵母1/2t　細砂糖30g
鹽1/4t　橄欖油30g　冷水110cc

C. 表面裝飾

全蛋液適量

Baking Points

製作方法……………湯種法
第一次發酵……………60分鐘
休息鬆弛……………………無
第二次發酵………50～60分鐘
預熱溫度…………………170℃
烘烤溫度…………………170℃
烘烤時間…………16～18分鐘

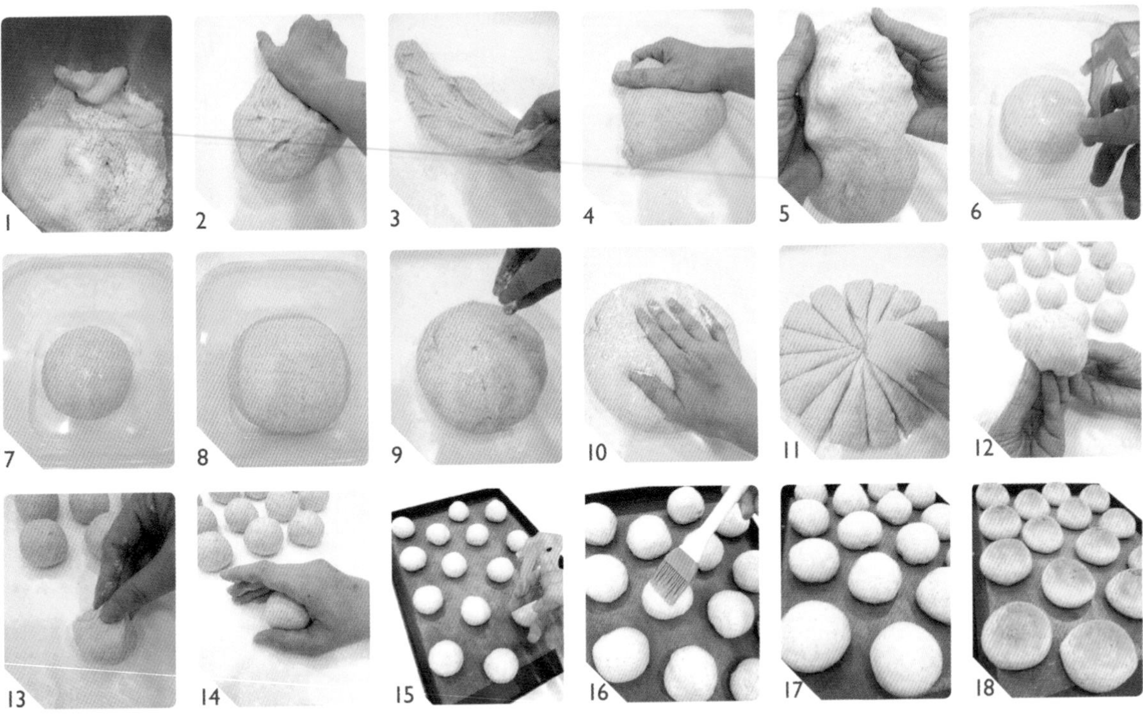

做法

A 製作湯種麵糊

步驟做法請參考34頁。

B 製作主麵糰

1 將所有材料倒入鋼盆中，攪拌搓揉成為一個不黏手的麵糰（冷水的部分要先保留30cc，等麵糰已經攪拌成團後再慢慢加入）。（圖1）
2 依照揉麵標準程序，繼續搓揉甩打成為撐得起薄膜的麵糰。（圖2～5）
3 將揉好的麵糰滾圓，收口朝下捏緊，放入塗抹少許油的保鮮盒中。
4 在麵糰表面噴一些水，罩上擰乾的濕布或蓋子，放置到溫暖密閉的空間，發酵約60分鐘至兩倍大。（圖6～8）
5 桌上灑上一些高筋麵粉，將發好的麵糰移出，麵糰表面也灑上一些高筋麵粉。（圖9）
6 將第一次發酵完成的麵糰空氣拍出，平均分割成16等份（每塊約35g），然後滾成圓形。（圖10～14）
7 完成的麵糰間隔整齊排放在烤盤上，麵糰表面噴些水。（圖15）
8 整盤放入烤箱中，然後關上烤箱門，再發酵50～60分鐘約至1.5倍大。
9 發酵好前8～10分鐘，將烤盤從烤箱中取出，烤箱打開預熱至170℃。
10 進烤箱前在表面輕輕刷上一層全蛋液。（圖16、17）
11 放進已經預熱至170℃的烤箱中，烘烤16～18分鐘至表面呈現金黃色即可。（圖18）
12 麵包烤好後，移到鐵網架上放涼。

馬鈴薯大蒜餐包

| 低溫冷藏發酵法 |

Potato Bread with Garlic Butter

馬鈴薯是家中常備的根莖蔬菜，
除了做成中西式料理，
我特別喜歡將馬鈴薯添加在麵包中。
馬鈴薯泥是最佳的天然保濕材料，
麵包柔軟又可口，而且延長麵包老化的時間。
熱熱的麵包擠上香濃的大蒜奶油，誰人能擋！

份量

12個

材料

A. 麵糰

馬鈴薯泥100g　高筋麵粉250g　雜糧粉40g
亞麻子粉10g　速發乾酵母3/4t　細砂糖15g
鹽1/2t　冷水170cc

B. 表面裝飾

大蒜奶油適量

*大蒜奶油做法請參考384頁。

Baking Points

製作方法……低溫冷藏發酵法
第一次發酵………12～24小時
休息鬆弛………………15分鐘
第二次發酵………50～60分鐘
預熱溫度…………………180℃
烘烤溫度…………………180℃
烘烤時間…………18～20分鐘

1
2
3
4
5
6
7
8
9
10
11
12
13

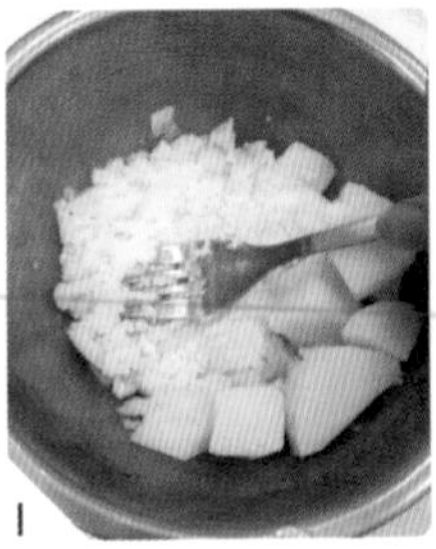

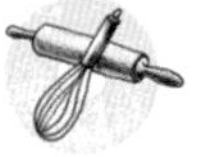

做　法

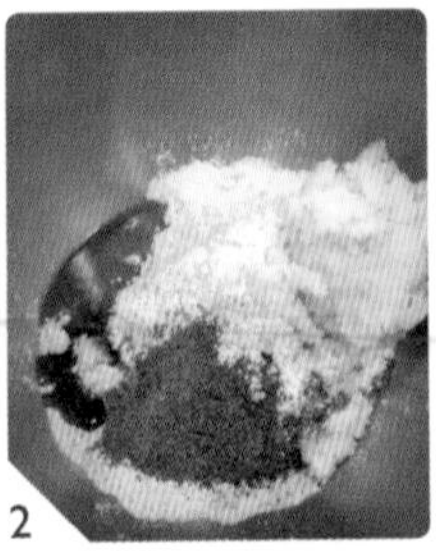

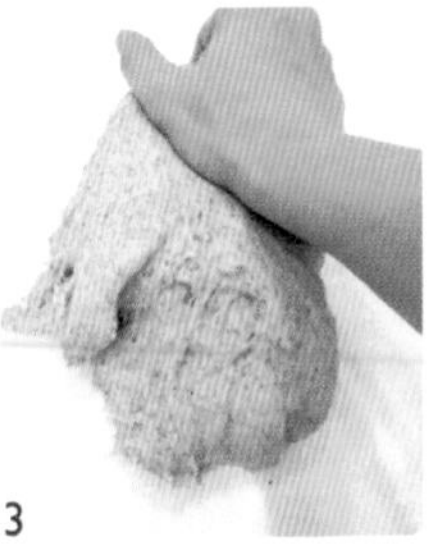

1 馬鈴薯去皮切塊，加入足量的冷水煮15分鐘至軟，撈起瀝乾水分。
2 趁熱用叉子壓成泥狀，取100g放涼。（圖1）
3 將所有材料A倒入鋼盆中，攪拌搓揉成為一個不黏手的麵糰（水的部分要先保留30cc，等麵糰已經攪拌成團後再慢慢加入）。（圖2）
4 依照揉麵標準程序，繼續搓揉甩打成為撐得起薄膜的麵糰。（圖3～7）
5 將揉好的麵糰滾圓，收口朝下捏緊，表面塗抹少許橄欖油。（圖8、9）
6 麵糰放入塑膠袋或保鮮盒中，表面噴一些水避免乾燥。（圖10～12）
7 放置到冰箱冷藏室（Fridge），低溫發酵12～24小時至麵糰完全膨脹兩倍。
8 冰箱取出回溫30分鐘。
9 桌上灑上一些高筋麵粉，將發好的麵糰移出，麵糰表面也灑上一些高筋麵粉。（圖13）

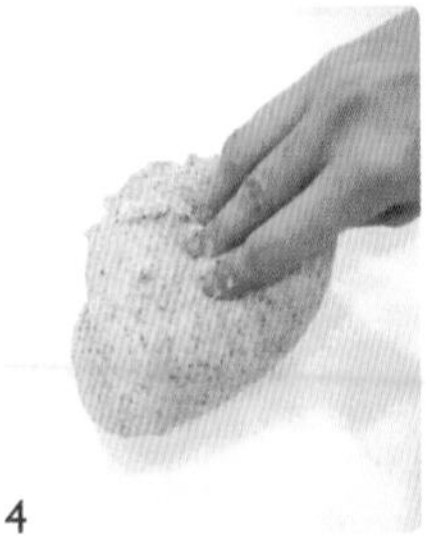

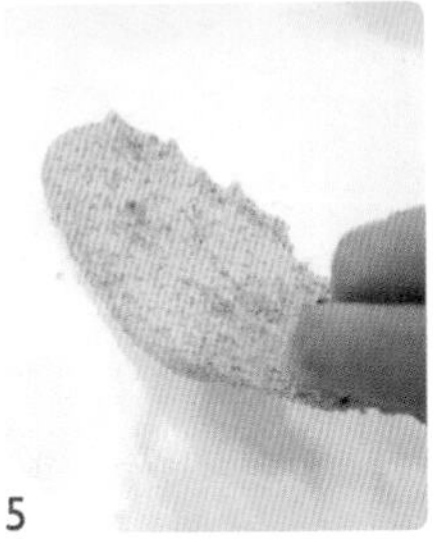

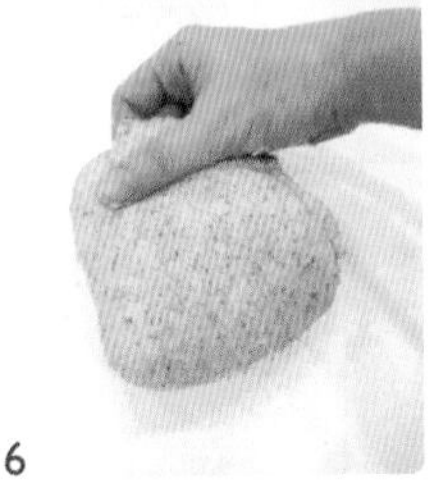

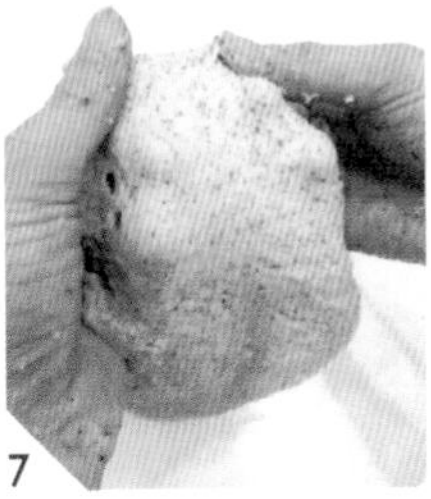

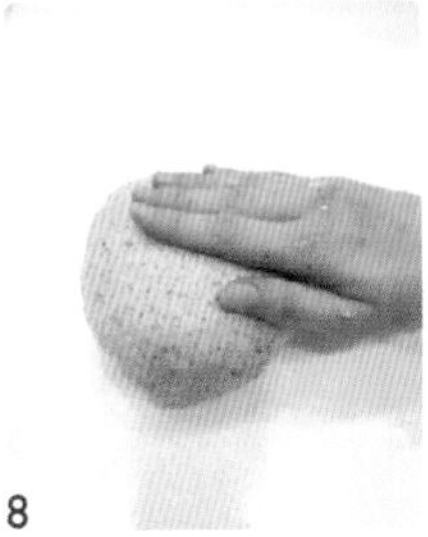

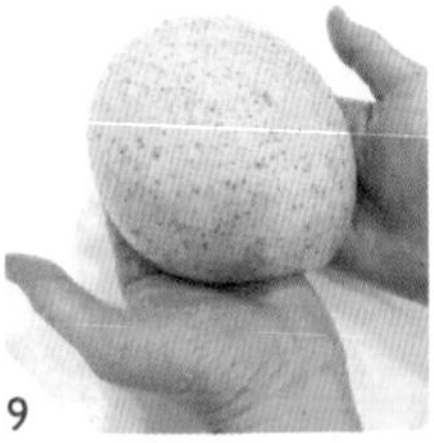

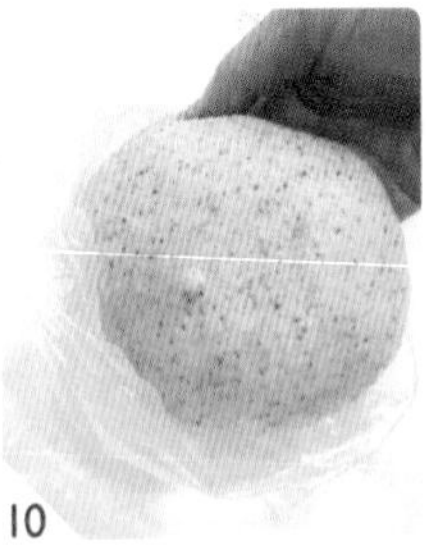

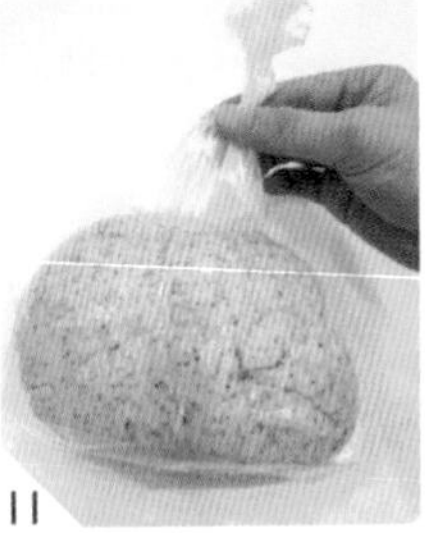

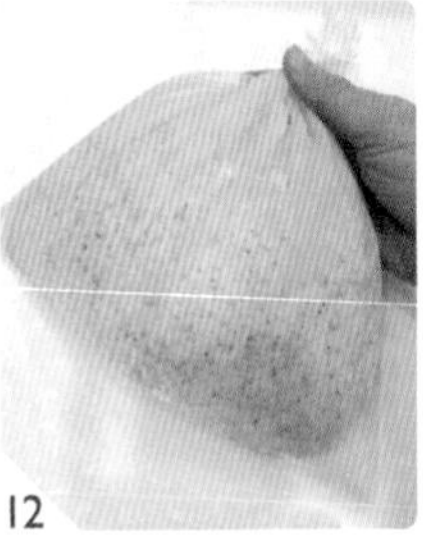

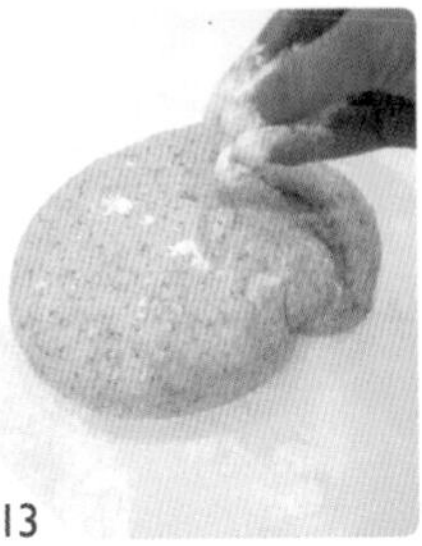

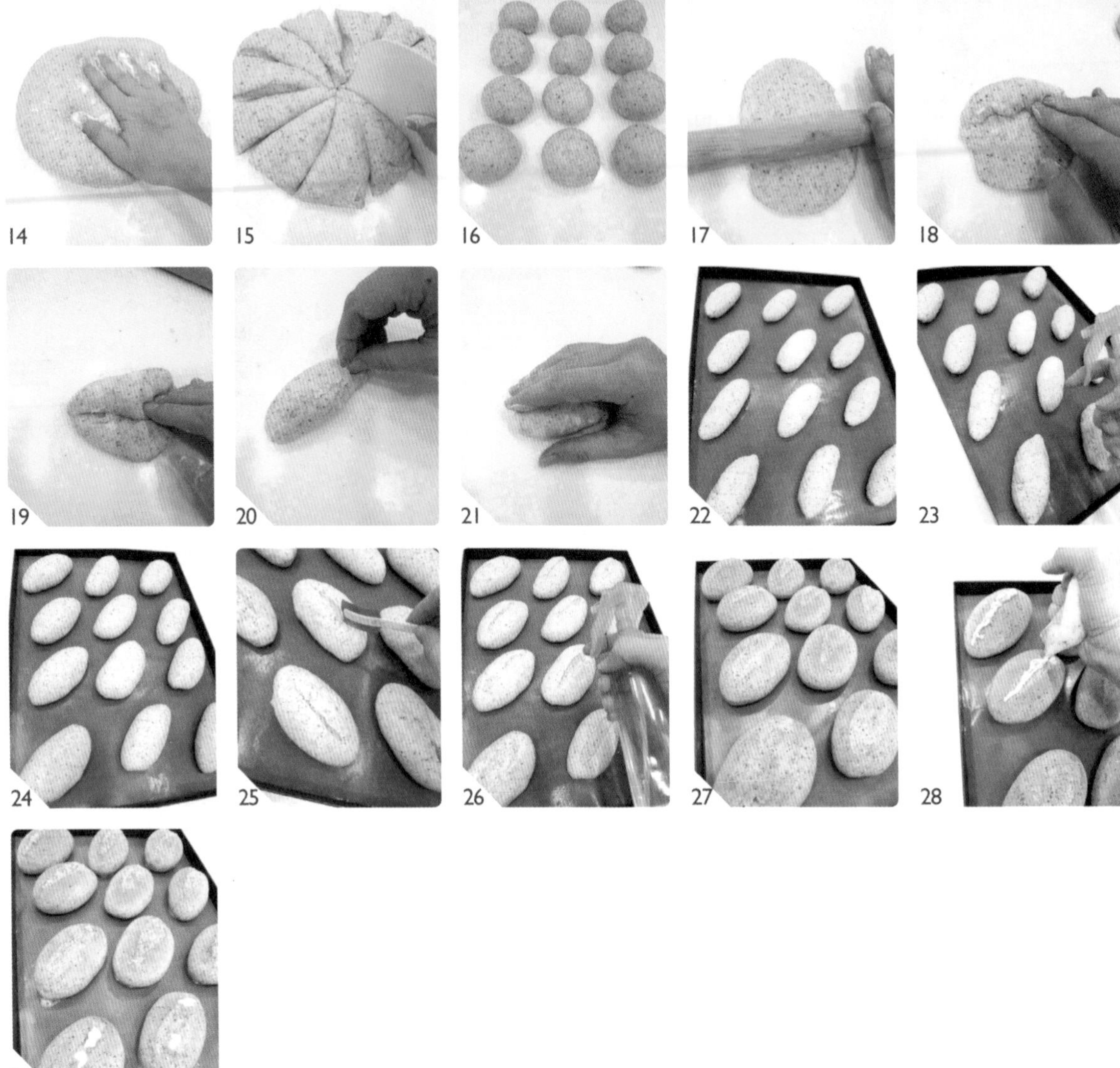

10 將第一次發酵完成的麵糰空氣拍出，平均分割成12等份（每塊約45g），然後滾成圓形，蓋上擰乾的溼布，再讓麵糰休息15分鐘。（圖14～16）

11 休息好的小麵糰用手壓扁。

12 麵糰表面灑些高筋麵粉避免沾黏，用擀麵棍擀成長形。（圖17）

13 將麵糰光滑面在下，由短向捲起，一邊捲一邊壓一下，收口處捏緊成為橄欖形。（圖18～21）

14 完成的麵糰間隔整齊排放在烤盤上。（圖22）

15 整盤放入烤箱中，麵糰表面噴些水，然後關上烤箱門，再發酵50～60分鐘約至1.5倍大。（圖23～24）

16 發酵好前8～10分鐘，將烤盤從烤箱中取出，烤箱打開預熱至180℃。

17 進烤箱前用利刀在麵糰表面中央切出1條切痕。（圖25）

18 表面噴灑適量的水。（圖26）

19 放進已經預熱至180℃的烤箱中，烘烤18～20分鐘至表面呈現金黃色。（圖27）

20 趁熱在切口處擠上大蒜奶油。（圖28、29）

21 移到鐵網架上放涼。

烘烤的方方整整的吐司，是最方便的麵包，
非常適合天天食用，也是做三明治不可缺少的材料。
將各式各樣材料添加在麵糰中，
跳脫吐司只有單純的一種味道，
除了使吐司變化更多樣性，
也可以攝取更多營養及纖維。

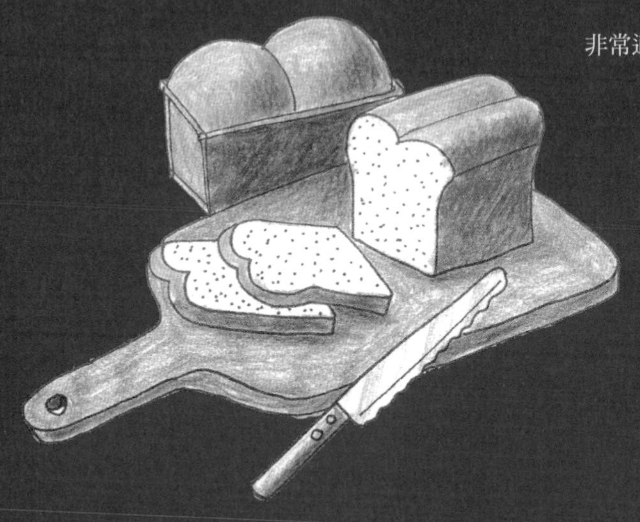

桑椹吐司

|直接法|

Mulberry Bread Loaf

朋友送來了一些新鮮的桑椹，飽滿又多汁，
腦中開始思索著如何利用，做一些甜點或麵包。
將整顆桑椹打成果泥，麵包中充滿桑椹果肉。
看到吐司乖乖的滿模出爐，一天的辛苦都值得。

份量

12兩帶蓋吐司模
（20cm×10cm
×10cm）
1個

材料

高筋麵粉270g　全麥麵粉30g　速發乾酵母1/2t
鹽1/8t　細砂糖30g　雞蛋1個
新鮮桑椹100g＋冷水60cc　無鹽奶油30g

Baking Points

- 製作方法……直接法
- 第一次發酵……60分鐘
- 休息鬆弛……20分鐘
- 第二次發酵……60～70分鐘
- 預熱溫度……210℃
- 烘烤溫度……210℃
- 烘烤時間……30～40分鐘

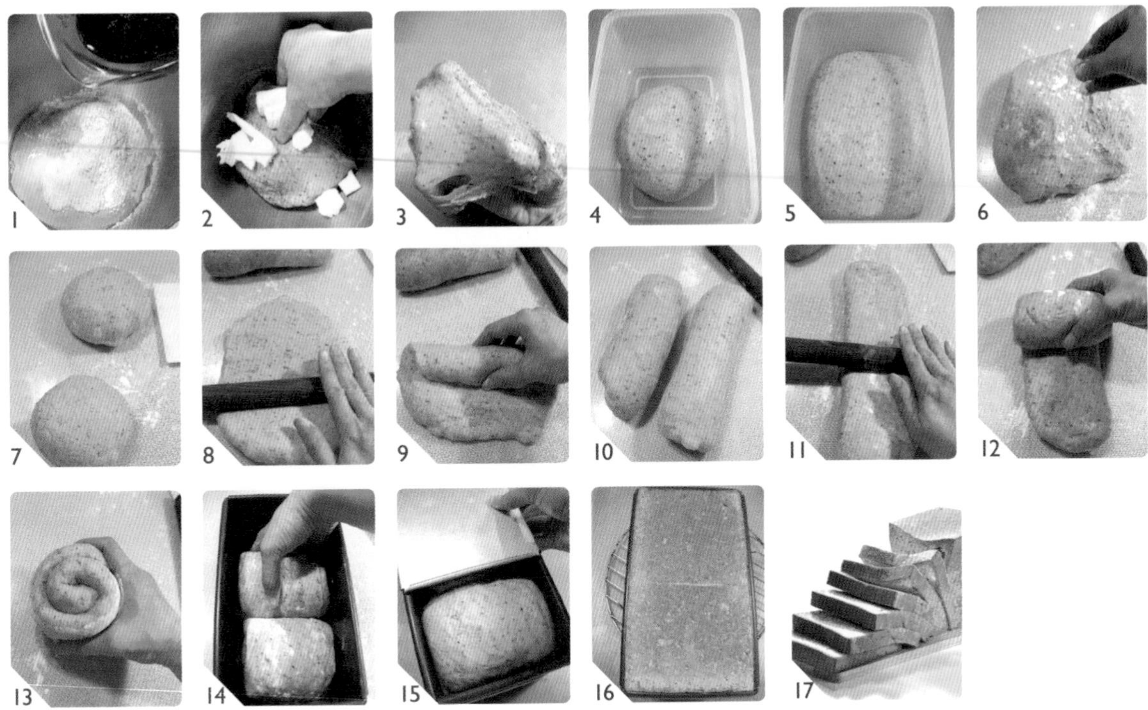

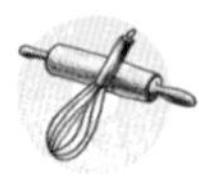

做 法

1. 新鮮桑椹洗乾淨，加入冷水，用果汁機攪打成果泥。
2. 將所有材料（無鹽奶油除外）倒入鋼盆中，攪拌搓揉成為一個不黏手的麵糰（液體的部分要先保留30cc，等麵糰已經攪拌成團後再慢慢加入）。（圖1）
3. 再加入切成小塊回溫軟化的無鹽奶油丁，搓揉均勻。（圖2）
4. 依照揉麵標準程序，繼續搓揉甩打成為撐得起薄膜的麵糰。（圖3）
5. 將揉好的麵糰滾圓，收口朝下捏緊，放入塗抹少許油的保鮮盒中。（圖4）
6. 麵糰表面噴一些水，罩上擰乾的濕布（勿接觸麵糰）或蓋子，放置到溫暖密閉的空間，發酵約60分鐘至兩倍大。（圖5）
7. 桌上灑上一些高筋麵粉，將發好的麵糰移出，麵糰表面也灑上一些高筋麵粉。（圖6）
8. 將第一次發酵完成的麵糰空氣拍出，平均分割成兩等份（每塊約280g），然後滾成圓形，蓋上乾淨的布，再讓麵糰休息10分鐘。（圖7）
9. 休息好的麵糰表面灑些高筋麵粉避免沾黏，擀成長形後翻面，由短向捲起，蓋上乾淨的布，再讓麵糰休息10分鐘。（圖8～10）
10. 休息好的麵糰用擀麵棍擀成長條（約40cm），寬度與烤模短向同寬，然後由短向捲起。（圖11～13）
11. 將捲好的麵糰收口朝下朝內，間隔適當放入吐司烤模中（若不是不沾烤模，請刷上一層固體奶油，灑上一層薄薄的高筋麵粉避免沾黏）。（圖14）
12. 用手稍微輕輕壓一下，使得兩團麵糰高度平均。
13. 在麵糰表面噴些水，放在密閉溫暖空間，再發酵60～70分鐘至九分滿模。
14. 發酵時間到前10分鐘，打開烤箱預熱到210℃。
15. 將吐司模蓋子蓋上。（圖15）
16. 放入已經預熱到210℃的烤箱中，烘烤38～40分鐘。
17. 麵包烤好後，馬上從烤模中倒出來，放在鐵網架上放涼。（圖16）
18. 完全涼透後，再使用麵包專用刀切片才切的漂亮。（圖17）

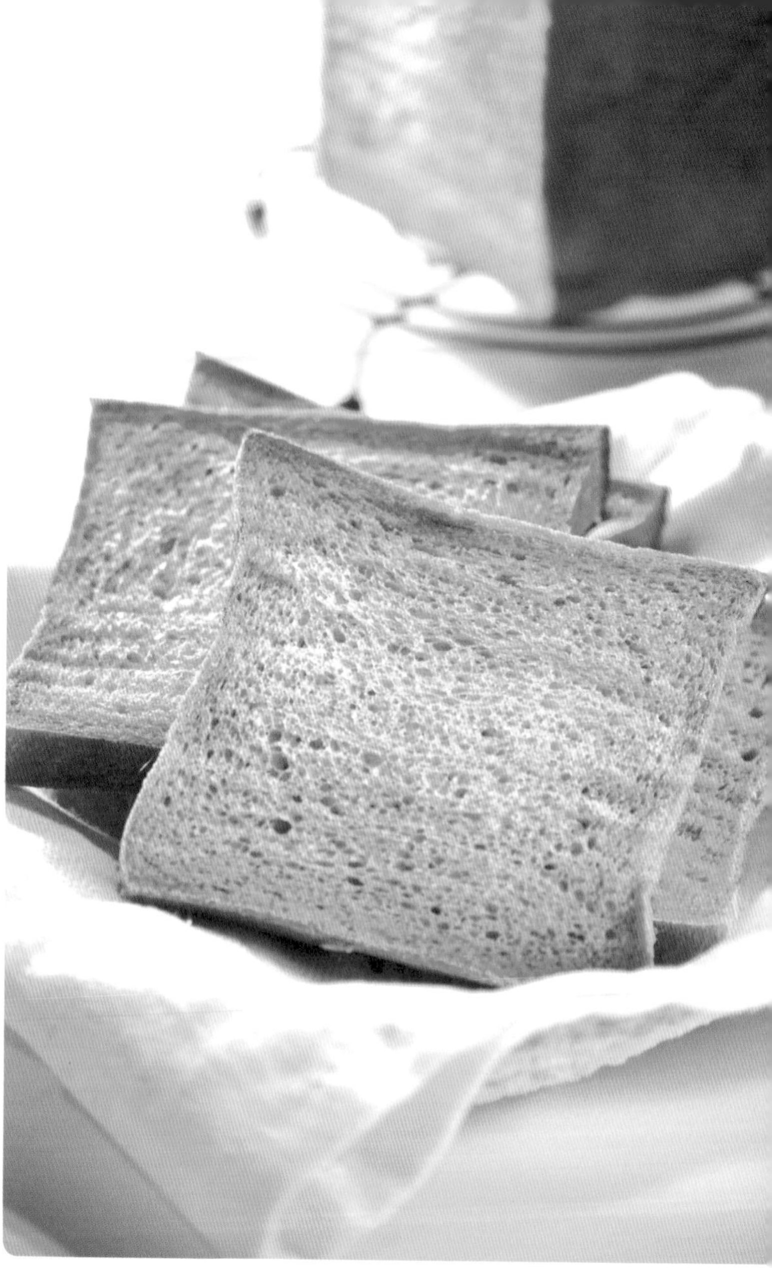

紫薯牛奶吐司

|直接法|

Purple Potato Milk Bread Loaf

台灣的番薯品種多，
黃的紫的橘的，顏色漂亮又美味，
天然的材料代替人工色素，吃的安心也健康。
只要使用的材料是天然且品質良好，
那做出來是什麼味道就是正常的，
我們被太多人工合成味道干擾，
常常忽略了原味之美。
手作麵包正是將這樣的感動傳遞給您！

份 量

12兩帶蓋吐司模（20cm×10cm×10cm）
1個

材 料

熟紫番薯泥150g　高筋麵粉250g
速發乾酵母3/4t　細砂糖30g　鹽1/4t
無鹽奶油30g　牛奶150cc

項目	
製作方法	直接法
第一次發酵	60分鐘
休息鬆弛	20分鐘
第二次發酵	60～70分鐘
預熱溫度	210℃
烘烤溫度	210℃
烘烤時間	38～40分鐘

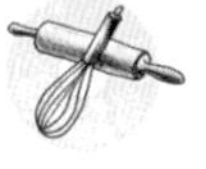

做 法

1 紫番薯去皮，以大火蒸熟，取150g，趁熱壓成泥狀。（圖1）
2 將所有材料（無鹽奶油除外）倒入鋼盆中，攪拌搓揉成為一個不黏手的麵糰（液體的部分要先保留30cc，等麵糰已經攪拌成團後再慢慢加入）。（圖2、3）
3 再加入切成小塊回溫軟化的無鹽奶油丁，搓揉均勻。（圖4）
4 依照揉麵標準程序，繼續搓揉甩打成為撐得起薄膜的麵糰。（圖5～7）
5 將揉好的麵糰滾圓，收口朝下捏緊，放入塗抹少許油的保鮮盒中。（圖8）
6 在麵糰表面噴一些水，罩上擰乾的濕布（勿接觸麵糰）或蓋子，放置到溫暖密閉的空間，發酵約60分鐘至兩倍大。（圖9）
7 桌上灑上一些高筋麵粉，將發好的麵糰移出，麵糰表面也灑上一些高筋麵粉。（圖10）
8 將第一次發酵完成的麵糰空氣拍出，平均分割成兩等份（每塊約305g），然後滾成圓形，蓋上乾淨的布，再讓麵糰休息10分鐘。（圖11、12）

- 因為紫薯品種不同，含水量也不相同，請依實際狀況適當斟酌添加份量，若太乾可以另外添加液體調整。

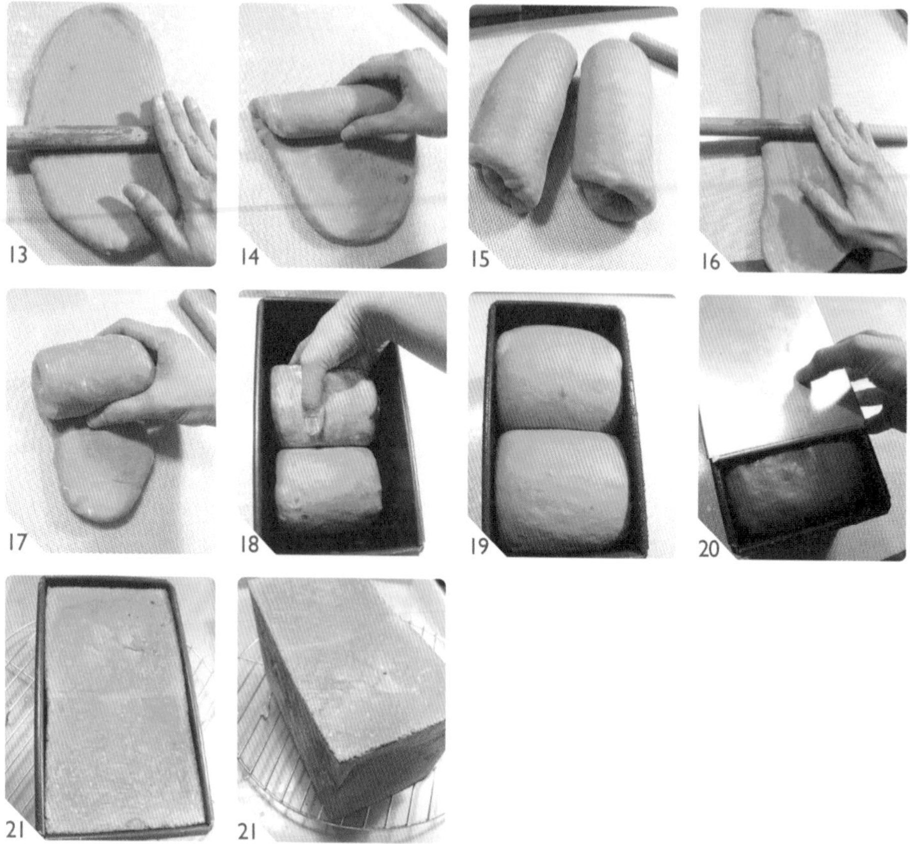

9 休息好的麵糰表面灑些高筋麵粉避免沾黏，擀成長形後翻面，由短向捲起，蓋上乾淨的布，再讓麵糰休息10分鐘。（圖13～15）

10 休息好的麵糰用擀麵棍擀成長條（約40cm），寬度與烤模短向同寬，然後由短向捲起。（圖16、17）

11 將捲好的麵糰收口朝下朝內，間隔適當放入吐司烤模中（若不是不沾烤模，請刷上一層固體奶油，灑上一層薄薄的高筋麵粉避免沾黏）。（圖18）

12 用手稍微輕輕壓一下，使得兩團麵糰高度平均。

13 在麵糰表面噴些水，放在密閉溫暖空間，再發酵60～70分鐘至九分滿模。（圖19）

14 發酵時間到前10分鐘，打開烤箱預熱到210℃。

15 將吐司模蓋子蓋上。（圖20）

16 放入已經預熱到210℃的烤箱中，烘烤38～40分鐘。

17 麵包烤好後，馬上從烤模中倒出來，放在鐵網架上放涼。（圖21、22）

18 完全涼透後，再使用麵包專用刀切片才切的漂亮。

薏仁吐司

| 直接法 |

Job's Tears Bread Loaf

薏仁是富含油脂、維生素及膳食纖維的穀類，可以消水腫，還有白皙的效果。
夏天熬一鍋綠豆薏仁湯，清爽又消暑，
冬天可以搭配紅豆燉煮，就是一道養生甜品。
薏仁加到麵糰中做成好吃的吐司，天天給妳好氣色！

份 量

12兩吐司模
（20cm×10cm
×10cm）
1個

材 料

A. 薏仁漿
乾燥薏仁100g　冷水400cc（浸泡用）
B. 薏仁麵糰
薏仁漿250cc　高筋麵粉270g　全麥麵粉30g
速發乾酵母3/4t　鹽1/2t　橄欖油30g　細砂糖15g
C. 表面裝飾
全蛋液適量

製作方法…………………直接法
第一次發酵……………60分鐘
休息鬆弛………………20分鐘
第二次發酵………60～70分鐘
預熱溫度…………………170℃
烘烤溫度…………………170℃
烘烤時間…………38～40分鐘

做 法

1 100g的乾燥薏仁浸泡在400cc的冷水中一夜，隔天用電鍋蒸煮兩次，至完全熟軟後，取熟薏仁150g及薏仁水100g放入果汁機裡，打成細緻的漿狀，即是薏仁漿。（圖1、2）
2 將所有材料B倒入鋼盆中，攪拌搓揉成為一個不黏手的麵糰（薏仁漿的部分要先保留30cc，等麵糰已經攪拌成團後再慢慢加入）。（圖3）
3 依照揉麵標準程序，繼續搓揉甩打成為撐得起薄膜的麵糰。（圖4～6）
4 將揉好的麵糰滾圓，收口朝下捏緊，放入塗抹少許油的保鮮盒中。（圖7）
5 在麵糰表面噴一些水，罩上擰乾的濕布（勿接觸麵糰）或蓋子，放置到溫暖密閉的空間，發酵約60分鐘至兩倍大。（圖8）

1

2
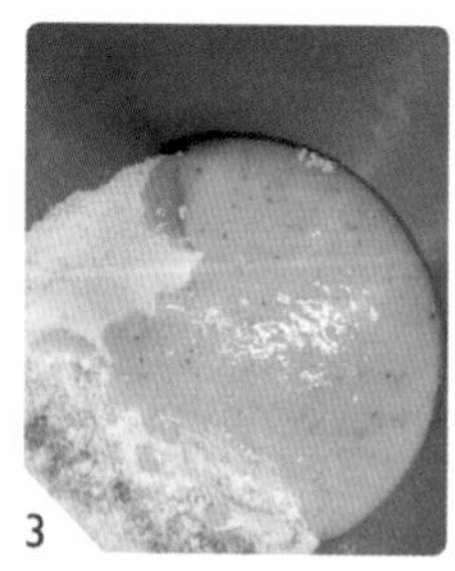
3
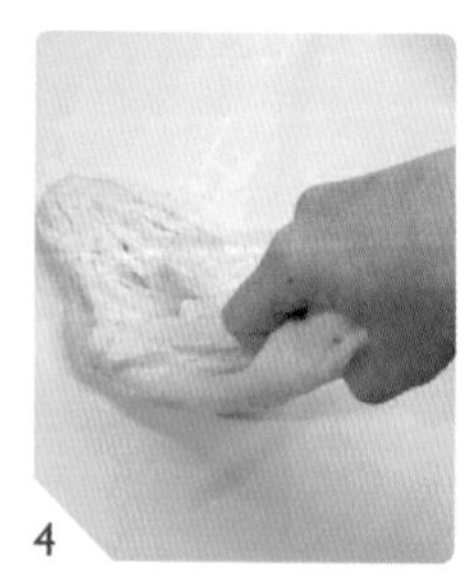
4

5
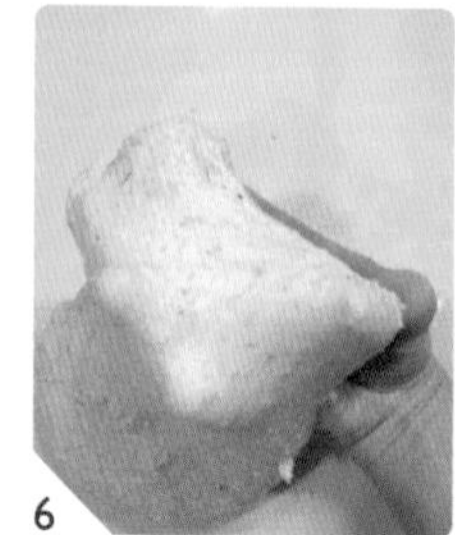
6

7

8

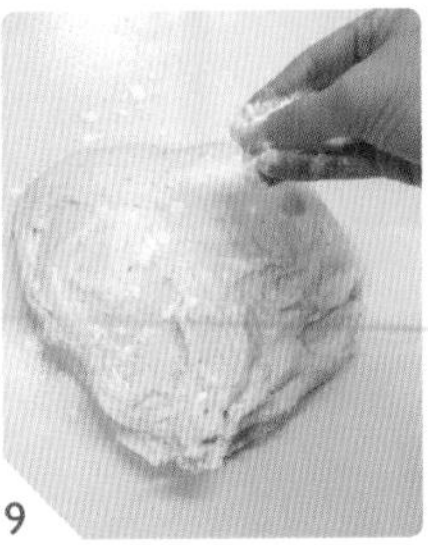

9  10  11  12  13

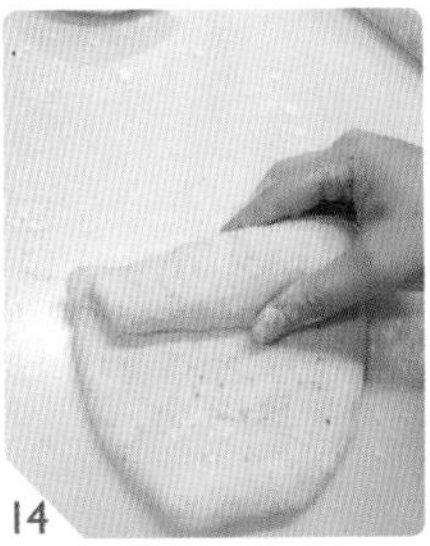

14 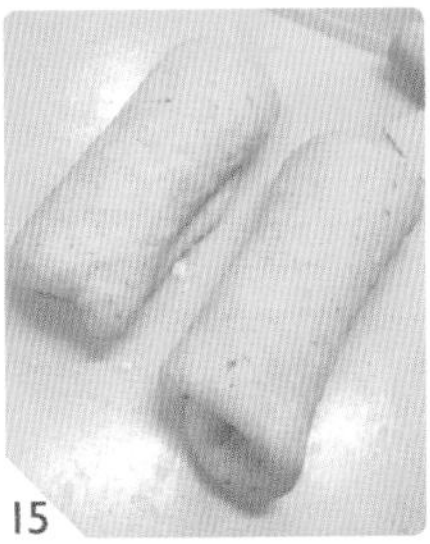 15 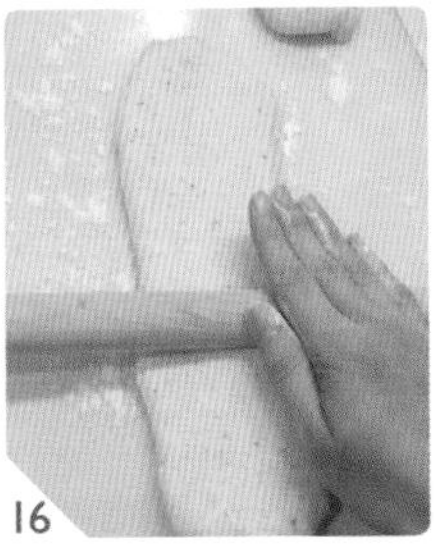 16 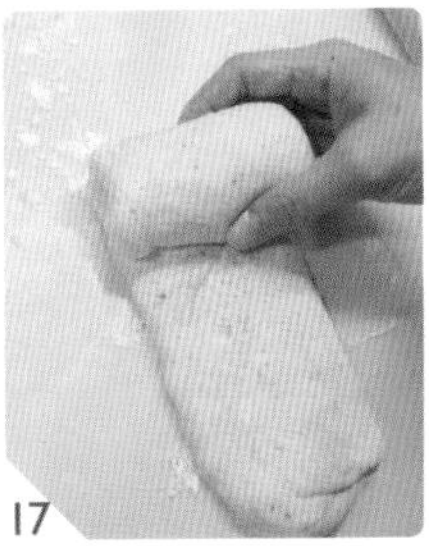 17 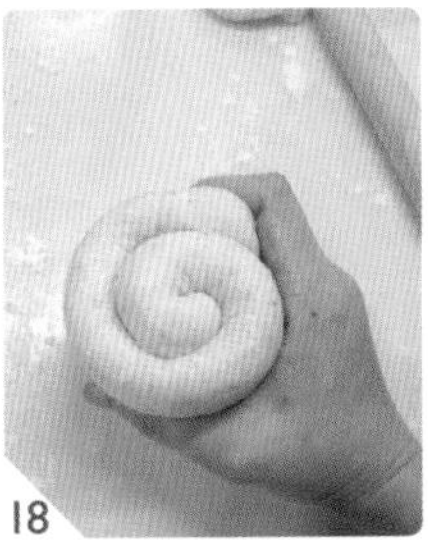 18

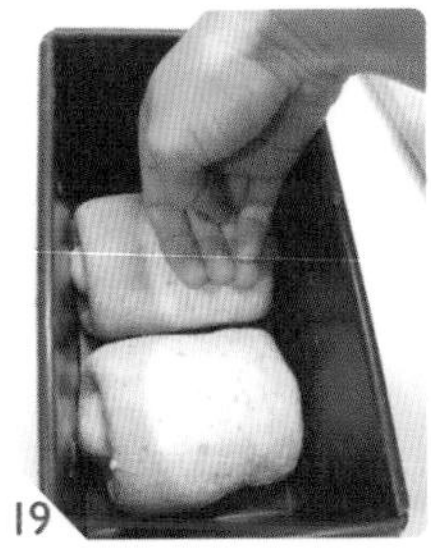

19  20 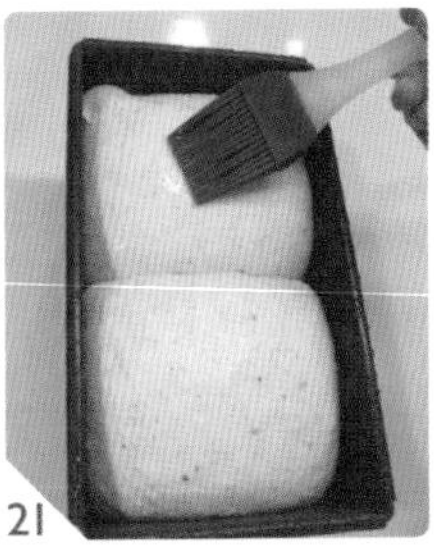 21  22  23

6 桌上灑上一些高筋麵粉，將發好的麵糰移出，麵糰表面也灑上一些高筋麵粉。（圖9）

7 將第一次發酵完成的麵糰空氣拍出，平均分割成兩等份（每塊約290g），然後滾成圓形，蓋上乾淨的布，再讓麵糰休息10分鐘。（圖10～12）

8 休息好的麵糰表面灑些高筋麵粉避免沾黏，擀成長形後翻面，由短向捲起，蓋上乾淨的布，再讓麵糰休息10分鐘。（圖13～15）

9 休息好的麵糰用擀麵棍擀成長條（約40cm），寬度與烤模的短向寬度一樣，然後由短向捲起。（圖16～18）

10 將捲好的麵糰收口朝下朝內，間隔適當放入吐司烤模中（若不是不沾烤模，請刷上一層固體奶油，灑上一層薄薄的高筋麵粉避免沾黏）。

11 用手稍微輕輕壓一下，使得兩團麵糰高度平均。（圖19）

12 在麵糰表面噴些水，放在密閉溫暖空間，再發酵60～70分鐘至滿模。（圖20）

13 發酵時間到的前10分鐘，打開烤箱，預熱到170℃。

14 進烤箱前，表面輕輕刷上一層全蛋液。（圖21）

15 放入已經預熱到170℃的烤箱中，烘烤38～40分鐘。

16 麵包烤好後，馬上從烤模中倒出來，放在鐵網架上放涼。（圖22～23）

南瓜堅果吐司

｜直接法｜

Pumpkin Bread Loaf with Nuts

我們家的冷凍庫中，儲存了非常多的各式堅果，每一種風味都不同。
除了做點心麵包搭配使用，平時也習慣將堅果稍微烘烤一下，偶爾一小把當做零食食用。
堅果類含有豐富的營養素，和人體必需的脂肪酸，好處多多。
現在加工食品太多，天然無添加的堅果就是非常好的選擇。

份量

12兩帶蓋吐司模（20cm×10cm×10cm）1個

材料

熟南瓜泥200g　高筋麵粉280g　速發乾酵母3/4t
細砂糖15g　鹽1/4t　橄欖油30g
綜合堅果60g（核桃、南瓜子、葵花子）

Baking Points

製作方法……………直接法
第一次發酵…………60分鐘
休息鬆弛……………20分鐘
第二次發酵………60～70分鐘
預熱溫度……………210℃
烘烤溫度……………210℃
烘烤時間……………38～40分鐘

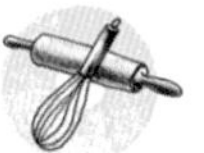

做　法

1 南瓜洗乾淨，連皮切成塊，以大火蒸熟，取200g趁熱壓成泥狀，放涼備用。（圖1）
2 綜合堅果放入已經預熱至150℃的烤箱中，烘烤7～8分鐘取出，放涼備用。（圖2）
3 將所有材料倒入鋼盆中，攪拌搓揉成為一個不黏手的麵糰（液體的部分要先保留30cc，等麵糰已經攪拌成團後再慢慢加入）。（圖3）
4 依照揉麵標準程序，繼續搓揉甩打成為撐得起薄膜的麵糰。（圖4～6）
5 綜合堅果均勻揉入麵糰中。（圖7、8）
6 將揉好的麵糰滾圓，收口朝下捏緊，放入塗抹少許油的保鮮盒中。（圖9、10）
7 在麵糰表面噴一些水，罩上擰乾的濕布（勿接觸麵糰）或蓋子，放置到溫暖密閉的空間，發酵約60分鐘至兩倍大。（圖11）
8 桌上灑上一些高筋麵粉，將發好的麵糰移出，麵糰表面也灑上一些高筋麵粉。（圖12）

13  14  15  16 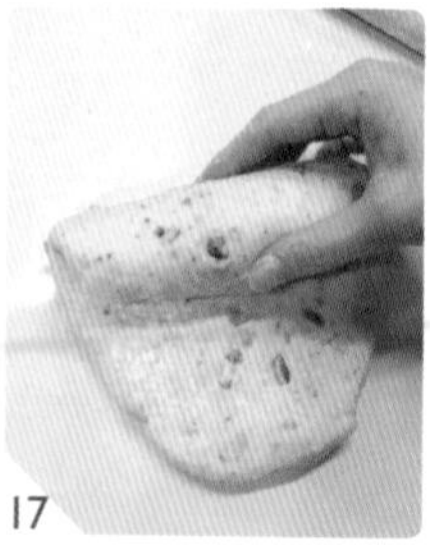 17

18  19  20  21  22

23  24  25  26  27

9 將第一次發酵完成的麵糰空氣拍出，平均分割成兩等份（每塊約290g），然後滾成圓形，蓋上乾淨的布，再讓麵糰休息10分鐘。（圖13～15）

10 休息好的麵糰表面灑些高筋麵粉避免沾黏，擀成長形後翻面，由短向捲起，蓋上乾淨的布，再讓麵糰休息10分鐘。（圖16～18）

11 休息好的麵糰用擀麵棍擀成長條（約40cm），寬度與烤模的短向同寬，然後由短向捲起。（圖19～21）

12 將捲好的麵糰收口朝下朝內，間隔適當放入吐司烤模中（若不是不沾烤模，請刷上一層固體奶油，灑上一層薄薄的高筋麵粉避免沾黏）。（圖22）

13 用手稍微輕輕壓一下，使得兩團麵糰高度平均。（圖23）

14 在麵糰表面噴些水，放在密閉溫暖空間，再發酵60～70分鐘至九分滿模。（圖24）

15 發酵時間到前10分鐘，打開烤箱預熱到210℃。

16 將吐司模蓋子蓋上。（圖25）

17 放入已經預熱到210℃的烤箱中，烘烤38～40分鐘。

18 麵包烤好後，馬上從烤模中倒出來，放在鐵網架上放涼。（圖26、27）

19 完全涼透後，再使用麵包專用刀切片才切的漂亮。

蜜薯酸奶吐司

|直接法|

Sweet Potato Sour Cream Bread Loaf

酸奶油是奶油發酵製品，帶有微酸的口感，類似優格。平時酸奶油非常適合添加在乳酪蛋糕或磅蛋糕中，讓成品更濃郁，也可以直接塗抹麵包食用，風味特殊。不過如果買了一大桶，短時間用不完，建議可以代替油脂添加在麵包中，除了讓麵包可口，也快速消化，不浪費材料。

份　量

12兩帶蓋吐司模（20cm×10cm×10cm）

1個

材　料

熟番薯泥150g　高筋麵粉250g　速發乾酵母3/4t
細砂糖15g　鹽1/4t　酸奶油40g　牛奶150cc

製作方法	直接法
第一次發酵	60分鐘
休息鬆弛	20分鐘
第二次發酵	60～70分鐘
預熱溫度	210℃
烘烤溫度	210℃
烘烤時間	38～40分鐘

做　法

1. 番薯去皮，大火蒸熟取150g，趁熱壓成泥狀，放涼備用。
2. 將所有材料倒入鋼盆中，攪拌搓揉成為一個不黏手的麵糰（液體的部分要先保留30cc，等麵糰已經攪拌成團後再慢慢加入）。（圖1）
3. 依照揉麵標準程序，繼續搓揉甩打成為撐得起薄膜的麵糰。（圖2～4）
4. 將揉好的麵糰滾圓，收口朝下捏緊，放入塗抹少許油的保鮮盒中。（圖5）
5. 在麵糰表面噴一些水，罩上擰乾的濕布（勿接觸麵糰）或蓋子，放置到溫暖密閉的空間，發酵約60分鐘至兩倍大。（圖6）
6. 桌上灑上一些高筋麵粉，將發好的麵糰移出，麵糰表面也灑上一些高筋麵粉。（圖7）

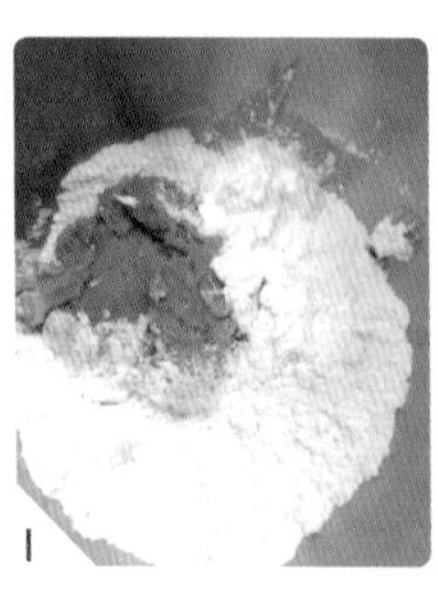
1

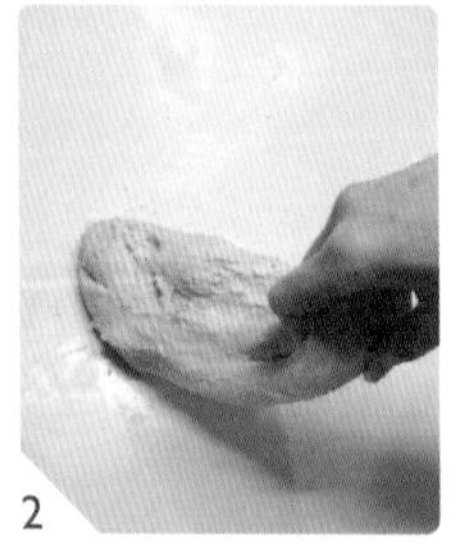
2

3

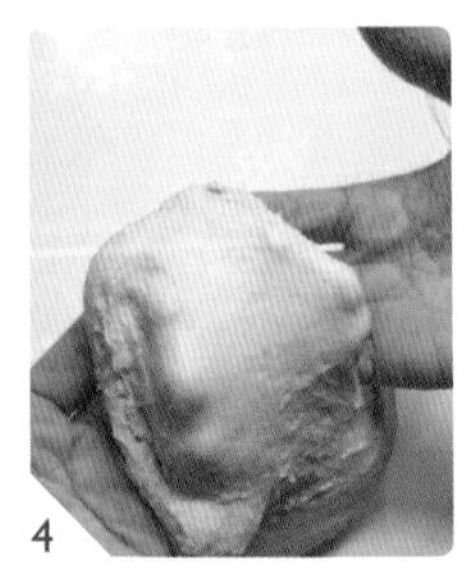
4

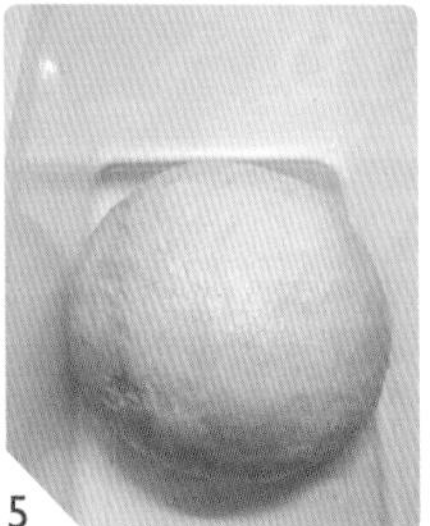
5

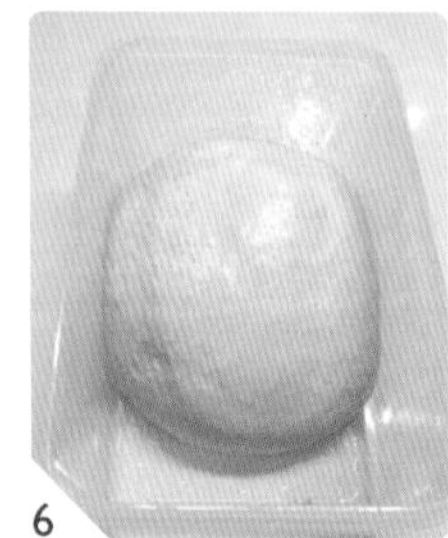
6

7

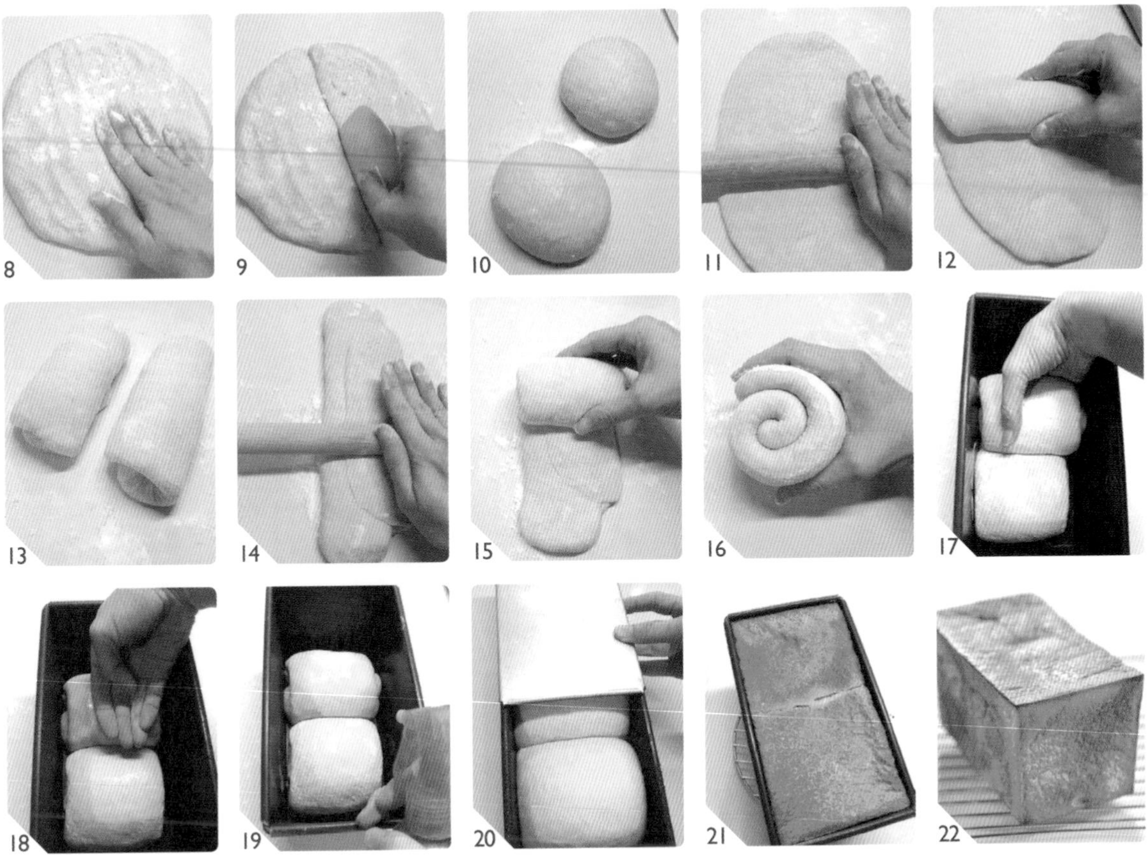

7 將第一次發酵完成的麵糰空氣拍出，平均分割成兩等份（每塊約300g），然後滾成圓形，蓋上乾淨的布，再讓麵糰休息10分鐘。（圖8～10）

8 休息好的麵糰表面灑些高筋麵粉避免沾黏，擀成長形後翻面，由短向捲起，蓋上乾淨的布，再讓麵糰休息10分鐘。（圖11～13）

9 休息好的麵糰用擀麵棍擀成長條（約40cm），寬度與烤模短向同寬，然後由短向捲起。（圖14～16）

10 將捲好的麵糰收口朝下朝內，間隔適當放入吐司烤模中（若不是不沾烤模，請刷上一層固體奶油，灑上一層薄薄的高筋麵粉避免沾黏）。（圖17）

11 用手稍微輕輕壓一下，使得兩團麵糰高度平均。（圖18）

12 在麵糰表面噴些水，放在密閉溫暖空間，再發酵60～70分鐘至九分滿模。（圖19）

13 發酵時間到前10分鐘，打開烤箱預熱到210℃。

14 將吐司模蓋子蓋上。（圖20）

15 放入已經預熱到210℃的烤箱中，烘烤38～40分鐘。

16 麵包烤好後，馬上從烤模中倒出來，放在鐵網架上放涼。（圖21、22）

17 完全涼透後，再使用麵包專用刀切片才切的漂亮。

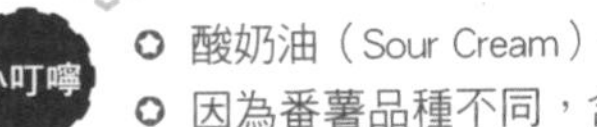

小叮嚀

- 酸奶油（Sour Cream）也可以使用優格代替。
- 因為番薯品種不同，含水量也不相同，請依照實際狀況適當斟酌添加份量，若太乾可以另外添加液體調整。

英式奶油吐司

|直接法|

Butter Bread Loaf

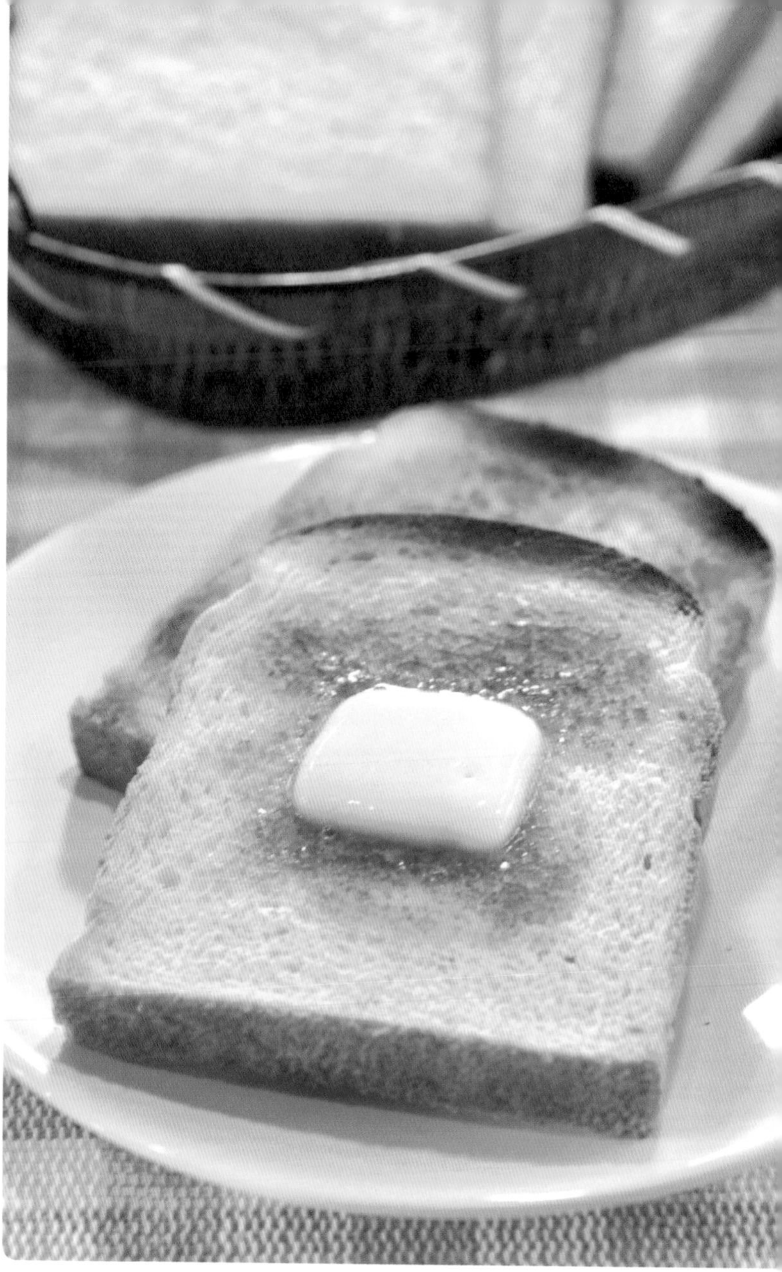

漂亮單純的雙峰圓頂吐司綿密會牽絲，是早餐不可少的主角之一。
我喜歡烘烤的金黃香酥，趁熱抹上一塊鹹奶油，配上一杯無糖咖啡，一天的精神就元氣滿滿！

份 量

12兩吐司模（20cm×10cm×10cm）
1個

材 料

高筋麵粉280g 速發乾酵母1/2t 鹽1/2t
細砂糖15g 無鹽奶油30g 冷水180cc

製作方法	直接法
第一次發酵	60分鐘
休息鬆弛	15分鐘
第二次發酵	60～70分鐘
預熱溫度	170℃
烘烤溫度	170℃
烘烤時間	38～40分鐘

做 法

1 將所有材料（無鹽奶油除外）倒入鋼盆中，攪拌搓揉成為一個不黏手的麵糰（液體的部分要先保留30cc，等麵糰已經攪拌成團後再慢慢加入）。（圖1）

2 再加入切成小塊回溫軟化的無鹽奶油丁，搓揉均勻。（圖2）

3 依照揉麵標準程序，繼續搓揉甩打成為撐得起薄膜的麵糰。（圖3～5）

4 將揉好的麵糰滾圓，收口朝下捏緊，放入塗抹少許油的保鮮盒中。（圖6）

5 在麵糰表面噴一些水，罩上擰乾的濕布（勿接觸麵糰）或蓋子，放置到溫暖密閉的空間，發酵約60分鐘至兩倍大。（圖7）

6 桌上灑上一些高筋麵粉，將發好的麵糰移出，麵糰表面也灑上一些高筋麵粉。（圖8）

7 將第一次發酵完成的麵糰空氣拍出，平均分割成2等份（每塊約250g），然後滾成圓形，蓋上乾淨的布，再讓麵糰休息15分鐘。（圖9～11）

8 休息好的麵糰表面灑些高筋麵粉避免沾黏，擀成20cm×30cm的長方形。（圖12）

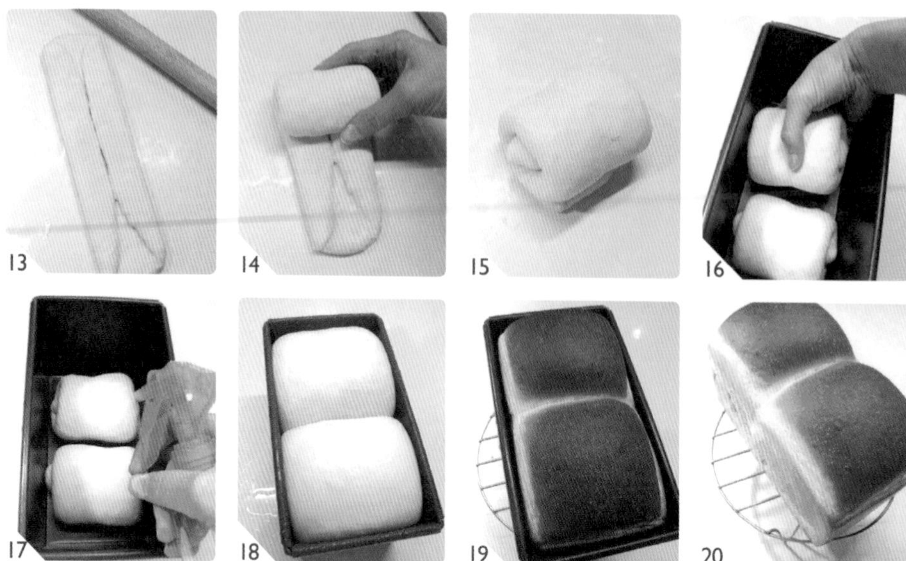

9 將左右麵皮平均往中央對折，然後由長向輕輕捲起。（圖13～15）

10 將捲好的麵糰收口朝下朝內，間隔適當放入吐司烤模中（若不是不沾烤模，請刷上一層固體奶油，灑上一層薄薄的高筋麵粉避免沾黏）。（圖16）

11 用手稍微輕輕壓一下，使得兩團麵糰高度平均。

12 在麵糰表面噴些水，放在密閉溫暖空間，再發酵60～70分鐘至滿模。（圖17、18）

13 發酵時間到前10分鐘，打開烤箱預熱到170℃。

14 放入已經預熱到170℃的烤箱中，烘烤38～40分鐘。

15 麵包烤好後，馬上從烤模中倒出來，放在鐵網架上放涼。（圖19、20）

16 完全涼透後，再使用麵包專用刀切片才切的漂亮。

法國白吐司

｜直接法｜

Pain De Mie

Pain De Mie是法文白吐司的意思，
單純的白吐司是家裡不可少的主食沒有太多的奶油或糖，只有小麥原始的香氣。
每一次烘烤法國白吐司都會令我的心情回到做麵包的原點。
剛出爐的麵包飄散著香味，倒扣出來放涼就聽到吐司表面「霹哩啪啦」裂開的聲響，
這份手作的喜悅讓我在廚房有源源不絕的動力。

份量

12兩吐司模
（20cm×10cm
×10cm）
1個

材料

高筋麵粉280g　麥芽糖1T　沸水180cc
鹽1t　速發乾酵母1/2t　無鹽奶油10g

Baking Points	
製作方法	直接法
第一次發酵	60分鐘
休息鬆弛	20分鐘
第二次發酵	60～70分鐘
預熱溫度	200℃
烘烤溫度	200℃
烘烤時間	35分鐘

做法

1 用湯匙捲起1大匙麥芽，將麥芽糖放入180cc的沸水中融化放涼備用。（圖1）
2 將所有材料（無鹽奶油除外）倒入鋼盆中，攪拌搓揉成為一個不黏手的麵糰（液體的部分要先保留30cc，等麵糰已經攪拌成團後再慢慢加入）。（圖2）
3 再加入切成小塊回溫軟化的無鹽奶油丁，搓揉均勻。（圖3）
4 依照揉麵標準程序，繼續搓揉甩打成為撐得起薄膜的麵糰。（圖4～6）
5 將揉好的麵糰滾圓，收口朝下捏緊，放入塗抹少許油的保鮮盒中。（圖7）
6 在麵糰表面噴一些水，罩上擰乾的濕布（勿接觸麵糰）或蓋子，放置到溫暖密閉的空間，發酵約60分鐘至兩倍大。（圖8）

1

2

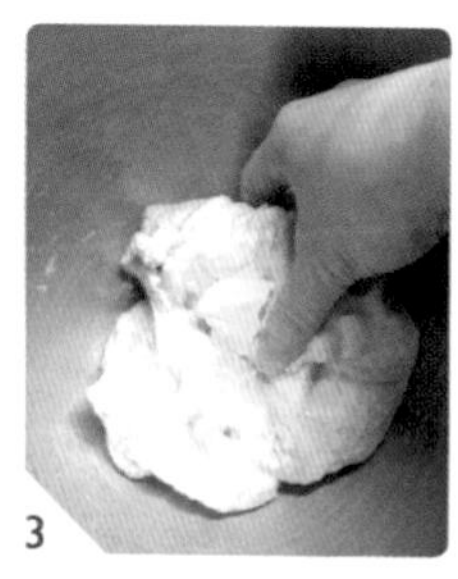
3

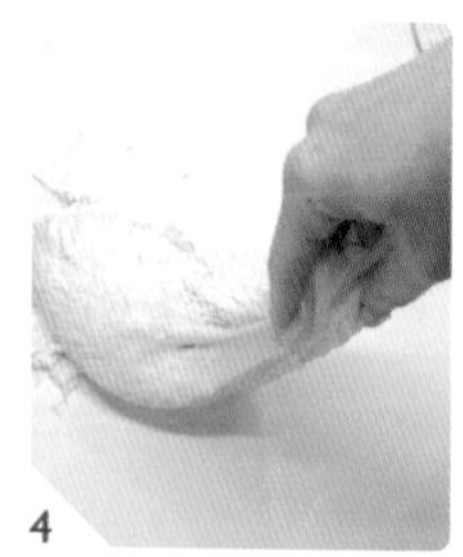
4

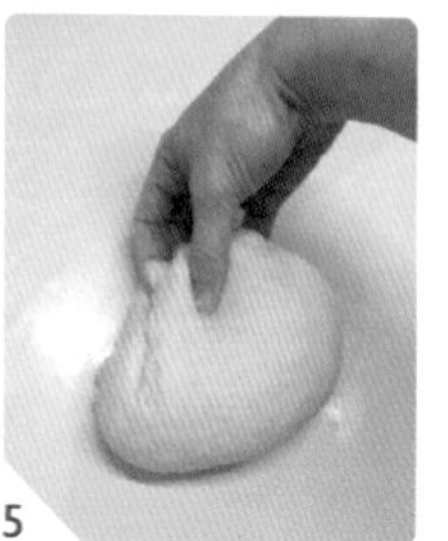
5

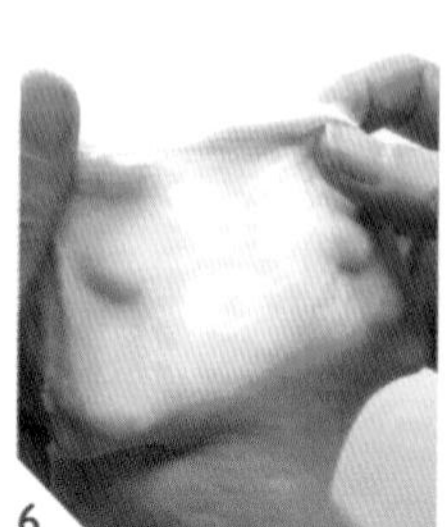
6

7

8

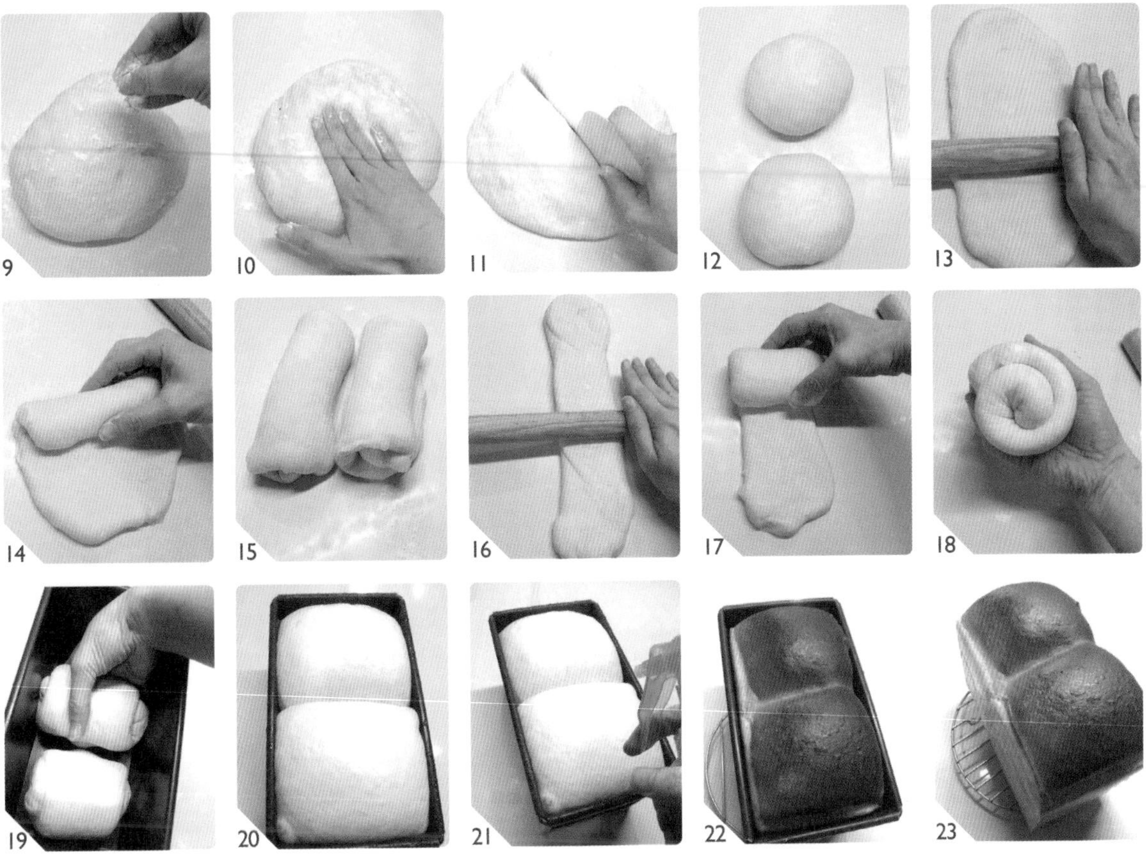

7 桌上灑上一些高筋麵粉，將發好的麵糰移出，麵糰表面也灑上一些高筋麵粉。（圖9）

8 將第一次發酵完成的麵糰空氣拍出，平均分割成兩等份（每塊約245g），然後滾成圓形，蓋上乾淨的布，再讓麵糰休息10分鐘。（圖10～12）

9 休息好的麵糰表面灑些高筋麵粉避免沾黏，擀成長形後翻面，由短向捲起，蓋上乾淨的布再讓麵糰休息10分鐘。（圖13～15）

10 休息好的麵糰用擀麵棍擀成長條（約40cm），寬度與烤模短向同寬，然後由短向捲起。（圖16～18）

11 將捲好的麵糰收口朝下朝內，間隔適當放入吐司烤模中（若不是不沾烤模，請刷上一層固體奶油，灑上一層薄薄的高筋麵粉避免沾黏）。（圖19）

12 用手稍微輕輕壓一下，使得兩團麵糰高度平均。

13 在麵糰表面噴些水，放在密閉溫暖空間，再發酵60～70分鐘至滿模。（圖20）

14 發酵時間到前10分鐘，打開烤箱預熱到200℃。

15 進烤箱前，在麵糰表面噴水，放入已經預熱到200℃的烤箱中，烘烤35分鐘至表面呈現深咖啡色即可。（圖21、22）

16 麵包烤好後，馬上從烤模中倒出來，放在鐵網架上放涼。（圖23）

17 完全涼透後，再使用麵包專用刀切片才切的漂亮。

- 麥芽糖也可以使用蜂蜜代替。

竹炭乳酪核桃吐司

｜直接法｜

Charcoal Bread Loaf with Walnut and Cheese

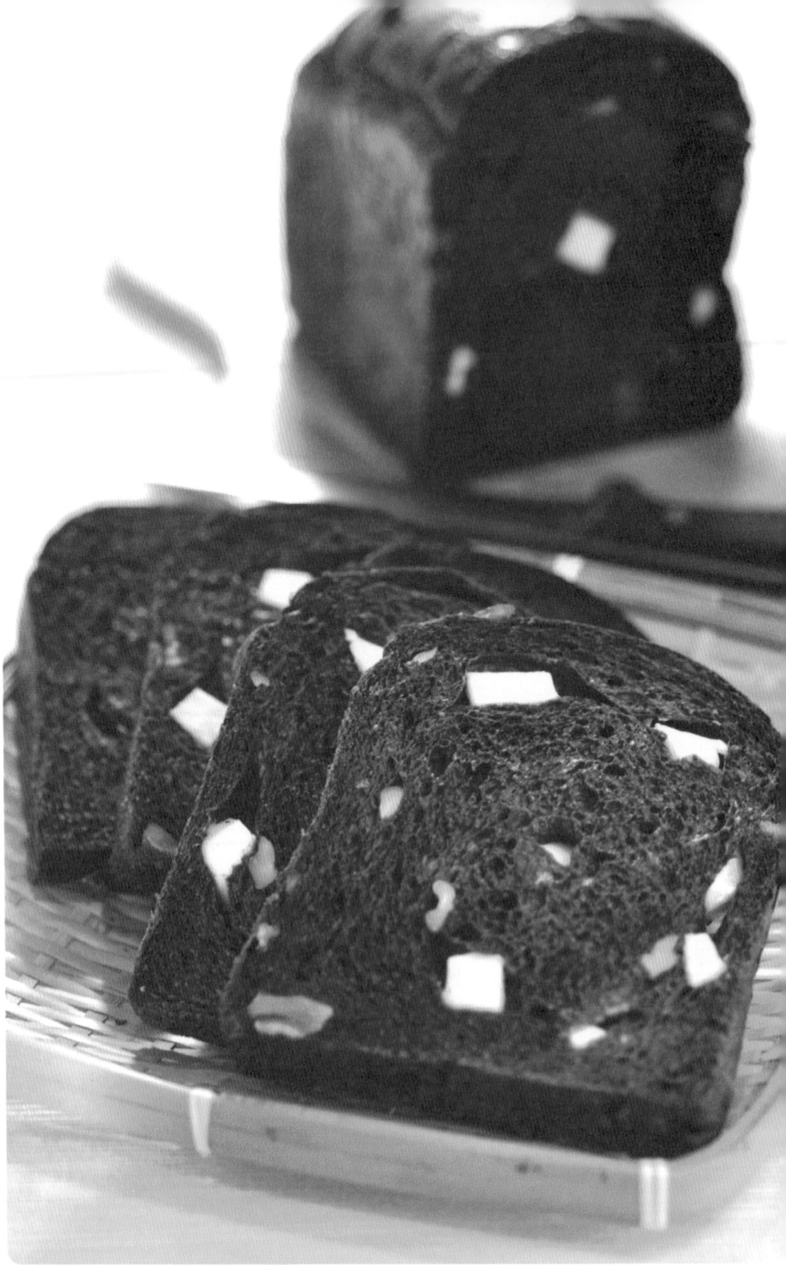

黑嚕嚕的竹炭麵包看起來十分有趣，
平時白白淨淨的吐司變成黑鑽石，
乳酪丁就像寶石般鑲嵌在其中，
增加了些許食的樂趣，
核桃與乳酪原本就是好朋友，
這款吐司好吃又特別。

份　量

12兩吐司模
（20cm×10cm×10cm）
1個

材　料

A. 麵糰

高筋麵粉230g　全穀麵粉50g　竹炭粉1.5T
速發乾酵母1/2t　細砂糖15g　鹽1/2t　橄欖油20g
牛奶230cc　核桃50g　高融點乳酪50g

B. 表面裝飾

全蛋液適量

製作方法……………………直接法
第一次發酵……………60分鐘
休息鬆弛………………15分鐘
第二次發酵………60～70分鐘
預熱溫度…………………170℃
烘烤溫度…………………170℃
烘烤時間…………38～40分鐘

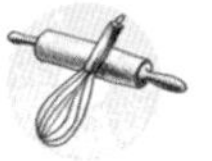

做 法

1 核桃放入已經預熱至150℃的烤箱中，烘烤7～8分鐘取出，切小塊，放涼備用。
2 高融點乳酪切成約1cm丁狀。
3 將所有材料A（核桃及高融點乳酪除外）倒入鋼盆中，攪拌搓揉成為一個不黏手的麵糰（液體的部分要先保留30cc，等麵糰已經攪拌成團後再慢慢加入）。（圖1）
4 依照揉麵標準程序，繼續搓揉甩打成為撐得起薄膜的麵糰。（圖2～5）
5 核桃均勻揉入麵糰中。（圖6）
6 將揉好的麵糰滾圓，收口朝下捏緊，放入塗抹少許油的保鮮盒中。（圖7）
7 在麵糰表面噴一些水，罩上擰乾的濕布（勿接觸麵糰）或蓋子，放置到溫暖密閉的空間，發酵約60分鐘至兩倍大。（圖8）
8 桌上灑上一些高筋麵粉，將發好的麵糰移出，麵糰表面也灑上一些高筋麵粉。（圖9）
9 將第一次發酵完成的麵糰空氣拍出，然後滾成圓形，蓋上乾淨的布，再讓麵糰休息15分鐘。（圖10、11）

- 因為竹炭粉非常吸水，所以此麵包水量比一般麵糰添加的多，若沒有竹炭粉可以直接刪除，但液體量更改為185cc左右，竹炭粉可在烘焙材料行購買。
- 全穀麵粉為整粒小麥直接打碎，筋性較差，若沒有可以使用全麥麵粉或高筋麵粉代替。
- 若吐司模不是不沾烤模，請刷上一層固體奶油避免沾黏。
- 高融點起司為高濃度的切達起司再製品，天然切達含量70%以上，也可以使用切達起司（Cheddar Cheese）代替。

10 休息好的麵糰表面灑些高筋麵粉避免沾黏，擀成與烤模長向同寬，寬20cm×長30cm的長方形。（圖12）

11 光滑面朝下，均勻鋪上高融點乳酪丁。（圖13）

12 由短向輕輕捲起，收口捏緊成為一個柱狀（圖14～16）

13 將捲好的麵糰收口朝下朝內，放入吐司烤模中（若不是不沾烤模，請刷上一層固體奶油，灑上一層薄薄的高筋麵粉避免沾黏）。

14 在麵糰表面噴些水，放在密閉溫暖空間，再發酵60～70分鐘至滿模。（圖17、18）

15 發酵時間到前10分鐘，打開烤箱預熱到170℃。

16 進烤箱前，表面輕輕刷上一層全蛋液。（圖19）

17 放入已經預熱到170℃的烤箱中，烘烤38～40分鐘。

18 麵包烤好後，馬上從烤模中倒出來，放在鐵網架上放涼。（圖20、21）

19 完全涼透後，再使用麵包專用刀切片才切的漂亮。

奶油全麥吐司

｜直接法｜

Whole Wheat Butter Bread Loaf

走在台北的大街小巷中，經過麵包店總是讓我停下腳步，櫥窗中各式各樣甜蜜可口的麵包吸引著我的目光，光聞到飄出來的香味就讓人心生幸福之感。我要天天做出營養美味的麵包，照顧心愛家人的健康。

份 量

12兩帶蓋吐司模
(20cm×10cm×10cm)
1個

材 料

高筋麵粉200g 全麥麵粉100g 速發乾酵母1/2t
細砂糖15g 鹽1/2t 無鹽奶油30g 冷水200cc

製作方法……直接法
第一次發酵……60分鐘
休息鬆弛……20分鐘
第二次發酵……60～70分鐘
預熱溫度……210℃
烘烤溫度……210℃
烘烤時間……38～40分鐘

做 法

1 將所有材料（無鹽奶油除外）倒入鋼盆中，攪拌搓揉成為一個不黏手的麵糰（液體的部分要先保留30cc，等麵糰已經攪拌成團後再慢慢加入）。（圖1）
2 再加入切成小塊回溫軟化的無鹽奶油丁，搓揉均勻。（圖2）
3 依照揉麵標準程序，繼續搓揉甩打成為撐得起薄膜的麵糰。（圖3～5）
4 將揉好的麵糰滾圓，收口朝下捏緊，放入塗抹少許油的保鮮盒中。（圖6）
5 在麵糰表面噴一些水，罩上擰乾的濕布（勿接觸麵糰）或蓋子，放置到溫暖密閉的空間，發酵約60分鐘至兩倍大。（圖7）
6 桌上灑上一些高筋麵粉，將發好的麵糰移出，麵糰表面也灑上一些高筋麵粉。（圖8）

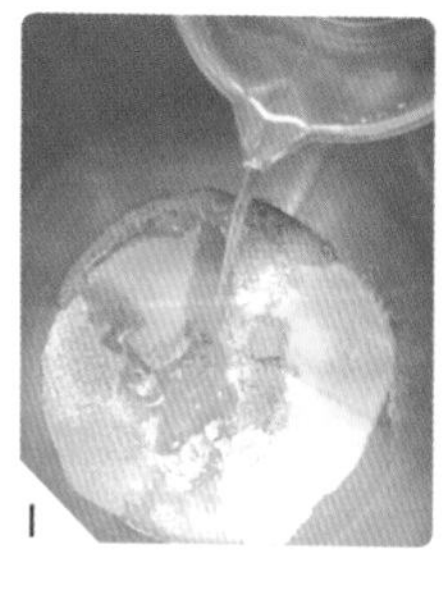
1

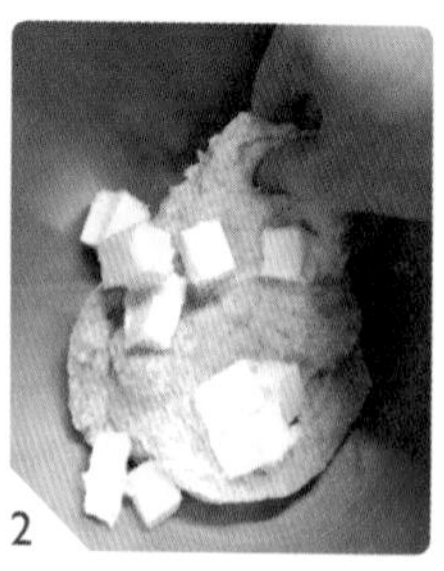
2

3

4

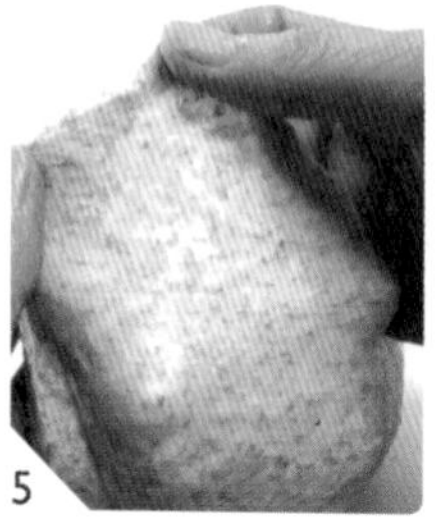
5

6

7

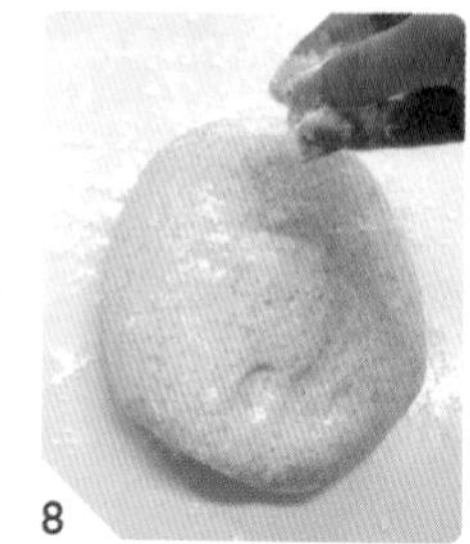
8

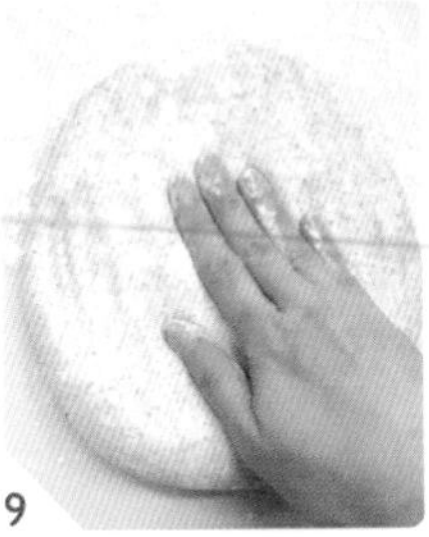

9 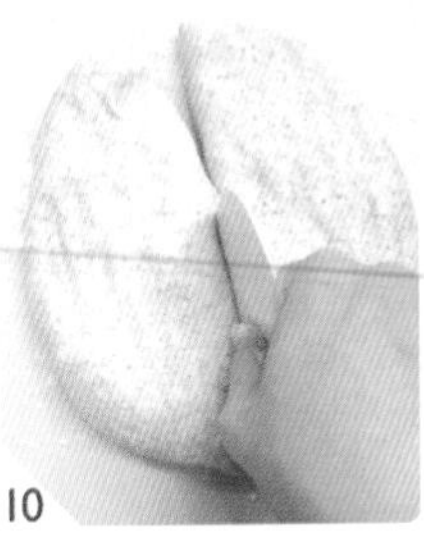 10  11  12 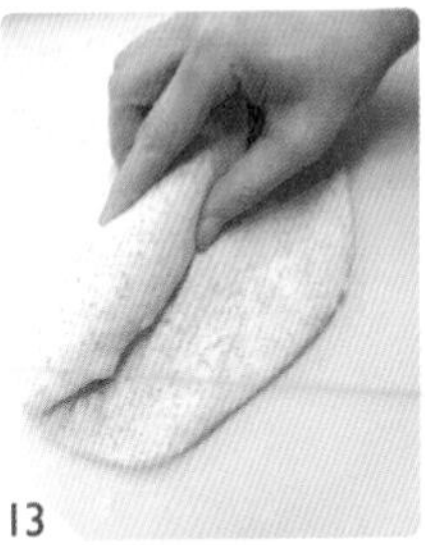 13

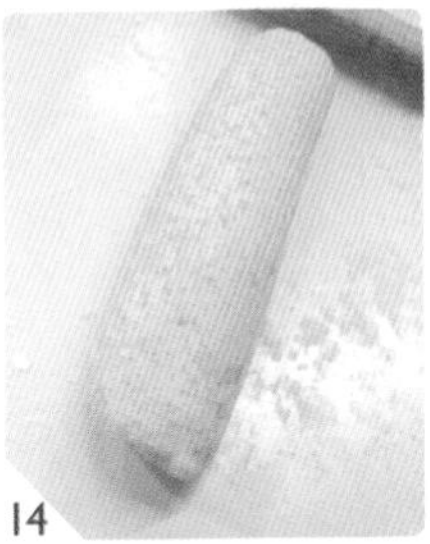

14  15 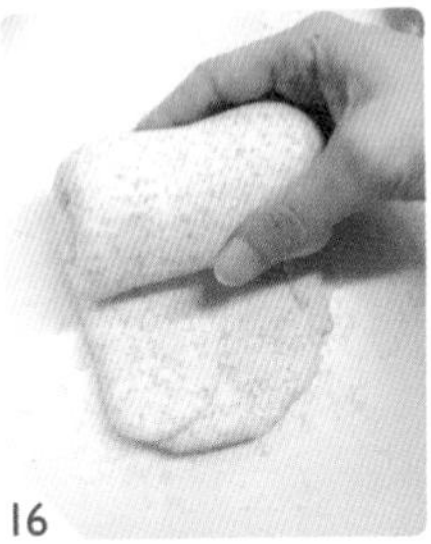 16 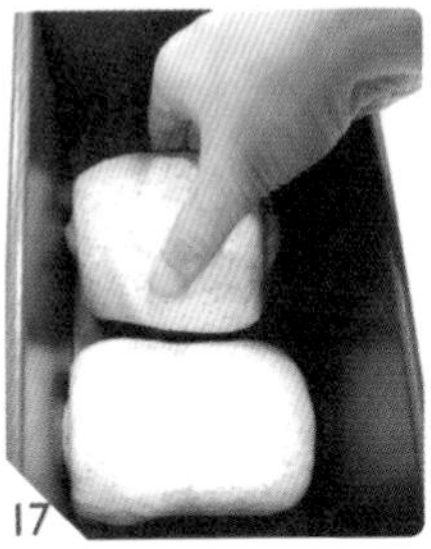 17  18

19 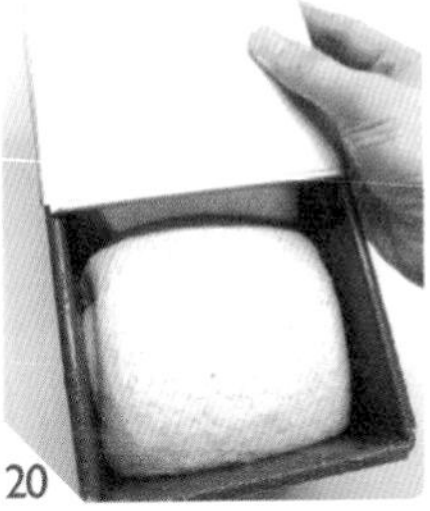 20  21  22

7 將第一次發酵完成的麵糰空氣拍出，平均分割成兩等份（每塊約270g），然後滾成圓形，蓋上乾淨的布，再讓麵糰休息10分鐘。（圖9～11）

8 休息好的麵糰表面灑些高筋麵粉避免沾黏，擀成長形後翻面，由短向捲起，蓋上乾淨的布，再讓麵糰休息10分鐘。（圖12～14）

9 休息好的麵糰用擀麵棍擀成長條（約40cm），寬度與烤模短向同寬，然後由短向捲起。（圖15、16）

10 將捲好的麵糰收口朝下朝內，間隔適當放入吐司烤模中（若不是不沾烤模，請刷上一層固體奶油，灑上一層薄薄的高筋麵粉避免沾黏 ）。（圖17）

11 用手稍微輕輕壓一下，使得兩團麵糰高度平均。

12 在麵糰表面噴些水，放在密閉溫暖空間，再發酵60～70分鐘至九分滿模。（圖18、19）

13 發酵時間到前10分鐘，打開烤箱預熱到210℃。

14 將吐司模蓋子蓋上。（圖20）

15 放入已經預熱到210℃的烤箱中，烘烤38～40分鐘。

16 麵包烤好後，馬上從烤模中倒出來，放在鐵網架上放涼。（圖21、22）

17 完全涼透後，再使用麵包專用刀切片才切的漂亮。

紅蘿蔔奶油吐司

｜直接法｜

Carrot Butter Bread Loaf

好多小朋友不喜歡的蔬菜之一就有紅蘿蔔，
但是紅蘿蔔營養好，
含有大量胡蘿蔔素可以幫助孩童成長。
把不討人喜歡的紅蘿蔔煮軟打成泥，
烘焙成顏色超吸睛的吐司，
希望不喜歡紅蘿蔔的孩子
吃的開心也吃的健康。

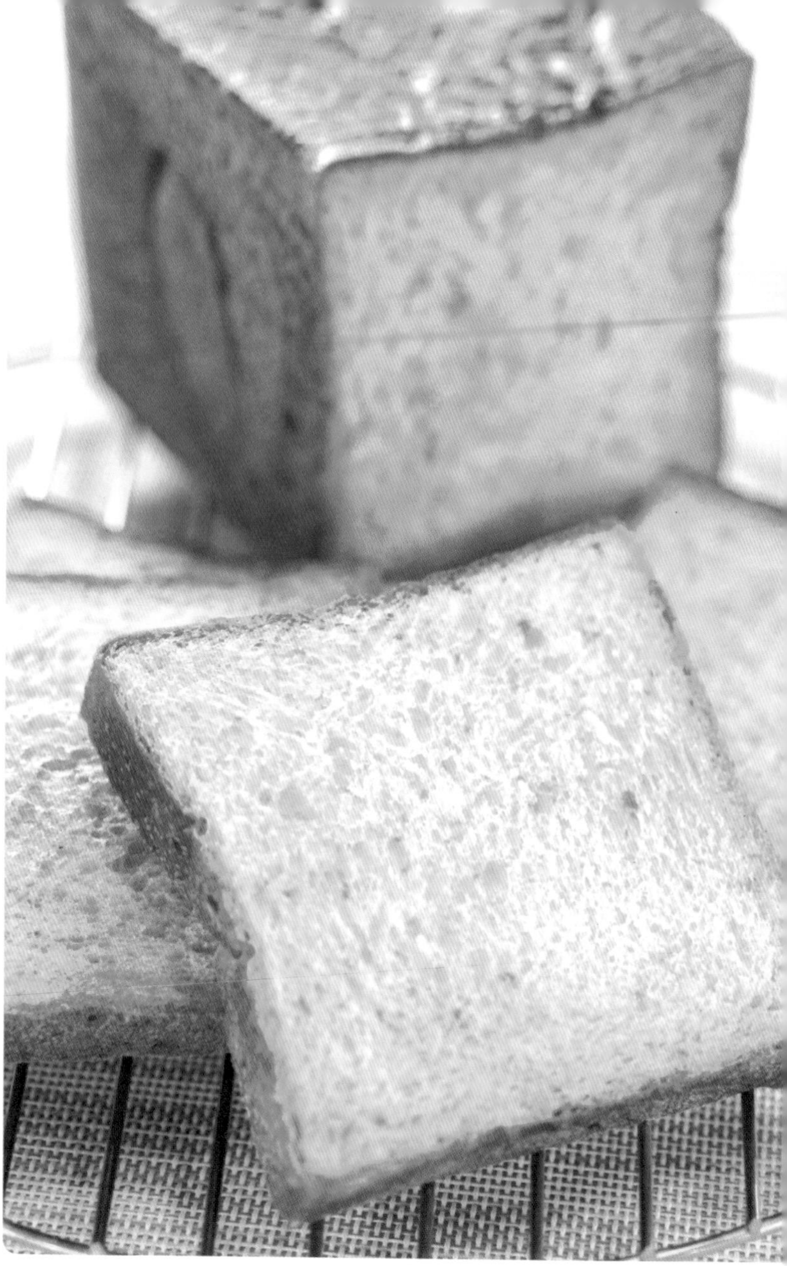

份量

12兩帶蓋吐司模（20cm×10cm×10cm）
1個

材料

熟紅蘿蔔泥150g　高筋麵粉250g　全麥麵粉50g
全脂奶粉10g　速發乾酵母3/4t　細砂糖30g
鹽1/4t　無鹽奶油30g　牛奶90cc

製作方法……………直接法
第一次發酵…………60分鐘
休息鬆弛……………15分鐘
第二次發酵………60～70分鐘
預熱溫度……………210℃
烘烤溫度……………210℃
烘烤時間…………38～40分鐘

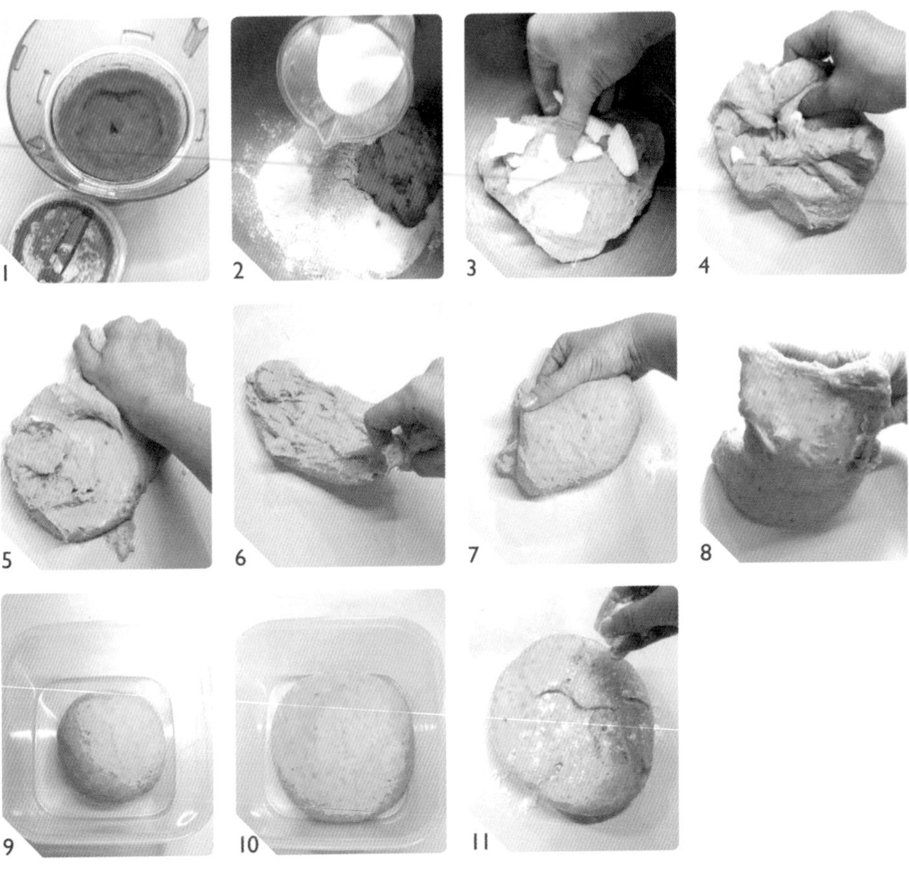

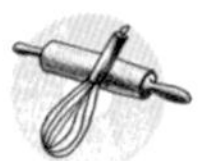

做 法

1 紅蘿蔔去皮切塊，水煮15分鐘至熟軟撈起，瀝乾水分，取150g，用食物調理機打成泥狀。（圖1）
2 將所有材料（無鹽奶油除外）倒入鋼盆中，攪拌搓揉成為一個不黏手的麵糰（液體的部分要先保留30cc，等麵糰已經攪拌成團後再慢慢加入）。（圖2）
3 再加入切成小塊回溫軟化的無鹽奶油丁，搓揉均勻。（圖3）
4 依照揉麵標準程序，繼續搓揉甩打成為撐得起薄膜的麵糰。（圖4～8）
5 將揉好的麵糰滾圓，收口朝下捏緊，放入塗抹少許油的保鮮盒中。（圖9）
6 在麵糰表面噴一些水，罩上擰乾的濕布（勿接觸麵糰）或蓋子，放置到溫暖密閉的空間，發酵約60分鐘至兩倍大。（圖10）
7 桌上灑上一些高筋麵粉，將發好的麵糰移出，麵糰表面也灑上一些高筋麵粉。（圖11）

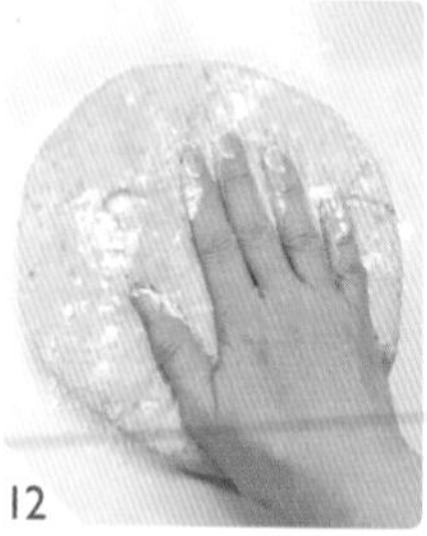

12 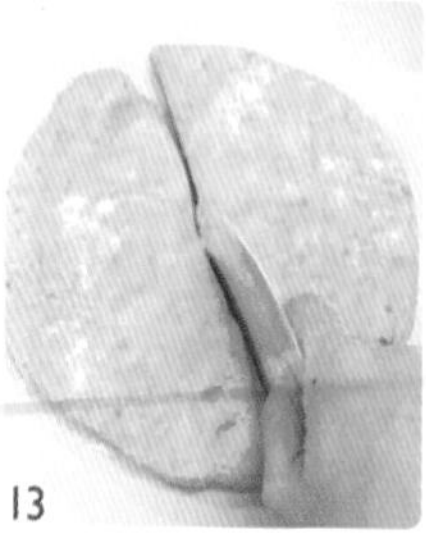 13  14  15 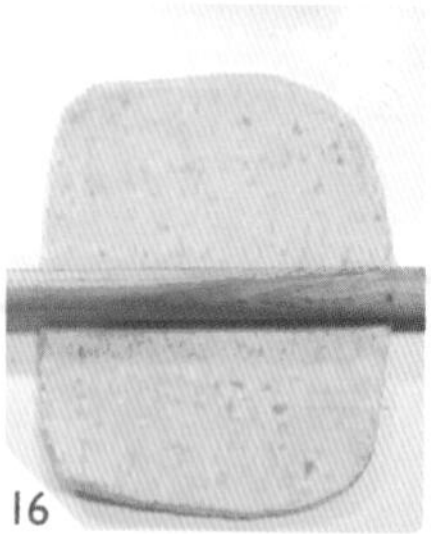 16

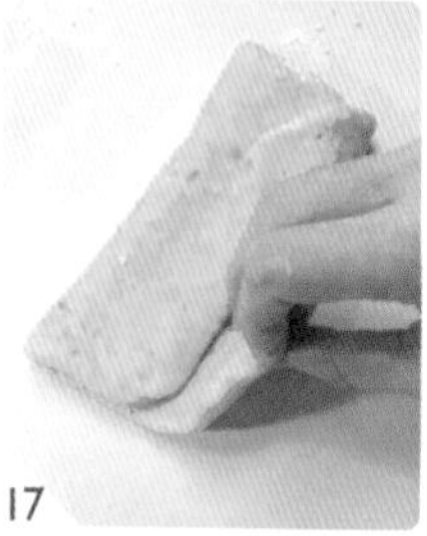

17  18  19 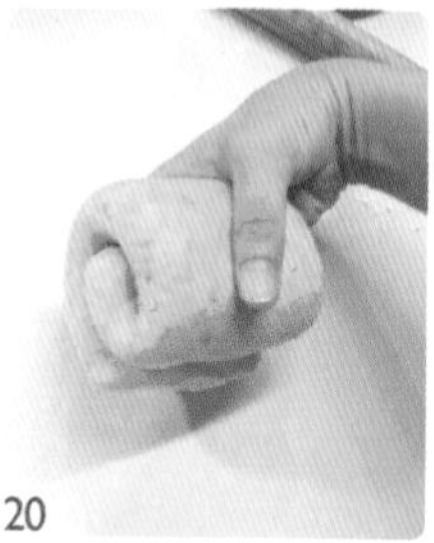 20 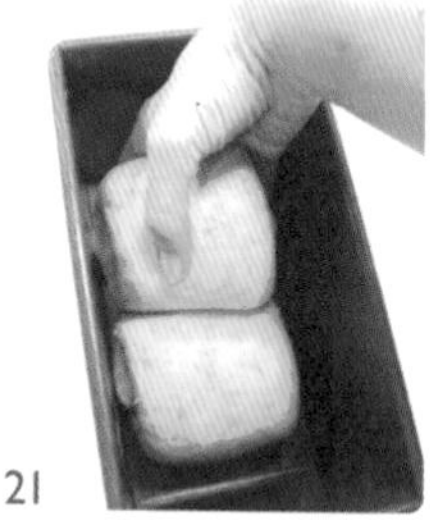 21

22  23  24  25  26

27

8 將第一次發酵完成的麵糰空氣拍出，平均分割成兩等份（每塊約300g），然後滾成圓形，蓋上乾淨的布，再讓麵糰休息15分鐘。（圖12～14）

9 休息好的麵糰表面灑些高筋麵粉避免沾黏，擀成20cm×30cm的長方形。（圖15、16）

10 將麵皮折成3摺，再擀長約40cm。（圖17、18）

11 然後由短向輕輕捲起。（圖19、20）

12 將捲好的麵糰收口朝下朝內，間隔適當放入吐司烤模中（若不是不沾烤模，請刷上一層固體奶油，灑上一層薄薄的高筋麵粉避免沾黏）。（圖21、22）

13 用手稍微輕輕壓一下，使得兩團麵糰高度平均。

14 在麵糰表面噴些水，放在密閉溫暖空間，再發酵60～70分鐘至九分滿模。（圖23、24）

15 發酵時間到前10分鐘，打開烤箱預熱到210℃。

16 將吐司模蓋子蓋上。（圖25）

17 放入已經預熱到210℃的烤箱中，烘烤38～40分鐘。

18 麵包烤好後，馬上從烤模中倒出來，放在鐵網架上放涼。（圖26、27）

19 完全涼透後，再使用麵包專用刀切片才切的漂亮。

小麥胚芽吐司

｜直接法｜

Wheat Germ Bread Loaf

小麥胚芽富含麥子的營養，平時添加在麵包中除了增加香氣也可以多多攝取維他命E、B_1及蛋白質。

添加前稍微烘烤一下香氣更迷人，麵糰使用U形整型，口感更綿密牽絲。

做麵包是一件開心的事，放鬆心情也兼做運動，一舉數得！

份 量

12兩帶蓋吐司模（20cm×10cm×10cm）

1個

材 料

小麥胚芽30g　高筋麵粉200g　全麥麵粉80g
速發乾酵母1/2t　細砂糖15g　鹽1/2t
橄欖油30g　雞蛋1個　牛奶150cc

製作方法	直接法
第一次發酵	60分鐘
休息鬆弛	15分鐘
第二次發酵	60～70分鐘
預熱溫度	210℃
烘烤溫度	210℃
烘烤時間	38～40分鐘

做 法

1 小麥胚芽放入已經預熱至150℃的烤箱中，烘烤6～7分鐘取出，放涼備用。（圖1）
2 將所有材料倒入鋼盆中，攪拌搓揉成為一個不黏手的麵糰（液體的部分要先保留30cc，等麵糰已經攪拌成團後再慢慢加入）。（圖2）
3 依照揉麵標準程序，繼續搓揉甩打成為撐得起薄膜的麵糰。（圖3～6）
4 將揉好的麵糰滾圓，收口朝下捏緊，放入塗抹少許油的保鮮盒中。（圖7）
5 在麵糰表面噴一些水，罩上擰乾的濕布（勿接觸麵糰）或蓋子，放置到溫暖密閉的空間，發酵約60分鐘至兩倍大。（圖8）
6 桌上灑上一些高筋麵粉，將發好的麵糰移出，麵糰表面也灑上一些高筋麵粉。（圖9）

1

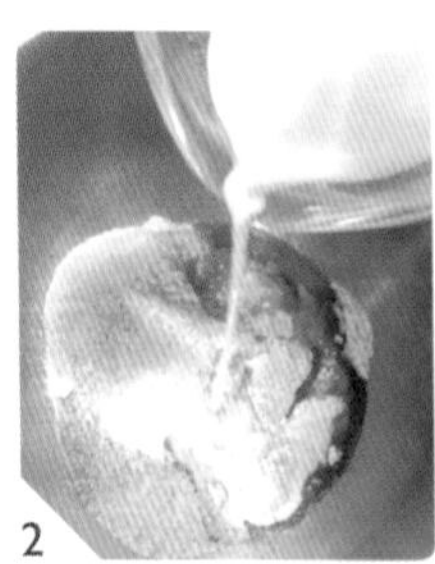
2

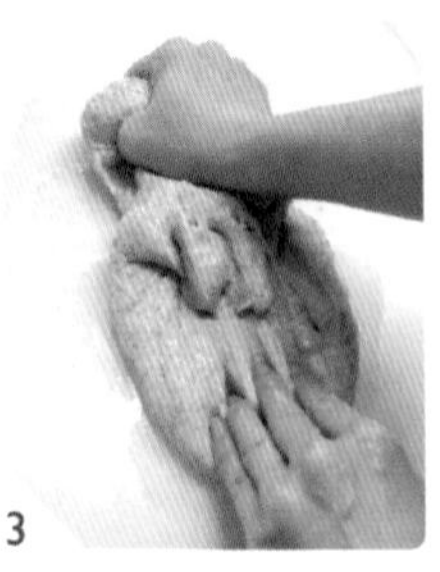
3

4

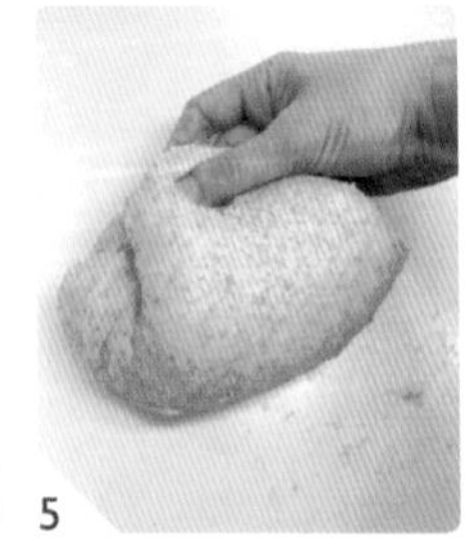
5

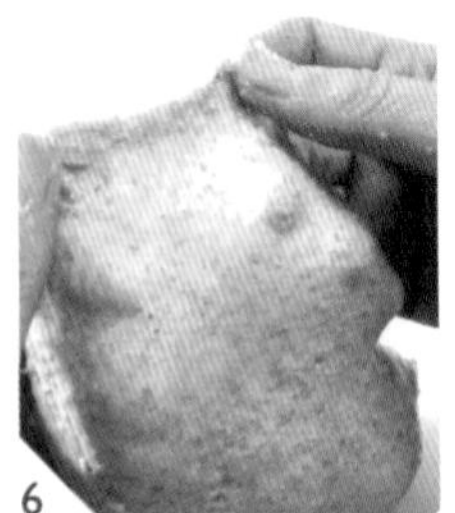
6

7

8

9

10  11  12 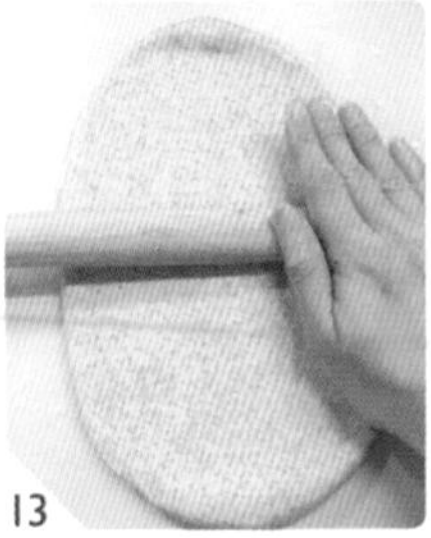 13 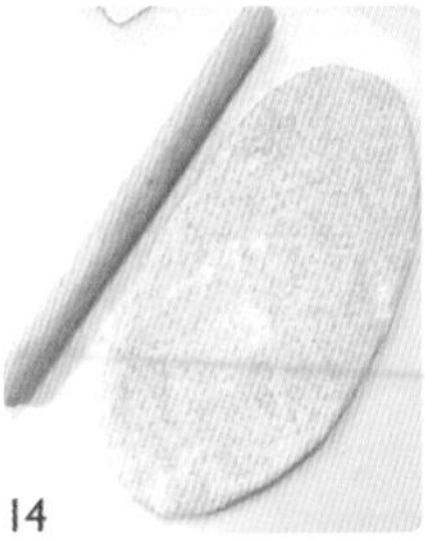 14

15  16 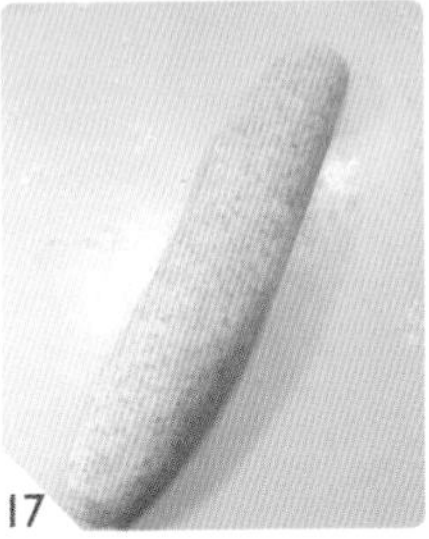 17 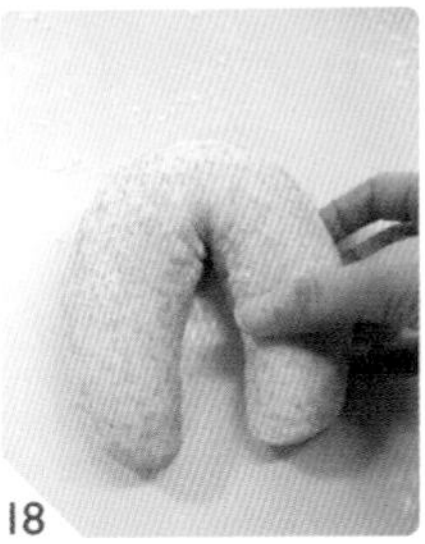 18  19

20  21  22

7 將第一次發酵完成的麵糰空氣拍出，平均分割成兩等份（每塊約270g），然後滾成圓形，蓋上乾淨的布，再讓麵糰休息15分鐘。（圖10～12）
8 休息好的麵糰表面灑些高筋麵粉避免沾黏，擀成長形後翻面。（圖13、14）
9 將麵糰由長向捲起，一邊壓一邊捲，收口處捏緊成為一個長條形。（圖15～17）
10 將兩個長形麵糰對折成為一個U字形。（圖18）
11 將捲好的U字形麵糰交錯放入吐司烤模中（若不是不沾烤模，請刷上一層固體奶油，灑上一層薄薄的高筋麵粉避免沾黏）。（圖19）
12 用手稍微輕輕壓一下，使得兩團麵糰高度平均。
13 在麵糰表面噴些水，放在密閉溫暖空間，再發酵60～70分鐘至九分滿模。
14 發酵時間到前10分鐘，打開烤箱預熱到210℃。
15 將吐司模蓋子蓋上。（圖20）
16 放入已經預熱到210℃的烤箱中，烘烤38～40分鐘。
17 麵包烤好後，馬上從烤模中倒出來，放在鐵網架上放涼。（圖21、22）
18 完全涼透後，再使用麵包專用刀切片才切的漂亮。

紅薯豆漿吐司

| 直接法 |

Sweet Potato Soy Milk Bread Loaf

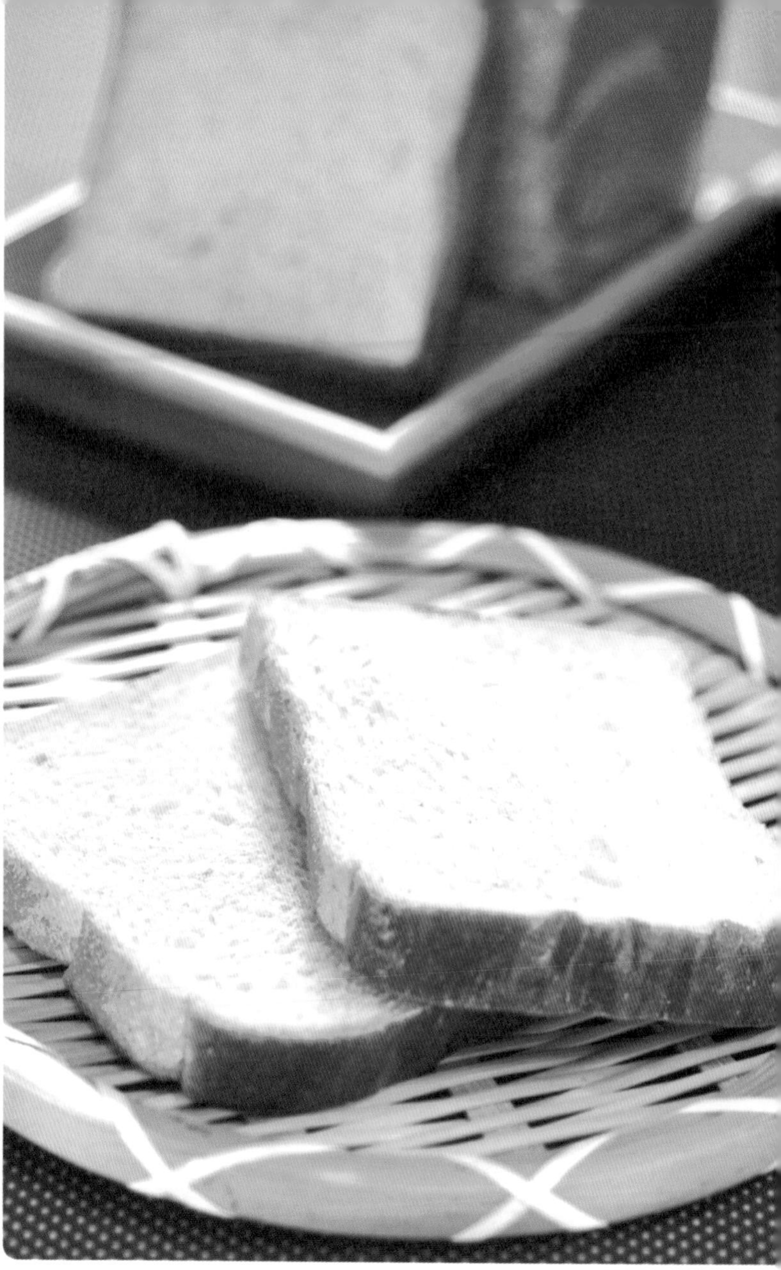

以前人吃不起白米，以番薯當做主食，
曾幾何時，番薯變成現代人追求健康的養生食材。
偶爾早上去運動時遇到的李媽媽，
常聽她說著自身的養生經，
就是天天早晨吃一條蒸熟的番薯當做早餐。
對於體內環保，番薯是非常好的食材，
幫助消化，身體更輕鬆。

份　量

12兩吐司模
（20cm×10cm×10cm）
1個

材　料

熟番薯泥150g　高筋麵粉250g　全麥麵粉30g
速發乾酵母3/4t　細砂糖15g　鹽1/4t
橄欖油15g　豆漿150cc

製作方法……………………直接法
第一次發酵……………60分鐘
休息鬆弛…………………15分鐘
第二次發酵………60～70分鐘
預熱溫度……………………170℃
烘烤溫度……………………170℃
烘烤時間…………38～40分鐘

1  2  3 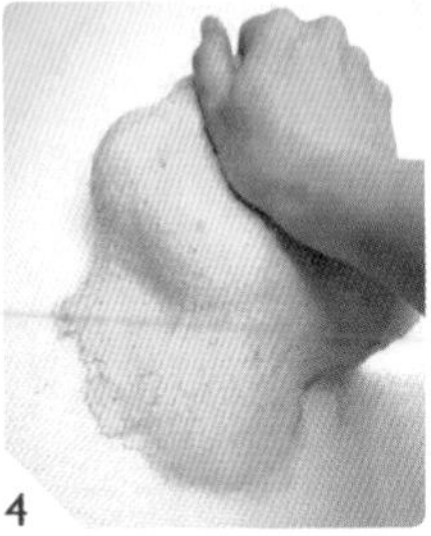 4 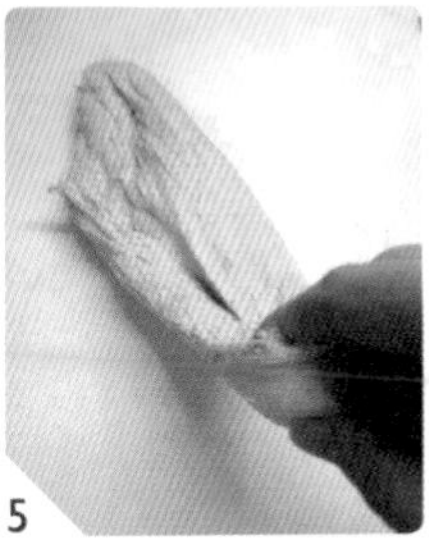 5 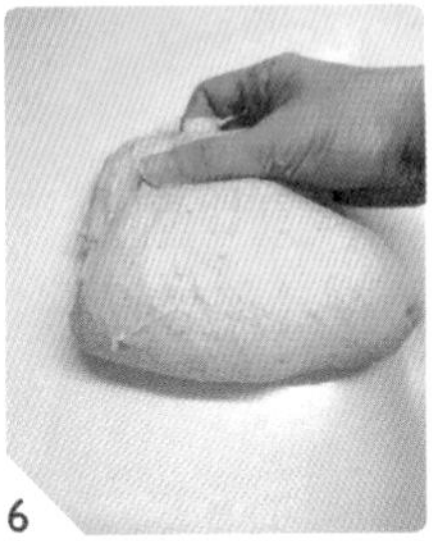 6 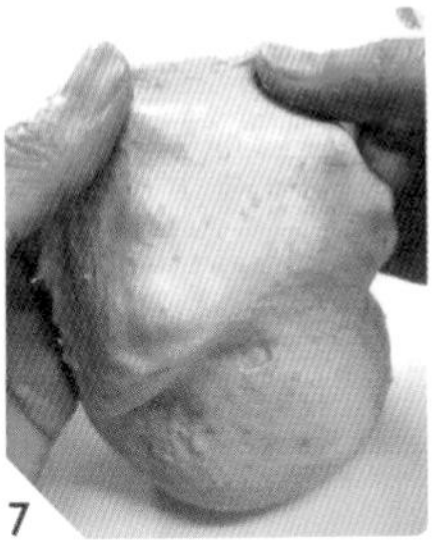 7  8 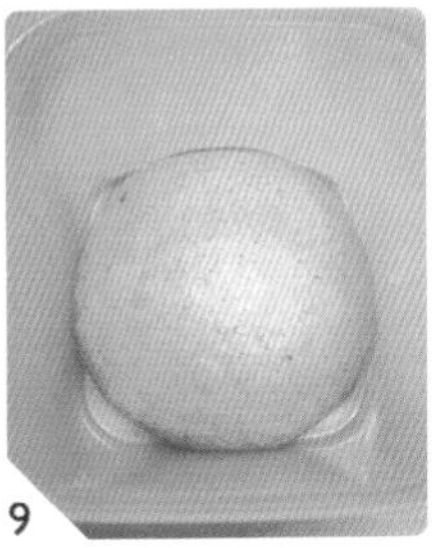 9  10 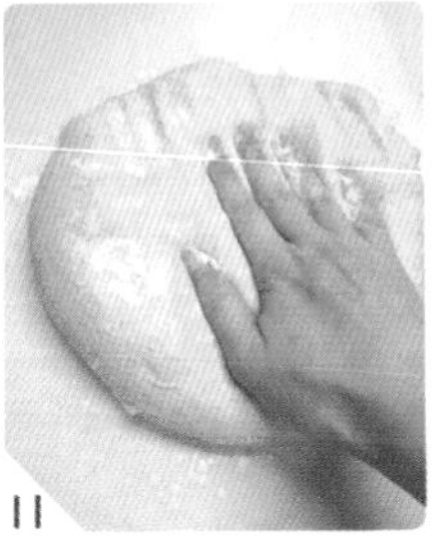 11 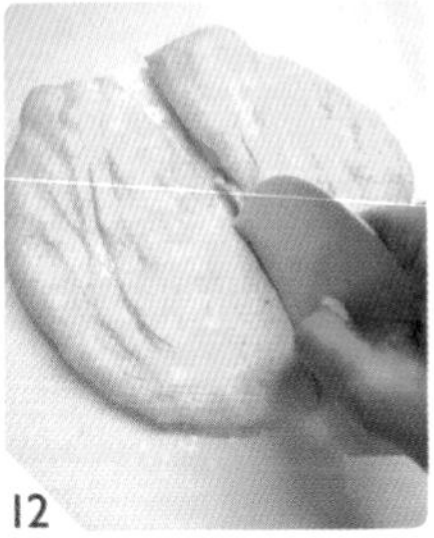 12 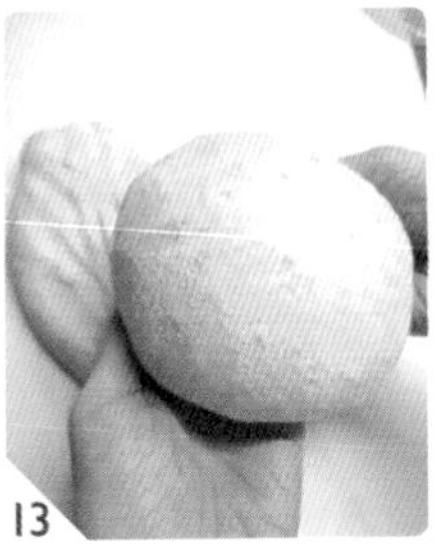 13

做 法

1 番薯去皮，以大火蒸熟，取150g，趁熱壓成泥狀，放涼備用。（圖1、2）
2 將所有材料倒入鋼盆中，攪拌搓揉成為一個不黏手的麵糰（豆漿的部分要先保留30cc，等麵糰已經攪拌成團後再慢慢加入）。（圖3）
3 依照揉麵標準程序，繼續搓揉甩打成為撐得起薄膜的麵糰。（圖4～7）
4 將揉好的麵糰滾圓，收口朝下捏緊，放入塗抹少許油的保鮮盒中。
5 在麵糰表面噴一些水，罩上擰乾的濕布（勿接觸麵糰）或蓋子，放置到溫暖密閉的空間，發酵約60分鐘至兩倍大。（圖8～9）
6 桌上灑上一些高筋麵粉，將發好的麵糰移出，麵糰表面也灑上一些高筋麵粉。（圖10）
7 將第一次發酵完成的麵糰空氣拍出，平均分割成兩等份（每塊約300g），然後滾成圓形，蓋上乾淨的布，再讓麵糰休息15分鐘。（圖11～13）

小叮嚀

- 因為番薯品種不同，含水量也不相同，請依照實際狀況適當斟酌添加的份量，若太乾可以另外添加液體調整。

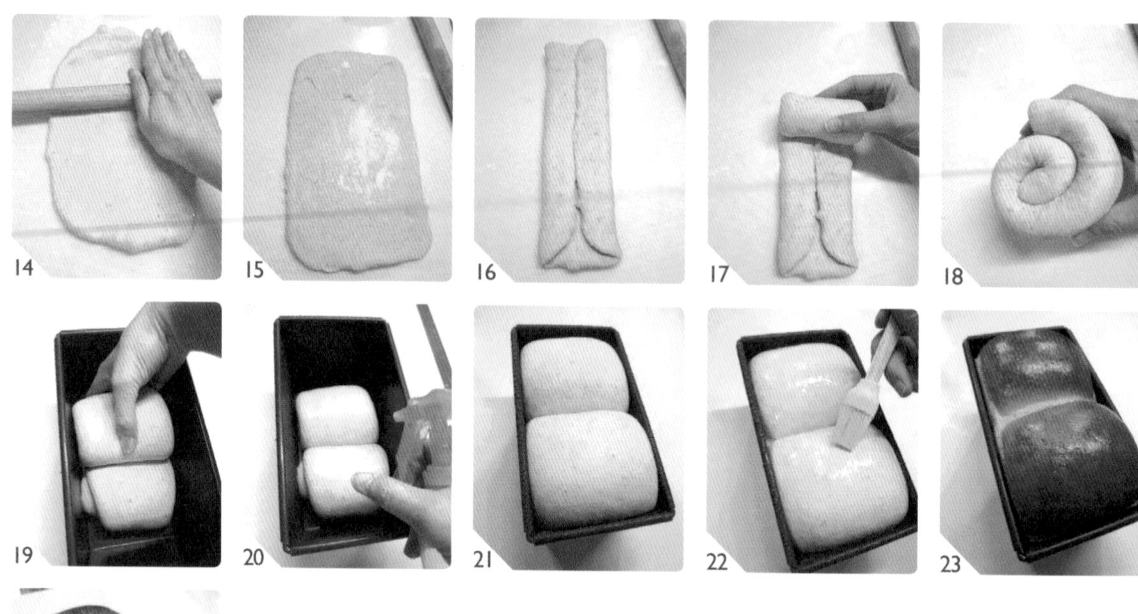

8 休息好的麵糰表面灑些高筋麵粉避免沾黏，擀成20cm×30cm的長方形。（圖14、15）

9 將左右麵皮平均往中央對折，然後由長向輕輕捲起。（圖16～18）

10 將捲好的麵糰收口朝下朝內，間隔適當放入吐司烤模中（若不是不沾烤模，請刷上一層固體奶油，灑上一層薄薄的高筋麵粉避免沾黏 ）。（圖19）

11 用手稍微輕輕壓一下，使得兩團麵糰高度平均。

12 在麵糰表面噴些水，放在密閉溫暖空間，再發酵60～70分鐘至滿模。（圖20、21）

13 發酵時間到前10分鐘，打開烤箱預熱到170℃。

14 進烤箱前，表面輕輕刷上一層全蛋液。（圖22）

15 放入已經預熱到170℃的烤箱中，烘烤38～40分鐘。

16 麵包烤好後，馬上從烤模中倒出來，放在鐵網架上放涼。（圖23、24）

17 完全涼透後，再使用麵包專用刀切片才切的漂亮。

優格米吐司

|直接法|

Yogurt Rice Bread Loaf

我們家的隔夜飯常常變成第二天的簡單蛋炒飯，讓中午不想大費周章的我，迅速解決一個人的午餐。除了烹調成美味的炒飯，隔夜米飯也是做麵包的最佳柔軟劑，添加在麵糰中，成品保濕溫潤，您一定會愛上！

份　量

12兩吐司模
（20cm×10cm
×10cm）
1個

材　料

A. 米飯糊
乾飯100g　水100cc
B. 主麵糰
米飯糊全部　高筋麵粉200g　全麥麵粉80g
速發乾酵母3/4t　鹽1/4t　細砂糖30g
無鹽奶油30g　優酪乳80g
C. 表面裝飾
牛奶適量

Baking Points

製作方法	直接法
第一次發酵	60分鐘
休息鬆弛	15分鐘
第二次發酵	60～70分鐘
預熱溫度	170℃
烘烤溫度	170℃
烘烤時間	38～40分鐘

做　法

1. 將乾飯＋水煮沸後，蓋上蓋子，靜置放涼備用。（圖1、2）
2. 將所有材料B（無鹽奶油除外）倒入鋼盆中，攪拌搓揉成為一個不黏手的麵糰（優酪乳的部分要先保留30g，等麵糰已經攪拌成團後再慢慢加入）。（圖3、4）
3. 再加入切成小塊回溫軟化的無鹽奶油丁，搓揉均勻。（圖5）
4. 依照揉麵標準程序，繼續搓揉甩打成為撐得起薄膜的麵糰。（圖6～8）

1

2

3

4

5

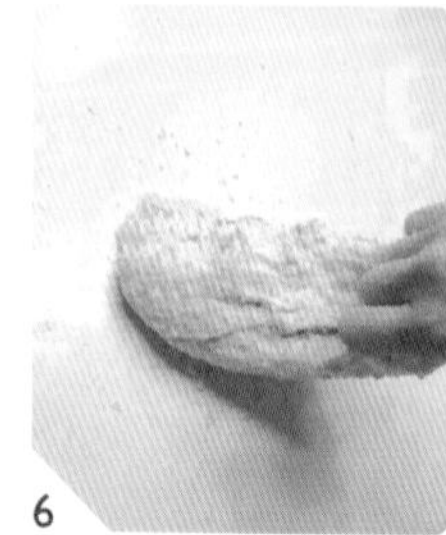
6

7

8

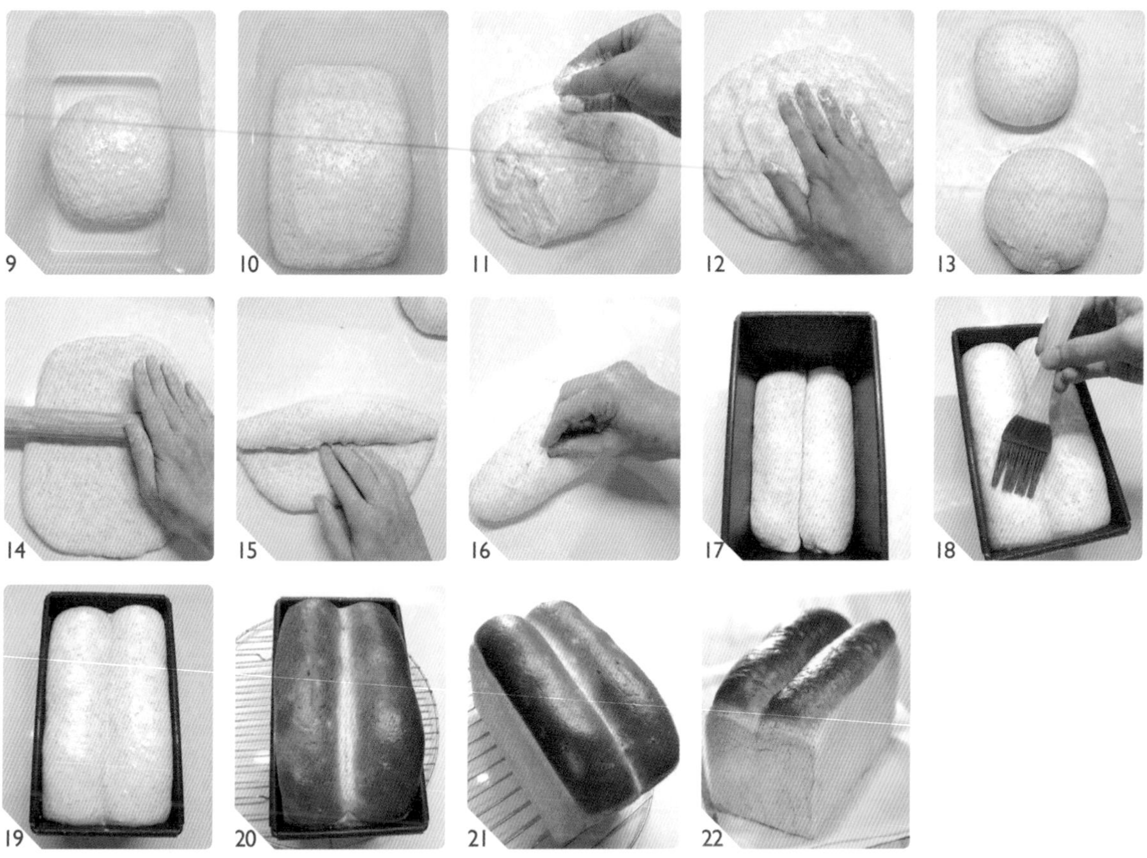

5 將揉好的麵糰滾圓，收口朝下捏緊，放入塗抹少許油的保鮮盒中。（圖9）

6 在麵糰表面噴一些水，罩上擰乾的濕布（勿接觸麵糰）或蓋子，放置到溫暖密閉的空間，發酵約60分鐘至兩倍大。（圖10）

7 桌上灑上一些高筋麵粉，將發好的麵糰移出，麵糰表面也灑上一些高筋麵粉。（圖11）

8 將第一次發酵完成的麵糰空氣拍出，平均分割成兩等份（每塊約310g），然後滾成圓形，蓋上乾淨的布，再讓麵糰休息15分鐘。（圖12、13）

9 休息好的麵糰表面灑些高筋麵粉避免沾黏，擀成長形後翻面，由短向捲起，邊壓邊捲成為一條與烤模長度相同的長形麵糰。（圖14～16）

10 將捲好的兩條麵糰收口朝下，並排放入吐司烤模中（若不是不沾烤模，請刷上一層固體奶油，灑上一層薄薄的高筋麵粉避免沾黏 ）。（圖17）

11 用手稍微輕輕壓一下，使得兩團麵糰高度平均。

12 在麵糰表面噴些水，放在密閉溫暖空間，再發酵60～70分鐘至滿模。

13 發酵時間到前10分鐘，打開烤箱預熱到170℃。

14 進烤箱前，表面輕輕刷上一層牛奶液。（圖18、19）

15 放入已經預熱到170℃的烤箱中，烘烤38～40分鐘。

16 麵包烤好後，馬上從烤模中倒出來，放在鐵網架上放涼。（圖20～22）

17 完全涼透後，再使用麵包專用刀切片才切的漂亮。

艾草全麥吐司

|直接法|

Whole Wheat Wormwood Bread Loaf

人很奇怪，對於一成不變的事情久了就會慢慢感到無趣。所以白色的吐司看久了，就希望換換顏色，轉換一下胃口。天然的食材中不少蔬果都可以讓麵包好看又好吃，自然的繽紛色彩給視覺添加新意。婚姻也一樣，相處久了也會消失新鮮感，所以要適時的充實自己，保持滿滿的自信與活力，才能帶給另一半驚喜。

份量

12兩帶蓋吐司模（20cm×10cm×10cm）1個

材料

高筋麵粉230g　全麥麵粉70g　艾草粉1.5T
速發乾酵母1/2t　鹽1/2t　細砂糖15g
橄欖油30g　冷水200cc

Baking Points

製作方法……………直接法
第一次發酵…………60分鐘
休息鬆弛……………15分鐘
第二次發酵………60～70分鐘
預熱溫度……………210℃
烘烤溫度……………210℃
烘烤時間…………38～40分鐘

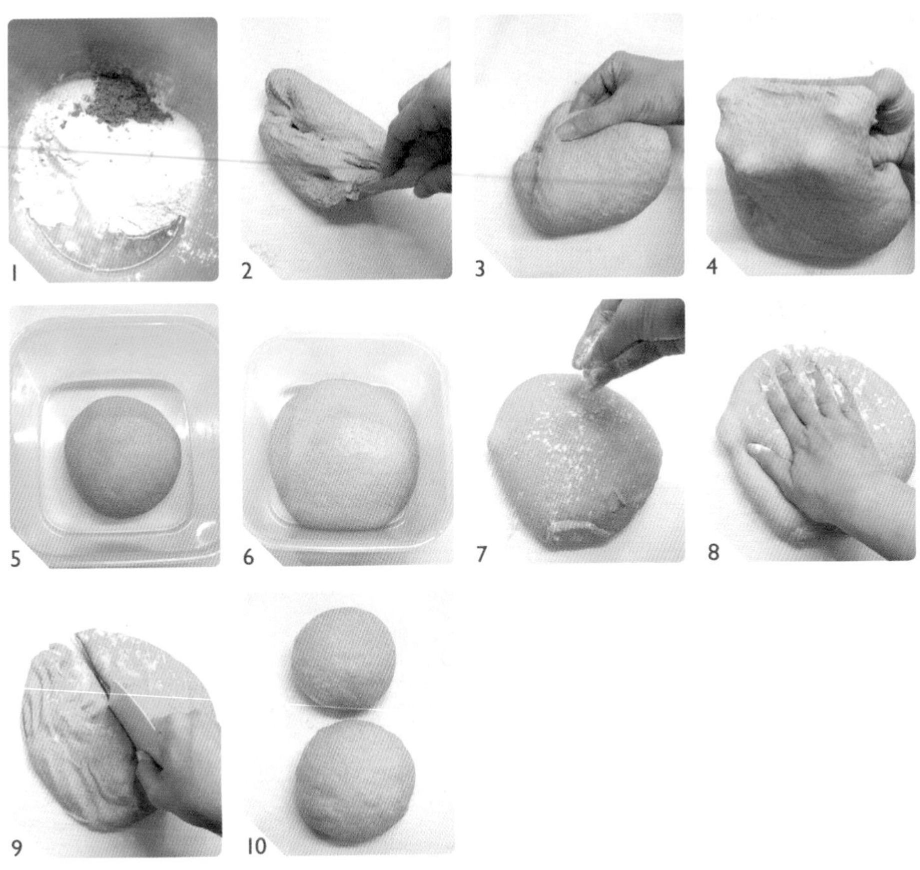

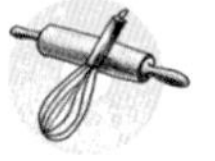

做法

1 將所有材料倒入鋼盆中，攪拌搓揉成為一個不黏手的麵糰（液體的部分要先保留30cc，等麵糰已經攪拌成團後再慢慢加入）。（圖1）

2 依照揉麵標準程序，繼續搓揉甩打成為撐得起薄膜的麵糰。（圖2～4）

3 將揉好的麵糰滾圓，收口朝下捏緊，放入塗抹少許油的保鮮盒中。（圖5）

4 在麵糰表面噴一些水，罩上擰乾的濕布（勿接觸麵糰）或蓋子，放置到溫暖密閉的空間，發酵約60分鐘至兩倍大。（圖6）

5 桌上灑上一些高筋麵粉，將發好的麵糰移出，麵糰表面也灑上一些高筋麵粉。（圖7）

6 將第一次發酵完成的麵糰空氣拍出，平均分割成兩等份（每塊約270g），然後滾成圓形，蓋上乾淨的布，再讓麵糰休息15分鐘。（圖8～10）

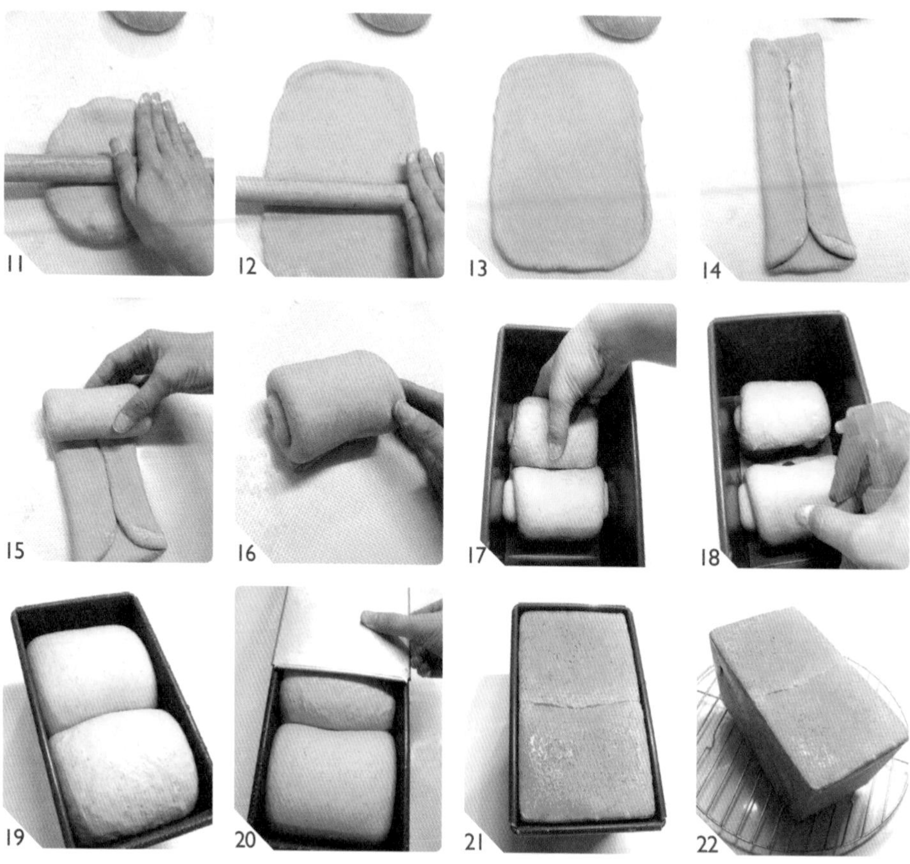

7 休息好的麵糰表面灑些高筋麵粉避免沾黏，擀成20cm×30cm的長方形。（圖11～13）

8 將左右麵皮平均往中央對折，然後由長向輕輕捲起。（圖14～16）

9 將捲好的麵糰收口朝下朝內，間隔適當放入吐司烤模中（若不是不沾烤模，請刷上一層固體奶油，灑上一層薄薄的高筋麵粉避免沾黏 ）。（圖17）

10 用手稍微輕輕壓一下，使得兩團麵糰高度平均。

11 在麵糰表面噴些水，放在密閉溫暖空間，再發酵60～70分鐘至九分滿模。（圖18、19）

12 將吐司模蓋子蓋上。（圖20）

13 發酵時間到前10分鐘，打開烤箱預熱到210℃。

14 放入已經預熱到210℃的烤箱中，烘烤38～40分鐘。

15 麵包烤好後，馬上從烤模中倒出來，放在鐵網架上放涼。（圖21、22）

16 完全涼透後，再使用麵包專用刀切片才切的漂亮。

紫米吐司

｜直接法｜

Black Rice
Bread Loaf

紫米顏色深紫，是因為其中富含水溶性抗氧化劑花青素、低糖高纖，具有很高的營養價值。

加入紫米的麵包有著特別淡淡的米香，放到隔天依然都能保持柔軟又有彈性。

好吃的紫米吐司，讓一切辛苦值回票價。

份　量

12兩帶蓋吐司模
（20cm×10cm
×10cm）
1個

材　料

A. 紫米糊
紫米50g　水300cc
B. 主麵糰
紫米稀飯200g　高筋麵粉250g　全麥麵粉30g
速發乾酵母1/2t　細砂糖15g　鹽1/4t
液體植物油15g

製作方法……直接法
第一次發酵……60分鐘
休息鬆弛……15分鐘
第二次發酵……60～70分鐘
預熱溫度……210℃
烘烤溫度……210℃
烘烤時間……38～40分鐘

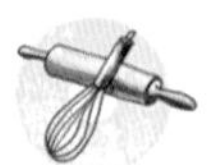

做　法

1 紫米洗乾淨瀝乾水分。（圖1）
2 加入水300cc浸泡一夜（夏天浸泡過程可以放冰箱冷藏至少6小時）。（圖2）
3 浸泡完成放入電鍋中，外鍋一杯水，蒸煮兩次至紫米軟爛。（圖3）
4 取200g紫米稀飯備用。
5 將所有材料倒入鋼盆中，攪拌搓揉成為一個不黏手的麵糰（紫米稀飯的部分要先保留30g，等麵糰已經攪拌成團後再慢慢加入）。（圖4）
6 依照揉麵標準程序，繼續搓揉甩打成為撐得起薄膜的麵糰。（圖5～9）
7 將揉好的麵糰滾圓，收口朝下捏緊，放入塗抹少許油的保鮮盒中。（圖10）

1

2

3

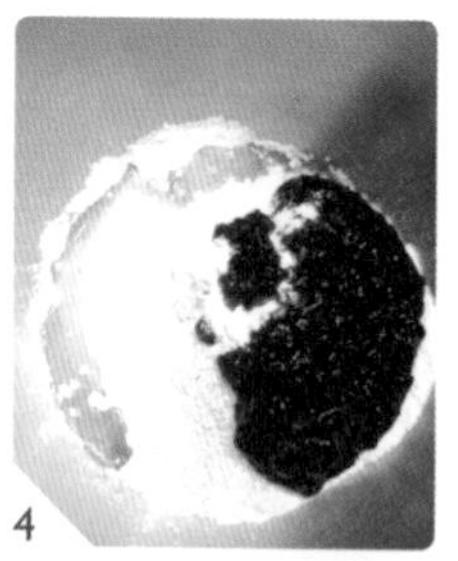
4

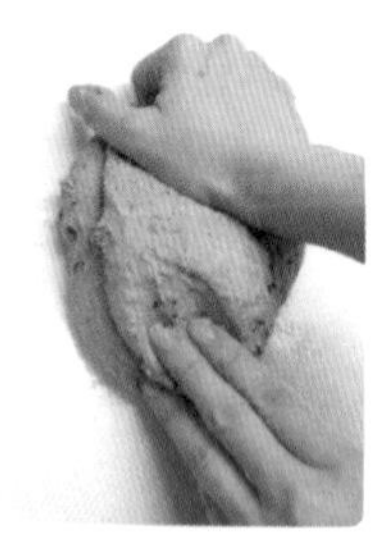
5

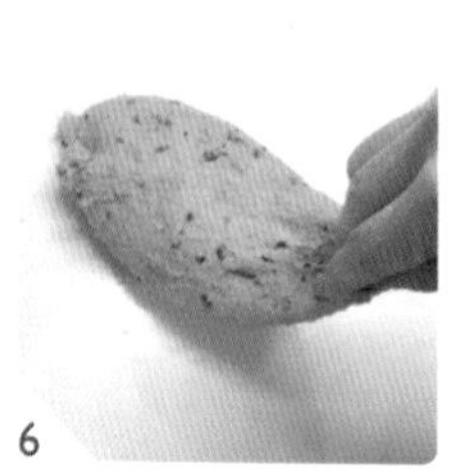
6

7

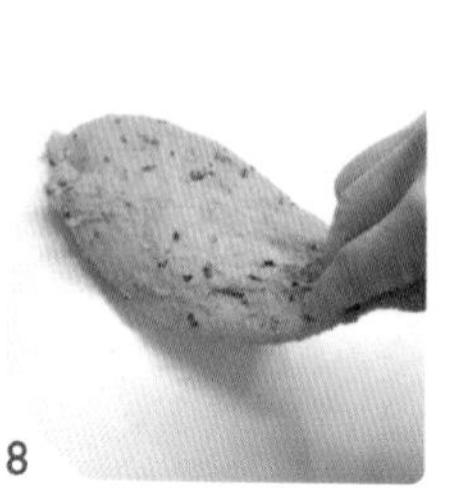
8

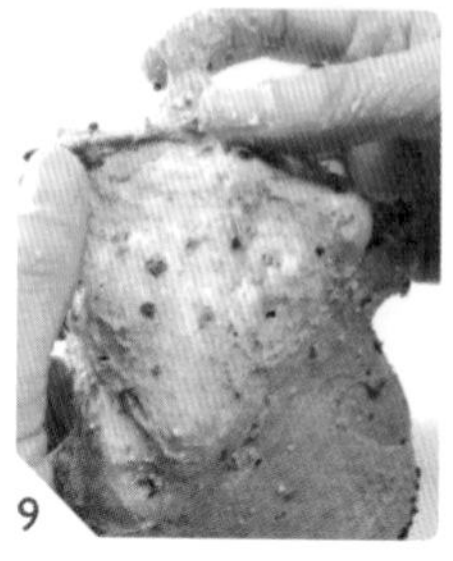
9

10

8 在麵糰表面噴一些水，罩上擰乾的濕布（勿接觸麵糰）或蓋子，放置到溫暖密閉的空間，發酵約60分鐘至兩倍大。（圖11）

9 桌上灑上一些高筋麵粉，將發好的麵糰移出，麵糰表面也灑上一些高筋麵粉。（圖12）

10 將第一次發酵完成的麵糰空氣拍出，平均分割成兩等份（每塊約335g），然後滾成圓形，蓋上乾淨的布，再讓麵糰休息15分鐘。（圖13～15）

11 休息好的麵糰表面灑些高筋麵粉避免沾黏，擀成20cm×30cm的長方形。（圖16～17）

12 將左右麵皮平均往中央對折，然後由長向輕輕捲起。（圖18～20）

13 將捲好的麵糰收口朝下朝內，間隔適當放入吐司烤模中（若不是不沾烤模，請刷上一層固體奶油，灑上一層薄薄的高筋麵粉避免沾黏）。

14 用手稍微輕輕壓一下，使得兩團麵糰高度平均。

15 在麵糰表面噴些水，放在密閉溫暖空間，再發酵60～70分鐘至九分滿模。（圖21、22）

16 發酵時間到前10分鐘，打開烤箱，預熱到210℃。

17 將吐司模蓋子蓋上。（圖23）

18 放入已經預熱到210℃的烤箱中，烘烤38～40分鐘。

19 麵包烤好後，馬上從烤模中倒出來，放在鐵網架上放涼。（圖24、25）

20 完全涼透後，再使用麵包專用刀切片才切的漂亮。

燕麥胚芽核桃吐司

|直接法|

Oatmeal Wheat Germ Bread Loaf with Walnut

長長的年假老公竟然重感冒，胃口變得極差。
這兩天已經恢復不少，
烤個鬆軟的吐司總算讓他有一點胃口。
假期結束，
大家又要打起精神投入忙碌的工作中。
天氣不好，還是要多多注意保暖，
有健康的身體比什麼都重要！

份量

12兩帶蓋吐司模
（20cm×10cm×10cm）
1個

材料

A. 燕麥糊
即食燕麥片50g　沸水150cc

B. 主麵糰
燕麥糊全部　高筋麵粉270g　速發乾酵母3/4t
細砂糖15g　鹽1/2t　液體植物油30g
小麥胚芽2T　水80cc　核桃50g

C. 表面裝飾
即食燕麥片3～4T

Baking Points

製作方法……直接法
第一次發酵……60分鐘
休息鬆弛……15分鐘
第二次發酵……60～70分鐘
預熱溫度……210℃
烘烤溫度……210℃
烘烤時間……38～40分鐘

做 法

A **製作燕麥糊**

1 將沸水加入到即食燕麥片中，混合均勻。（圖1、2）

2 蓋上蓋子，燜15分鐘。

3 時間到，打開蓋子，放涼備用。（圖3）

B **製作主麵糰**

4 小麥胚芽及核桃分別放入已經預熱至150℃的烤箱中，烘烤7～8分鐘取出，放涼備用。（圖4）

5 將所有材料倒入鋼盆中，攪拌搓揉成為一個不黏手的麵糰（液體的部分要先保留30cc，等麵糰已經攪拌成團後再慢慢加入）。（圖5）

6 依照揉麵標準程序，繼續搓揉甩打成為撐得起薄膜的麵糰。（圖6～10）

7 核桃均勻揉入麵糰中。（圖11、12）

13  14  15  16  17

18 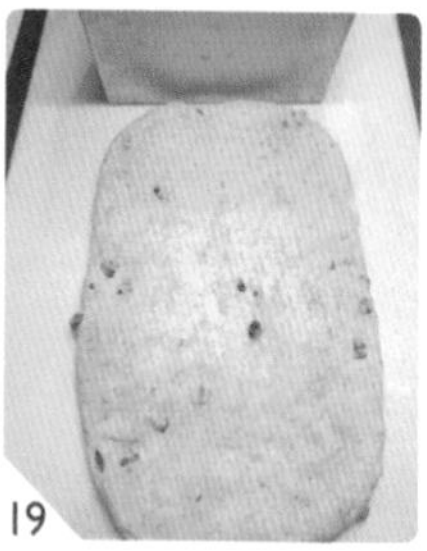 19  20  21  22

23  24  25  26  27

28

8 將揉好的麵糰滾圓，收口朝下捏緊，放入抹少許油的保鮮盒中。（圖13）

9 在麵糰表面噴一些水，罩上擰乾的濕布（勿接觸麵糰）或蓋子，放置到溫暖密閉的空間，發酵約60分鐘至兩倍大。（圖14）

10 桌上灑上一些高筋麵粉，將發好的麵糰移出，麵糰表面也灑上一些高筋麵粉。（圖15）

12 將第一次發酵完成的麵糰空氣拍出，然後滾成圓形，蓋上乾淨的布，再讓麵糰休息15分鐘。（圖16、17）

13 休息好的麵糰表面灑些高筋麵粉避免沾黏，擀成與烤模長向同寬，寬20cm×長30cm的長方形。（圖18、19）

14 光滑面朝下，由短向輕輕捲起，收口捏緊成為一個柱狀。（圖20、21）

15 在麵糰表面刷上一層水。（圖22）

16 表面沾上一層即食燕麥片做為裝飾。（圖23）

17 將捲好的麵糰收口朝下朝內，放入吐司烤模中（若不是不沾烤模，請刷上一層固體奶油，灑上一層薄薄的高筋麵粉避免沾黏 ）。（圖24）

18 在麵糰表面噴些水，放在密閉溫暖空間，再發酵60～70分鐘至滿模。（圖25）

19 發酵時間到前10分鐘，打開烤箱預熱到210℃。

20 將吐司模蓋子蓋上。（圖26）

21 放入已經預熱到210℃的烤箱中，烘烤38～40分鐘。

22 麵包烤好後，馬上從烤模中倒出來，放在鐵網架上放涼。（圖27、28）

23 完全涼透後，再使用麵包專用刀切片才切的漂亮。

豆渣芝麻吐司

|直接法|

Okara Sesame Bread Loaf

廚房中的食材能利用的我都捨不得放棄，每天做豆漿剩下來的豆渣份量不少，這些豆渣其實稍微利用一下就可以變化成很多料理，吃下營養也不浪費材料。添加在麵包中是最容易消化掉的方式，天天吃也不膩！

份 量

12兩吐司模（20cm×10cm×10cm）

1個

材 料

A. 麵糰

豆渣60g　高筋麵粉230g　全麥麵粉50g
熟黑芝麻2.5T　速發乾酵母1/2t　細砂糖15g
鹽1/2t　橄欖油20g　豆漿130cc

B. 表面裝飾

全蛋液適量

製作方法	直接法
第一次發酵	60分鐘
休息鬆弛	15分鐘
第二次發酵	60～70分鐘
預熱溫度	170℃
烘烤溫度	170℃
烘烤時間	38～40分鐘

做 法

1 將所有材料A倒入鋼盆中，攪拌搓揉成為一個不黏手的麵糰（液體的部分要先保留30cc，等麵糰已經攪拌成團後再慢慢加入）。（圖1）
2 依照揉麵標準程序，繼續搓揉甩打成為撐得起薄膜的麵糰。（圖2～5）
3 將揉好的麵糰滾圓，收口朝下捏緊，放入塗抹少許油的保鮮盒中。（圖6）
4 在麵糰表面噴一些水，罩上擰乾的濕布（勿接觸麵糰）或蓋子，放置到溫暖密閉的空間，發酵約60分鐘至兩倍大。（圖7）
5 桌上灑上一些高筋麵粉，將發好的麵糰移出，麵糰表面也灑上一些高筋麵粉。（圖8、9）

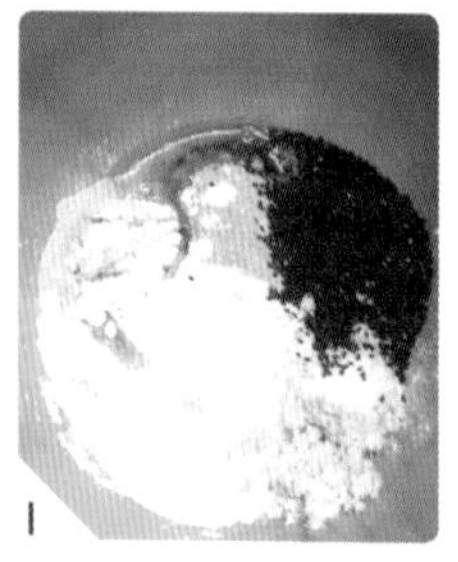
1

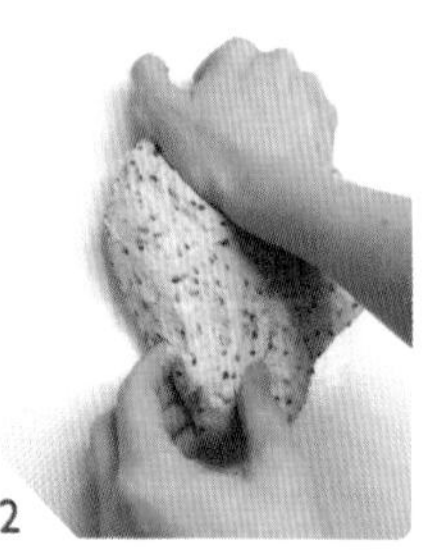
2

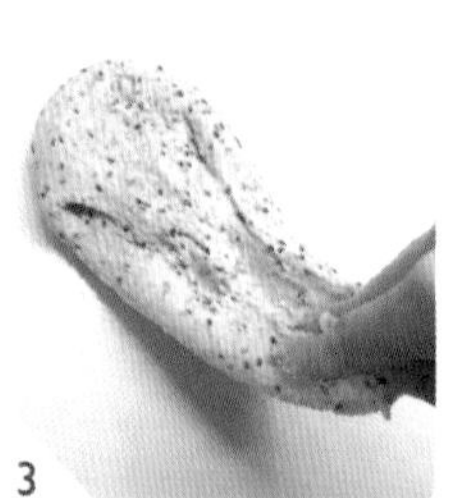
3

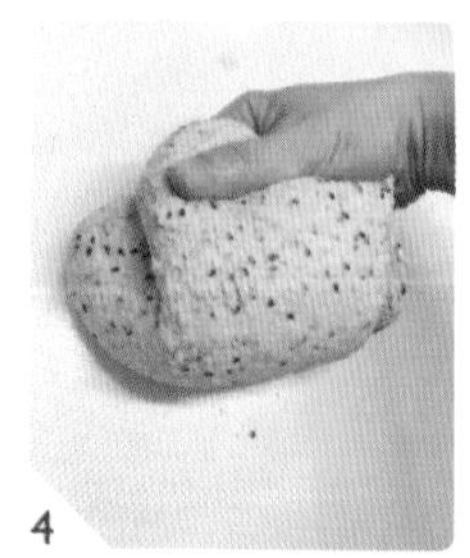
4

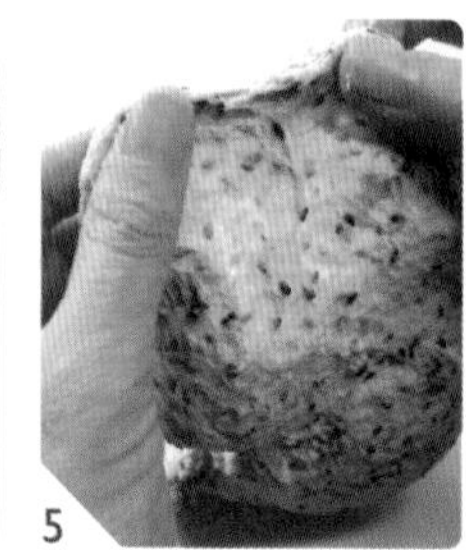
5

6

7

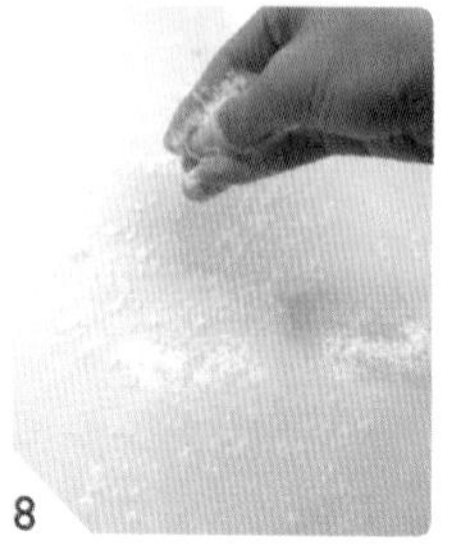
8

9

6 將第一次發酵完成的麵糰空氣拍出，然後滾成圓形，蓋上乾淨的布，再讓麵糰休息15分鐘。（圖10、11）

7 休息好的麵糰表面灑些高筋麵粉避免沾黏，擀成與烤模長向同寬，寬20cm×長30cm的長方形。（圖12、13）

8 光滑面朝下由短向輕輕捲起，收口捏緊成為一個柱狀。（圖14～16）

9 將捲好的麵糰收口朝下朝內，放入吐司烤模中（若不是不沾烤模，請刷上一層固體奶油，灑上一層薄薄的高筋麵粉避免沾黏）。（圖17）

10 在麵糰表面噴些水，放在密閉溫暖空間，再發酵60～70分鐘至滿模。（圖18、19）

11 發酵時間到前10分鐘，打開烤箱預熱到170℃。

12 進烤箱前，表面輕輕刷上一層全蛋液，用一把利刀在麵糰中央切開一道深痕。（圖20、21）

13 放入已經預熱到170℃的烤箱中，烘烤38～40分鐘。

14 麵包烤好後，馬上從烤模中倒出來，放在鐵網架上放涼。（圖22、23）

15 完全涼透後，再使用麵包專用刀切片才切的漂亮。

紅蘿蔔豆漿吐司

｜直接法｜

Carrot Soy Milk Bread Loaf

剛辭職時，對於專職的主婦生活還充滿惶恐，
擔心自己會變成黃臉婆跟社會脫節。
但是真的回歸家庭，
才發現要做好一個家庭主婦是很不容易的事，
既忙碌又兼負照顧家人的重要責任。
我要幫所有的主婦加油，
妳們都是每個家庭中最重要的無名英雌。

份　量

12兩吐司模（20cm×10cm×10cm）

1個

材　料

A. 麵糰

紅蘿蔔細絲80g　高筋麵粉250g　全麥麵粉30g
速發乾酵母3/4t　鹽1/4t　細砂糖30g
橄欖油30g　豆漿170cc

B. 表面裝飾

全蛋液適量

Baking Points

製作方法……………………直接法
第一次發酵………………60分鐘
休息鬆弛…………………15分鐘
第二次發酵………60～70分鐘
預熱溫度…………………170℃
烘烤溫度…………………170℃
烘烤時間…………38～40分鐘

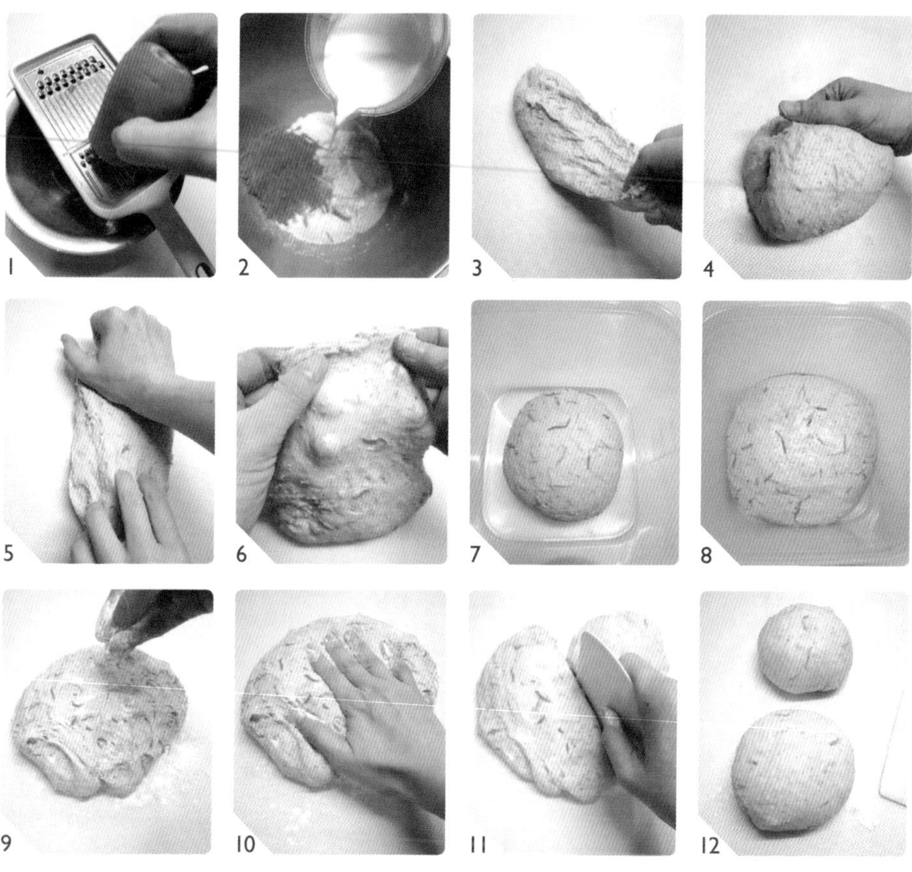

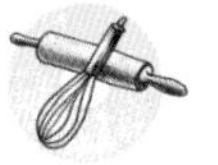

做 法

1 紅蘿蔔刨成細絲，取80g。（圖1）

2 將所有材料A倒入鋼盆中，攪拌搓揉成為一個不黏手的麵糰（豆漿的部分要先保留30cc，等麵糰已經攪拌成團後再慢慢加入）。（圖2）

3 依照揉麵標準程序，繼續搓揉甩打成為撐得起薄膜的麵糰。（圖3～6）

4 將揉好的麵糰滾圓，收口朝下捏緊，放入塗抹少許油的保鮮盒中。（圖7）

5 在麵糰表面噴一些水，罩上擰乾的濕布（勿接觸麵糰）或蓋子，放置到溫暖密閉的空間，發酵約60分鐘至兩倍大。（圖8）

6 桌上灑上一些高筋麵粉，將發好的麵糰移出，麵糰表面也灑上一些高筋麵粉。（圖9）

7 將第一次發酵完成的麵糰空氣拍出，平均分割成兩等份（每塊約290g），然後滾成圓形，蓋上乾淨的布，再讓麵糰休息15分鐘。（圖10～12）

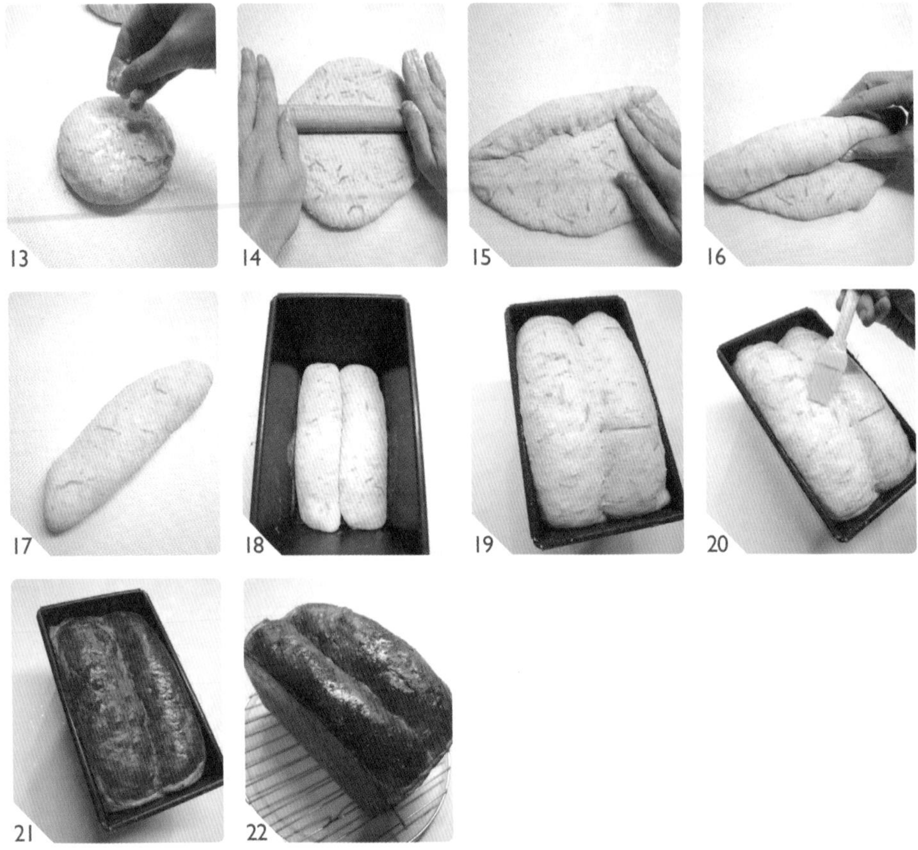

8 休息好的麵糰表面灑些高筋麵粉避免沾黏，擀成長形後翻面，由長向捲起，邊壓邊捲成為一條與烤模長度相同的長形麵糰。（圖13～17）

9 將捲好的兩條麵糰收口朝下，並排放入吐司烤模中（若不是不沾烤模，請刷上一層固體奶油，灑上一層薄薄的高筋麵粉避免沾黏）。（圖18）

10 用手稍微輕輕壓一下，使得兩團麵糰高度平均。

11 在麵糰表面噴些水，放在密閉溫暖空間，再發酵60～70分鐘至滿模。（圖19）

12 發酵時間到前10分鐘，打開烤箱預熱到170℃。

13 進烤箱前，表面輕輕刷上一層全蛋液。（圖20）

14 放入已經預熱到170℃的烤箱中，烘烤38～40分鐘。

15 麵包烤好後，馬上從烤模中倒出來，放在鐵網架上放涼。（圖21、22）

16 完全涼透後，再使用麵包專用刀切片才切的漂亮。

煉乳米吐司

｜直接法｜

Condensed Milk Rice Bread Loaf

麵包店的吐司一袋50元，自己做麵包會比較省嗎？
其實在家做麵包一點也不省錢，
仔細想想一整天花費這麼大的精力甩麵揉麵，就只為了半條吐司。
就算不計算上工錢，材料費及電費大概都不只50元了。
但是自己做，看的到原料，可以選擇自己想吃的東西，想要的口味。
看到家人吃的開心的臉，這就是最大的動力來源。

份 量

12兩帶蓋吐司模（20cm×10cm×10cm）

1個

材 料

A. 米飯糊

乾飯100g　水100cc

B. 主麵糰

米飯糊全部　高筋麵粉300g　煉乳30g

速發乾酵母3/4t　鹽1/4t　細砂糖15g

橄欖油30g　牛奶90cc

製作方法…………直接法

第一次發酵…………60分鐘

休息鬆弛…………15分鐘

第二次發酵………60～70分鐘

預熱溫度…………210℃

烘烤溫度…………210℃

烘烤時間………38～40分鐘

做 法

1 將乾飯＋水煮沸後，蓋上蓋子，靜置放涼備用。

2 將所有材料B倒入鋼盆中，攪拌搓揉成為一個不黏手的麵糰（牛奶的部分要先保留30cc，等麵糰已經攪拌成團後再慢慢加入）。（圖1）

3 依照揉麵標準程序，繼續搓揉甩打成為撐得起薄膜的麵糰。（圖2～5）

4 將揉好的麵糰滾圓，收口朝下捏緊，放入塗抹少許油的保鮮盒中。（圖6）

5 在麵糰表面噴一些水，罩上擰乾的濕布（勿接觸麵糰）或蓋子，放置到溫暖密閉的空間，發酵約60分鐘至兩倍大。（圖7）

6 桌上灑上一些高筋麵粉，將發好的麵糰移出，麵糰表面也灑上一些高筋麵粉。（圖8）

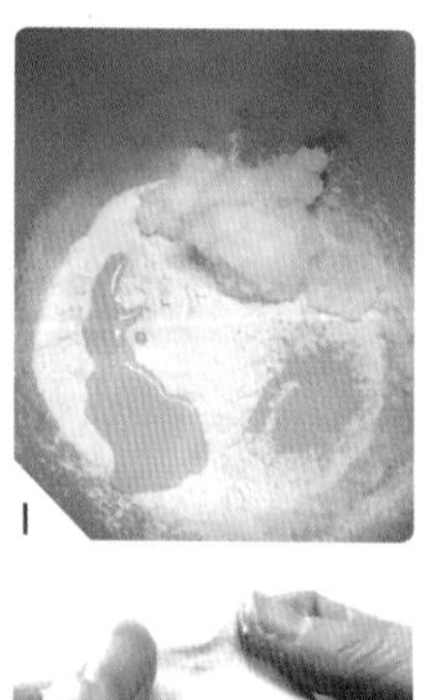
1

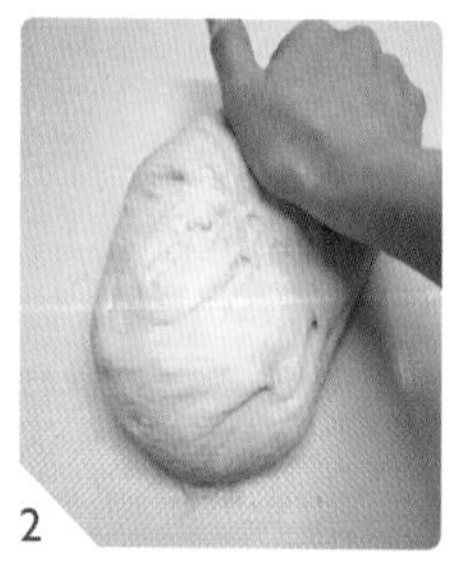
2

3

4

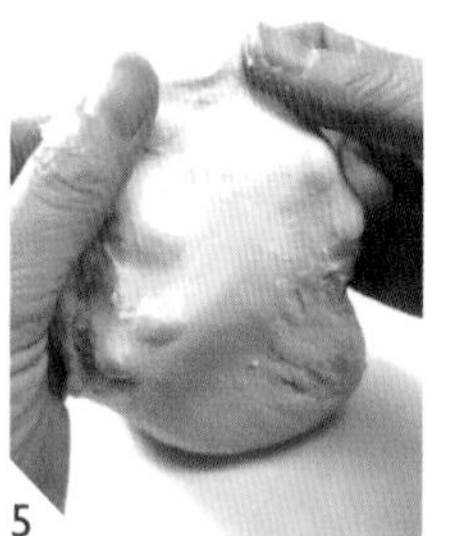
5

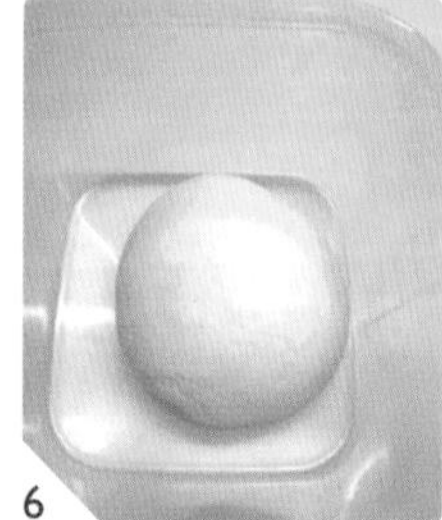
6

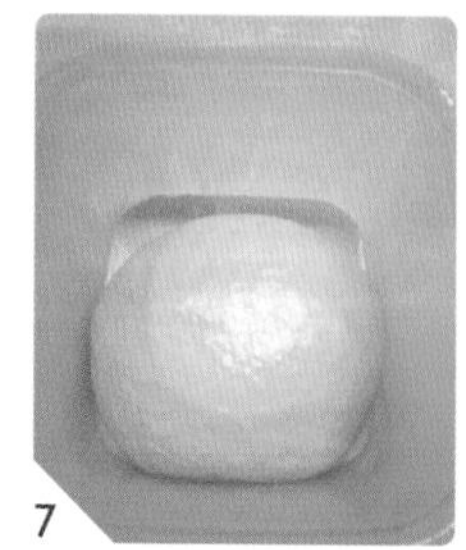
7

8

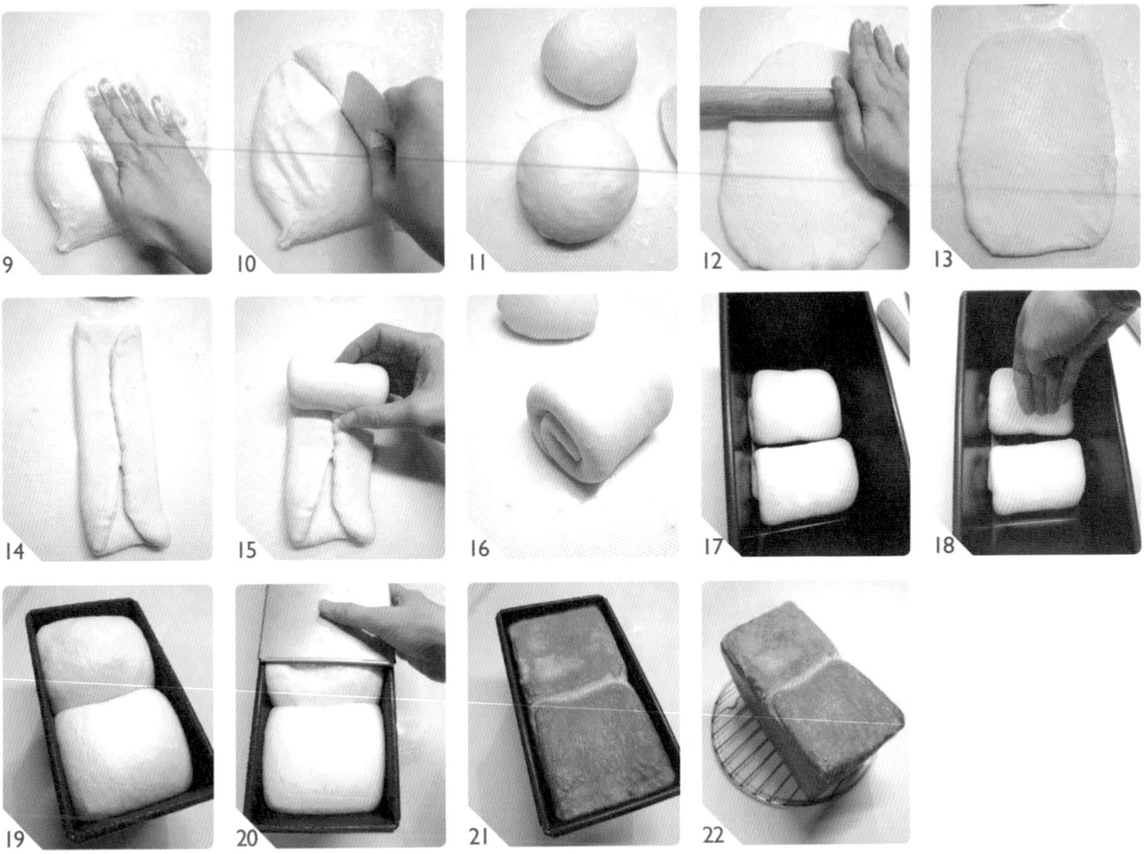

7 將第一次發酵完成的麵糰空氣拍出，平均分割成兩等份（每塊約335g），然後滾成圓形，蓋上乾淨的布，再讓麵糰休息15分鐘。（圖9～11）

8 休息好的麵糰表面灑些高筋麵粉避免沾黏，擀成20cm×30cm的長方形。（圖12、13）

9 左右麵皮平均往中央對折，然後由長向輕輕捲起。（圖14～16）

10 將捲好的麵糰收口朝下朝內，間隔適當放入吐司烤模中（若不是不沾烤模，請刷上一層固體奶油，灑上一層薄薄的高筋麵粉避免沾黏）。（圖17）

11 用手稍微輕輕壓一下，使得兩團麵糰高度平均。（圖18）

12 在麵糰表面噴些水，放在密閉溫暖空間，再發酵60～70分鐘至九分滿模。（圖19）

13 發酵時間到前10分鐘，打開烤箱預熱到210℃。

14 將吐司模蓋子蓋上。（圖20）

15 放入已經預熱到210℃的烤箱中，烘烤38～40分鐘。

16 麵包烤好後，馬上從烤模中倒出來，放在鐵網架上放涼。（圖21、22）

17 完全涼透後，再使用麵包專用刀切片才切的漂亮。

寒天吐司

| 直接法 |

Agar Bread Loaf

稍不忌口，體重馬上增加，體重計的數字提醒我這一陣子要多多運動及注意飲食。要吃的清淡也要高纖維，洋菜條就是我的首選。除了料理之外，我還將洋菜條加入麵包中，成品皮脆內軟，超好吃。不過還是要小心別吃太多喔！

份 量

12兩帶蓋吐司模（20cm×10cm×10cm）

1個

材 料

乾燥洋菜條6g　高筋麵粉250g　全麥麵粉30g
細砂糖15g　速發乾酵母1/2t　鹽3/4t
橄欖油15g　冷水190cc

Baking Points

製作方法……直接法
第一次發酵……60分鐘
休息鬆弛……15分鐘
第二次發酵……60～70分鐘
預熱溫度……210℃
烘烤溫度……210℃
烘烤時間……38～40分鐘

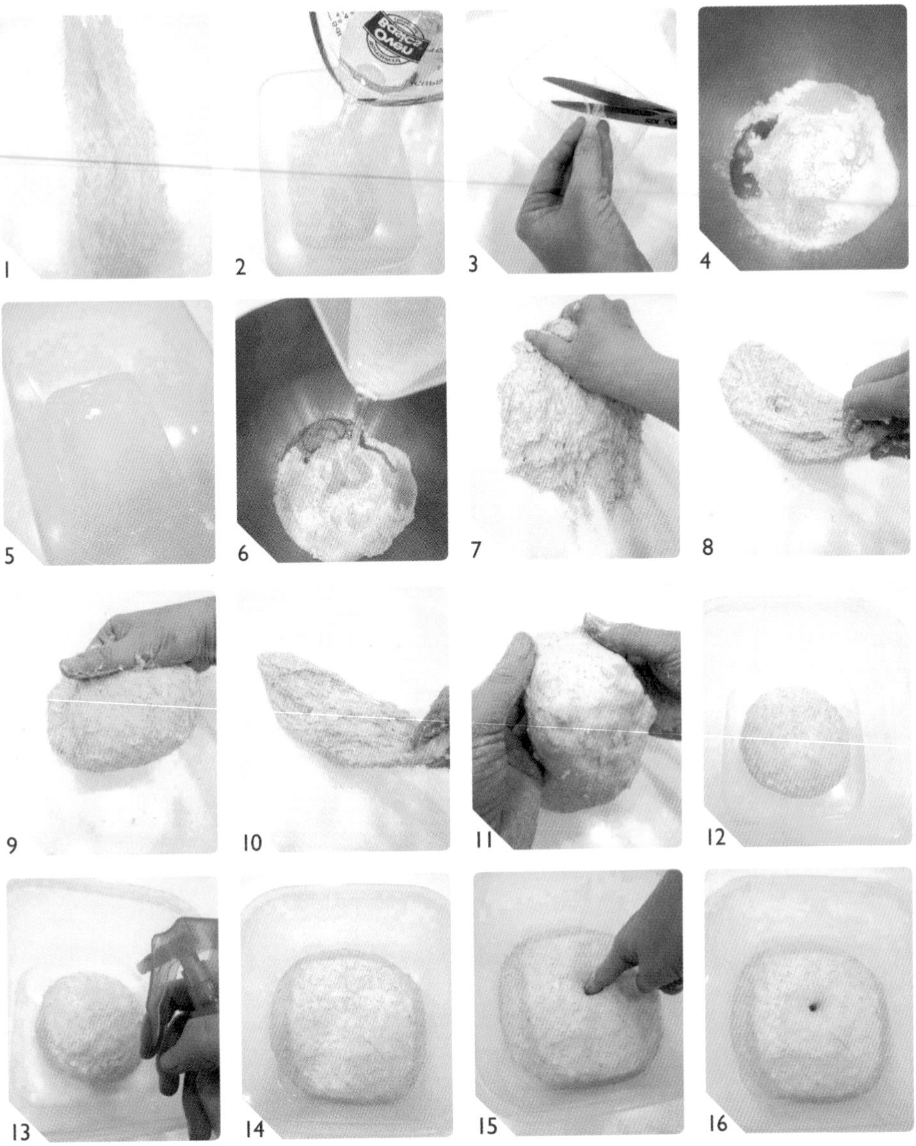

1 2 3 4 5 6 7 8 9 10 11 12 13 14 15 16

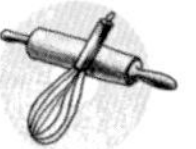

做 法

1 將乾燥洋菜條泡入足量的冷水（份量外）中1小時軟化。（圖1、2）
2 軟化的洋菜條撈起，瀝乾水分，用剪刀剪成約0.5cm段狀。（圖3）
3 將所有材料倒入鋼盆中，攪拌搓揉成為一個不黏手的麵糰（冷水的部分要先保留30cc，等麵糰已經攪拌成團後再慢慢加入）。（圖4～6）
4 依照揉麵標準程序，繼續搓揉甩打成為撐得起薄膜的麵糰。（圖7～11）
5 將揉好的麵糰滾圓，收口朝下捏緊，放入塗抹少許油的保鮮盒中。（圖12）
6 在麵糰表面噴一些水，罩上擰乾的濕布（勿接觸麵糰）或蓋子，放置到溫暖密閉的空間，發酵約60分鐘至兩倍大。（圖13～16）

17 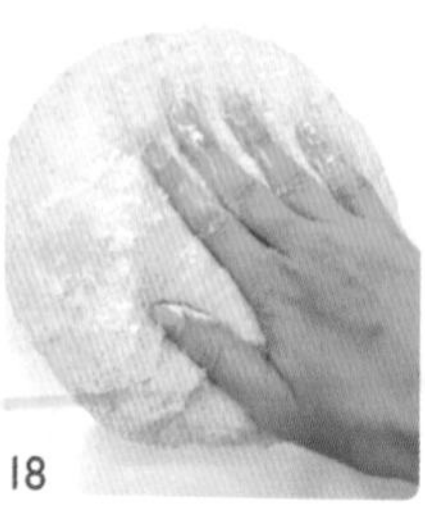 18 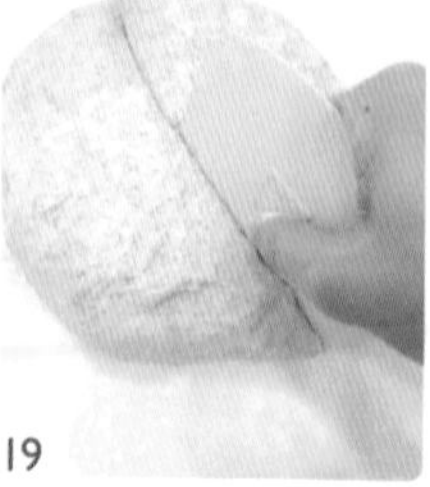 19  20 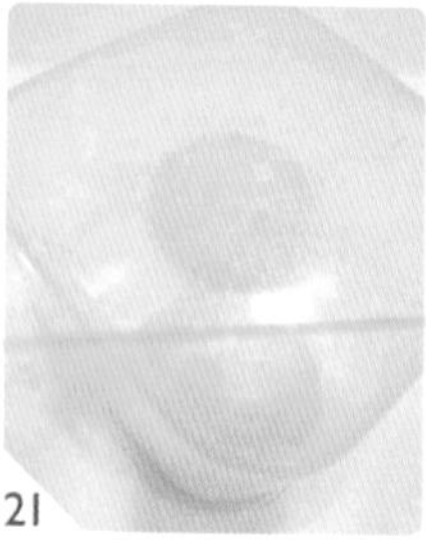 21

22  23 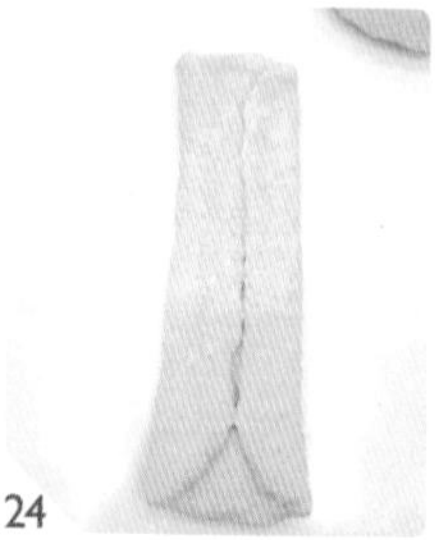 24 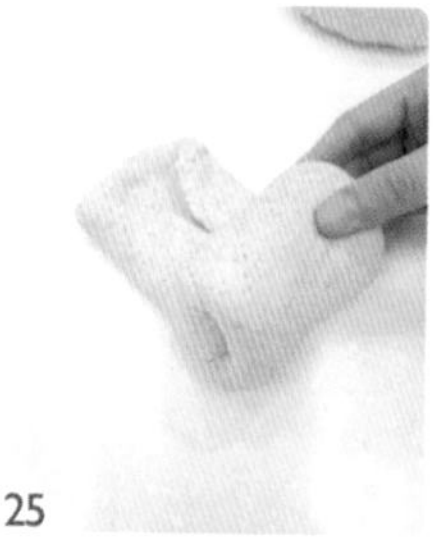 25 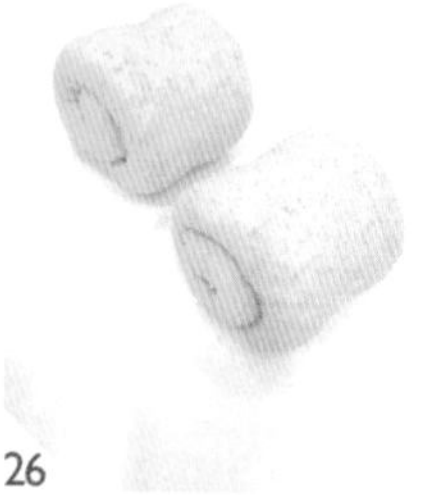 26

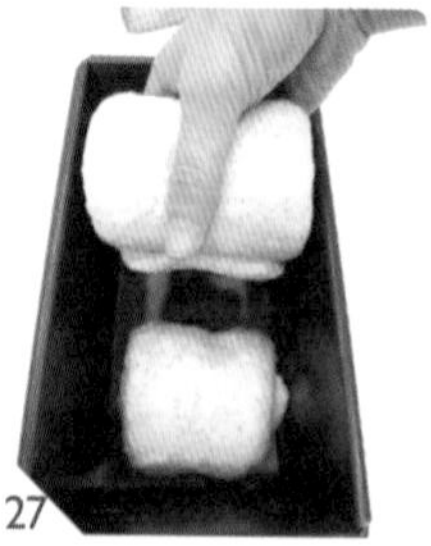

27  28 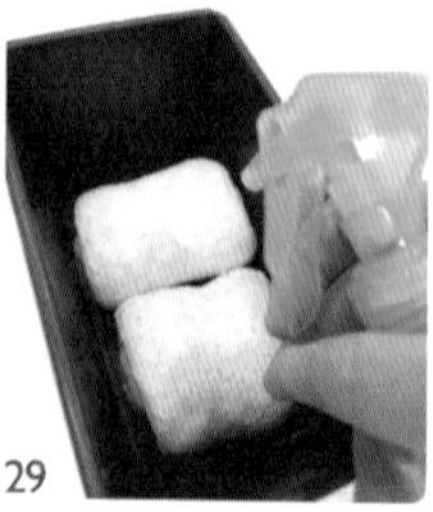 29  30 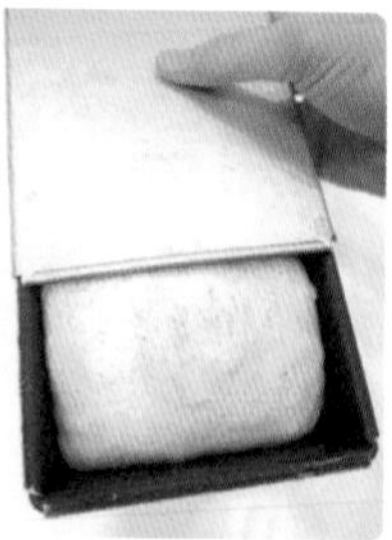 31

32 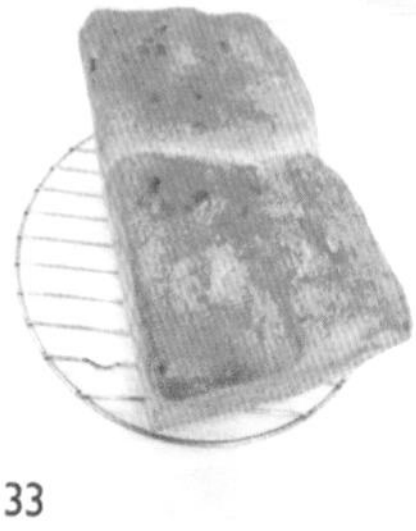 33  34

7 桌上灑上一些高筋麵粉，將發好的麵糰移出，麵糰表面也灑上一些高筋麵粉。（圖17）

8 將第一次發酵完成的麵糰空氣拍出，平均分割成兩等份（每塊約250g），然後滾成圓形，蓋上乾淨的布，再讓麵糰休息15分鐘。（圖18～21）

9 休息好的麵糰表面灑些高筋麵粉避免沾黏，擀成20cm×30cm的長方形。（圖22～23）

10 將左右麵皮平均往中央對折，然後由短向輕輕捲起。（圖24～26）

11 將捲好的麵糰收口朝下朝內，間隔適當放入吐司烤模中 （若不是不沾烤模，請刷上一層固體奶油，灑上一層薄薄的高筋麵粉避免沾黏）。（圖27）

12 用手稍微輕輕壓一下，使得兩團麵糰高度平均。（圖28）

13 在麵糰表面噴些水，放在密閉溫暖空間，再發酵60～70分鐘至九分滿模。（圖29、30）

14 發酵時間到前10分鐘，打開烤箱預熱到210℃。

15 將吐司模蓋子蓋上。（圖31）

16 放入已經預熱到210℃的烤箱中，烘烤38～40分鐘。

17 麵包烤好後，馬上從烤模中倒出來，放在鐵網架上放涼。（圖32～34）

18 完全涼透後，再使用麵包專用刀切片才切的漂亮。

奶油杏仁吐司

｜直接法｜

Almond Meal Butter Bread Loaf

幾乎二至三天就要做麵包，窩在廚房中的我聞著麵包香，思考著將季節食材放入麵包中，再也沒有比這還快樂的事。使勁揉著麵糰，雙手佈滿奶油的味道，烘焙讓我的世界變的多元且有趣。美國大杏仁粉是做馬卡龍的主要材料，常常添加在甜點中，這一回與麵包結合，濃濃堅果風味越嚼越香。

份　量

12兩帶蓋吐司模
（20cm×10cm
×10cm）
1個

材　料

高筋麵粉250g　全麥麵粉30g　杏仁粉50g
細砂糖30g　速發乾酵母1/2t　鹽1/2t
無鹽奶油30g　牛奶205cc

Baking Points

製作方法…………………直接法
第一次發酵……………60分鐘
休息鬆弛…………………15分鐘
第二次發酵………60～70分鐘
預熱溫度…………………210℃
烘烤溫度…………………210℃
烘烤時間…………38～40分鐘

做　法

1 將所有材料（無鹽奶油除外）倒入鋼盆中，攪拌搓揉成為一個不黏手的麵糰（牛奶的部分要先保留30cc，等麵糰已經攪拌成團後再慢慢加入）。（圖1、2）
2 再加入已切成小塊回溫軟化的無鹽奶油丁，搓揉均勻。（圖3）
3 依照揉麵標準程序，繼續搓揉甩打成為撐得起薄膜的麵糰。（圖4～6）
4 將揉好的麵糰滾圓，收口朝下捏緊，放入塗抹少許油的保鮮盒中。（圖7）
5 在麵糰表面噴一些水，罩上擰乾的濕布（勿接觸麵糰）或蓋子，放置到溫暖密閉的空間，發酵約60分鐘至兩倍大。（圖8）
6 桌上灑上一些高筋麵粉，將發好的麵糰移出，麵糰表面也灑上一些高筋麵粉。（圖9）

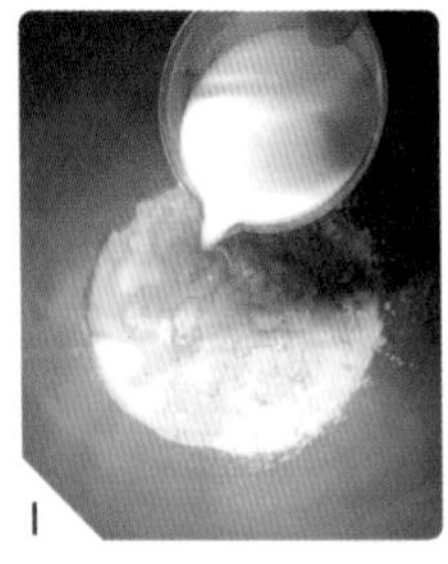
1

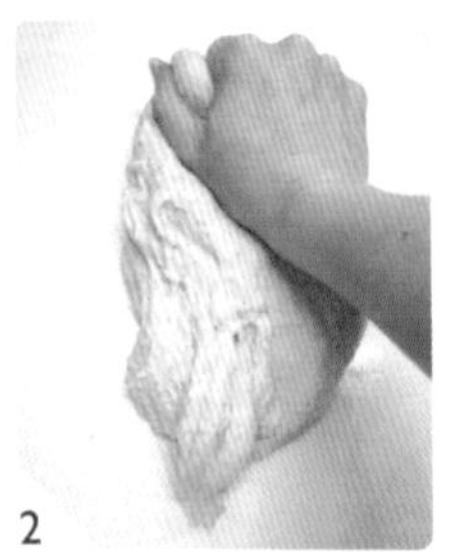
2

3

4

5

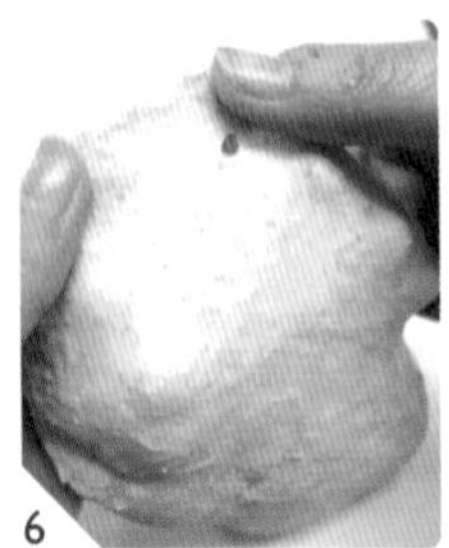
6

7

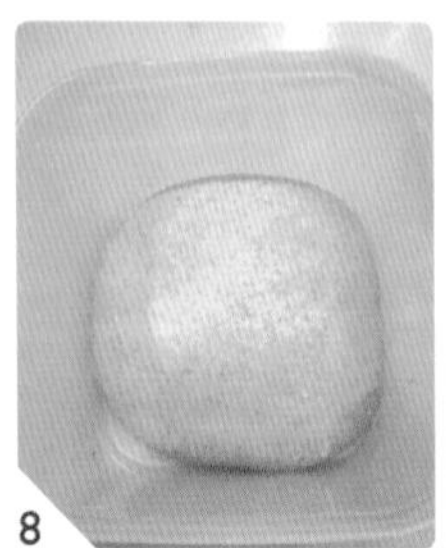
8

9

10  11 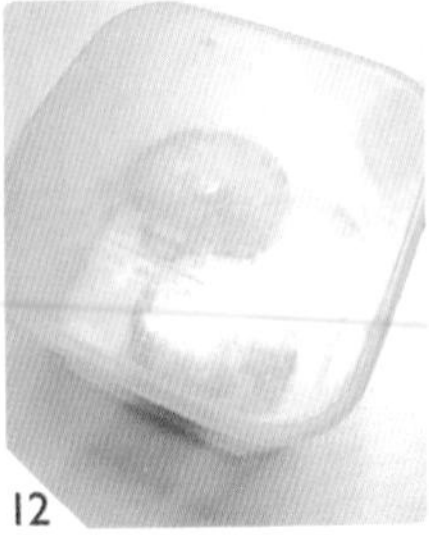 12 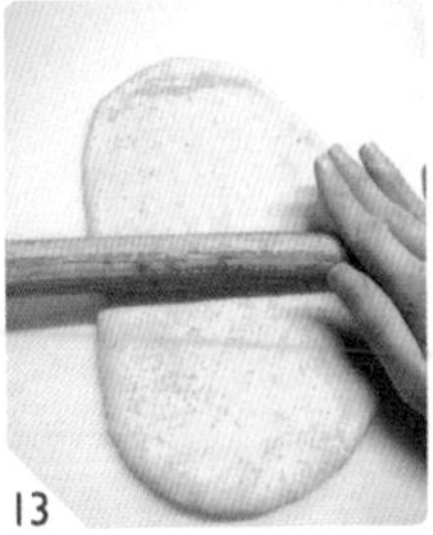 13 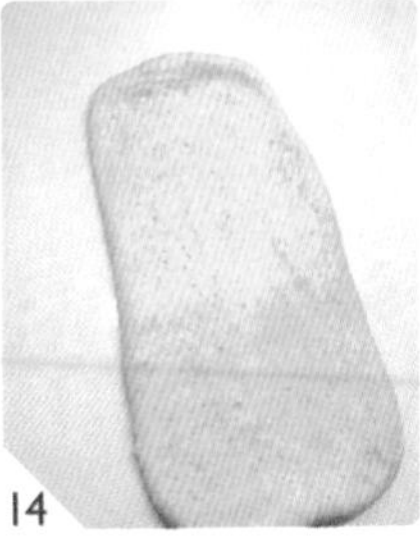 14

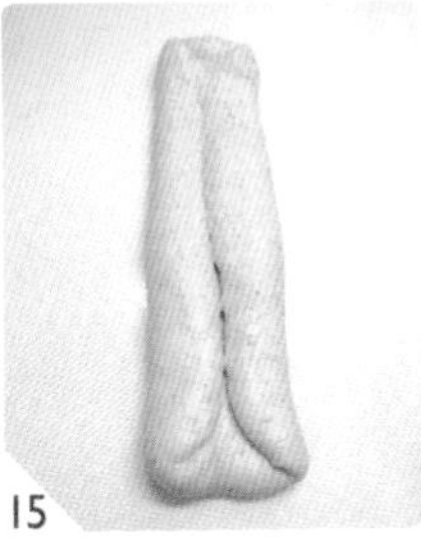

15 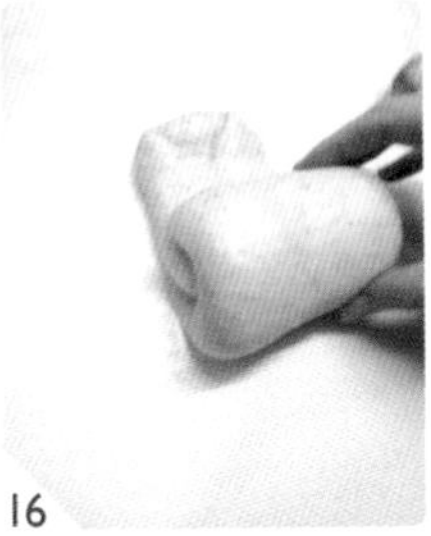 16  17 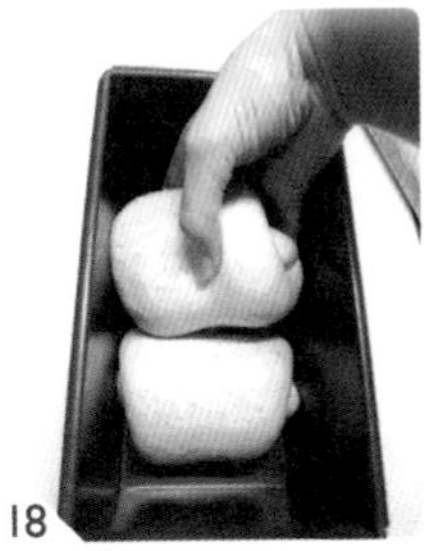 18  19

20 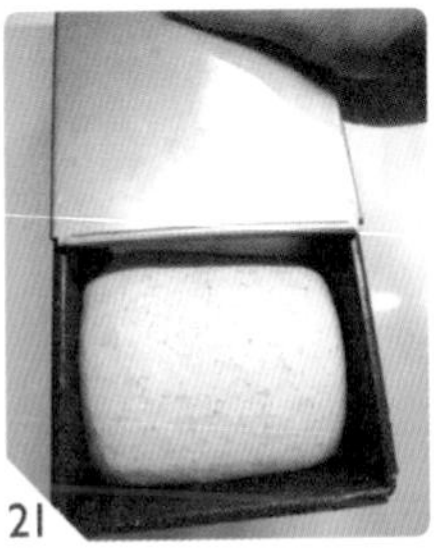 21  22 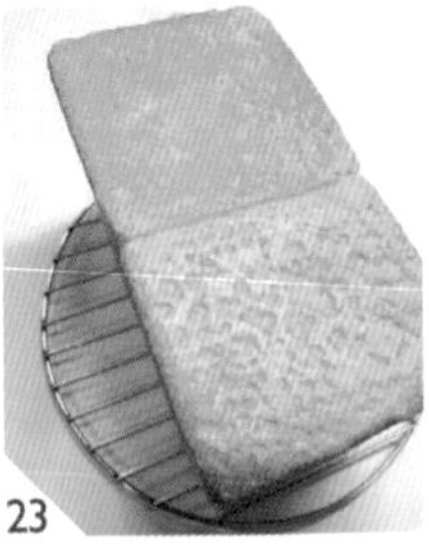 23

7 將第一次發酵完成的麵糰空氣拍出，平均分割成兩等份（每塊約310g），然後滾成圓形，蓋上乾淨的布，再讓麵糰休息15分鐘。（圖10～12）
8 休息好的麵糰表面灑些高筋麵粉避免沾黏，擀成20cm×30cm的長方形。（圖13、14）
9 將左右麵皮平均往中央對折，然後由長向輕輕捲起。（圖15～17）
10 將捲好的麵糰收口朝下朝內，間隔適當放入吐司烤模中（若不是不沾烤模，請刷上一層固體奶油，灑上一層薄薄的高筋麵粉避免沾黏）。（圖18）
11 用手稍微輕輕壓一下，使得兩團麵糰高度平均。
12 在麵糰表面噴些水，放在密閉溫暖空間，再發酵60～70分鐘至九分滿模。（圖19、20）
13 發酵時間到前10分鐘，打開烤箱預熱到210℃。
14 將吐司模蓋子蓋上。（圖21）
15 放入已經預熱到210℃的烤箱中，烘烤38～40分鐘。
16 麵包烤好後，馬上從烤模中倒出來，放在鐵網架上放涼。（圖22、23）
17 完全涼透後，再使用麵包專用刀切片才切的漂亮。

豆渣薏仁吐司

|直接法|

Okara Job's Tears Bread Loaf

看著孩子一天天健康成長，
是做父母最安慰的事。小的時候黏在身邊，
一刻也離不開的小不點，
一下子成為大學新鮮人，有自己的活動，
不再大事小事繞著轉，忽然也有著一些失落。
我知道手中的線要懂得適時放開，
那一頭的風箏會飛的更高更遠！

份量

長方形烤模
（24cm×10cm×9cm）
或12兩吐司模
（20cm×10cm×10cm）
1個

材料

A. 熟薏仁

乾燥薏仁100g　冷水400cc（浸泡用）

B. 主麵糰

熟薏仁120g　豆渣100g　高筋麵粉270g
全麥麵粉30g　速發乾酵母3/4t　細砂糖15g
鹽1/2t　無鹽奶油30g　冷水50cc

C. 表面裝飾

全蛋液適量

Baking Points

製作方法……直接法
第一次發酵……60分鐘
休息鬆弛……15分鐘
第二次發酵……60～70分鐘
預熱溫度……170℃
烘烤溫度……170℃
烘烤時間……38～40分鐘

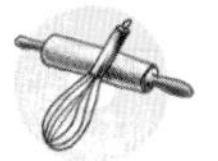

做 法

1 乾燥薏仁100g浸泡冷水400cc一夜，隔天用電鍋蒸煮兩次至熟軟後，取熟薏仁120g。
2 將所有B材料（無鹽奶油除外）倒入鋼盆中，攪拌搓揉成為一個不黏手的麵糰（冷水的部分要先保留30cc，等麵糰已經攪拌成團後再慢慢加入）。（圖1～4）
3 再加入切成小塊回溫軟化的無鹽奶油丁，搓揉均勻。（圖5）
4 依照揉麵標準程序，繼續搓揉甩打成為撐得起薄膜的麵糰。
5 將揉好的麵糰滾圓，收口朝下捏緊，放入塗抹少許油的鋼盆中。（圖6）
6 在麵糰表面噴一些水，罩上擰乾的濕布（勿接觸麵糰）或蓋子，放置到溫暖密閉的空間，發酵約60分鐘至兩倍大。（圖7）
7 桌上灑上一些高筋麵粉，將發好的麵糰移出，麵糰表面也灑上一些高筋麵粉。（圖8）
8 將第一次發酵完成的麵糰空氣拍出，平均分割成4等份（每塊約150g），然後滾成圓形，蓋上乾淨的布，再讓麵糰休息15分鐘。（圖9）
9 休息好的麵糰表面灑些高筋麵粉避免沾黏，用手將麵糰壓扁，擀成長形。（圖10）
10 將麵糰由短向捲起，收口處捏緊成為一個柱狀。（圖11）
11 將捲好的麵糰收口朝下，放入吐司烤模中（若不是不沾烤模，請刷上一層固體奶油，灑上一層薄薄的高筋麵粉避免沾黏）。（圖12）
12 用手稍微輕輕壓一下，使得4團麵糰高度平均。（圖13）
13 在麵糰表面噴些水，放在密閉溫暖空間，再發酵60～70分鐘至滿模。（圖14）
14 發酵時間到前10分鐘，打開烤箱預熱到170℃。
15 在表面輕輕刷上一層全蛋液。（圖15）
16 放入已經預熱到170℃的烤箱中，烘烤38～40分鐘至表面金黃。（圖16）
17 麵包烤好後，馬上從烤模中倒出來，放在鐵網架上放涼。（圖17）
18 完全涼透後，再使用麵包專用刀切片才切的漂亮。

甜菜根雙色吐司

| 直接法 |

Beet Bread Loaf

甜菜根含有非常鮮艷的甜菜紅，自古以來就是非常好的天然色素來源。最近幾年甜菜根是新興的健康蔬菜，一夕間沒有人注意的球莖竟然變成主角。甜菜根生吃有一股澀味，我不太習慣，不過卻很適合添加在麵點中，除了增加美麗的外觀，也因為烘烤去除了生腥味而容易接受。雙色的麵糰交錯編織，成品切面美極了，天然的尚好！

份量

12兩吐司模（20cm×10cm×10cm）

1個

材料

A. 甜菜根麵糰

甜菜根40g　冷水80cc　高筋麵粉140g　低筋麵粉10g　全脂奶粉10g　速發乾酵母1/4t　細砂糖15g　鹽1/8t　無鹽奶油15g

B. 雞蛋麵糰

高筋麵粉140g　低筋麵粉10g　全脂奶粉10g　速發乾酵母1/4t　細砂糖15g　鹽1/8t　無鹽奶油15g　雞蛋1個　冷水50cc

C. 表面裝飾

全蛋液適量

Baking Points

製作方法……………………直接法
第一次發酵……………60分鐘
休息鬆弛………………15分鐘
第二次發酵………60～70分鐘
預熱溫度…………………170℃
烘烤溫度…………………170℃
烘烤時間…………………38分鐘

1  2  3 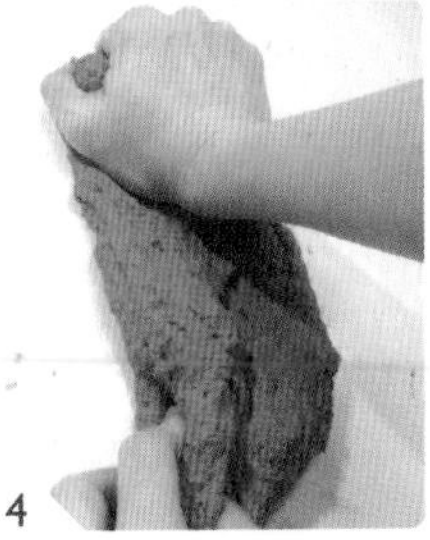 4 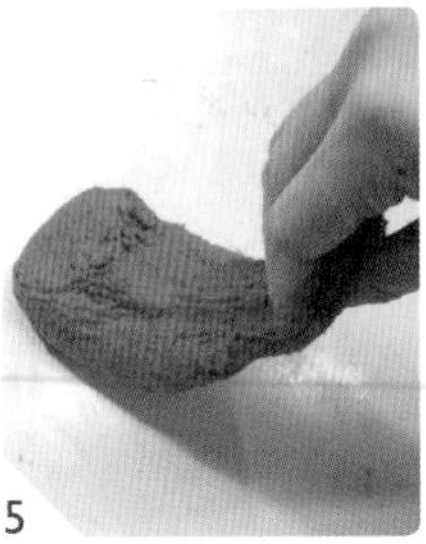 5

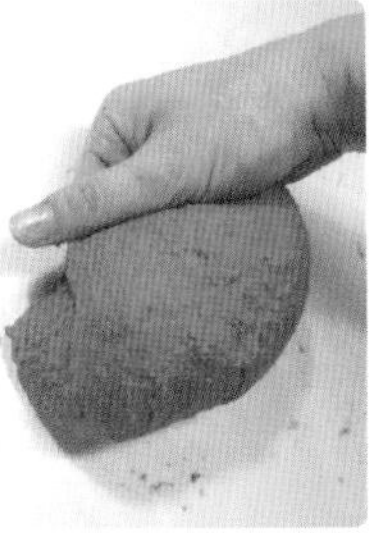

6 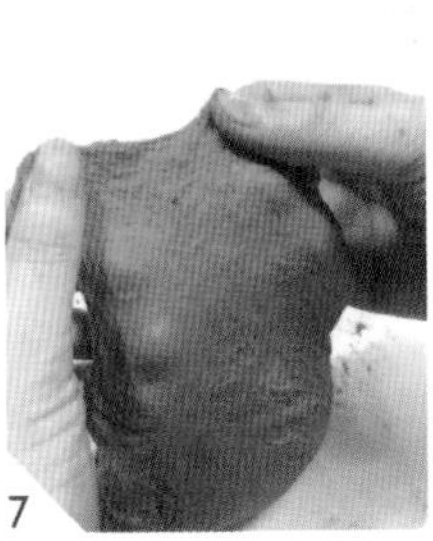 7 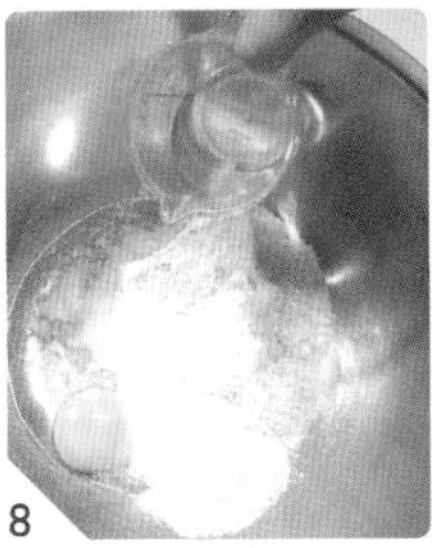 8 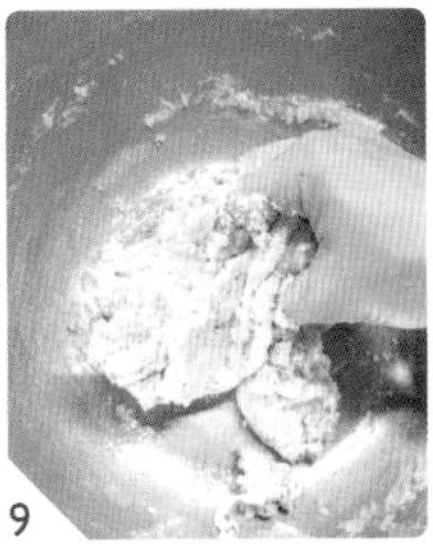 9 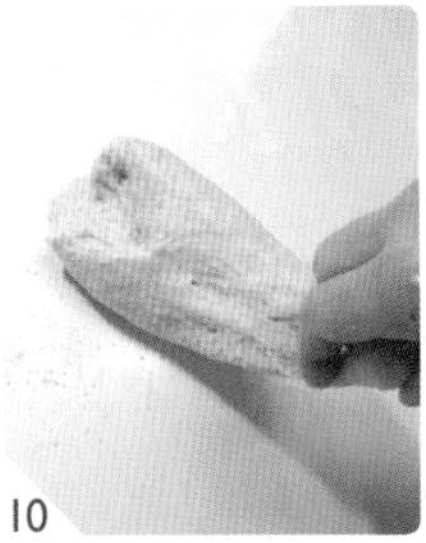 10

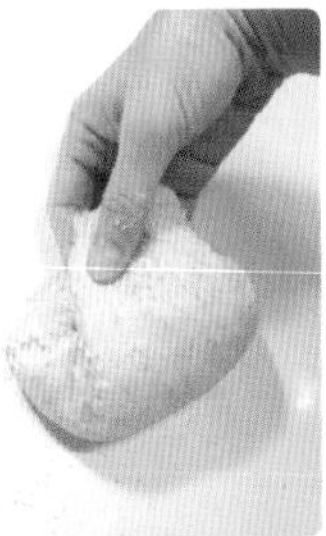

11 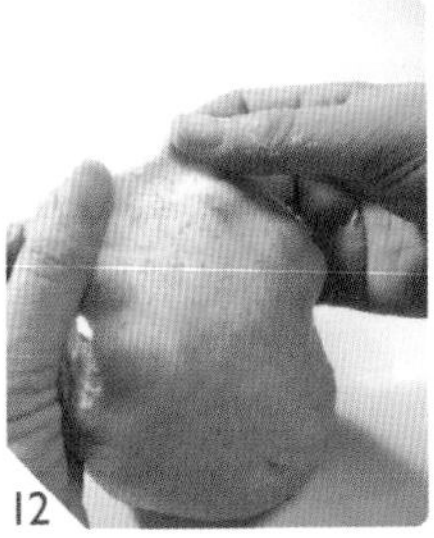 12  13  14  15

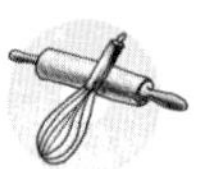

做　法

1 甜菜根切小塊＋冷水80cc用果汁機打成泥狀，為甜菜根汁。
2 將所有材料A（無鹽奶油除外）倒入鋼盆中，攪拌搓揉成為一個不黏手的麵糰（甜菜根汁的部分要先保留30cc，等麵糰已經攪拌成團後再慢慢加入）。（圖1、2）
3 再加入切成小塊回溫軟化的無鹽奶油丁，搓揉均勻。（圖3）
4 依照揉麵標準程序，繼續搓揉甩打成為撐得起薄膜的麵糰。（圖4～7）
5 揉好的麵糰滾圓，收口朝下捏緊，放入塗抹少許油的保鮮盒中。
6 先揉好的甜菜根麵糰表面噴一些水，蓋上蓋子，放進冰箱密封冷藏，延緩發酵。
7 再使用同樣步驟，將材料B雞蛋麵糰搓揉完成。（圖8～12）
8 將冰箱中的甜菜根麵糰冰箱取出，在兩個麵糰表面噴一些水，罩上擰乾的濕布（勿接觸麵糰）或蓋子，放置到溫暖密閉的空間，發酵約60分鐘至兩倍大。（圖13、14）
9 桌上灑上一些高筋麵粉，將發好的麵糰移出，麵糰表面也灑上一些高筋麵粉。（圖15）

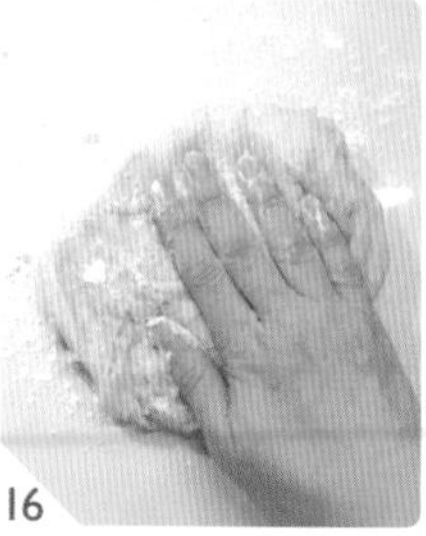

16  17 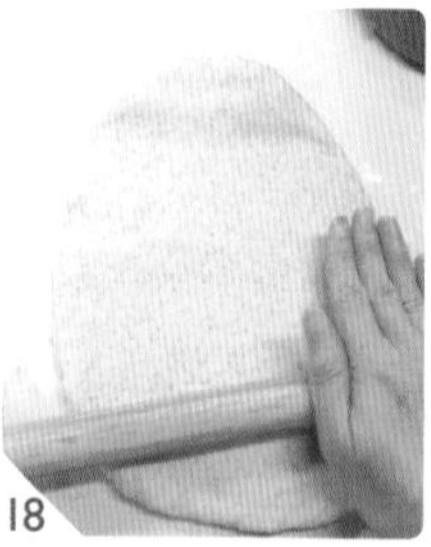 18 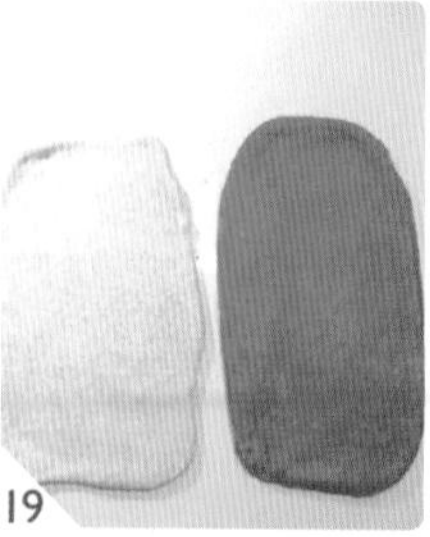 19  20

21 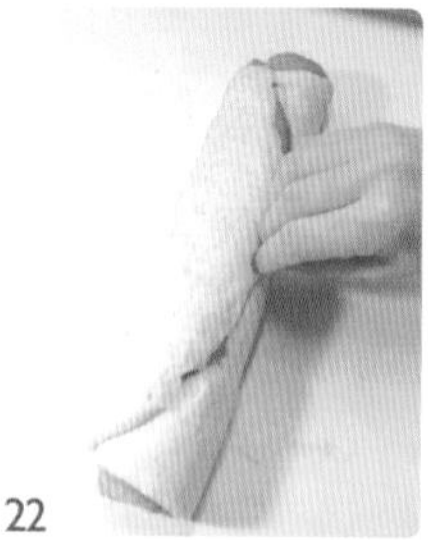 22  23  24  25

26 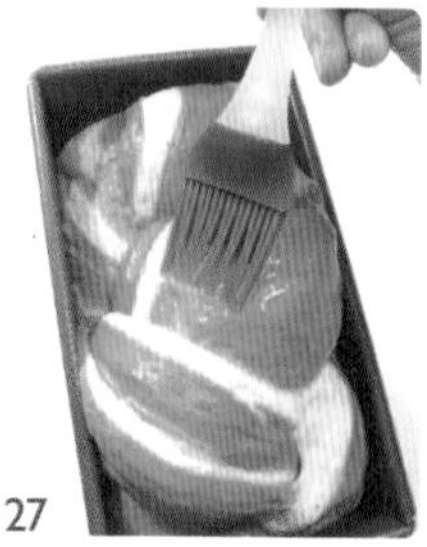 27 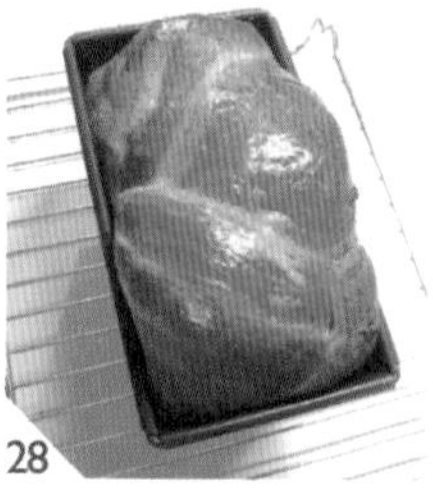 28 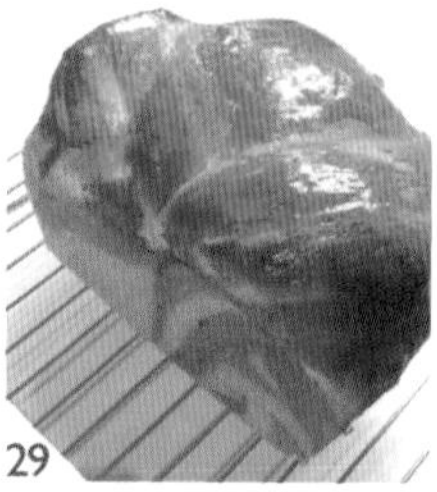 29

10 將第一次發酵完成的麵糰空氣拍出，然後滾成圓形，蓋上乾淨的布，再讓麵糰休息15分鐘。（圖16、17）

11 休息好的麵糰表面灑些高筋麵粉避免沾黏，分別擀成40cm×30cm的長方形。（圖18、19）

12 將兩片麵皮疊起，然後由短向輕輕捲起。（圖20～22）

13 將捲好的麵糰收口捏緊，用刀平均切成3條（麵皮上方保留2～3cm不要切斷）。（圖23）

14 切開的麵皮交錯編成麻花狀。（圖24～25）

15 編好辮子的麵糰兩端收口捏緊，放入吐司模中（若不是不沾烤模，請刷上一層固體奶油，灑上一層薄薄的高筋麵粉避免沾黏）。（圖26）

16 在麵糰表面噴些水，放在密閉的溫暖空間，再發酵60～70分鐘至滿模。

17 發酵時間到前10分鐘，打開烤箱預熱到170℃。

18 烘烤前，表面輕輕刷上一層全蛋液。（圖27）

19 放入已經預熱到170℃的烤箱中，烘烤38分鐘。

20 麵包烤好後，馬上從烤模中倒出來，放在鐵網架上放涼。（圖28、29）

21 完全涼透後，再使用麵包專用刀切片才切的漂亮。

奶油千層吐司

｜直接法｜

Multi-layer Butter Bread Loaf

沒有特別的安排，揉麵糰是我放鬆心情的最好活動。不開心時當發洩，心情好時當運動。看到麵包出爐，一天的忙碌都值得。如果覺得傳統的千層麵包製作太麻煩，試試這一款簡單的奶油塗抹方式。香噴噴的簡易千層一樣擄獲味蕾，好吃得停不了口。

份　量

12兩吐司模
（20cm×10cm
×10cm）
1個

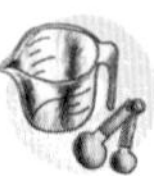

材　料

A. 麵糰
高筋麵粉270g　低筋麵粉30g　速發乾酵母1/2t
鹽1/8t　細砂糖30g　牛奶200cc　無鹽奶油20g

B. 夾層
無鹽奶油30g（室溫軟化）

C. 表面裝飾
全蛋液適量

Baking Points

製作方法	直接法
第一次發酵	60分鐘
休息鬆弛	15分鐘
第二次發酵	60～70分鐘
預熱溫度	170℃
烘烤溫度	170℃
烘烤時間	38～40分鐘

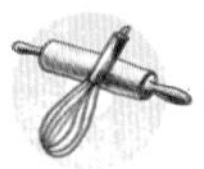

做　法

1 將所有材料A（無鹽奶油除外）倒入鋼盆中，攪拌搓揉成為一個不黏手的麵糰（液體的部分要先保留30cc，等麵糰已經攪拌成團後再慢慢加入）。（圖1、2）
2 再加入切成小塊回溫軟化的無鹽奶油丁，搓揉均勻。（圖3）
3 依照揉麵標準程序，繼續搓揉甩打成為撐得起薄膜的麵糰。（圖4～6）
4 將揉好的麵糰滾圓，收口朝下捏緊，放入塗抹少許油的保鮮盒中。（圖7）
5 在麵糰表面噴一些水，罩上擰乾的濕布（勿接觸麵糰）或蓋子，放置到溫暖密閉的空間，發酵約60分鐘至兩倍大。（圖8）
6 桌上灑上一些高筋麵粉，將發好的麵糰移出，麵糰表面也灑上一些高筋麵粉。（圖9）

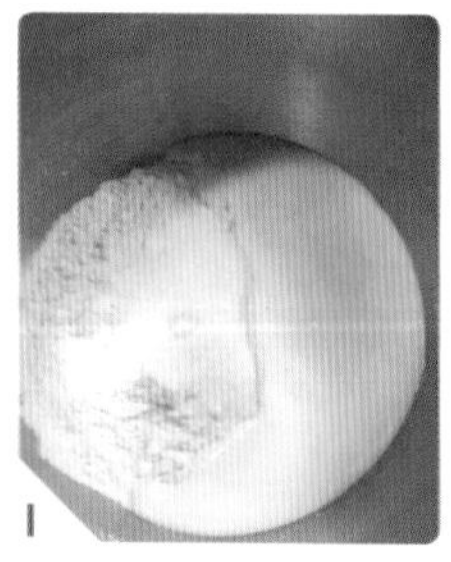
1

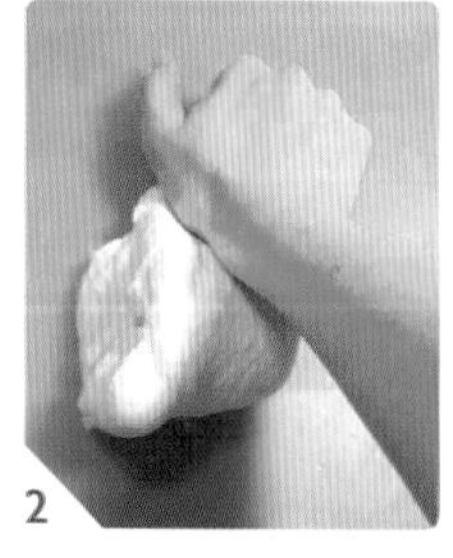
2

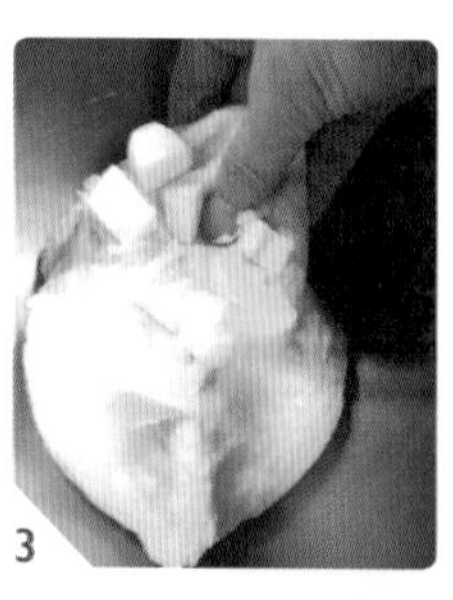
3

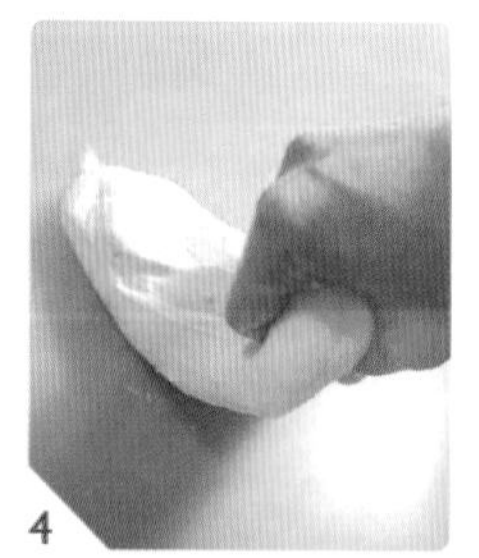
4

5

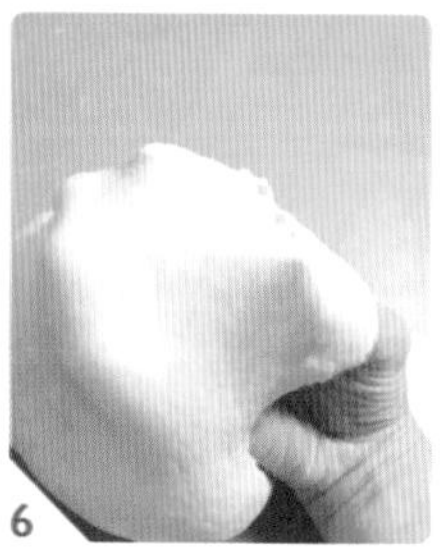
6

7

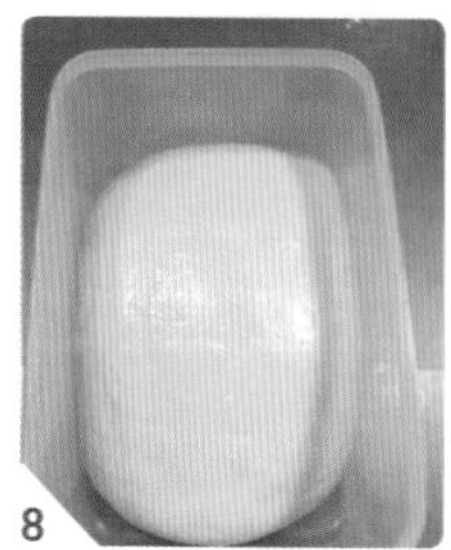
8

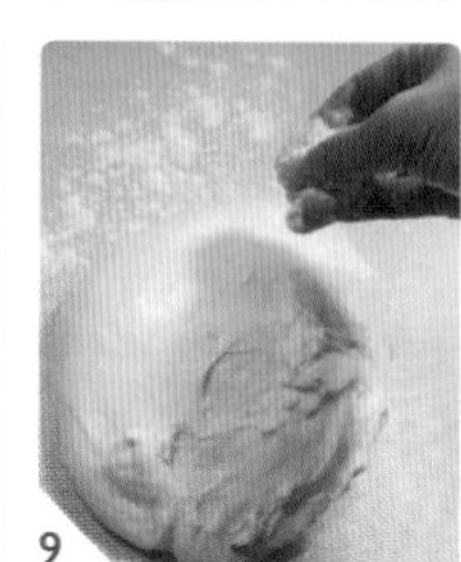
9

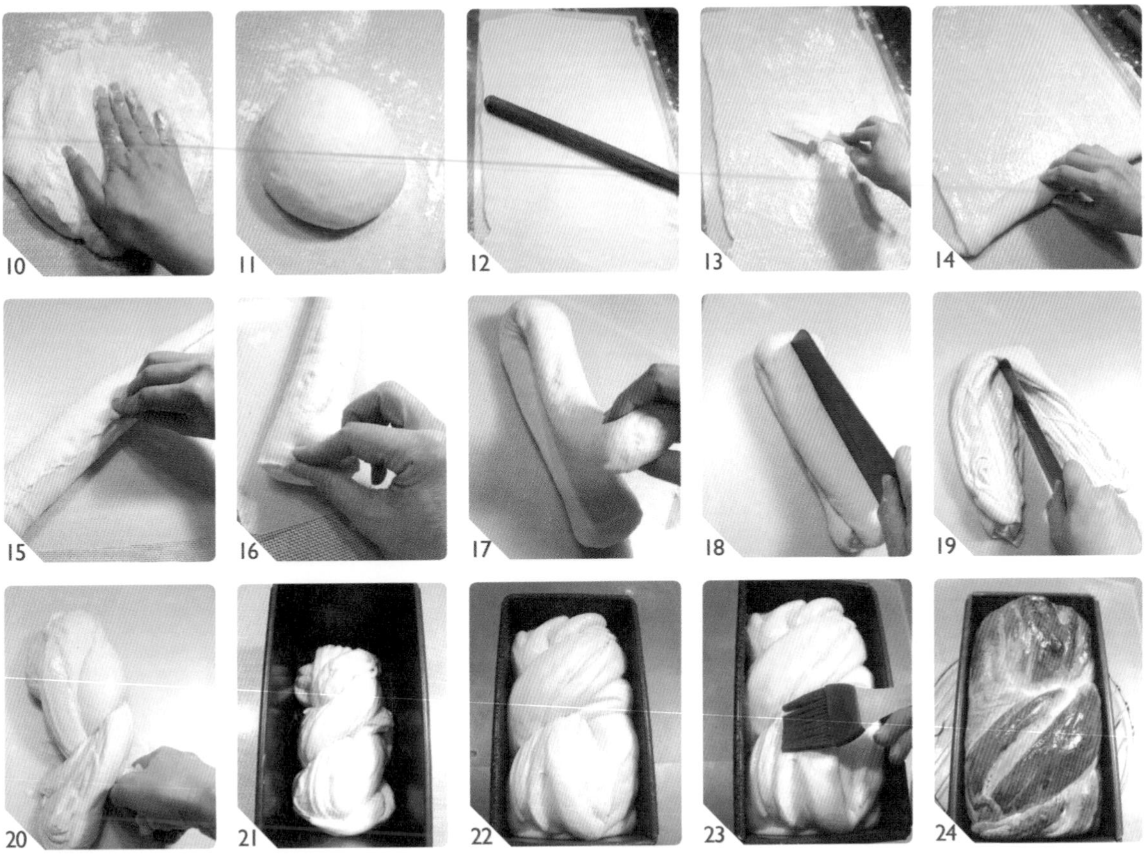

10 11 12 13 14

15 16 17 18 19

20 21 22 23 24

25

7 將第一次發酵完成的麵糰空氣拍出，然後滾成圓形，蓋上乾淨的布，再讓麵糰休息15分鐘。（圖10、11）
8 桌上灑些高筋麵粉，將休息好的麵糰用擀麵棍慢慢擀開成為50cm×30cm的長方形。（圖12）
9 將材料B軟化的無鹽奶油薄薄均勻塗抹在麵皮上。（圖13）
10 麵皮由短向緊密捲起，收口及兩端捏緊。（圖14～16）
11 然後將柱狀麵糰對折。（圖17）
12 用刀在麵糰中央切一刀，前端保留1～2cm，不要切斷。（圖18、19）
13 將兩條麵糰像麻花般交錯纏繞（不需要繞太緊）。（圖20）
14 編好辮子的麵糰兩端收口捏緊，放入吐司模中。（圖21）
15 在麵糰表面噴些水，放在密閉溫暖空間，再發酵60～70分鐘至滿模程度。（圖22）
16 發酵時間到前10分鐘，打開烤箱預熱到170℃。
17 在表面輕輕刷上一層全蛋液。（圖23）
18 放入已經預熱到170℃的烤箱中，烘烤38～40分鐘。
19 麵包烤好後，馬上從烤模中倒出來，放在鐵網架上放涼。（圖24、25）
20 完全涼透後，再使用麵包專用刀切片才切的漂亮。

乳酪大理石吐司

| 直接法 |

Multi-layer Cheese Marble Bread Loaf

時間允許的時候，我喜歡嘗試做一些步驟多的麵包，一方面讓家人換換口味，一方面滿足自己挑戰的欲望。將乳酪做成夾層餡料，再類似千層麵包的做法，就可以完成這個複雜卻回味無窮的吐司。找個秋高氣爽的天氣，心情平靜的一天，挽起袖子親自動手試試看！

份 量

12兩帶蓋吐司模（20cm×10cm×10cm）

1個

材 料

A. 乳酪夾餡

高筋麵粉10g　玉米粉10g　鹽1/2t　細砂糖10g
乳酪片2片（約80g）　牛奶120cc
雞蛋1個　無鹽奶油15g

B. 主麵糰

高筋麵粉230g　全麥麵粉50g　速發乾酵母3/4t
細砂糖15g　鹽1/2t　液體植物油20g　牛奶180cc

Baking Points

製作方法……………………直接法
第一次發酵……………60分鐘
休息鬆弛……………………15分鐘
第二次發酵………60～70分鐘
預熱溫度……………………210℃
烘烤溫度……………………210℃
烘烤時間…………38～40分鐘

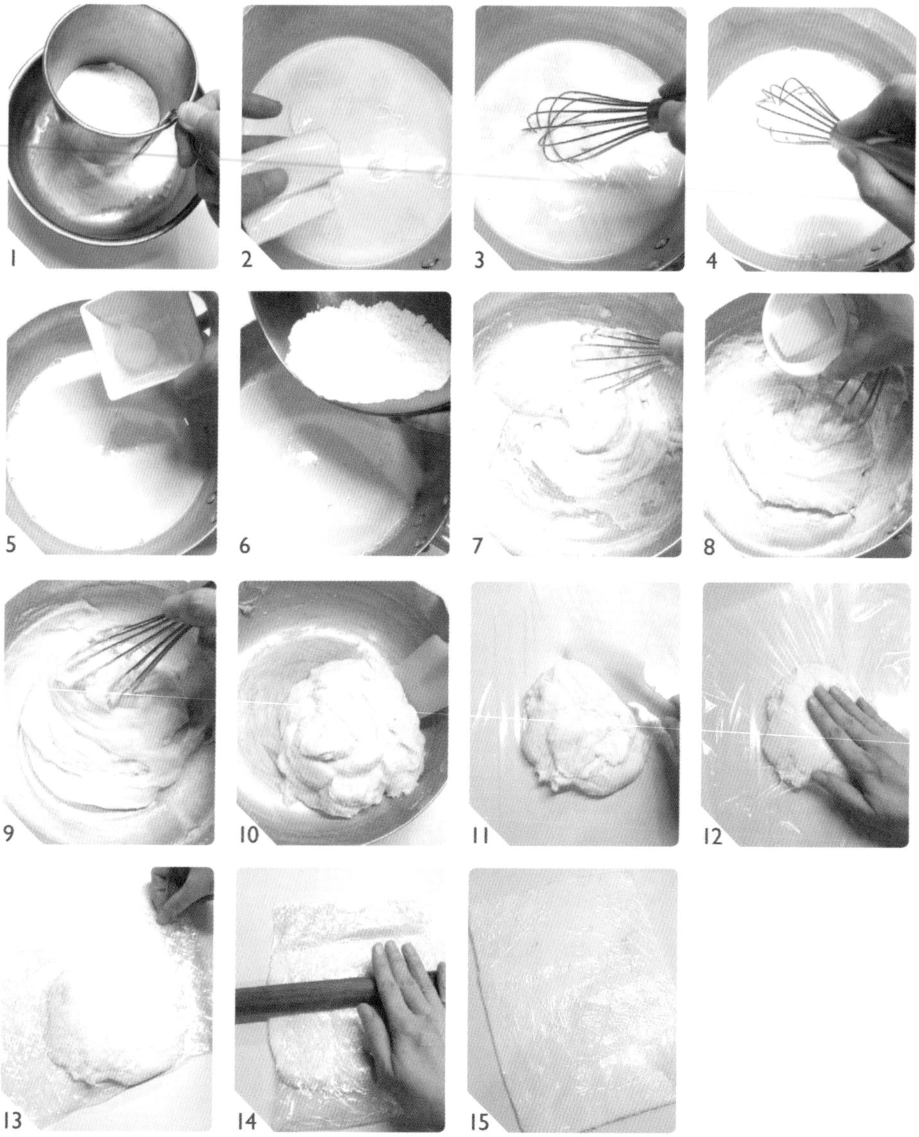

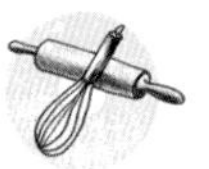

做法

A 製作乳酪夾餡

1 高筋麵粉＋玉米粉用濾網過篩。（圖1）

2 牛奶中加入細砂糖及撕成小片的乳酪片。（圖2）

3 放上瓦斯爐，使用微火加熱，一邊加熱一邊用打蛋器不停攪拌至乳酪片融化。（圖3、4）

4 稍微放至涼，加入雞蛋、鹽及過篩的粉類，混合均勻。（圖5、6）

5 再度放上瓦斯爐，使用微火加熱，一邊加熱一邊用打蛋器不停攪拌至濃稠（攪拌的時候，底部會呈現明顯分離的漩渦狀就是差不多好了）。（圖7）

6 趁熱加入無鹽奶油，混合均勻至奶油融化。（圖8～10）

7 將放涼的乳酪夾餡麵糰放在保鮮膜上，表面再鋪上一張保鮮膜。（圖11～13）

8 用擀麵棍將麵糰擀開成為約18cm×18cm的正方形。（圖14、15）

9 包好放入冰箱冷凍庫，冷凍一天以上備用。

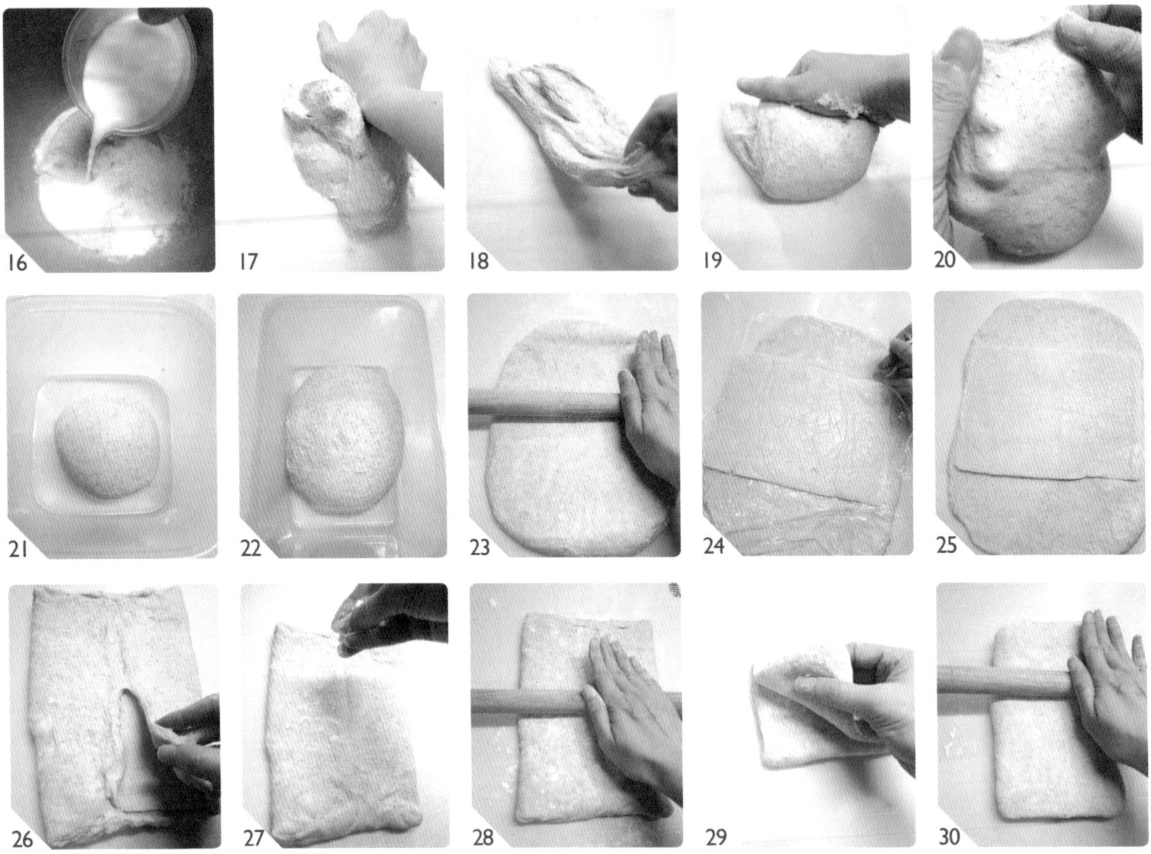

B **製作主麵糰**

10 將主麵糰所有材料倒入鋼盆中，攪拌搓揉成為一個不黏手的麵糰（牛奶的部分要先保留30cc，等麵糰已經攪拌成團後再慢慢加入）。（圖16）

11 依照揉麵標準程序，繼續搓揉甩打成為撐得起薄膜的麵糰。（圖17～20）

12 將麵糰滾圓，收口朝下捏緊，放入抹少許油的盆中。（圖21）

13 在麵糰表面噴一些水，罩上擰乾的濕布（勿接觸麵糰）或保鮮膜，放置到溫暖密閉的空間，發酵約60分鐘至兩倍大。（圖22）

14 桌上灑上一些高筋麵粉，將發好的麵糰移出，麵糰表面也灑上一些高筋麵粉。

15 將第一次發酵完成的麵糰空氣拍出，然後滾成圓形，蓋上乾淨的布，再讓麵糰休息15分鐘。

16 休息好的麵糰表面灑些高筋麵粉避免沾黏，擀成長方形（約是乳酪夾餡的兩倍大）。（圖23）

17 將乳酪夾餡由冰箱冷凍庫取出，放在擀開的麵皮中間。（圖24、25）

18 上下麵皮往中央摺起捏緊，將乳酪夾餡包住，四周仔細捏緊。（圖26）

19 麵皮上灑一些高筋麵粉避免沾黏，將麵皮慢慢擀開成為兩倍大。（圖27、28）

20 擀開的麵皮折成3摺，再度擀開。（圖29、30）

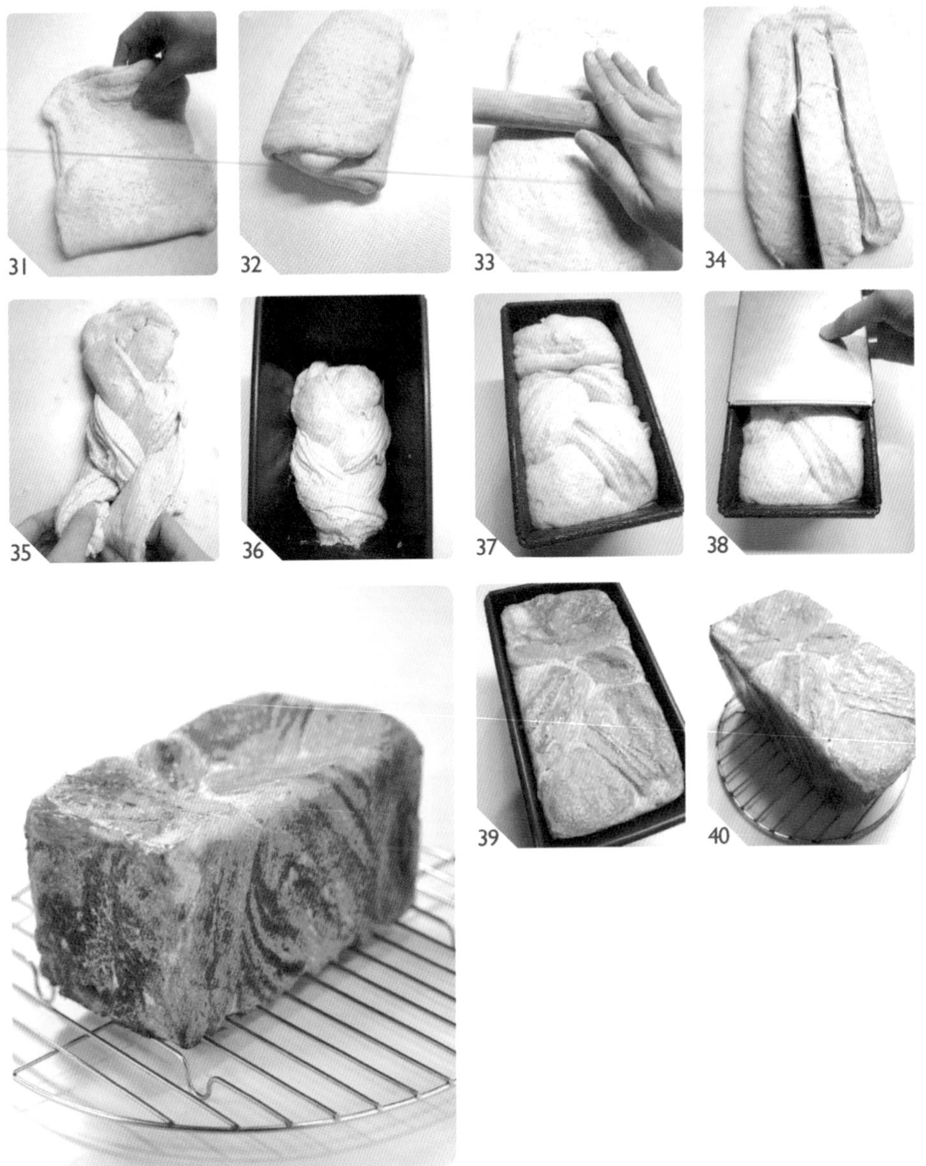

21 再重複步驟19及20做兩次即可。（圖31～33）

22 最後一次將麵皮擀開成為一個長方形，平均切成3條（麵皮上方保留2～3cm，不需要切斷）。（圖34）

23 切開的麵皮交錯編成麻花狀。（圖35）

24 編好辮子的麵糰兩端收口捏緊，放入吐司模中。（圖36）

25 在麵糰表面噴些水，放在密閉溫暖空間，再發酵60～70分鐘至九分滿模程度。（圖37）

26 發酵時間到前10分鐘，打開烤箱預熱到210℃。

27 將吐司蓋子蓋上。（圖38）

28 放入已經預熱到210℃的烤箱中，烘烤38～40分鐘。

29 麵包烤好後，馬上從烤模中倒出來，放在鐵網架上放涼。（圖39、40）

30 完全涼透後，再使用麵包專用刀切片才切的漂亮。

丹麥吐司

| 直接法 |

Danish Bread Loaf

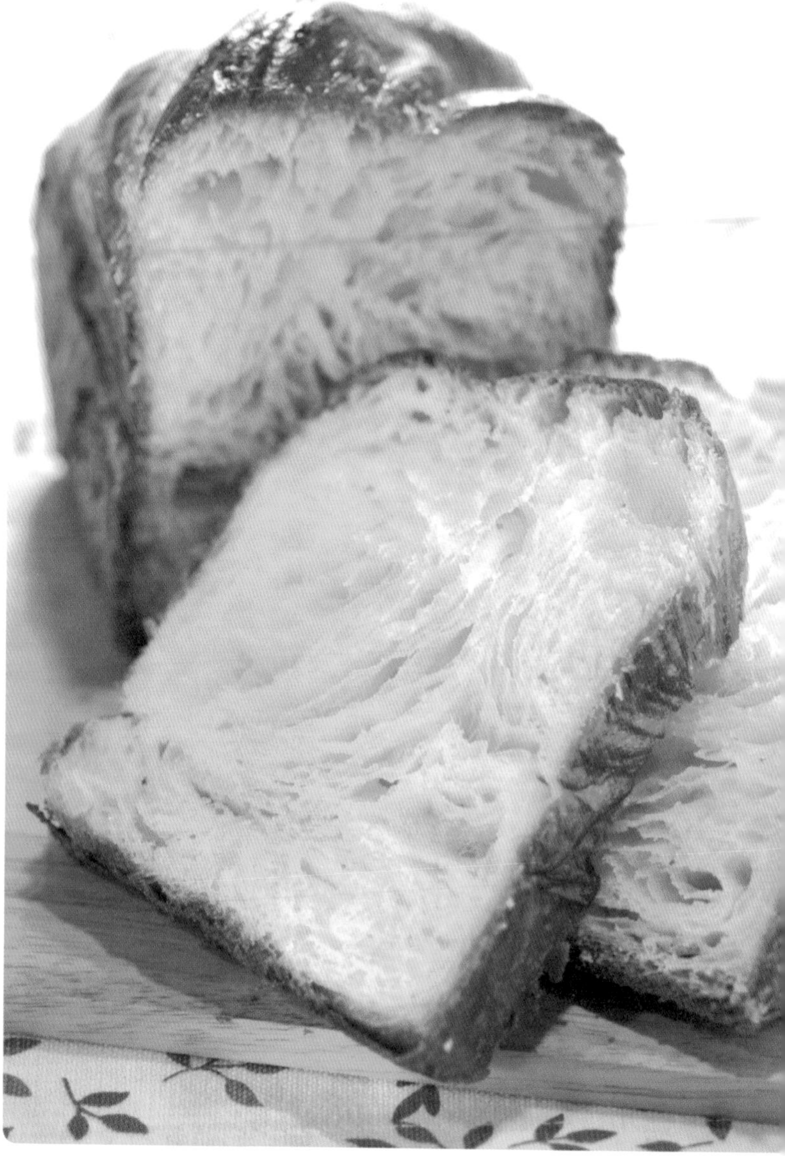

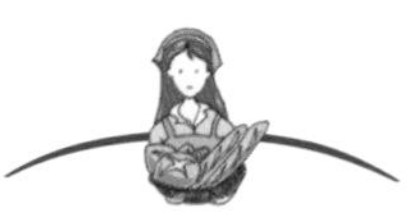

我喜歡冷冷的天在家做這種麻煩的麵包，只要將程序流程仔細記熟，好好控制麵糰與奶油間的硬度，其實擀壓過程並不困難。千層麵包容易失敗的原因大多是奶油的軟硬度控制不當。奶油太硬或回溫的太軟都會影響操作過程。麵包出爐，正好趕上下午茶時間，豐富的奶油夾層，外皮酥脆內裡柔軟又香醇，真是最高的享受。

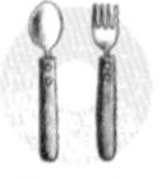

份量

12兩吐司模
（20cm×10cm
×10cm）
1個

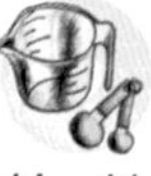

材料

A. 奶油片

無鹽奶油115g

B. 主麵糰

高筋麵粉180g　低筋麵粉50g　速發乾酵母1/2t
全脂奶粉15g　雞蛋1個　冷水90cc
細砂糖25g　鹽1/4t　無鹽奶油10g

C. 表面裝飾

全蛋液適量

Baking Points

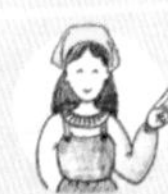

製作方法	直接法
第一次發酵	60分鐘
休息鬆弛	15分鐘
第二次發酵	60～70分鐘
預熱溫度	170℃
烘烤溫度	170℃
烘烤時間	35分鐘

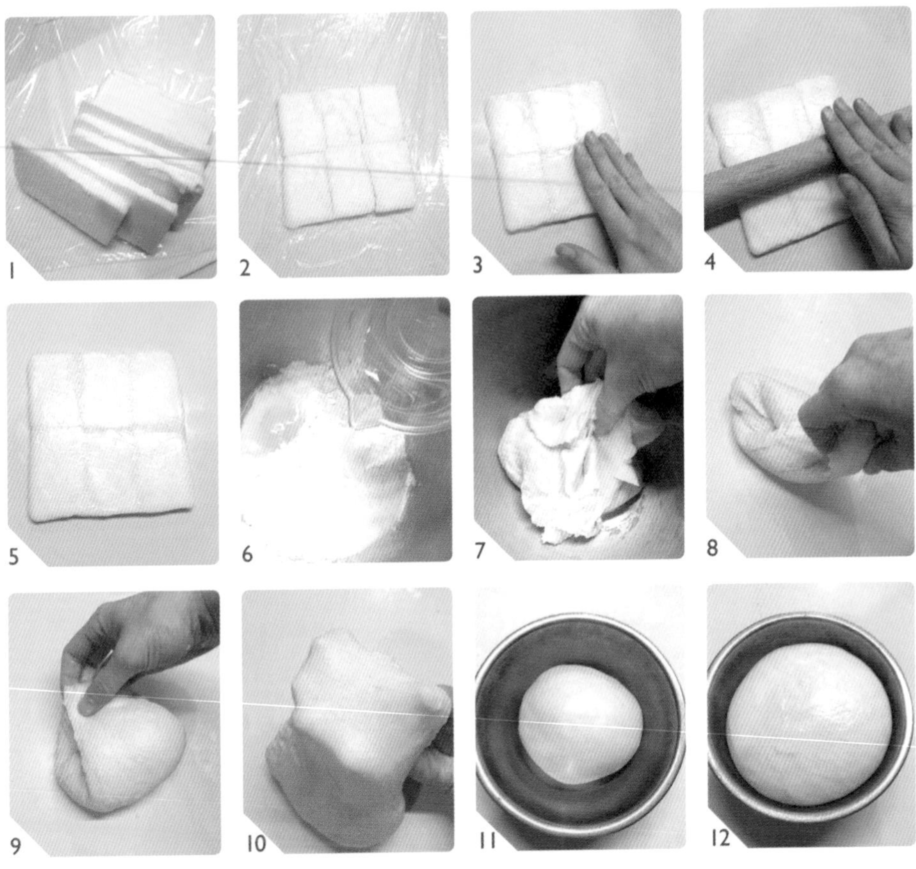

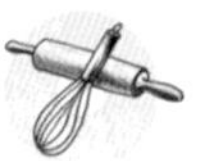

做 法

A 製作奶油片

1 無鹽奶油從冰箱拿出來，切下正確份量。
2 將無鹽奶油切成厚約1cm的片狀。（圖1）
3 切好的奶油片放在保鮮膜上，排列整齊成12cmx12cm正方形，整個用保鮮膜包覆起來。（圖2、3）
4 用擀麵棍稍微將奶油片擀壓敲打平整。（圖4、5）
5 放入冰箱冷藏備用。

B 製作主麵糰

6 將所有材料B（無鹽奶油除外）倒入鋼盆中，攪拌搓揉成為一個不黏手的麵糰（液體的部分要先保留30cc，等麵糰已經攪拌成團後再慢慢加入）。（圖6）
7 再加入切成小塊回溫軟化的無鹽奶油丁，搓揉均勻。（圖7）
8 依照揉麵標準程序，繼續搓揉甩打成為撐得起薄膜的麵糰。（圖8～10）
9 將揉好的麵糰滾圓，收口朝下捏緊，放入塗抹少許油的保鮮盒中。（圖11）
10 在麵糰表面噴一些水，罩上擰乾的濕布（勿接觸麵糰）或蓋子，放置到溫暖密閉的空間，發酵約60分鐘至兩倍大。（圖12）

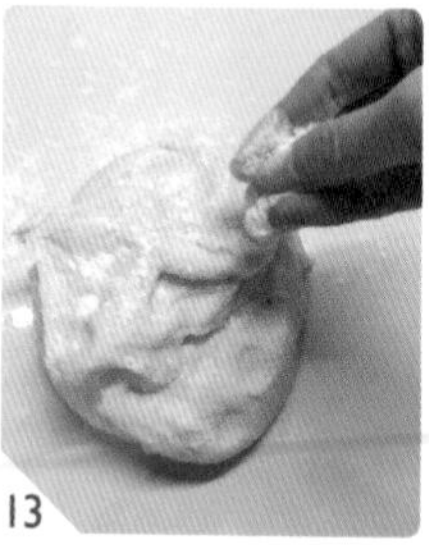
13

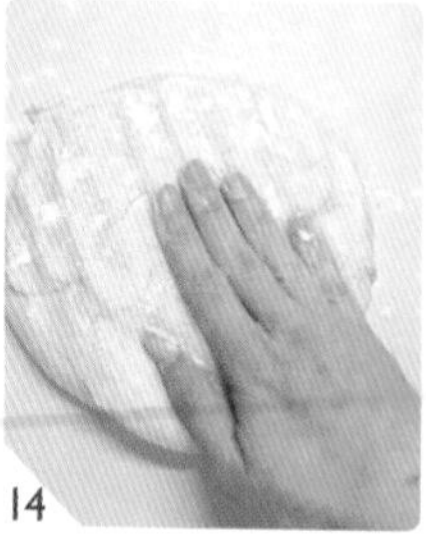
14

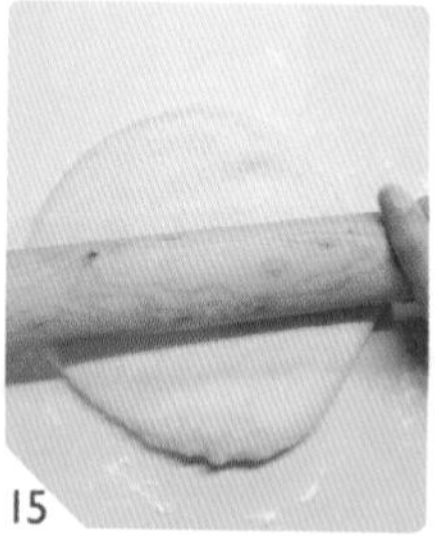
15

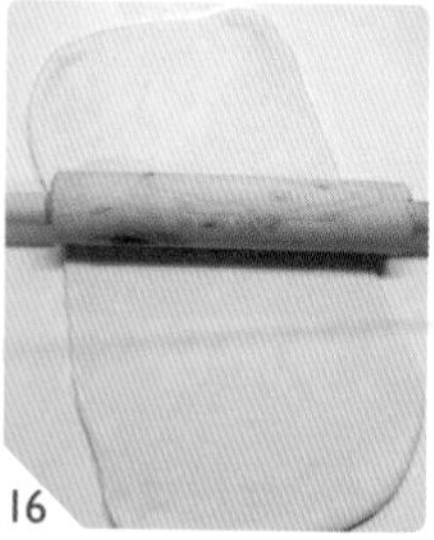
16

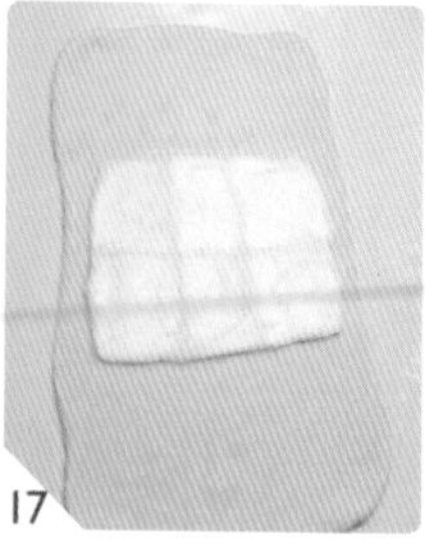
17

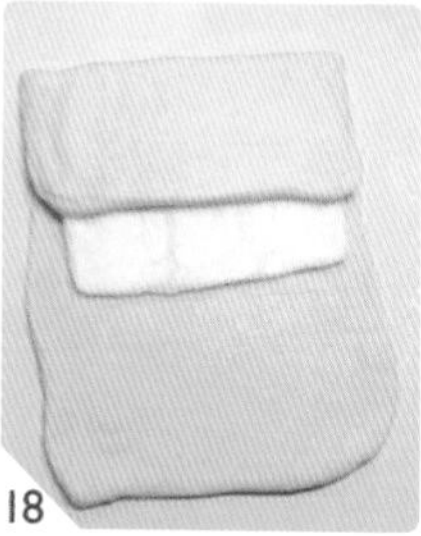
18

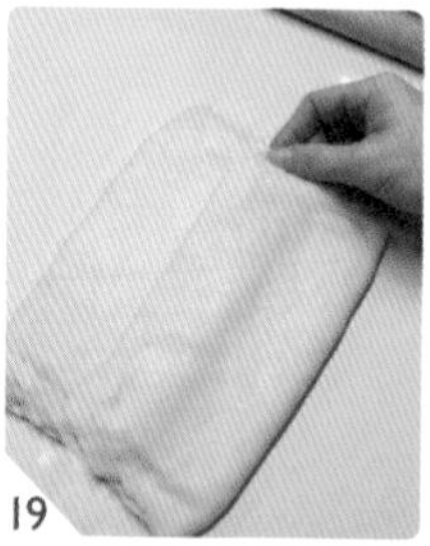
19

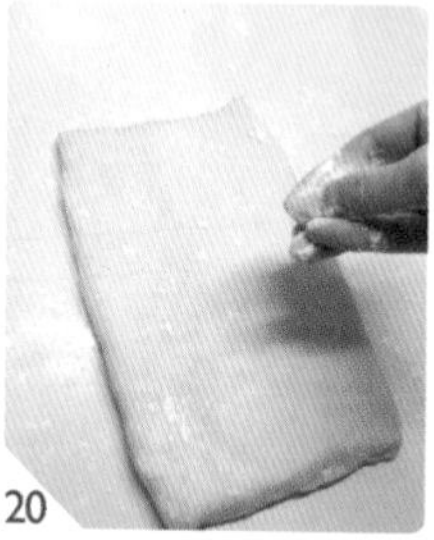
20

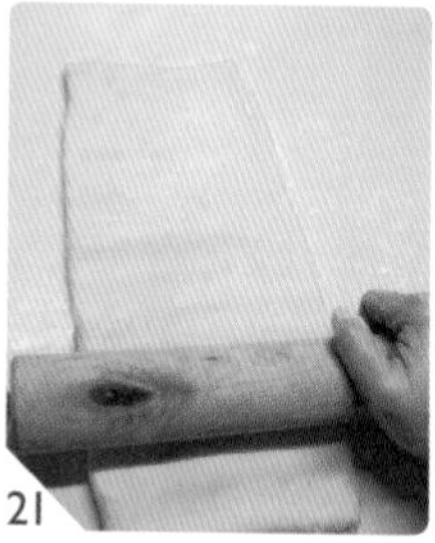
21

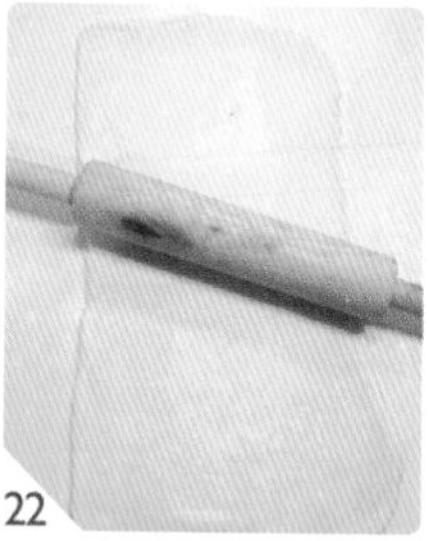
22

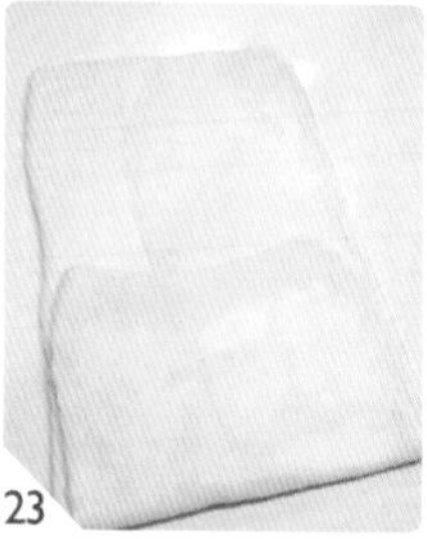
23

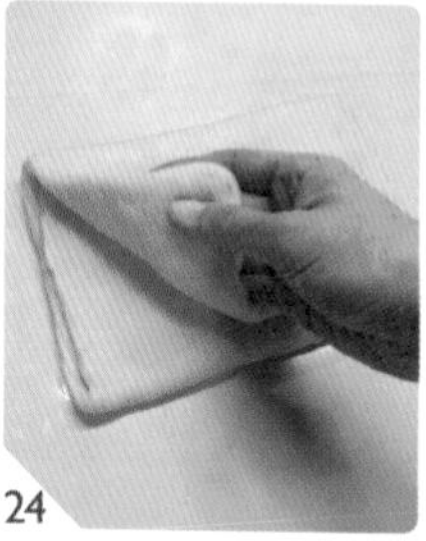
24

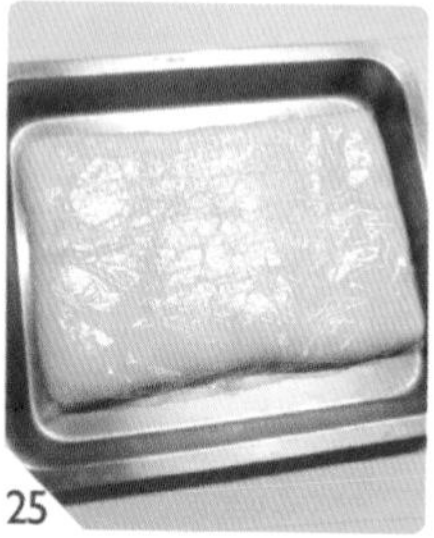
25

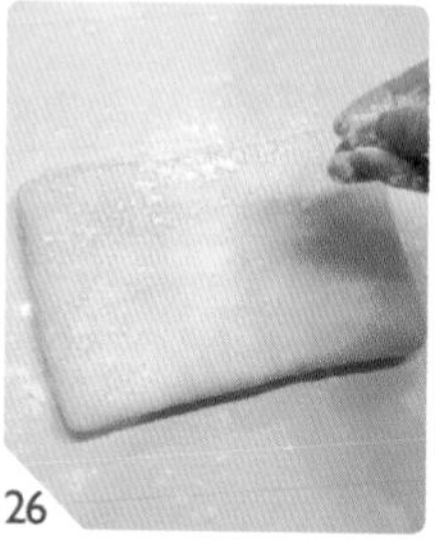
26

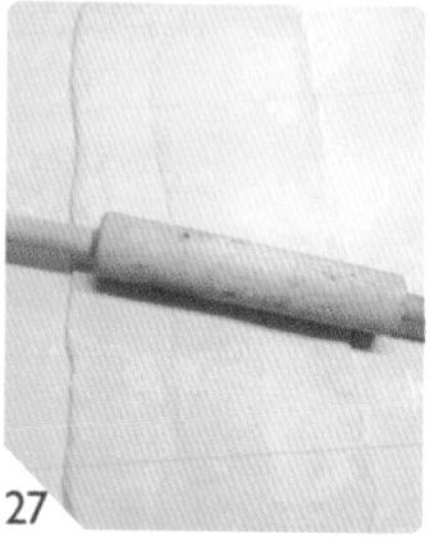
27

11 桌上灑上一些高筋麵粉，將發好的麵糰移出，麵糰表面也灑上一些高筋麵粉。（圖13）

12 將第一次發酵完成的麵糰空氣拍出，滾成圓形，蓋上乾淨的布，再讓麵糰休息15分鐘。（圖14）

13 桌上灑些高筋麵粉，將休息好的麵糰用擀麵棍慢慢擀開約成為16cmx30cm的長方形。（圖15、16）

14 將敲打軟化的奶油片放入麵皮正中央，兩端的麵皮往中間覆蓋，將奶油片緊緊包住，兩邊收口捏緊。（圖17～19）

15 麵糰轉90度，表面灑上些低筋麵粉。（圖20）

16 用擀麵棍慢慢擀壓麵糰，使麵糰展開成為一塊長方形。（圖21、22）

17 將麵糰平均折成3等份。（圖23、24）

18 用保鮮膜將3摺的麵糰包覆起來，放入冰箱冷藏30分鐘。（圖25）

19 再度將麵糰從冰箱取出，與之前擀開方向轉90度，表面灑上一些低筋麵粉，重複步驟16～18，3摺2次即完成（3摺的步驟總共做3次）。（圖26、27）

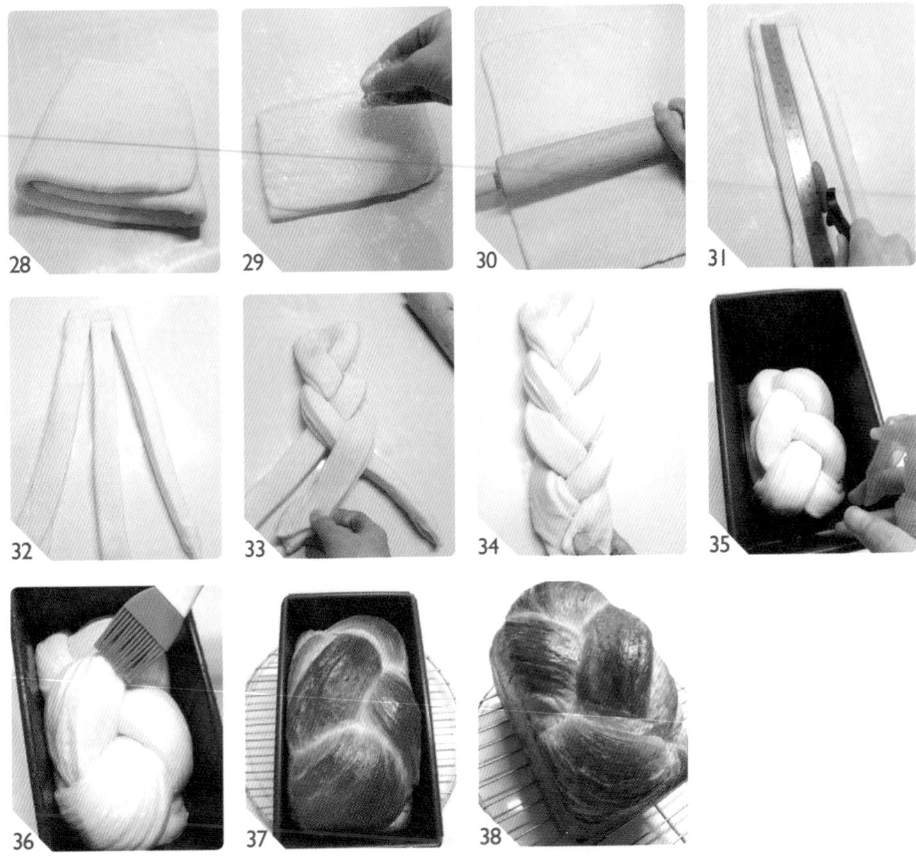

20 3摺3次完成的麵糰用保鮮膜包覆起來，放入冰箱冷藏30分鐘。

21 將冷藏好的麵糰取出，桌上及麵糰表面都灑上一些低筋麵粉，用擀麵棍慢慢左右上下擀壓成為一個約16cmx35cm的薄片。（圖29、30）

22 將麵皮短向對折。

23 用切麵刀將麵糰分切成3等份，前端處保留約1cm不要切斷。（圖31）

24 將3條麵糰編成麻花瓣（不需要編的太緊）。（圖32～34）

25 兩端收口捏緊折入底部，放入吐司模中。

26 在麵糰表面噴些水，放在密閉溫暖空間，再發酵60～70分鐘至滿模程度。（圖35）

27 發酵時間到前10分鐘，打開烤箱預熱到170℃。

28 在表面輕輕刷上一層全蛋液。（圖36）

29 放入已經預熱到170℃的烤箱中，烘烤35分鐘。

30 若表面上色太快，請迅速打開烤箱，在麵糰表面鋪一張鋁箔紙，避免上色太深。

31 麵包烤好後，馬上從烤模中倒出來，放在鐵網架上放涼。（圖37、38）

抹茶大理石吐司

|中種法|

Multi-layer Green Tea Marble Bread Loaf

抹茶粉是做甜點及麵包最佳的化粧師，
天然的色彩為點心加分，加上濃濃抹茶香，
充滿日式風情。
雖然家中貓口眾多，我沒有辦法出門旅行，
但是吃著抹茶吐司，
也讓我的心緒飛到遠遠的京都，
做做白日夢，
幻想在八板神社吹著涼風，
尋訪傳說中的藝妓風采。

份　量

12兩吐司模（20cm×10cm×10cm）

1個

材　料

A. 抹茶夾餡

高筋麵粉20g　玉米粉5g　抹茶粉1T　細砂糖40g
全脂奶粉15g　牛奶80cc　蛋白1個　無鹽奶油15g

B. 中種法基本麵糰

高筋麵粉200g　冷水130cc　速發乾酵母1/2t

C. 主麵糰

中種麵糰全部　高筋麵粉70g　低筋麵粉30g
細砂糖30g　鹽1/4t　橄欖油30g　雞蛋1個
冷水20cc

Baking Points

製作方法……中種法
第一次發酵……40分鐘
休息鬆弛……15分鐘
第二次發酵……60～70分鐘
預熱溫度……170℃
烘烤溫度……170℃
烘烤時間……35分鐘

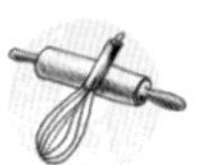

做法

A **製作抹茶夾餡**

1 高筋麵粉＋玉米粉＋抹茶粉用濾網過篩，無鹽奶油加溫融化。（圖1）

2 加入細砂糖及全脂奶粉，用打蛋器混合均勻。（圖2、3）

3 加入牛奶、融化的奶油及蛋白攪拌均勻。（圖4～6）

4 放上瓦斯爐，使用微火加熱，一邊加熱一邊用打蛋器不停攪拌至濃稠（攪拌的時候，底部會呈現明顯分離的漩渦狀就是差不多好了）。（圖7、8）

5 將放涼的抹茶麵糰放在保鮮膜上，表面再鋪上一張保鮮膜。（圖9）

6 用擀麵棍將麵糰擀開成為約18cm×18cm的正方形。（圖10）

7 包好放入冰箱冷凍庫，冷凍一天以上備用。

B **製作中種法基本麵糰**

8 將中種材料攪拌搓揉成為一個均勻沒有粉粒的麵糰（液體的部分要先保留30cc，等麵糰已經攪拌成團後再慢慢加入）。（圖11）

9 繼續將麵糰反覆搓揉7～8分鐘成為光滑的麵糰。（圖12）

10 將麵糰滾圓，收口朝下捏緊，放入抹少許油的保鮮盒中。（圖13）

11 在麵糰表面噴一些水，罩上擰乾的濕布（勿接觸麵糰）或蓋子，放置室溫發酵1～1.5小時至兩倍大。（圖14）

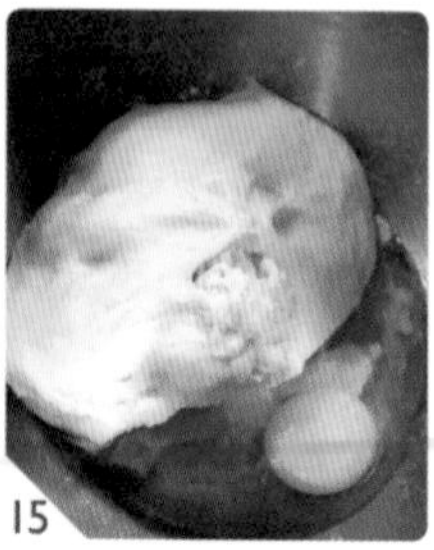
15

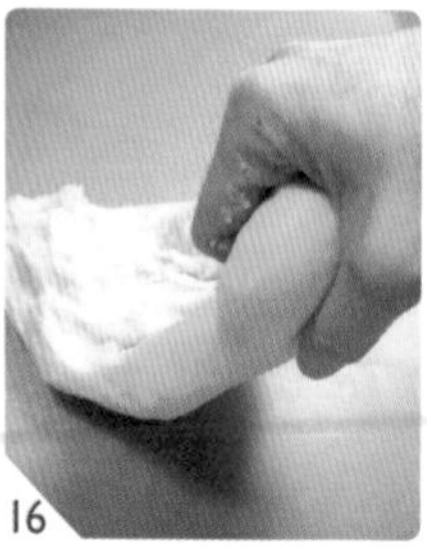
16

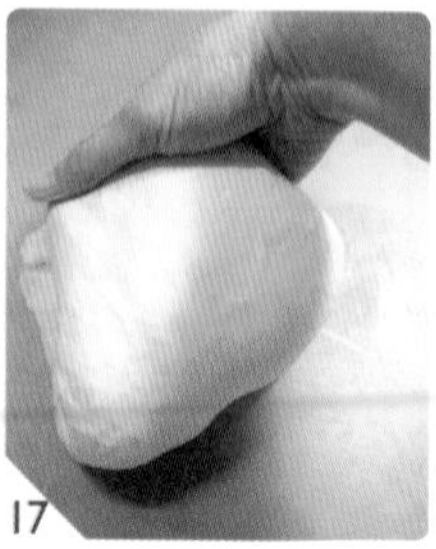
17

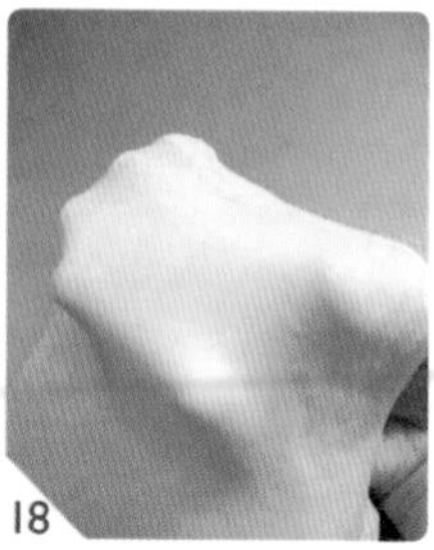
18

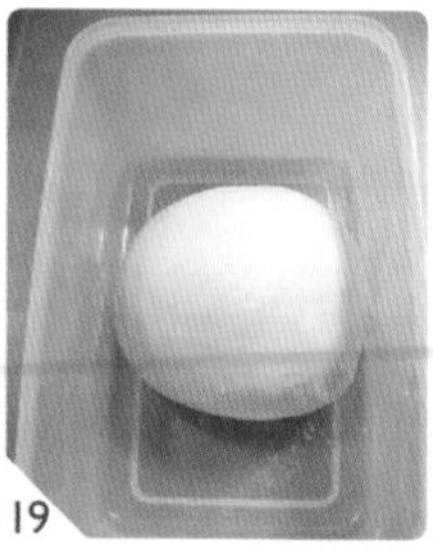
19

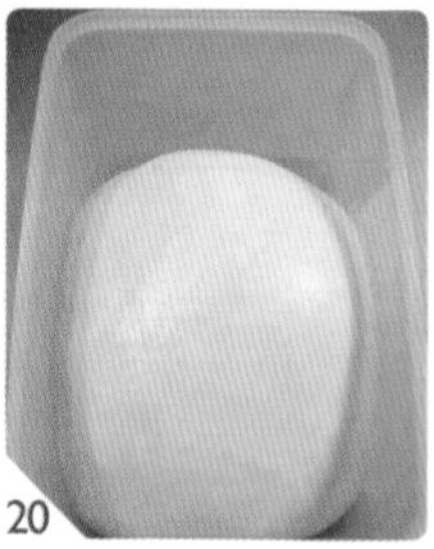
20

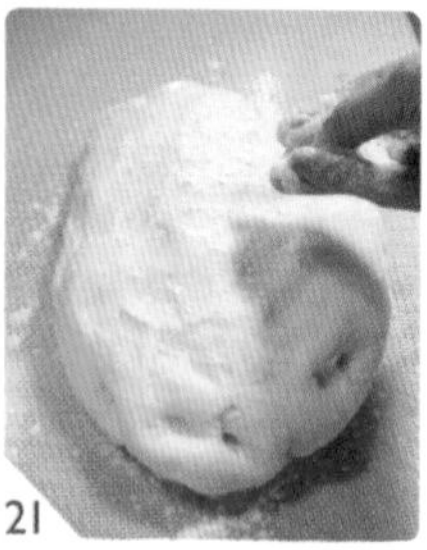
21

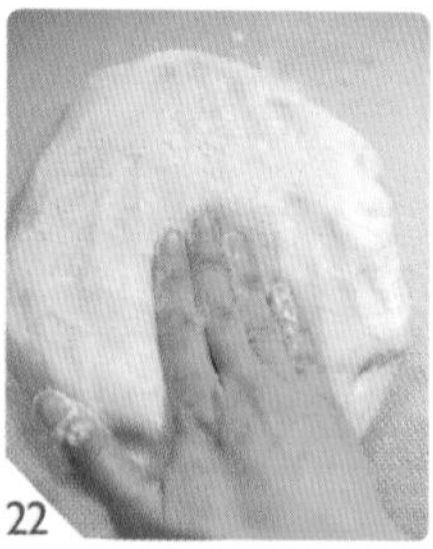
22

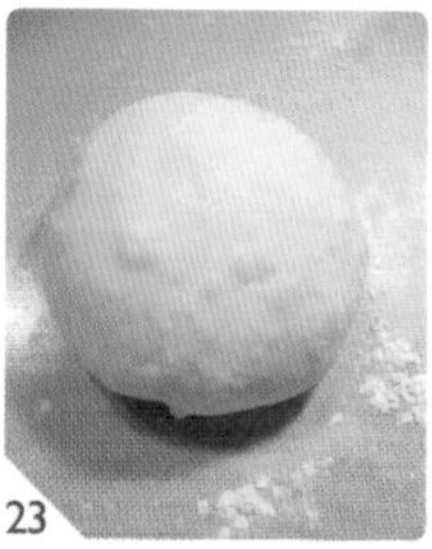
23

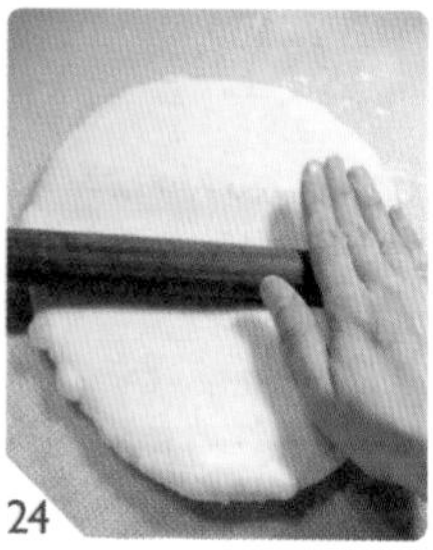
24

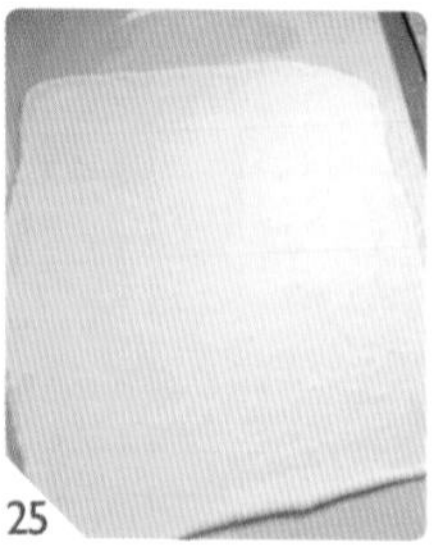
25

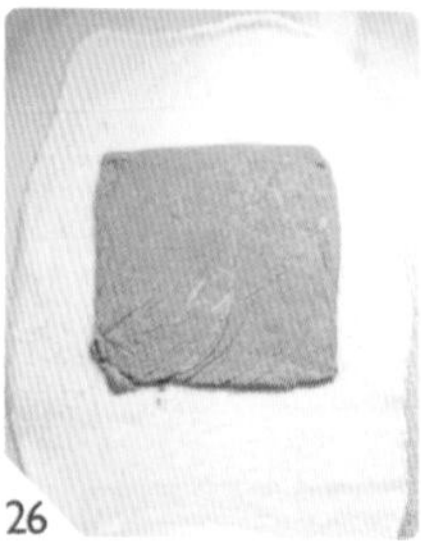
26

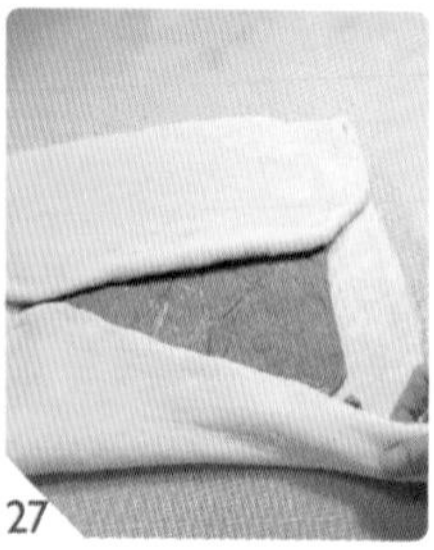
27

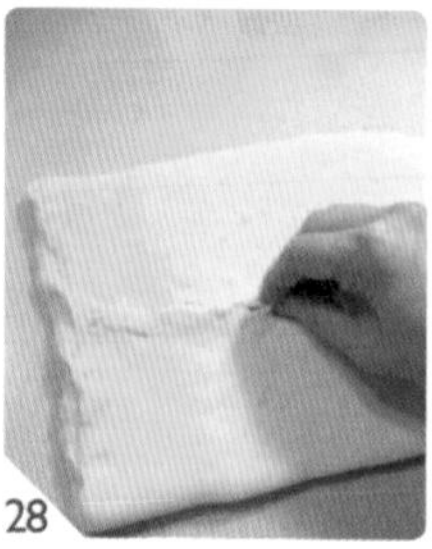
28

C　製作主麵糰

12 將中種麵糰與主麵糰所有材料倒入鋼盆中，攪拌搓揉成為一個不黏手的麵糰（液體的部分要先保留15cc，等麵糰已經攪拌成團後再慢慢加入）。（圖15）

13 依照揉麵標準程序，繼續搓揉甩打成為撐得起薄膜的麵糰。（圖16～18）

14 將麵糰滾圓，收口朝下捏緊，放入抹少許油的盆中。（圖19）

15 在麵糰表面噴一些水，罩上擰乾的濕布（勿接觸麵糰）或保鮮膜，放置到溫暖密閉的空間，發酵約40分鐘約至1.5倍大。（圖20）

16 桌上灑上一些高筋麵粉，將發好的麵糰移出，麵糰表面也灑上一些高筋麵粉。（圖21）

17 將第一次發酵完成的麵糰空氣拍出，然後滾成圓形，蓋上乾淨的布，再讓麵糰休息15分鐘。（圖22、23）

18 休息好的麵糰表面灑些高筋麵粉避免沾黏，擀成長方形（約是抹茶夾餡的兩倍大）。（圖24、25）

19 將抹茶夾餡由冰箱冷凍庫取出，放在擀開的麵皮中間。（圖26）

20 上下麵皮往中央摺起來捏緊，將抹茶夾餡包住，四周仔細捏緊。（圖27、28）

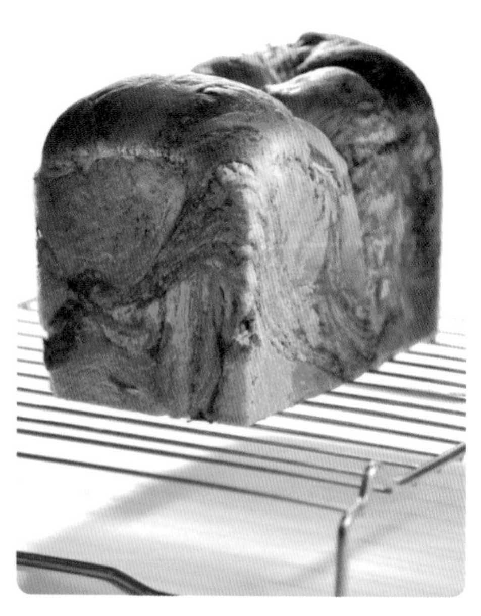

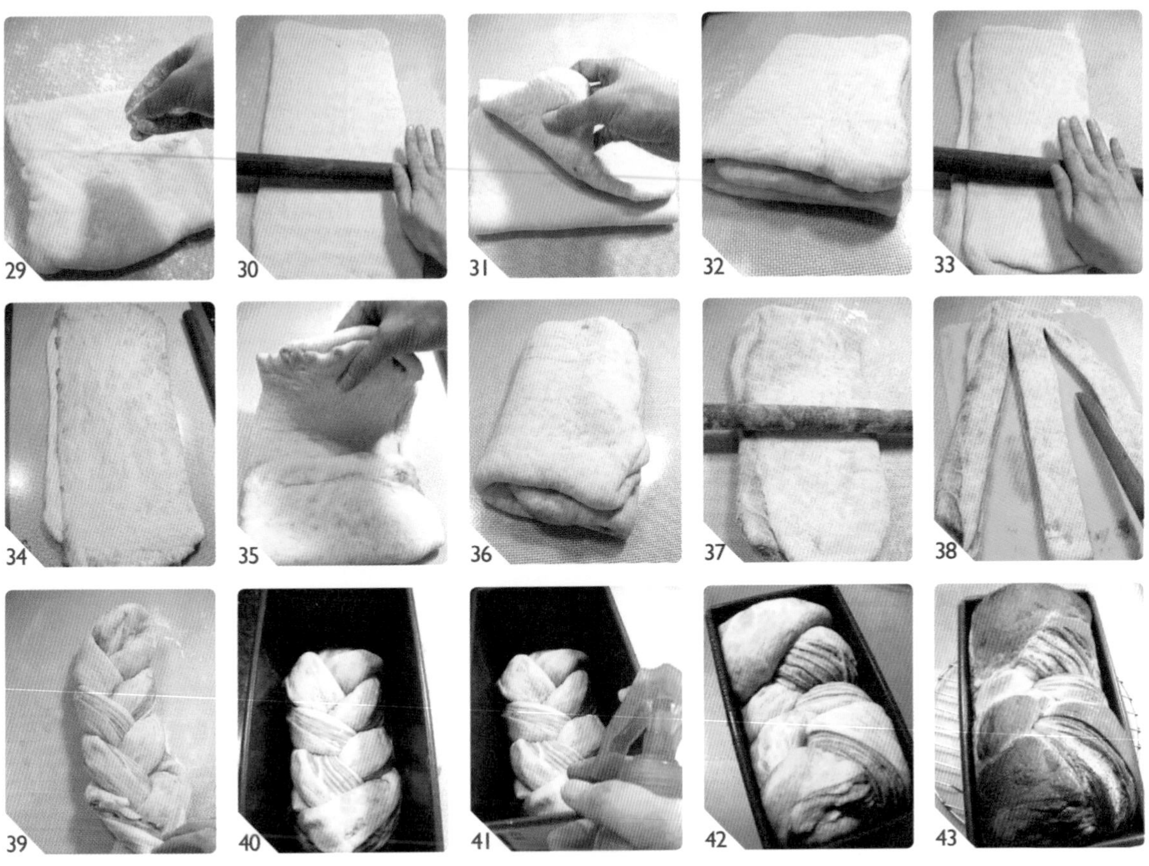

21 麵皮上灑一些高筋麵粉避免沾黏，將麵皮慢慢擀開成為兩倍大。（圖29、30）

22 擀開的麵皮折成3摺再度擀開。（圖31～33）

23 再重複步驟21及22做兩次即可。（圖34～36）

24 最後一次將麵皮擀開成為一個長方形，平均切成3條（麵皮上方保留1～2cm，不需要切斷）。（圖37、38）

25 切開的麵皮交錯編成麻花狀。（圖39）

26 編好辮子的麵糰兩端收口捏緊，放入吐司模中。（圖40）

27 在麵糰表面噴些水，放在密閉溫暖空間，再發酵60～70分鐘至滿模程度。（圖41、42）

28 發酵時間到前10分鐘，打開烤箱預熱到170℃。

29 放入已經預熱到170℃的烤箱中，烘烤35分鐘（表面若上色太快，可以在已經烤了25分鐘後，在表面鋪一張錫箔紙）。

30 麵包烤好後，馬上從烤模中倒出來，放在鐵網架上放涼。（圖43）

31 完全涼透後，再使用麵包專用刀切片才切的漂亮。

黑糖菠蘿奶油吐司

| 中種法 |

Butter Bread Loaf with Brown Sugar Cookie

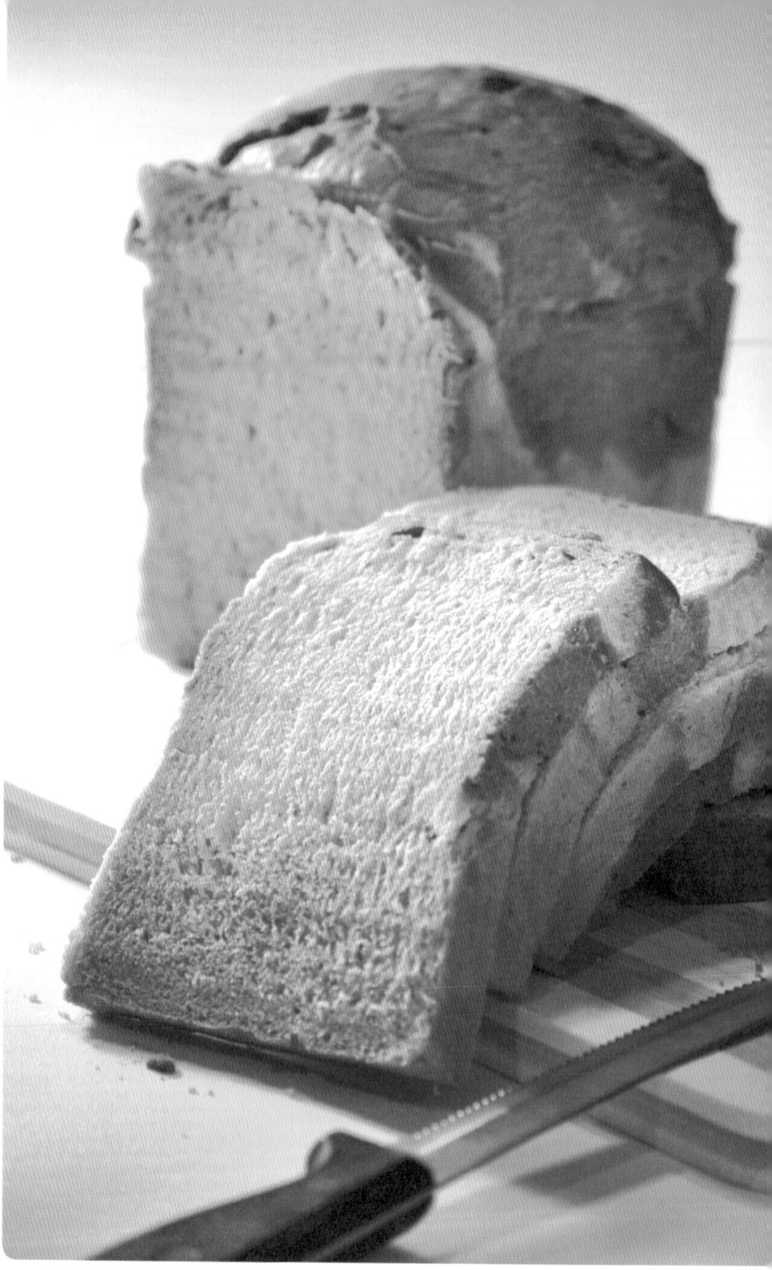

將甜點與麵包結合，
成品變的華麗又迷人。
黑糖獨特的香味降低甜膩感，
表皮酥脆的菠蘿皮讓人吃了意猶未盡。
下午茶不一定要吃蛋糕，
來一片現烤手工麵包搭配咖啡
或茶也是超享受！

份 量

12兩吐司模
（20cm×10cm
×10cm）
1個

材 料

A. 黑糖菠蘿皮麵糰

無鹽奶油60g　黑糖50g　低筋麵粉120g　雞蛋液25g

B. 中種法基本麵糰

高筋麵粉200g　冷水130cc　速發乾酵母1/2t

C. 主麵糰

中種麵糰全部　高筋麵粉70g　低筋麵粉30g
黑糖80g　鹽1/4t　無鹽奶油40g　溫水70cc

製作方法……中種法
第一次發酵……40分鐘
休息鬆弛……30分鐘
第二次發酵……60～70分鐘
預熱溫度……170℃
烘烤溫度……170℃
烘烤時間……38～40分鐘

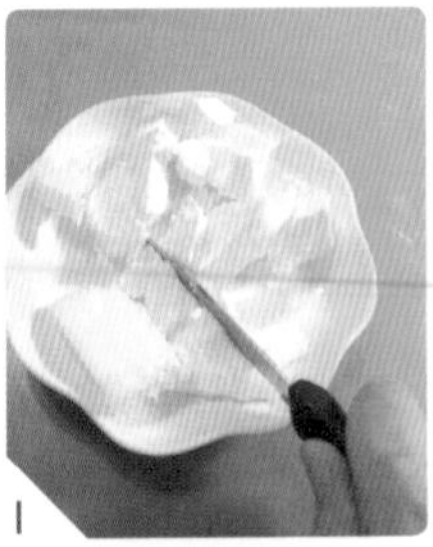

1  2  3 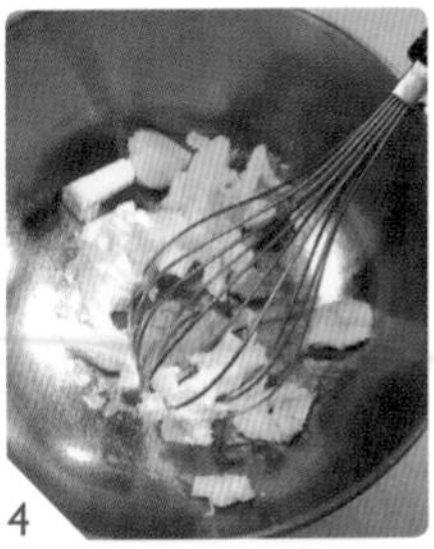 4  5

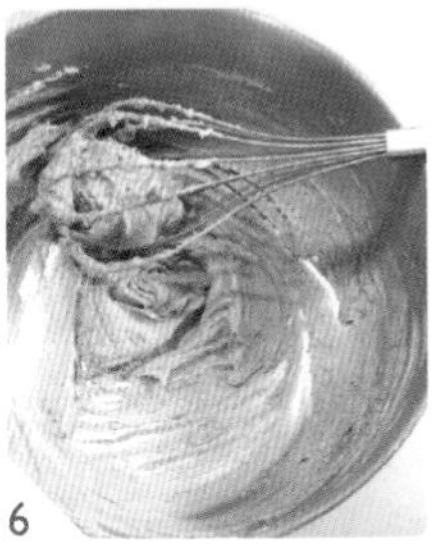

6 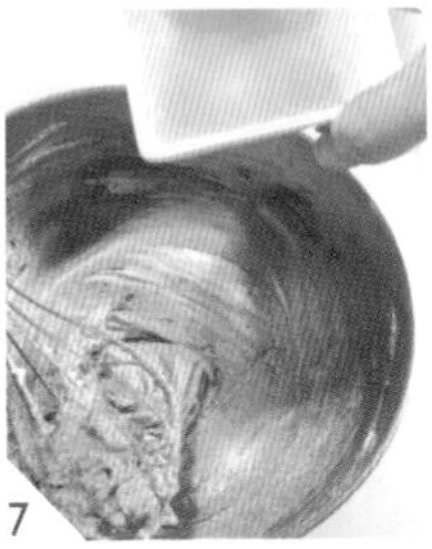 7  8  9  10

11 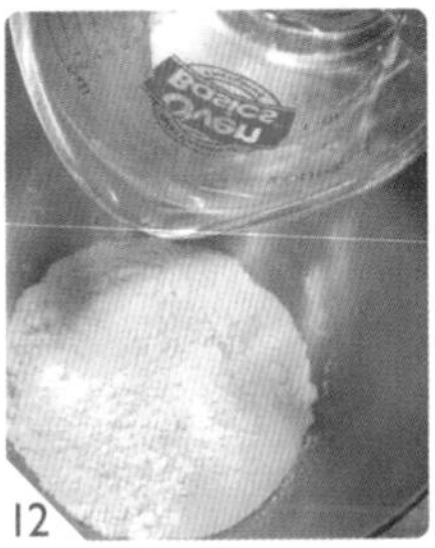 12 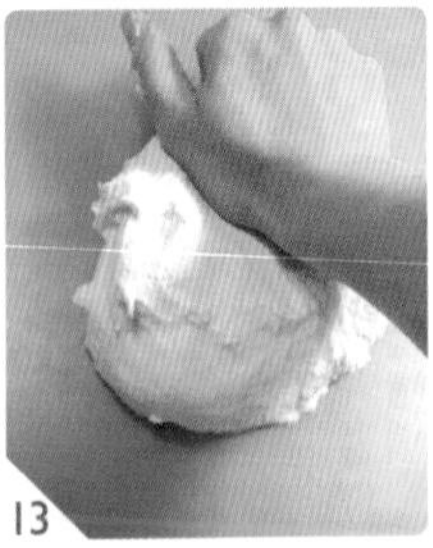 13 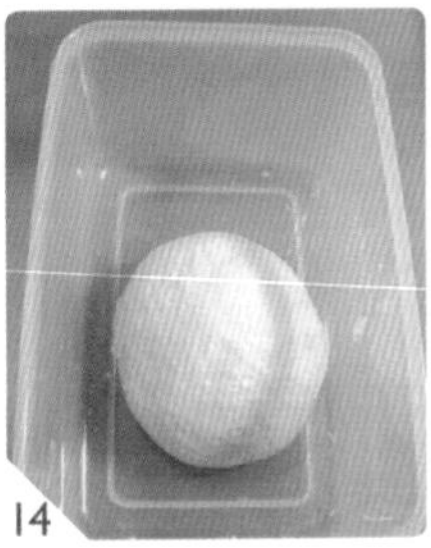 14 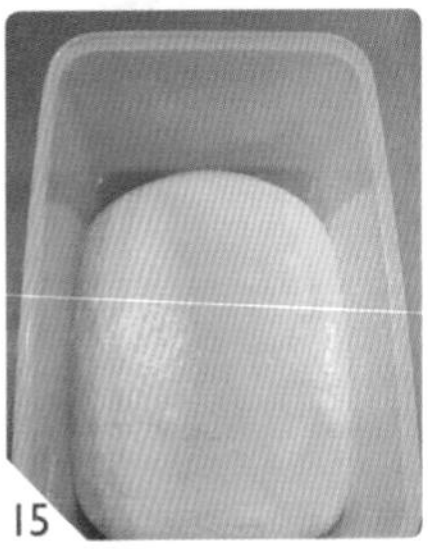 15

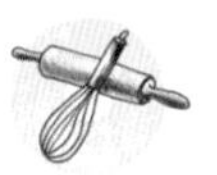

做　法

A　**製作黑糖菠蘿皮麵糰**

1　無鹽奶油切小塊，回復室溫（無鹽奶油不要回溫到太軟的狀態，只要手指壓按有痕跡的程度就好）。（圖1）

2　低筋麵粉及黑糖分別用濾網過篩。（圖2、3）

3　將無鹽奶油放入盆中，使用打蛋器攪打成乳霜狀。（圖4）

4　加入黑糖混合均勻。（圖5、6）

5　再將蛋液分2～3次加入，混合均勻。（圖7）

6　最後將過篩的粉類分兩次加入，使用刮刀用按壓的方式混合成團狀（不要過度攪拌避免麵粉產生筋性影響口感）。（圖8～10）

7　包上保鮮膜，放入冰箱冷藏備用。（圖11）

8　冷藏到麵包開始整型之前取出稍微回溫。

B　**製作中種法基本麵糰**

9　將中種材料攪拌搓揉成為一個均勻沒有粉粒的麵糰（液體的部分要先保留30cc，等麵糰已經攪拌成團後再慢慢加入）。（圖12）

10　繼續將麵糰反覆搓揉7～8分鐘成為光滑的麵糰。（圖13）

11　將麵糰滾圓，收口朝下捏緊，放入抹少許油的保鮮盒中。（圖14）

12　在麵糰表面噴一些水，罩上擰乾的濕布（勿接觸麵糰）或蓋子，放置室溫發酵1～1.5小時至兩倍大。（圖15）

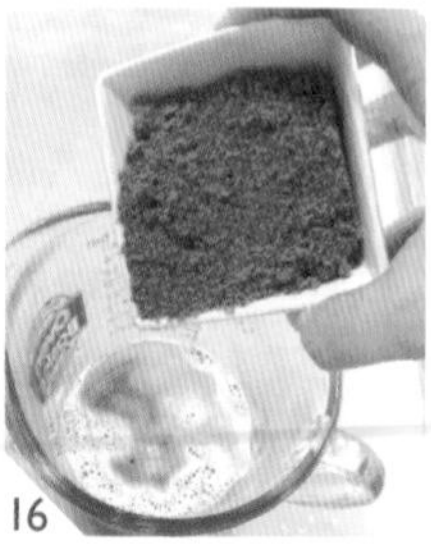
16

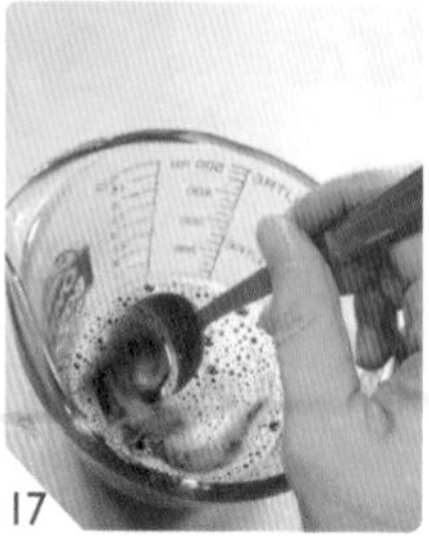
17

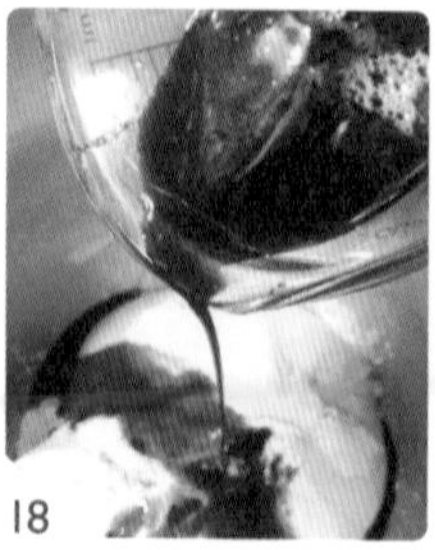
18

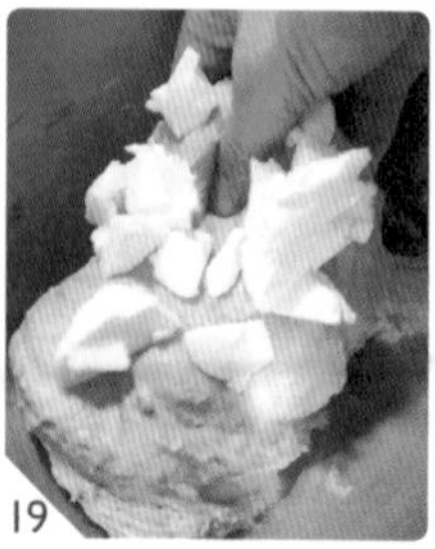
19

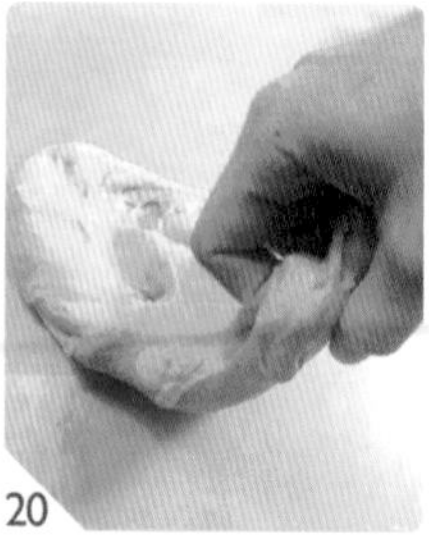
20

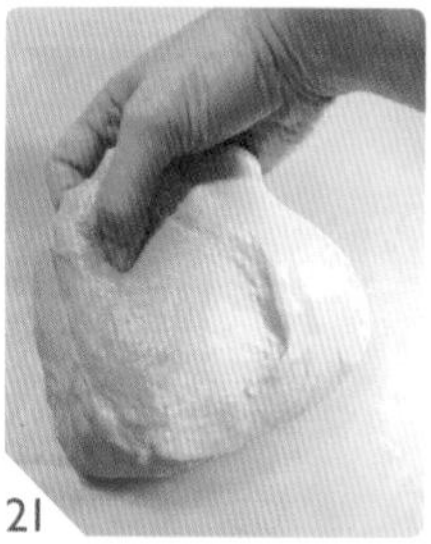
21

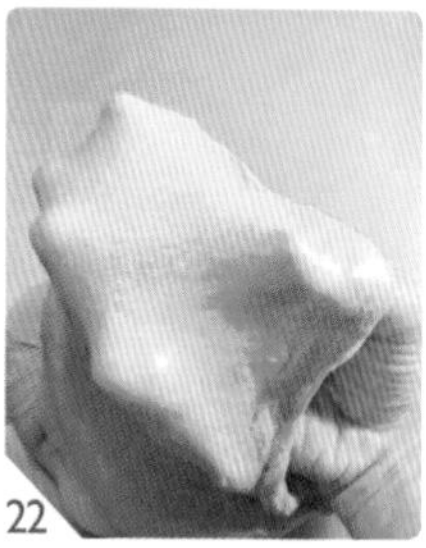
22

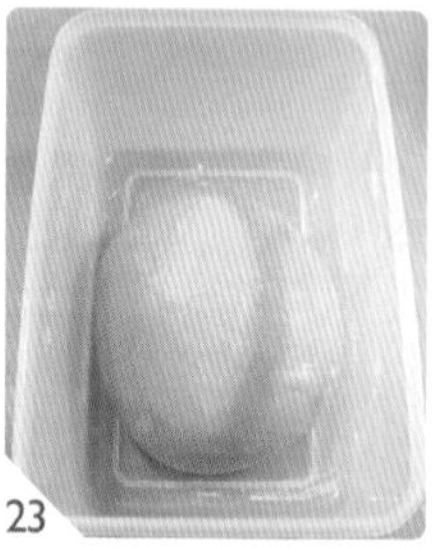
23

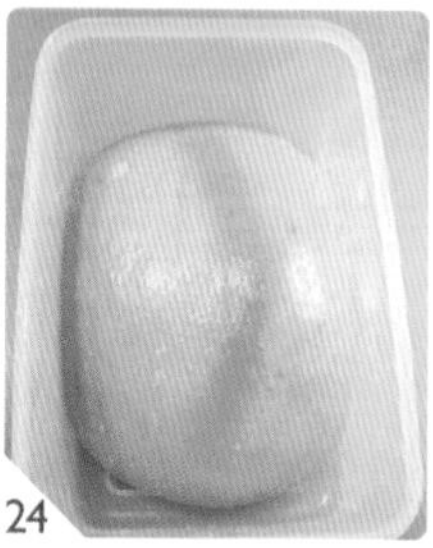
24

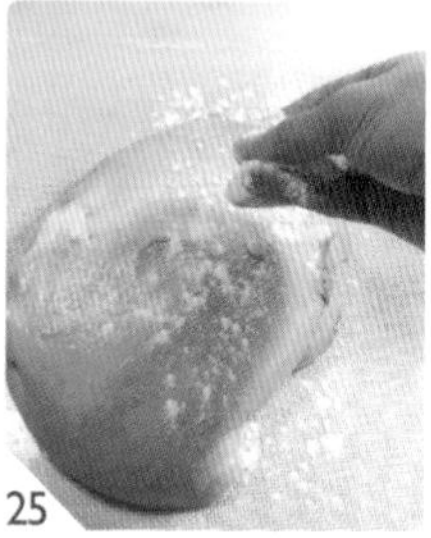
25

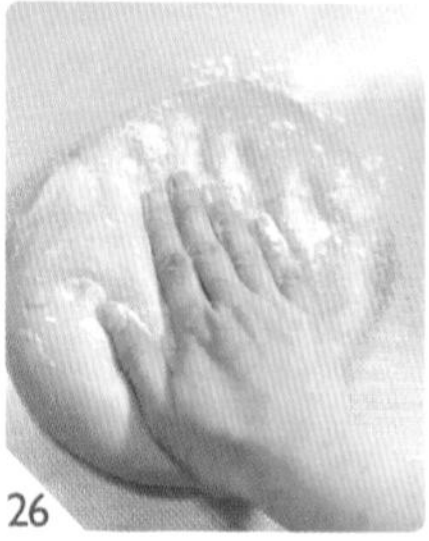
26

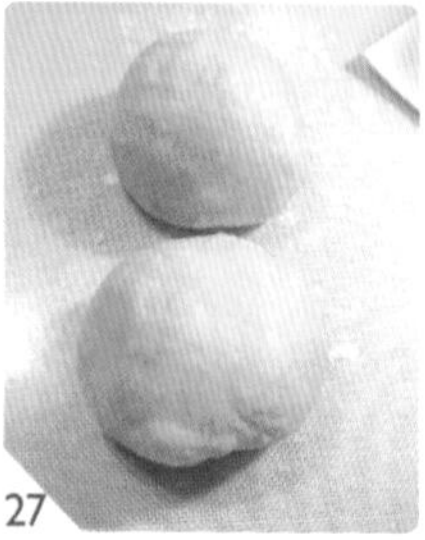
27

C **製作主麵糰**

13 黑糖放入溫水中混合均勻融化放涼。（圖16、17）

14 將中種麵糰與主麵糰所有材料（無鹽奶油除外）倒入鋼盆中，攪拌搓揉成為一個不黏手的麵糰（液體的部分要先保留15cc，等麵糰已經攪拌成團後再慢慢加入）。（圖18）

15 再加入切成小塊回溫軟化的無鹽奶油丁，搓揉均勻。（圖19）

16 依照揉麵標準程序，繼續搓揉甩打成為撐得起薄膜的麵糰。（圖20～22）

17 將麵糰滾圓，收口朝下捏緊，放入抹少許油的盆中。（圖23）

18 在麵糰表面噴一些水，罩上擰乾的濕布（勿接觸麵糰）或保鮮膜，放置到溫暖密閉的空間，發酵約40分鐘至1.5倍大。（圖24）

19 桌上灑上一些高筋麵粉，將發好的麵糰移出，麵糰表面也灑上一些高筋麵粉。（圖25）

20 將第一次發酵完成的麵糰空氣拍出，平均分割成兩等份（每塊約300g），然後滾成圓形，蓋上乾淨的布，再讓麵糰休息15分鐘。（圖26、27）

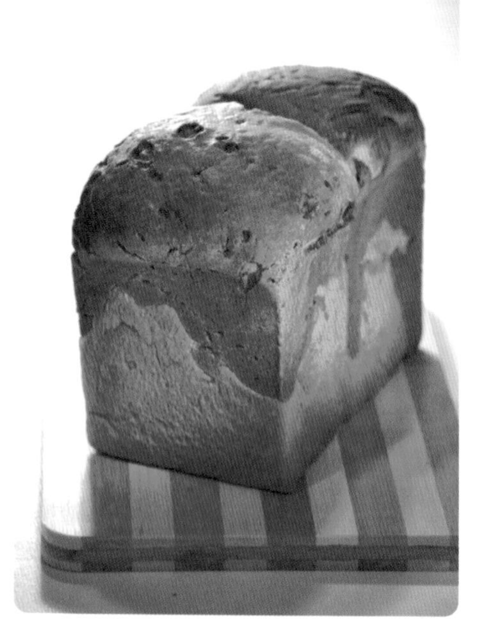

21 休息好的麵糰表面灑些高筋麵粉避免沾黏，擀成長形後翻面，由短向捲起，蓋上乾淨的布，再讓麵糰休息15分鐘。（圖28～30）

22 休息好的麵糰用擀麵棍擀成長條（約40cm），寬度與烤模短向同寬，然後由短向捲起。（圖31～33）

23 回溫的菠蘿麵皮平均分成兩份滾圓。（圖34）

24 桌上灑低筋麵粉避免沾黏，每一個菠蘿外皮沾上低筋麵粉，用擀麵棍擀成大圓片（若覺得沾黏馬上灑低筋麵粉）。（圖35、36）

25 將擀好的菠蘿外皮完全覆蓋在麵糰上方。（圖37）

26 將完成的麵糰收口朝下朝內，間隔適當放入吐司烤模中（若不是不沾烤模，請刷上一層固體奶油，灑上一層薄薄的高筋麵粉避免沾黏）。（圖38）

27 用手稍微輕輕壓一下，使得兩團麵糰高度平均。

28 在麵糰表面噴些水，放在密閉溫暖空間，再發酵60～70分鐘至滿模。（圖39）

29 發酵時間到前10分鐘，打開烤箱預熱到170℃。

30 放入已經預熱到170℃的烤箱中，烘烤38～40分鐘。

31 麵包烤好後，馬上從烤模中倒出來，放在鐵網架上放涼。（圖40、41）

32 完全涼透後，再使用麵包專用刀切片才切的漂亮。

南瓜蔓越莓吐司

| 中種法 |

Pumpkin Bread Loaf with Cranberry

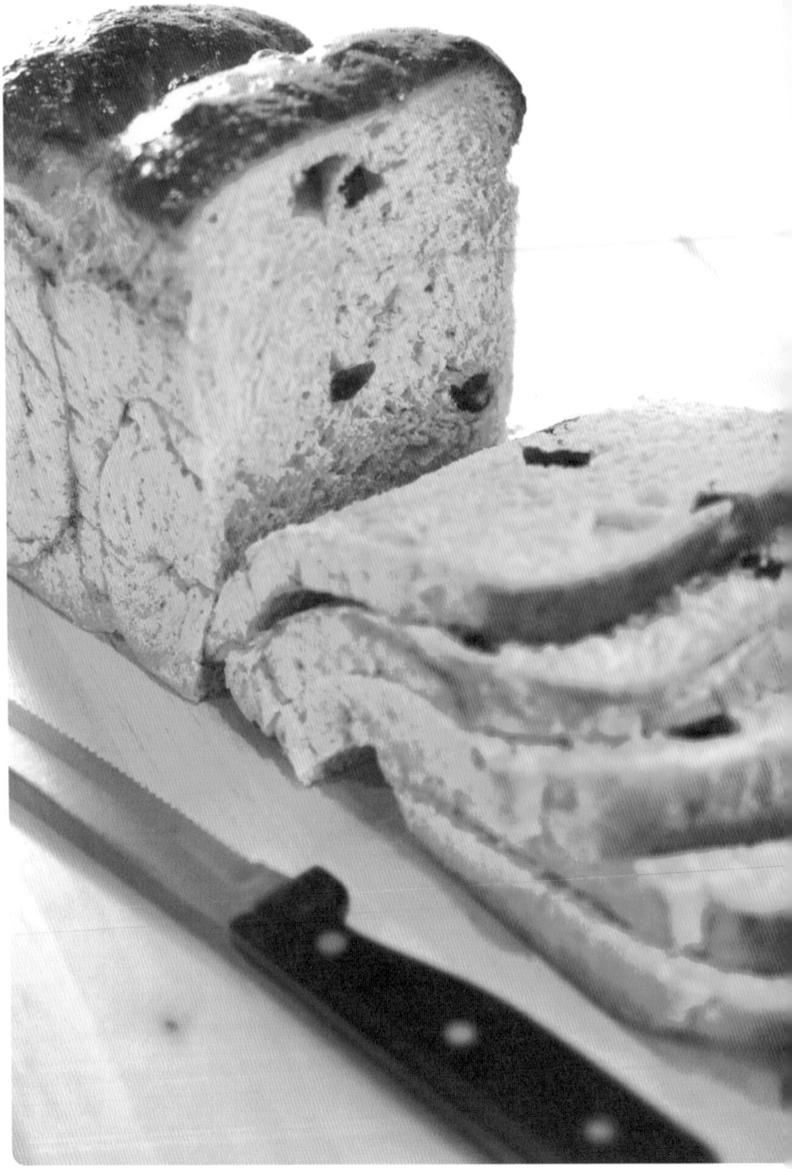

從出版社輾轉收到格友尹珊寄來的南瓜，娟秀的字跡，沉甸甸的愛心讓我好生感動。直接蒸熟吃了一塊，有著自然甘甜，自家栽種的南瓜彷彿有著特別的魔力，讓我的廚房更有味道。天氣熱，做麵包更是耗費體力，不過溫暖的氣溫讓麵糰發酵的特別好。黃澄澄的南瓜襯托著麵糰顏色燦爛金黃，好像陽光給人源源不絕的活力。好吃的南瓜讓吐司又軟又綿密，一出爐放涼就忍不住嗑起來。謝謝朋友分享的美好。

份　量

12兩吐司模
（20cm×10cm×10cm）
1個

材　料

A. 中種法基本麵糰

高筋麵粉200g　速發乾酵母1/2t　南瓜泥130g

B. 主麵糰

中種麵糰全部　高筋麵粉30g　全麥麵粉50g
南瓜泥65g　細砂糖20g　鹽1/4t
橄欖油30g　蔓越莓乾40g

C. 表面裝飾

全蛋液適量

製作方法……………………中種法
第一次發酵…………………40分鐘
休息鬆弛……………………15分鐘
第二次發酵…………60～70分鐘
預熱溫度…………………170℃
烘烤溫度…………………170℃
烘烤時間…………38～40分鐘

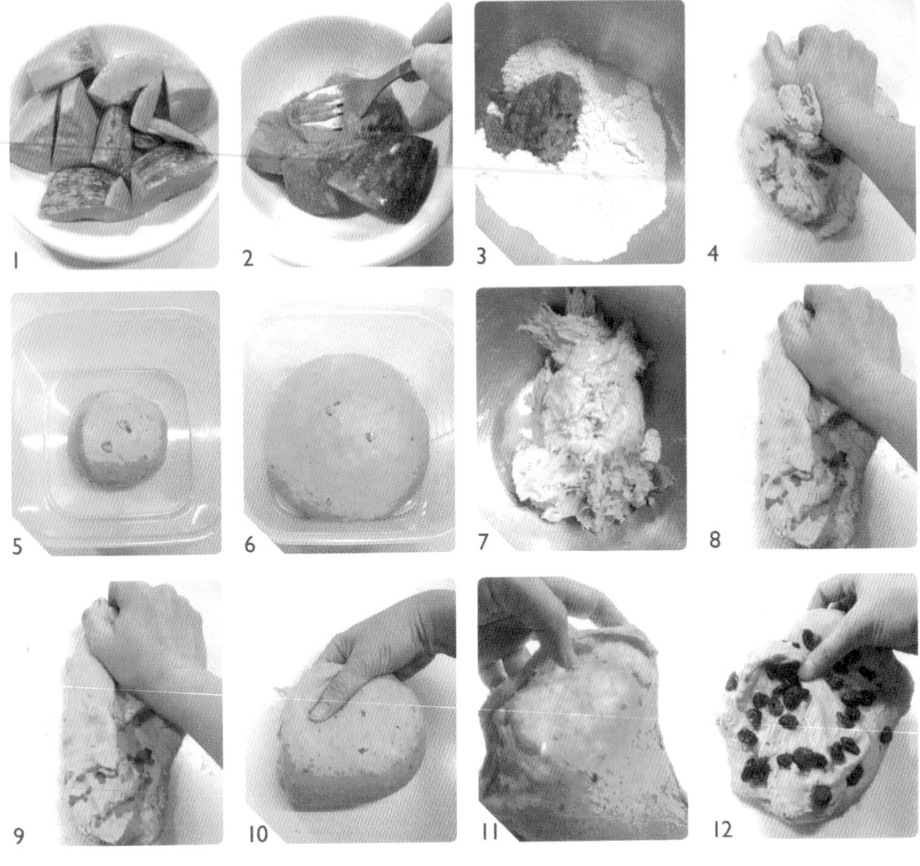

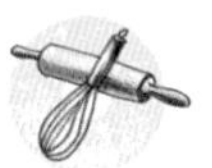

做 法

A 製作中種法基本麵糰

1 南瓜洗乾淨，連皮切大塊，以大火蒸15分鐘至熟軟，壓成泥狀取130g放涼。（圖1、2）

2 將中種材料攪拌搓揉成為一個均勻沒有粉粒的麵糰（南瓜泥的部分要先保留30g，等麵糰已經攪拌成團後再慢慢加入）。（圖3）

3 繼續將麵糰反覆搓揉7～8分鐘成為光滑的麵糰。（圖4）

4 將麵糰滾圓，收口朝下捏緊，放入抹少許油的保鮮盒中。（圖5）

5 在麵糰表面噴一些水，罩上擰乾的濕布（勿接觸麵糰）或蓋子，放置室溫發酵1～1.5小時至兩倍大。（圖6）

B 製作主麵糰

6 將中種麵糰與主麵糰所有材料（蔓越莓乾除外）倒入鋼盆中，攪拌搓揉成為一個不黏手的麵糰（南瓜泥的部分要先保留15g，等麵糰已經攪拌成團後再慢慢加入）。（圖7）

7 依照揉麵標準程序，繼續搓揉甩打成為撐得起薄膜的麵糰。（圖8～11）

8 將蔓越莓乾均勻揉入麵糰中。（圖12）

- 因為南瓜品種不同，含水量也不相同，請依照實際狀況適當斟酌添加份量，若太乾可以另外添加液體調整。
- 蔓越莓乾也可以使用其他種類水果乾代替。

13  14  15 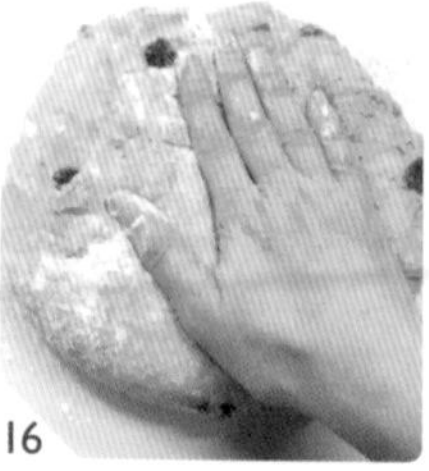 16  17

18 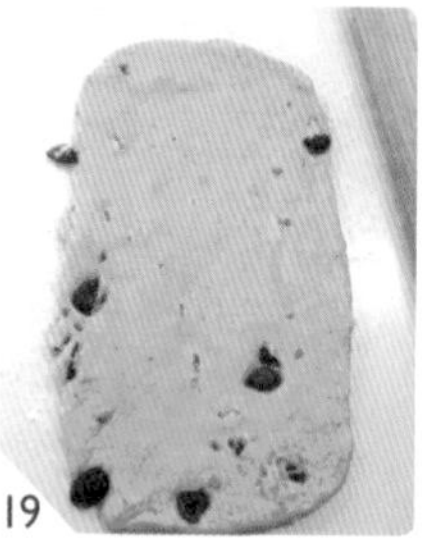 19 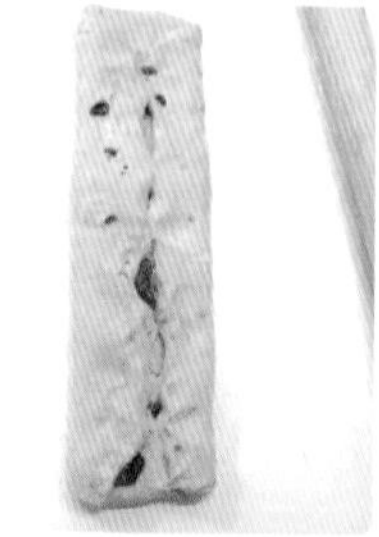 20  21  22

23 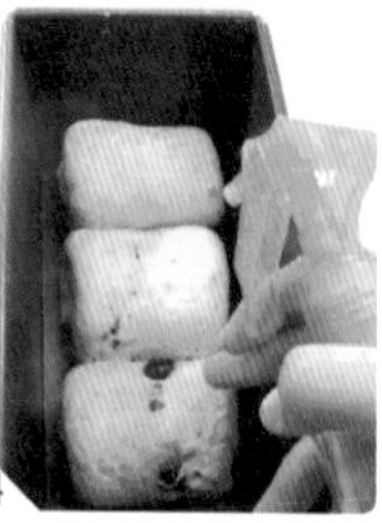 24  25  26  27

9 將麵糰滾圓，收口朝下捏緊，放入抹少許油的盆中。（圖13）

10 在麵糰表面噴一些水，罩上擰乾的濕布（勿接觸麵糰）或保鮮膜，放置到溫暖密閉的空間，發酵約40分鐘至1.5倍大。（圖14）

11 桌上灑上一些高筋麵粉，將發好的麵糰移出，麵糰表面也灑上一些高筋麵粉。（圖15）

12 將第一次發酵完成的麵糰空氣拍出，平均分割成3等份（每塊約180g），然後滾成圓形，蓋上乾淨的布，再讓麵糰休息15分鐘。（圖16～18）

13 休息好的麵糰表面灑些高筋麵粉避免沾黏，擀成20cm×30cm的長方形。（圖19）

14 將左右麵皮平均往中央對折，然後由短向輕輕捲起。（圖20、22）

15 將捲好的麵糰收口朝下朝內，間隔適當放入吐司烤模中（若不是不沾烤模，請刷上一層固體奶油，灑上一層薄薄的高筋麵粉避免沾黏 ）。（圖23）

16 用手稍微輕輕壓一下，使得3團麵糰高度平均。

17 在麵糰表面噴些水，放在密閉溫暖空間，再發酵60～70分鐘至滿模。（圖24）

18 發酵時間到前10分鐘，打開烤箱預熱到170℃。

19 進烤箱前，表面輕輕刷上一層全蛋液。（圖25）

20 放入已經預熱到170℃的烤箱中，烘烤38～40分鐘。

21 麵包烤好後，馬上從烤模中倒出來，放在鐵網架上放涼。（圖26、27）

22 完全涼透後，再使用麵包專用刀切片才切的漂亮。

橄欖油白土司

｜中種法｜

Olive Oil Bread Loaf

自從寫部落格記錄自己的廚房，小小的園地聚集了興趣相仿的朋友。其中很多朋友是純素食，因為他們，我也開始多多接觸蔬食料理。每個星期一是我們家的「無肉日」，我會特別花心思做些清爽美味的素菜，讓吃素也可以有萬種風貌。無蛋無奶的橄欖油白土司，有著簡單卻宜人的滋味！

份量

12兩帶蓋吐司模（20cm×10cm×10cm）

1個

材料

A. 中種法基本麵糰

高筋麵粉200g　冷水130cc　速發乾酵母1/2t

B. 主麵糰

中種麵糰全部　高筋麵粉70g　低筋麵粉30g

細砂糖20g　鹽3/4t　橄欖油30g

冷水70cc

製作方法……………………中種法

第一次發酵………………40分鐘

休息鬆弛…………………20分鐘

第二次發酵………60～70分鐘

預熱溫度……………………210℃

烘烤溫度……………………210℃

烘烤時間…………38～40分鐘

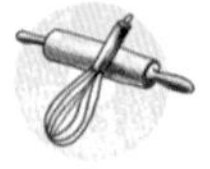

做法

A　製作中種法基本麵糰

1　將中種材料攪拌搓揉成為一個均勻沒有粉粒的麵糰（液體的部分要先保留30cc，等麵糰已經攪拌成團後再慢慢加入）。（圖1）

2　繼續將麵糰反覆搓揉7～8分鐘成為光滑的麵糰。（圖2）

3　將麵糰滾圓，收口朝下捏緊，放入抹少許油的保鮮盒中。（圖3）

4　在麵糰表面噴一些水，罩上擰乾的濕布（勿接觸麵糰）或蓋子，放置室溫發酵1～1.5小時至兩倍大。（圖4）

B　製作主麵糰

5　將中種麵糰與主麵糰所有材料倒入鋼盆中，攪拌搓揉成為一個不黏手的麵糰（液體的部分要先保留15cc，等麵糰已經攪拌成團後再慢慢加入）。（圖5）

6　依照揉麵標準程序，繼續搓揉甩打成為撐得起薄膜的麵糰。（圖6～9）

1

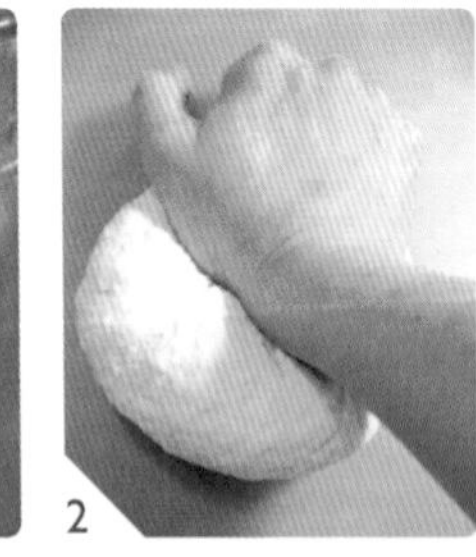
2

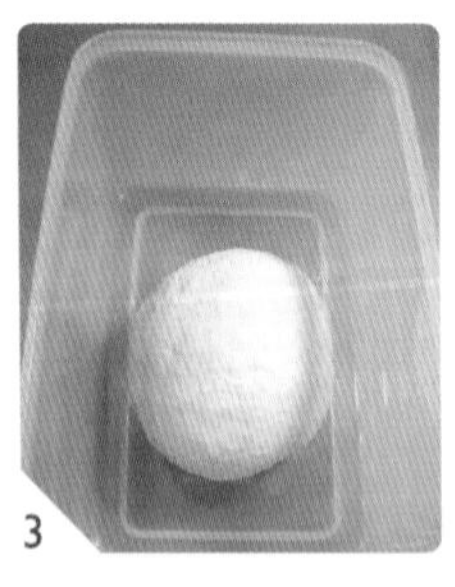
3

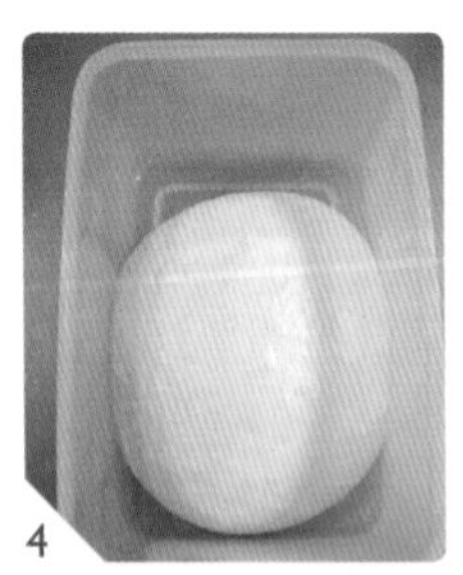
4

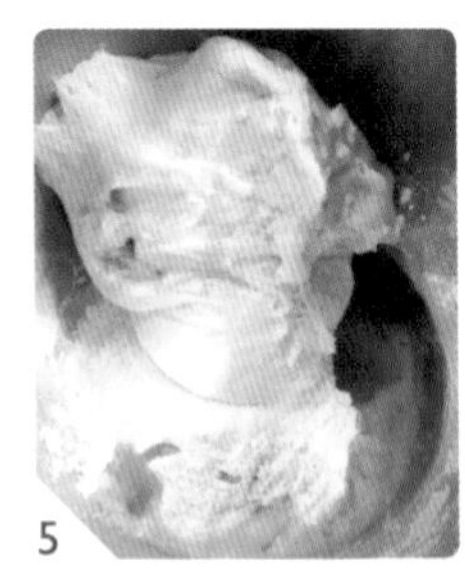
5

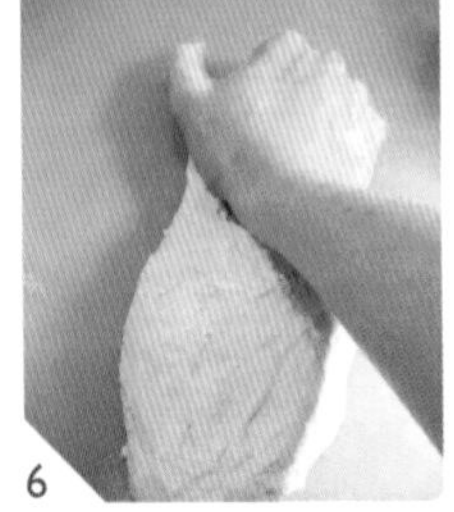
6

7

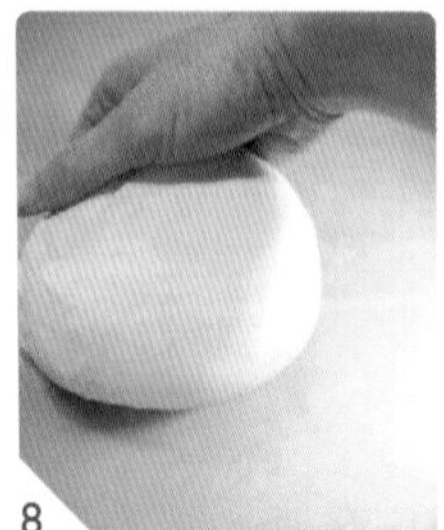
8

9

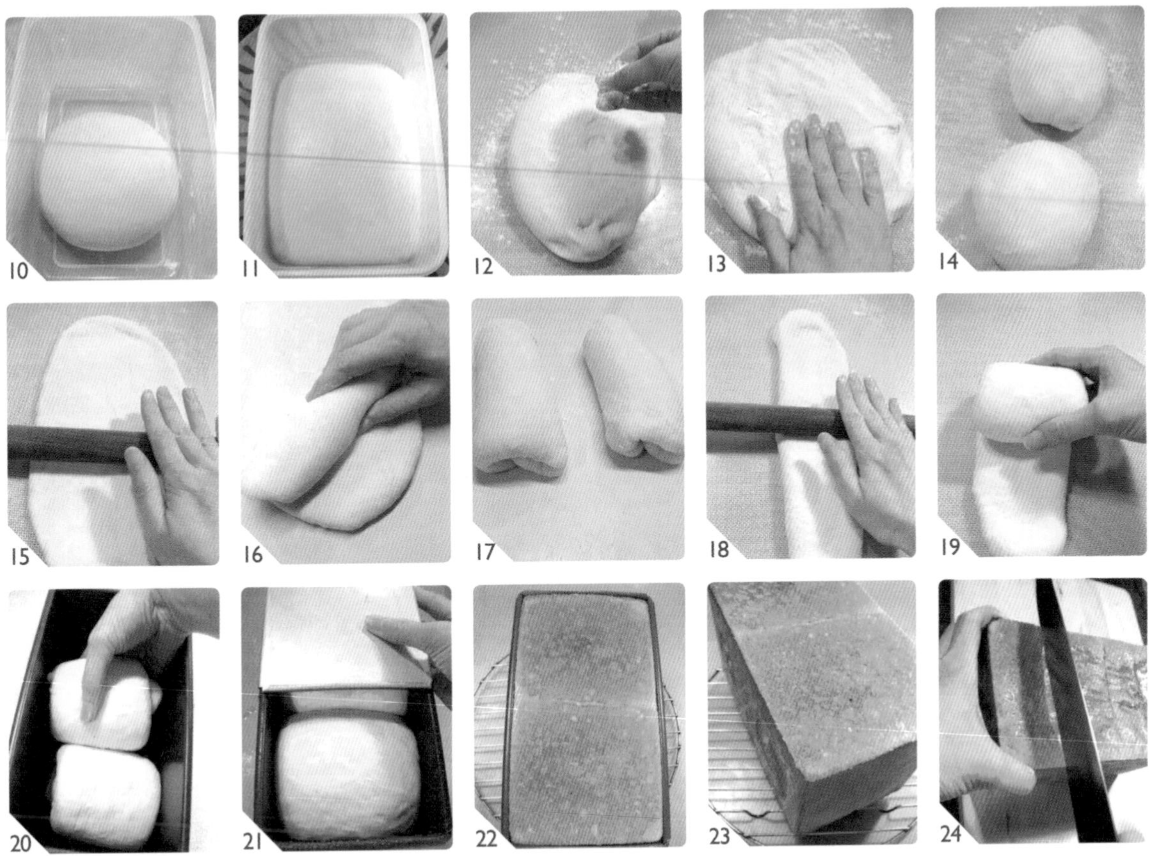

7 將麵糰滾圓，收口朝下捏緊，放入抹少許油的保鮮盒中。（圖10）
8 在麵糰表面噴一些水，罩上擰乾的濕布（勿接觸麵糰）或保鮮膜，放置到溫暖密閉的空間，發酵約40分鐘至1.5倍大。（圖11）
9 桌上灑上一些高筋麵粉，將發好的麵糰移出，麵糰表面也灑上一些高筋麵粉。（圖12）
10 將第一次發酵完成的麵糰空氣拍出，平均分割成兩等份（每塊約280g），然後滾成圓形，蓋上乾淨的布，再讓麵糰休息10分鐘。（圖13、14）
11 休息好的麵糰表面灑些高筋麵粉避免沾黏，擀成長形後翻面，由短向捲起，蓋上乾淨的布，再讓麵糰休息10分鐘。（圖15～17）
12 休息好的麵糰用擀麵棍擀成長條（約40cm），寬度與烤模短向同寬，然後由短向捲起。（圖18、19）
13 將捲好的麵糰收口朝下朝內，間隔適當放入吐司烤模中（若不是不沾烤模，請刷上一層固體奶油，灑上一層薄薄的高筋麵粉避免沾黏）。（圖20）
14 用手稍微輕輕壓一下，使得兩團麵糰高度平均。
15 在麵糰表面噴些水，放在密閉溫暖空間，再發酵60～70分鐘至九分滿模。
16 發酵時間到前10分鐘，打開烤箱預熱到210℃。
17 將吐司模蓋子蓋上。（圖21）
18 放入已經預熱到210℃的烤箱中，烘烤38～40分鐘。（圖22）
19 麵包烤好後，上從烤模中倒出來，放在鐵網架上放涼。（圖23）
20 完全涼透後，再使用麵包專用刀切片才切的漂亮。（圖24）

玉米起司吐司

｜湯種法｜

Whole Wheat Bread Loaf with Cheese and Corn

台北這兩天出現暖暖的陽光，
一早就忙著洗衣曬被子。
這幾個月來北部日照天數實在太少，
真讓人悶的快發霉了。
下午帶著貓咪在陽台曬太陽，
我也瞇起眼睛享受這難得的溫暖。
希望陽光慢點走，再多給我幾天好天氣！

份 量

12兩吐司模（20cm×10cm×10cm）

1個

材 料

A. 牛奶湯種麵糊

牛奶90cc　高筋麵粉20g

B. 主麵糰

牛奶湯種麵糊全部（約100g）　高筋麵粉200g
全麥麵粉80g　速發乾酵母1/2t　細砂糖15g
鹽1/4t　無鹽奶油20g　牛奶140cc

C. 內餡

甜玉米粒100g　乳酪片3片（約120g）

D. 表面裝飾

全蛋液適量

Baking Points

製作方法……………湯種法
第一次發酵……………60分鐘
休息鬆弛……………15分鐘
第二次發酵………60～70分鐘
預熱溫度……………170℃
烘烤溫度……………170℃
烘烤時間…………38～40分鐘

做 法

A 製作牛奶湯種麵糊

1 將牛奶倒入高筋麵粉中攪拌均勻。
2 將攪拌均勻的麵糊放入瓦斯爐上，用小火加熱，邊煮邊攪拌，煮到開始變濃稠就關火，繼續攪拌呈現出漩渦狀麵糊就好。
3 用橡皮刮刀刮成團狀。
4 放涼後就可以直接使用，放入冰箱可以冷藏3天。

B 製作主麵糰

5 將所有材料倒入鋼盆中，攪拌搓揉成為一個不黏手的麵糰（牛奶的部分要先保留30cc，等麵糰已經攪拌成團後再慢慢加入）。（圖1）
6 依照揉麵標準程序，繼續搓揉甩打成為撐得起薄膜的麵糰。（圖2～4）
7 將揉好的麵糰滾圓，收口朝下捏緊，放入塗抹少許油的保鮮盒中。（圖5）
8 在麵糰表面噴一些水，罩上擰乾的濕布（勿接觸麵糰）或蓋子，放置到溫暖密閉的空間，發酵約60分鐘至兩倍大。（圖6）
9 將第一次發酵完成的麵糰空氣拍出，然後滾成圓形，蓋上乾淨的布，再讓麵糰休息15分鐘。（圖7～9）
10 桌上灑上一些高筋麵粉，將休息好的麵糰移出，麵糰表面也灑上一些高筋麵粉。
11 將麵糰擀成與烤模長向同寬，約寬20cm×長30cm的長方形。（圖10、11）

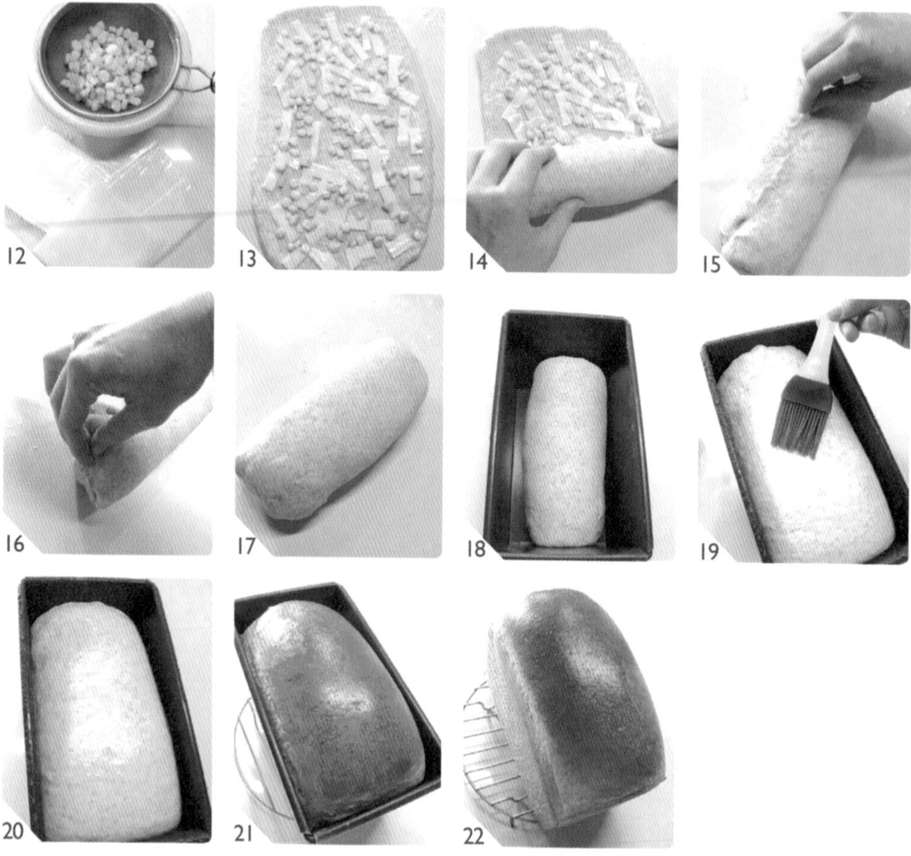

12 光滑面朝下，均勻鋪上甜玉米粒及撕小塊的乳酪片。（圖12、13）

13 由短向輕輕捲起，收口捏緊成為一個柱狀。（圖14～17）

14 將捲好的麵糰收口朝下朝內，放入吐司烤模中（若不是不沾烤模，請刷上一層固體奶油，灑上一層薄薄的高筋麵粉避免沾黏 。（圖18、19）

15 在麵糰表面噴些水，放在密閉溫暖空間，再發酵60～70分鐘至滿模。（圖20）

16 發酵時間到前10分鐘，打開烤箱預熱到170℃。

17 進烤箱前，表面輕輕刷上一層全蛋液。

18 放入已經預熱到170℃的烤箱中，烘烤38～40分鐘。

19 麵包烤好後，馬上從烤模中倒出來，放在鐵網架上放涼。（圖21、22）

20 完全涼透後，再使用麵包專用刀切片才切的漂亮。

豆漿湯種吐司

|湯種法|

Soy Milk Bread Loaf

好久沒有做湯種麵包，一做就停不下來。雖然湯種製作過程麻煩一些，但是保溼柔軟的麵包組織卻讓我覺得值得。出爐一陣撲鼻而來的麥香彌漫整間屋子。這是最感動的一刻。

份 量

12兩帶蓋吐司模（20cm×10cm×10cm）

1個

材 料

A. 豆漿湯種麵糊

黃豆粉2T　溫水250cc　高筋麵粉50g

B. 主麵糰

湯種麵糊100g　高筋麵粉220g　全麥麵粉30g
速發乾酵母1/2t　鹽1/3t　細砂糖20g
橄欖油30g　豆漿100cc

Baking Points	
製作方法	湯種法
第一次發酵	60分鐘
休息鬆弛	20分鐘
第二次發酵	60～70分鐘
預熱溫度	210℃
烘烤溫度	210℃
烘烤時間	38～40分鐘

做 法

A 製作豆漿湯種麵糊

1 將黃豆粉加入溫水中攪拌均勻。（圖1、2）
2 然後將豆漿加入高筋麵粉中混合均勻（圖3、4）
3 將攪拌均勻的麵糊放入瓦斯爐上，用中小火加熱，邊煮邊攪拌，煮到開始變濃稠就關火繼續攪拌，呈現出漩渦狀麵糊就好。（圖5～8）
4 放涼後就可以直接使用，放冰箱可以冷藏3天。

B 製作主麵糰

5 將所有材料倒入鋼盆中，攪拌搓揉成為一個不黏手的麵糰（豆漿的部分要先保留30cc，等麵糰已經攪拌成團後再慢慢加入）。（圖9）
6 依照揉麵標準程序，繼續搓揉甩打成為撐得起薄膜的麵糰。（圖10～12）

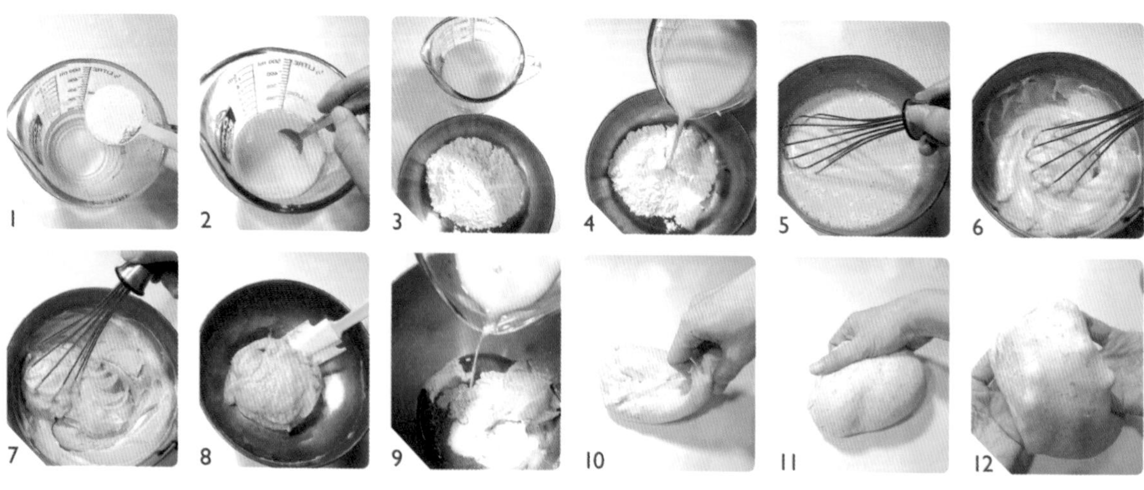

小叮嚀

- 可直接使用250cc無糖豆漿代替黃豆粉及溫水。

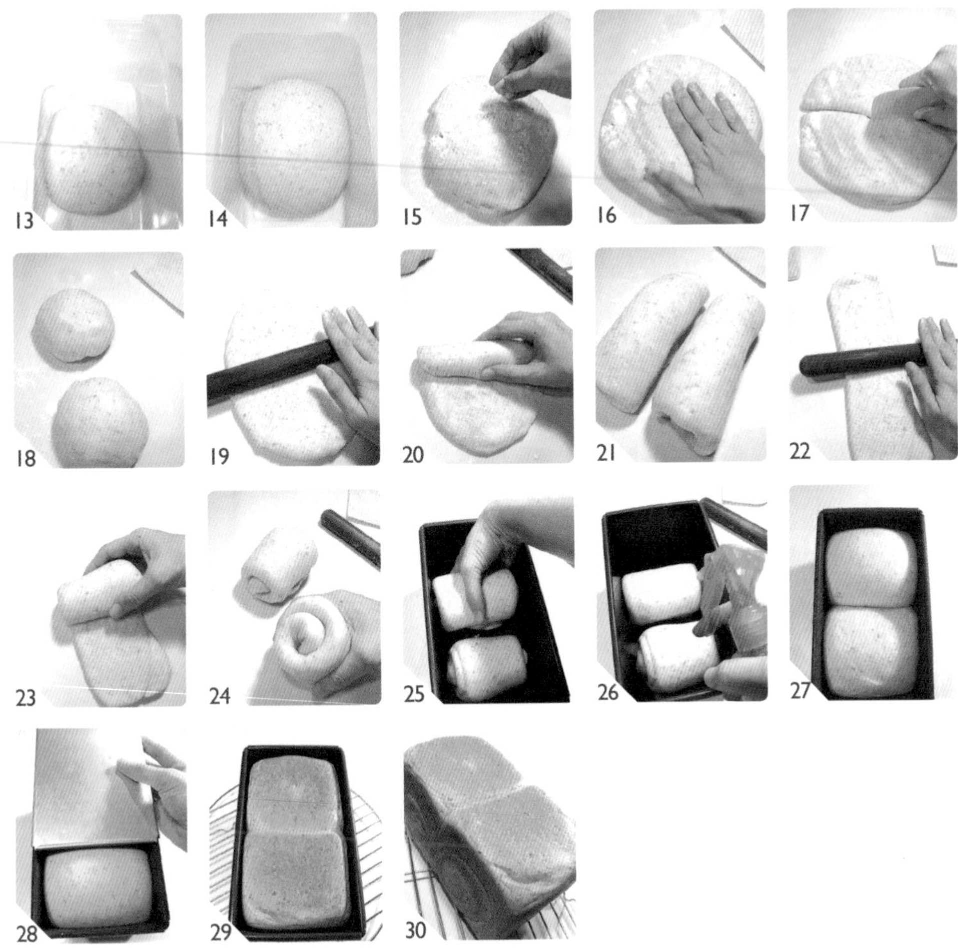

7 將揉好的麵糰滾圓，收口朝下捏緊，放入塗抹少許油的保鮮盒中。（圖13）

8 在麵糰表面噴一些水，罩上擰乾的濕布（勿接觸麵糰）或蓋子，放置到溫暖密閉的空間，發酵約60分鐘至兩倍大。（圖14）

9 桌上灑上一些高筋麵粉，將發好的麵糰移出，麵糰表面也灑上一些高筋麵粉。（圖15）

10 將第一次發酵完成的麵糰空氣拍出，平均分割成兩等份（每塊約245g），然後滾成圓形，蓋上乾淨的布，再讓麵糰休息10分鐘。（圖16～18）

11 休息好的麵糰表面灑些高筋麵粉避免沾黏，擀成長形後翻面，由短向捲起，蓋上乾淨的布，再讓麵糰休息10分鐘。（圖19～21）

12 休息好的麵糰用擀麵棍擀成長條（約40cm），寬度與烤模短向同寬，然後由短向捲起。（圖22～24）

13 將捲好的麵糰收口朝下朝內，間隔適當放入吐司烤模中（若不是不沾烤模，請刷上一層固體奶油，灑上一層薄薄的高筋麵粉避免沾黏）。（圖25）

14 用手稍微輕輕壓一下，使得兩團麵糰高度平均。

15 在麵糰表面噴些水，放在密閉溫暖空間，再發酵60～70分鐘至九分滿模。（圖26、27）

16 發酵時間到前10分鐘，打開烤箱預熱到210℃。

17 將吐司模蓋子蓋上。（圖28）

18 放入已經預熱到210℃的烤箱中，烘烤38～40分鐘。

19 麵包烤好後，馬上從烤模中倒出來，放在鐵網架上放涼。（圖29、30）

20 完全涼透後，再使用麵包專用刀切片才切的漂亮。

湯種黑豆吐司

| 湯種法 |

Whole Wheat Bread Loaf with Sweet Black Beans

自己做的甜黑豆除了當做餐前小菜，與麵包結合也是好吃的不得了。淡淡的鹹與淡淡的甜加上柔軟的黑豆，滋味真好，湯種麵糰柔軟又綿密。麵糰變化成各式各樣麵包，成為早餐的一部分。做麵包就是這麼有趣，可以做出獨一無二的味道，我喜歡在廚房中享受這份屬於自己的單純及美好。

份量

12兩吐司模（20cm×10cm×10cm）

1個

材料

A. 牛奶湯種麵糊

牛奶90cc　高筋麵粉20g

B. 主麵糰

牛奶湯種麵糊全部（約100g）　高筋麵粉250g
全麥麵粉30g　速發乾酵母1/2t　鹽1/4t
橄欖油20g　甜黑豆汁（沒有以冷水代替）70cc
冷水70cc

C. 內餡

甜黑豆120g

D. 表面裝飾

全蛋液適量

製作方法⋯⋯⋯⋯湯種法
第一次發酵⋯⋯⋯⋯60分鐘
休息鬆弛⋯⋯⋯⋯15分鐘
第二次發酵⋯⋯⋯60～70分鐘
預熱溫度⋯⋯⋯⋯170℃
烘烤溫度⋯⋯⋯⋯170℃
烘烤時間⋯⋯⋯38～40分鐘

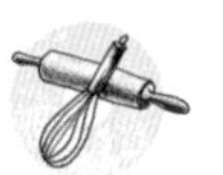

做 法

A 製作牛奶湯種麵糊

1 將牛奶倒入高筋麵粉中攪拌均勻。
2 將攪拌均勻的麵糊放在瓦斯爐上，用小火加熱，邊煮邊攪拌，煮到開始變濃稠就關火，繼續攪拌呈現出漩渦狀麵糊就好。
3 用橡皮刮刀刮成團狀。
4 放涼後就可以直接使用，放入冰箱可以冷藏3天。

B 製作主麵糰

5 將所有材料倒入鋼盆中，攪拌搓揉成為一個不黏手的麵糰（冷水的部分要先保留30cc，等麵糰已經攪拌成團後再慢慢加入）。（圖1）
6 依照揉麵標準程序，繼續搓揉甩打成為撐得起薄膜的麵糰。（圖2～4）
7 將揉好的麵糰滾圓，收口朝下捏緊，放入塗抹少許油的保鮮盒中。（圖5）
8 在麵糰表面噴一些水，罩上擰乾的濕布（勿接觸麵糰）或蓋子，放置到溫暖密閉的空間，發酵約60分鐘至兩倍大。（圖6）
9 桌上灑上一些高筋麵粉，將發好的麵糰移出，麵糰表面也灑上一些高筋麵粉。（圖7）
10 將第一次發酵完成的麵糰空氣拍出，然後滾成圓形，蓋上乾淨的布，再讓麵糰休息15分鐘。（圖8、9）
11 休息好的麵糰表面灑些高筋麵粉避免沾黏，擀成與烤模長向同寬的長方形。（圖10、11）

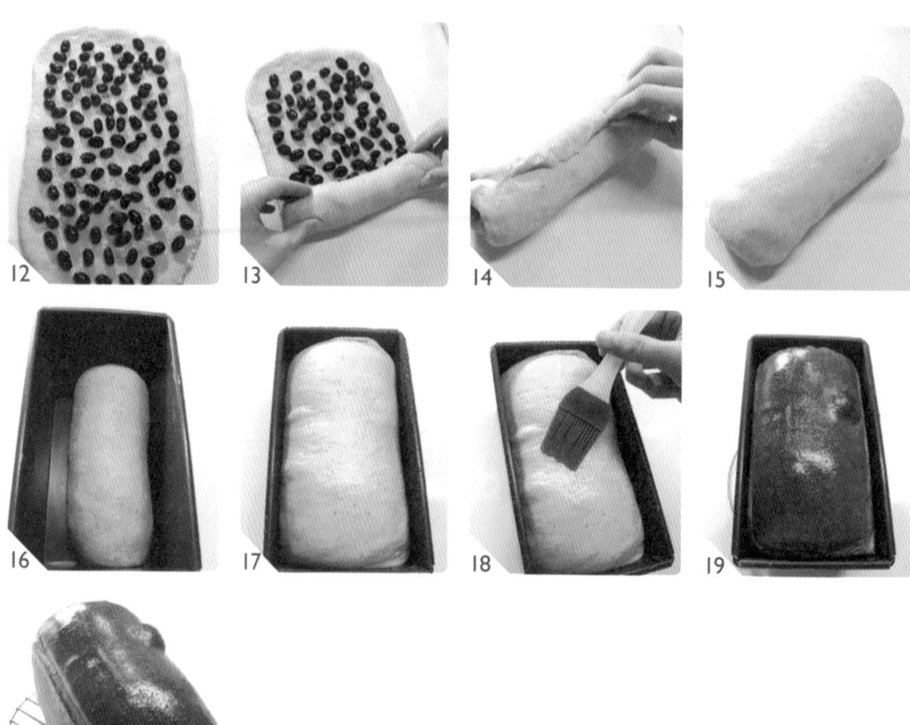

12 光滑面朝下，均勻鋪上甜黑豆。（圖12）

13 由短向輕輕捲起，收口捏緊成為一個柱狀。（圖13～15）

14 將捲好的麵糰收口朝下朝內，放入吐司烤模中（若不是不沾烤模，請刷上一層固體奶油，灑上一層薄薄的高筋麵粉避免沾黏 ）。（圖16）

15 在麵糰表面噴些水，放在密閉溫暖空間，再發酵60～70分鐘至滿模。（圖17）

16 發酵時間到前10分鐘，打開烤箱預熱到170℃。

17 進烤箱前，表面輕輕刷上一層全蛋液。（圖18）

18 放入已經預熱到170℃的烤箱中，烘烤38～40分鐘。

19 麵包烤好後，馬上從烤模中倒出來，放在鐵網架上放涼。（圖19、20）

20 完全涼透後，再使用麵包專用刀切片才切的漂亮。

小叮嚀

- 牛奶也可以使用無糖豆漿或清水代替。

日式甜黑豆

Sweet Black Beans

份量 4～5人份

材　料

丹波黑豆100g　細砂糖40g　黑糖40g　醬油1T
清水2000cc（熬煮過程分2次添加）
（圖21）

材　料

1 丹波黑豆清洗乾淨，倒入500cc清水。（圖22）
2 再加入細砂糖、黑糖及醬油。（圖23、24）
3 放在瓦斯爐上煮沸。
4 蓋上蓋子，靜置一夜。（圖25）
5 隔天加入剩下1500cc的清水煮沸。
6 使用最小火力，熬煮4～5小時至黑豆軟爛，且湯汁僅剩下剛好淹沒黑豆的份量即可。（圖26）
7 若熬煮過程水太快收乾，必須適量補充。
8 完成的成品請放冰箱冷藏保存。

21

22

23

24

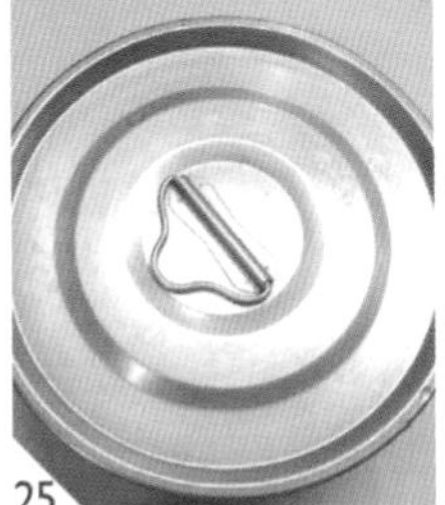
25

26

小叮嚀

- 丹波黑豆可以在雜糧行購買。
- 若多做，所有材料份量都必須加倍。
- 如果希望縮短熬煮時間，可以在材料中添加1/4小匙小蘇打粉，時間約可以減少一半以上。
- 熬煮過程中也可以加入一根清洗乾淨的生鏽鐵釘，鐵釘中的氧化鐵可以讓顏色更漂亮。
- 使用快鍋的話，添加的水量減少到約1000cc，熬煮時間約30～40分鐘左右。

湯種黑豆渣葡萄乾吐司

｜湯種法｜

Okara Bread Loaf with Raisins

各式果乾濃縮了當季水果的甜美，
不僅是天然的小零嘴，
與麵包結合還可以
創造出豐富精彩的口味。
不管是微酸的蔓越莓或是
甜滋滋的葡萄乾，
都是我妝點麵包的常備材料。
隨手一加，麵包餘韻十足。

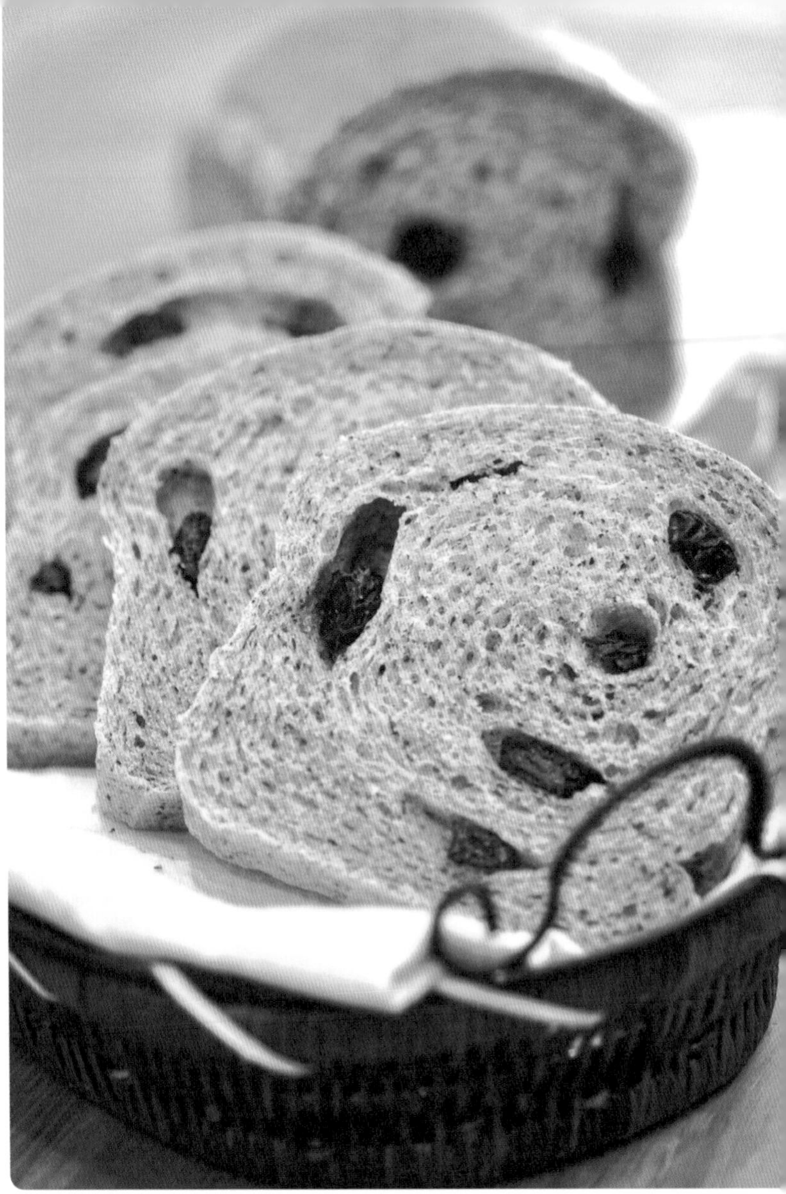

份 量

12兩吐司模
（20cm×10cm×10cm）

1個

材 料

A. 湯種麵糊

冷水90cc　高筋麵粉20g

B. 主麵糰

牛奶湯種麵糊全部（約100g）　黑豆渣50g
高筋麵粉200g　全麥麵粉50g　速發乾酵母1/2t
細砂糖30g　鹽1/4t　橄欖油15g　黑豆漿45cc

C. 內餡

葡萄乾50g

D. 表面裝飾

全蛋液適量

製作方法……………湯種法
第一次發酵……………60分鐘
休息鬆弛………………15分鐘
第二次發酵………60～70分鐘
預熱溫度…………………170℃
烘烤溫度…………………170℃
烘烤時間…………38～40分鐘

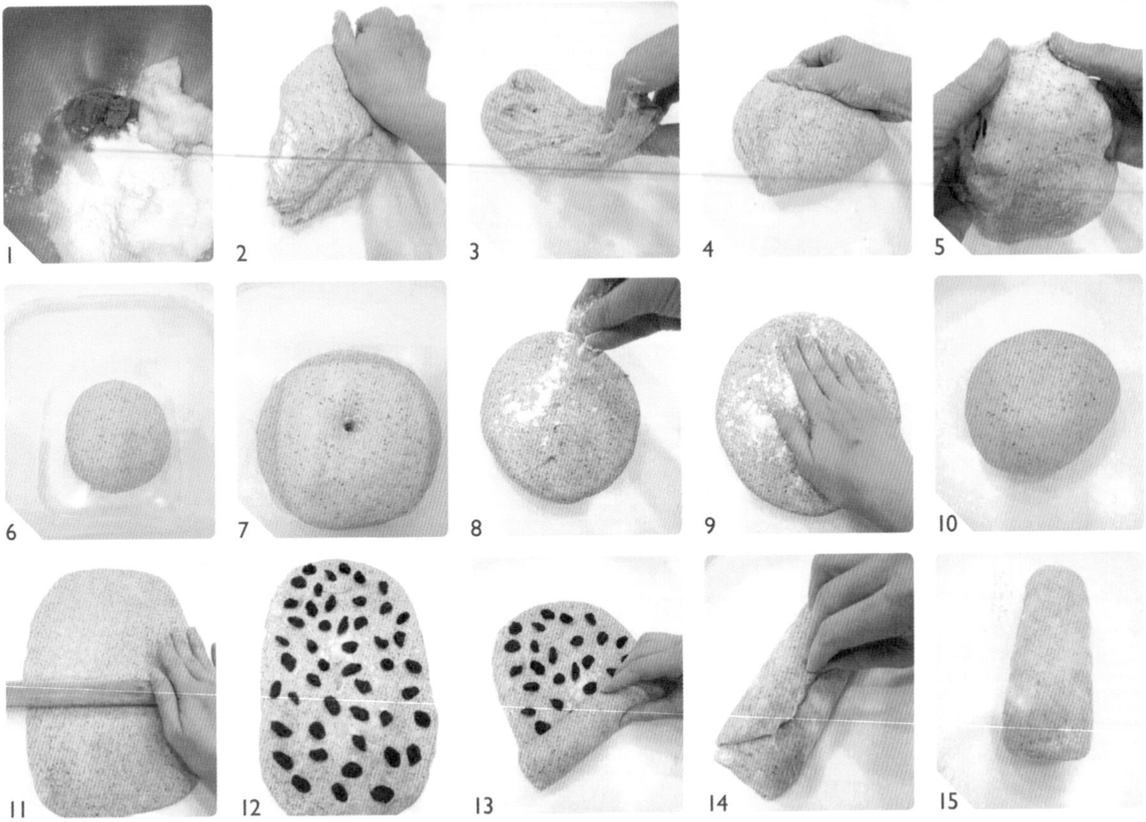

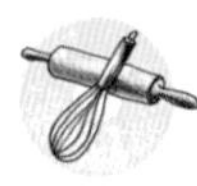

做法

A 製作湯種麵糊

1 將冷水倒入高筋麵粉中攪拌均勻。

2 將攪拌均勻的麵糊放入瓦斯爐上，用小火加熱，邊煮邊攪拌，煮到開始變濃稠就關火，繼續攪拌呈現出漩渦狀麵糊就好。

3 用橡皮刮刀刮成團狀。

4 放涼後就可以直接使用，放入冰箱可以冷藏3天。

B 製作主麵糰

5 將所有材料倒入鋼盆中，攪拌搓揉成為一個不黏手的麵糰（豆漿的部分要先保留30cc，等麵糰已經攪拌成團後再慢慢加入）。（圖1）

6 依照揉麵標準程序，繼續搓揉甩打成為撐得起薄膜的麵糰。（圖2～5）

7 將揉好的麵糰滾圓，收口朝下捏緊，放入塗抹少許油的保鮮盒中。（圖6）

8 在麵糰表面噴一些水，罩上擰乾的濕布（勿接觸麵糰）或蓋子，放置到溫暖密閉的空間，發酵約60分鐘至兩倍大（手指沾麵粉，戳下去不回彈即完成發酵）。（圖7）

9 桌上灑上一些高筋麵粉，將發好的麵糰移出，麵糰表面也灑上一些高筋麵粉。（圖8）

10 將第一次發酵完成的麵糰空氣拍出，然後滾成圓形，蓋上乾淨的布，再讓麵糰休息15分鐘。（圖9、10）

11 休息好的麵糰表面灑些高筋麵粉避免沾黏，擀成與烤模長向同寬，寬20cm×長30cm的長方形。（圖11）

12 光滑面朝下，均勻鋪上葡萄乾。（圖12）

13 由短向輕輕捲起，收口捏緊成為一個柱狀。（圖13～15）

16

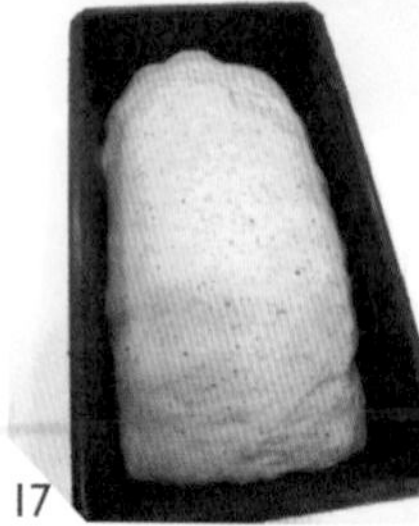
17

18

19

14 將捲好的麵糰收口朝下朝內，放入吐司烤模中（若不是不沾烤模，請刷上一層固體奶油，灑上一層薄薄的高筋麵粉避免沾黏）。

15 在麵糰表面噴些水，放在密閉溫暖空間，再發酵60～70分鐘至滿模。（圖16、17）

16 發酵時間到前10分鐘，打開烤箱預熱到170℃。

17 進烤箱前，表面輕輕刷上一層全蛋液。（圖18）

18 放入已經預熱到170℃的烤箱中，烘烤38～40分鐘。

19 麵包烤好後，馬上從烤模中倒出來，放在鐵網架上放涼。（圖19）

20 完全涼透後，再使用麵包專用刀切片才切的漂亮。

自製黑豆漿

Black Bean Soy Milk

份量 1000cc

材　料

黑豆200g　冷水1300cc　糖60g

做　法

1 黑豆洗乾淨，加上足量冷水（材料份量外）浸泡過夜（水量必須高過黑豆約2～3cm，夏天天氣熱，可以放冰箱浸泡）。（圖20）

2 浸泡完成的黑豆將浸泡的水倒掉，放入果汁機中，加入冷水650cc，打成細緻的豆漿（至少攪打5分鐘）。

3 將打細的生豆漿加入剩下的水650cc，連同豆渣一塊倒入鍋中。

4 將生豆漿放入瓦斯爐上，用中小火煮至沸騰。（圖21）

5 然後再用小火繼續煮7～8分鐘即可（火不能大，邊煮邊攪拌，否則容易整鍋溢出）。

6 放至微溫，將豆漿倒入豆漿袋中。（圖22）

7 雙手用力將豆漿袋慢慢絞緊，將豆漿汁液擠出，豆漿袋中的就是豆渣。（圖23、24）

8 最後添加上適當的糖調味。

9 完全放涼裝瓶，放入冰箱冷藏，約2～3天必須喝完。

10 豆渣可以放冷凍保存。

20

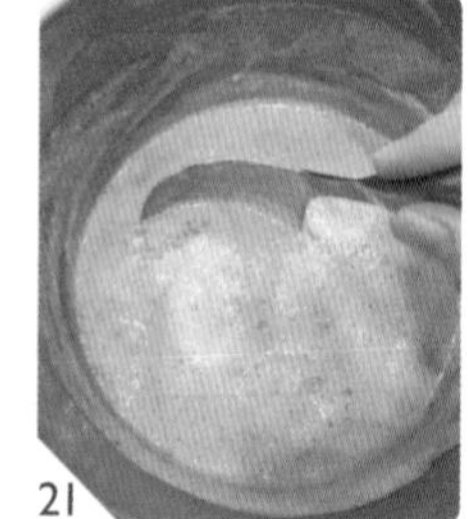
21

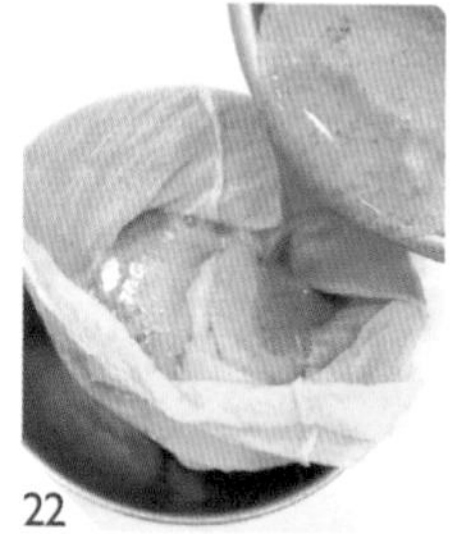
22

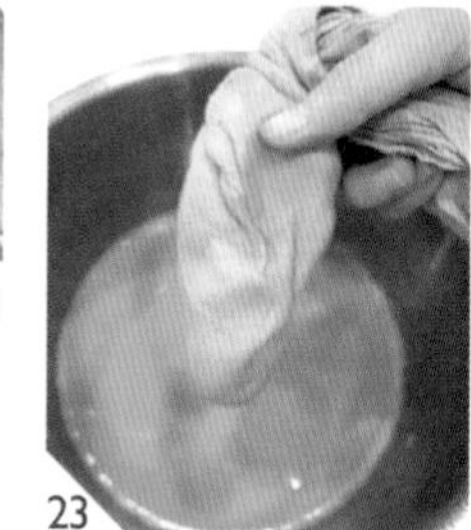
23

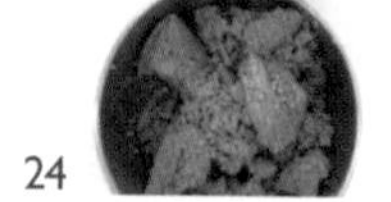
24

小叮嚀

- 黑豆也可以使用黃豆代替。

Part 5　貝果

Bagel

猶太傳統麵包貝果是近年來非常流行的麵包，
外皮因為燙過沸水形成特有的嚼感，
加上少糖少油的特性擄獲不少女性朋友的心。
無論直接食用或做成三明治都適合，
是簡餐輕食的主角。

綜合莓果貝果

| 直接法 |

Assorted Berry Bagel

不出門的日子，我不是在電腦前，
就是在廚房中東摸摸西摸摸，翻箱倒櫃找材料。
我的生活一天中有一大半的時間
是在廚房中度過，
老公常常笑我乾脆在廚房放個睡袋好了。
老公跟Leo就是我的最佳試吃員，
看到他們吃的開心的笑臉是我最有成就感的事。

份　量

6個

材　料

A. 莓果麵糰

冷凍綜合莓果（黑莓＋覆盆子）200g

高筋麵粉250g　低筋麵粉50g　速發乾酵母1/2t

鹽1/4t　細砂糖30g　無鹽奶油30g

B. 糖水

冷水500cc　黃砂糖1T

Baking Points

製作方法……………直接法
第一次發酵…………60分鐘
休息鬆弛……………15分鐘
第二次發酵…………30分鐘
預熱溫度……………210℃
烘烤溫度……………210℃
烘烤時間…………16～18分鐘

做 法

1 冷凍綜合莓果解凍回溫後，用果汁機打成泥狀。（圖1）

2 將所有材料A（無鹽奶油除外）倒入鋼盆中，攪拌搓揉成為一個不黏手的麵糰（液體的部分要先保留30cc，等麵糰已經攪拌成團後再慢慢加入）。（圖2）

3 再加入切成小塊回溫軟化的無鹽奶油丁，搓揉均勻。（圖3）

4 依照揉麵標準程序，繼續搓揉甩打成為撐得起薄膜的麵糰。（圖4～7）

5 揉好的麵糰滾圓，收口朝下捏緊，放入塗抹少許油的保鮮盒中。（圖8）

6 在麵糰表面噴一些水，罩上擰乾的濕布（勿接觸麵糰）或蓋子，放置到溫暖密閉的空間，發酵約60分鐘至兩倍大。（圖9）

7 桌上灑上一些高筋麵粉，將發好的麵糰移出，麵糰表面也灑上一些高筋麵粉。（圖10）

8 將第一次發酵完成的麵糰空氣拍出，平均分割成6等份（每塊約90g），然後滾成圓形，蓋上乾淨的布，再讓麵糰休息15分鐘。（圖11、12）

✪ 煮的時間越久，表面口感越帶嚼勁，可以依照自己喜歡調整。

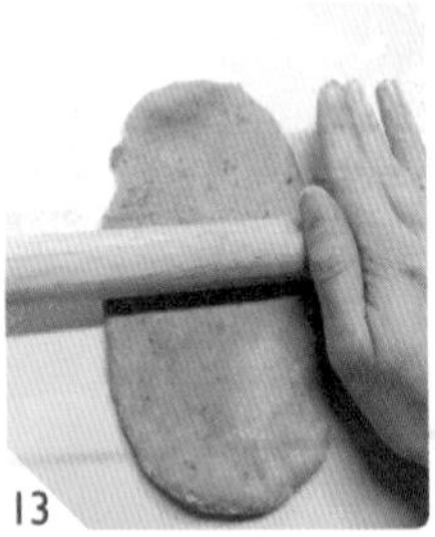

13 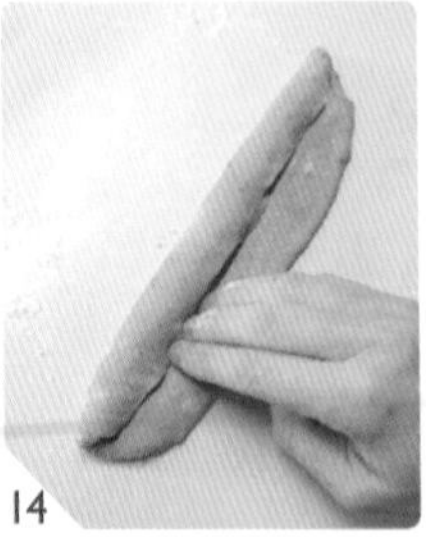 14  15 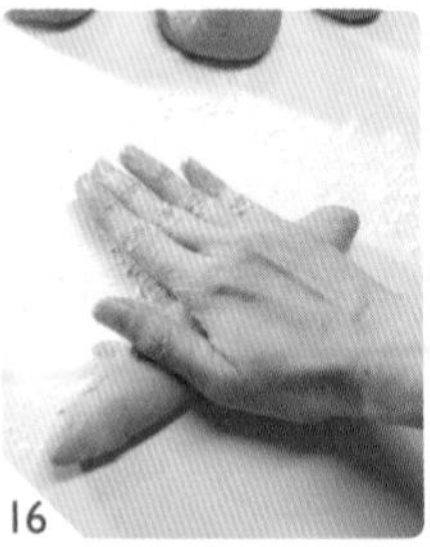 16 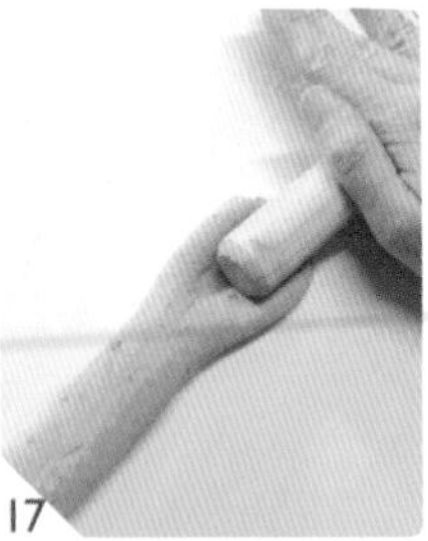 17

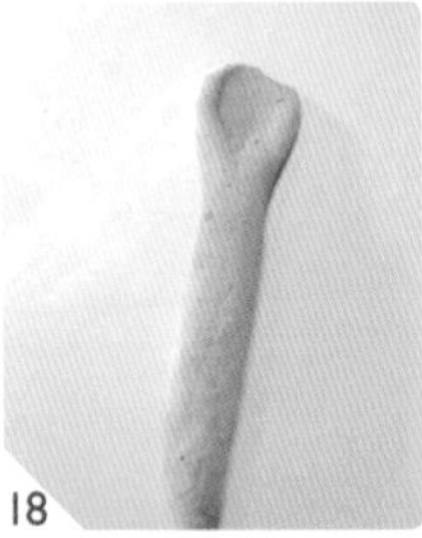

18 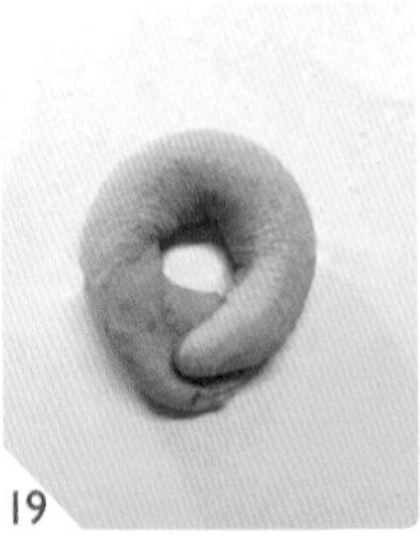 19  20 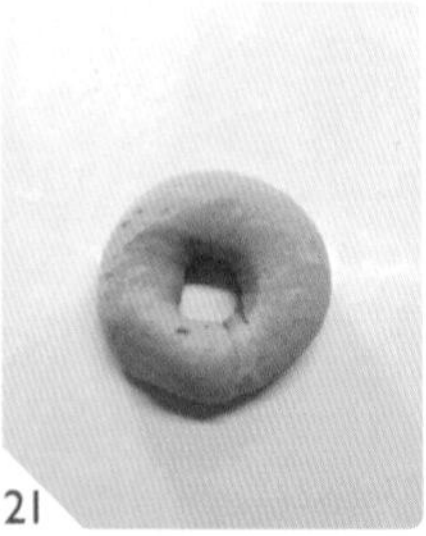 21  22

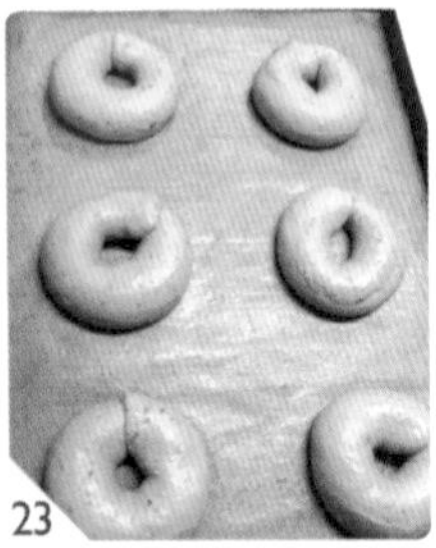

23  24  25  26  27

28 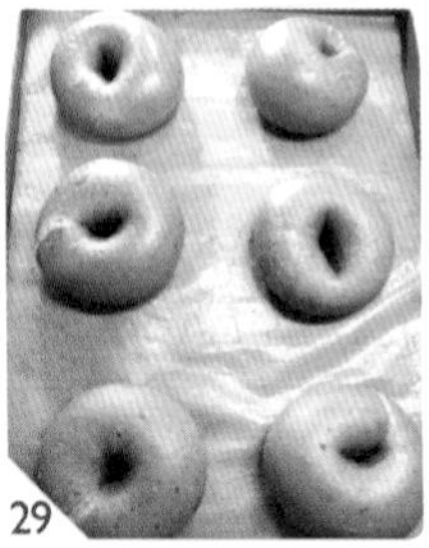 29

9 分別將小麵糰擀成長形，光滑面朝下。（圖13）
10 由長向慢慢折進來，邊壓邊折，收口處捏緊。（圖14、15）
11 再把呈現橄欖形的麵糰用雙手搓長（約30cm）。（圖16）
12 長條麵糰前端處用擀麵棍壓扁。（圖17、18）
13 將麵糰頭尾接起，利用壓扁的一端將尾部確實包裹起來捏緊。（圖19～21）
14 將整型完成的麵糰，放入烤盤中噴點水，再發酵30分鐘。（圖22、23）
15 打開烤箱預熱到210℃。
16 材料B放入鍋中煮至沸騰。（圖24～26）
17 貝果麵糰放入煮沸的糖水中。
18 每一面各煮30秒，然後用濾杓撈起，水分瀝乾，整齊排入烤盤。（圖27、28）
19 放入已經預熱到210℃的烤箱中，烘烤16～18分鐘至表面呈現金黃色即可。（圖29）
20 麵包烤好後，移到鐵網架上放涼。

藍莓雙色貝果

|直接法|

Bluebarry Bagel

藍莓除了做甜點，我還喜歡添加在貝果中，吃的到淡淡果香，也增添討喜的色彩。將兩種不同顏色的麵糰交錯搭配，成品呈現趣味的漩渦狀，好看又好吃。貝果特有的Q韌外皮越嚼越香！

份量

8個

材料

A. 藍莓麵糰

高筋麵粉200g　低筋麵粉50g　速發乾酵母1/3t
鹽1/8t　細砂糖15g　新鮮藍莓果粒100g
冷水50cc　無鹽奶油10g

B. 原味麵糰

高筋麵粉200g　低筋麵粉50g　速發乾酵母1/3t
鹽1/8t　細砂糖15g　牛奶150cc　無鹽奶油10g

C. 糖水

冷水500cc　黃砂糖1T

製作方法	直接法
第一次發酵	60分鐘
休息鬆弛	15分鐘
第二次發酵	30分鐘
預熱溫度	210℃
烘烤溫度	210℃
烘烤時間	16～18分鐘

做法

1 藍莓果粒＋冷水用果汁機打成泥狀。（圖1～3）
2 將所有材料A（無鹽奶油除外）倒入鋼盆中，攪拌搓揉成為一個不黏手的麵糰（液體的部分要先保留30cc，等麵糰已經攪拌成團後再慢慢加入）。（圖4）
3 再加入切成小塊回溫軟化的無鹽奶油丁，搓揉均勻。（圖5）
4 依照揉麵標準程序，繼續搓揉甩打成為撐得起薄膜的麵糰。（圖6、7）
5 揉好的藍莓麵糰滾圓，收口朝下捏緊，放入塗抹少許油的保鮮盒中。再使用同樣步驟將原味麵糰搓揉完成。（圖8）
6 先揉好的麵糰表面噴一些水，蓋上蓋子，放進冰箱密封冷藏，延緩發酵。
7 將冰箱中的藍莓麵糰冰箱取出，在兩個麵糰表面噴一些水，罩上擰乾的濕布（勿接觸麵糰）或蓋子，放置到溫暖密閉的空間，發酵約60分鐘至兩倍大。
8 桌上灑上一些高筋麵粉，將發好的麵糰移出，麵糰表面也灑上一些高筋麵粉。（圖9）

1

2

3

4

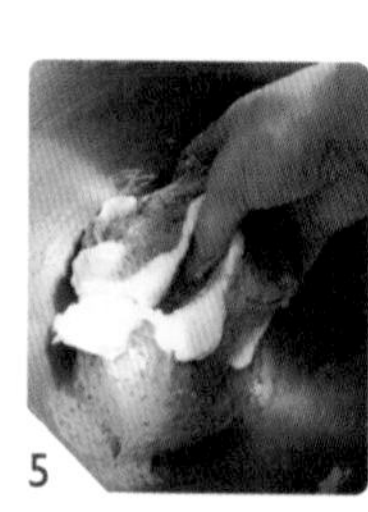
5

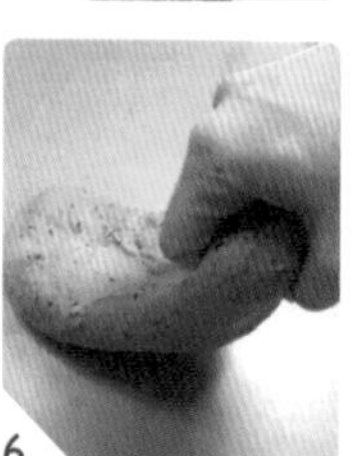
6

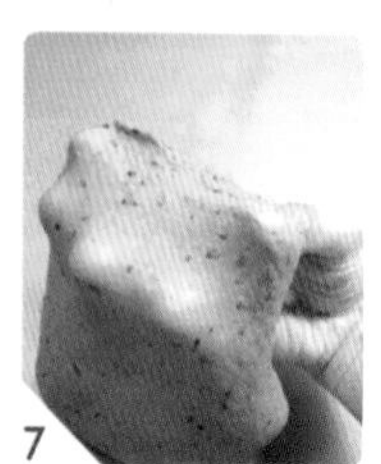
7

8

9

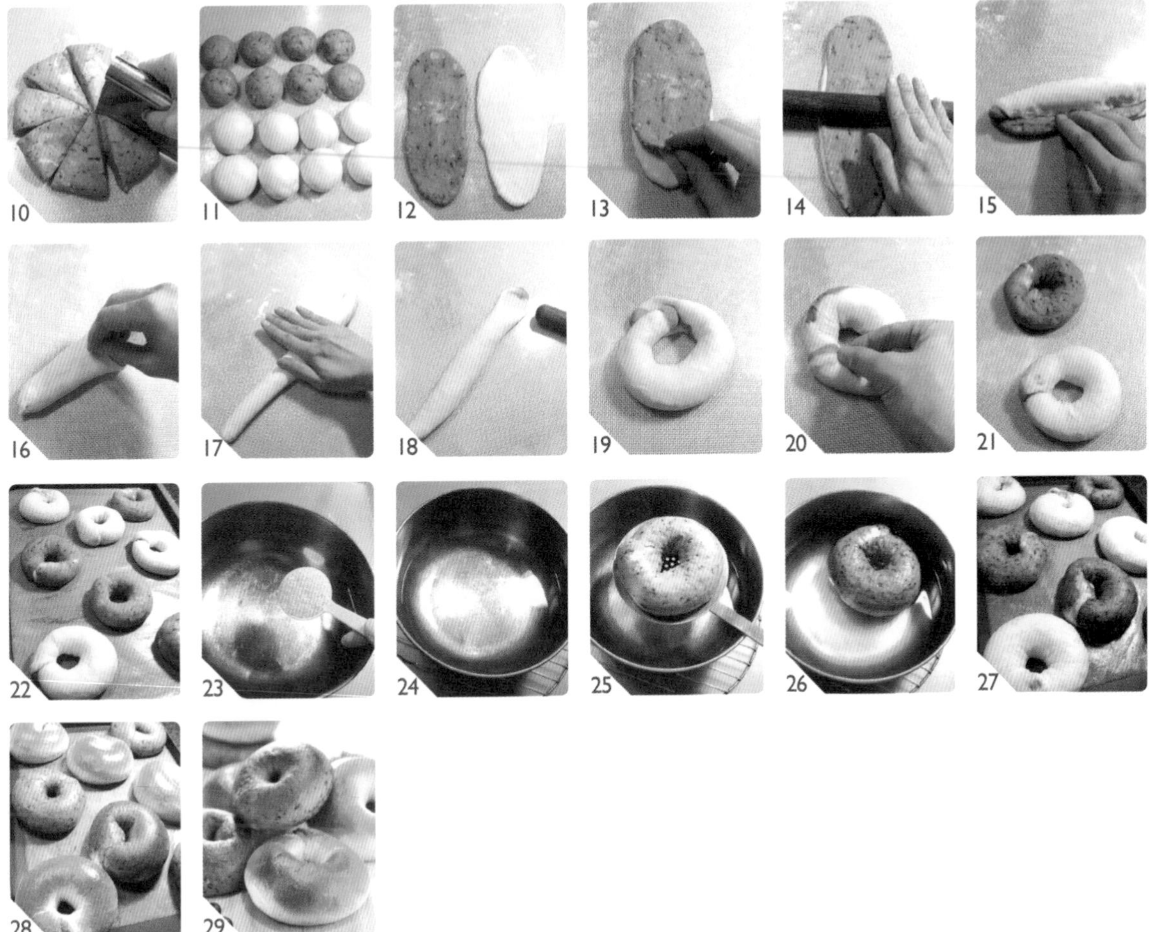

9 將第一次發酵完成的麵糰分別將空氣拍出，平均分割成8等份（每塊約50g），然後滾成圓形，蓋上乾淨的布，再讓麵糰休息15分鐘。（圖10、11）
10 分別將小麵糰擀成長形，光滑面朝下。（圖12）
11 將麵糰兩種顏色疊放在一起。（圖13）
12 再使用擀麵棍稍微擀長。（圖14）
13 由長向慢慢折進來，壓緊，收口處捏緊。（圖15、16）
14 再把呈現橄欖形的麵糰用雙手搓長（約30cm）。（圖17）
15 長條麵糰前端處用擀麵棍壓扁。（圖18）
16 將麵糰頭尾接起，利用壓扁的一端將尾部確實包裹起來捏緊。（圖19～21）
17 整型完成的麵糰放入烤盤中噴點水再發酵30分鐘。（圖22）
18 打開烤箱預熱到210℃。
19 材料C放入鍋中煮至沸騰。（圖23、24）
20 貝果麵糰放入煮沸的糖水中。（圖25、26）
21 每一面各煮15秒，然後用濾杓撈起，水分瀝乾，整齊排入烤盤。（圖27）
22 放入已經預熱到210℃的烤箱中，烘烤16～18分鐘至表面呈現金黃色即可。（圖28、29）
23 麵包烤好後，移到鐵網架上放涼。

小叮嚀

- 煮的時間越久，表面口感越帶嚼勁，可以依照自己喜歡調整。

南瓜貝果

| 中種法 |

Pumpkin Bagel

家中9隻貓，生活真的是非常忙碌，
貓咪的身影穿梭在家中各個角落。
在廚房忙碌的時候，我喜歡看著牠們或坐或臥，
可愛的模樣讓單純的主婦生活充滿了快樂。
南瓜揉入麵包中顏色不僅鮮艷，
也增加美味與自然甘甜。
飽滿的麵包充滿生命力，給你太陽般的活力！

份 量

6個

材 料

A. 中種法基本麵糰

高筋麵粉200g　速發乾酵母1/2t
南瓜泥130～140g

B. 主麵糰

中種麵糰全部　高筋麵粉70g　全麥麵粉30g
蜂蜜30g　鹽1/4t　南瓜泥65～75g

C. 糖水

冷水500cc　黃砂糖1T

D. 表面裝飾

蛋白適量　南瓜子2T

Baking Points

製作方法……………中種法
第一次發酵……………40分鐘
休息鬆弛……………15分鐘
第二次發酵……………30分鐘
預熱溫度……………210℃
烘烤溫度……………210℃
烘烤時間……………16～18分鐘

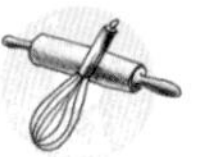

做　法

A　**製作中種法基本麵糰**

1　南瓜洗乾淨，連皮切大塊，以大火蒸15分鐘至熟軟，取需要份量，趁熱壓成泥狀放涼。（圖1）

2　將中種材料攪拌搓揉成為一個均勻沒有粉粒的麵糰（南瓜泥的部分要先保留30g，等麵糰已經攪拌成團後再慢慢加入）。（圖2、3）

3　繼續將麵糰反覆搓揉7～8分鐘成為光滑的麵糰。（圖4～6）

4　將麵糰滾圓，收口朝下捏緊，放入抹少許油的保鮮盒中。（圖7）

5　在麵糰表面噴一些水，罩上擰乾的濕布（勿接觸麵糰）或蓋子，放置室溫發酵1～1.5小時至兩倍大。（圖8）

B　**製作主麵糰**

6　將中種麵糰與主麵糰所有材料倒入鋼盆中，攪拌搓揉成為一個不黏手的麵糰（南瓜泥的部分要先保留15g，等麵糰已經攪拌成團後再慢慢加入）。（圖9～11）

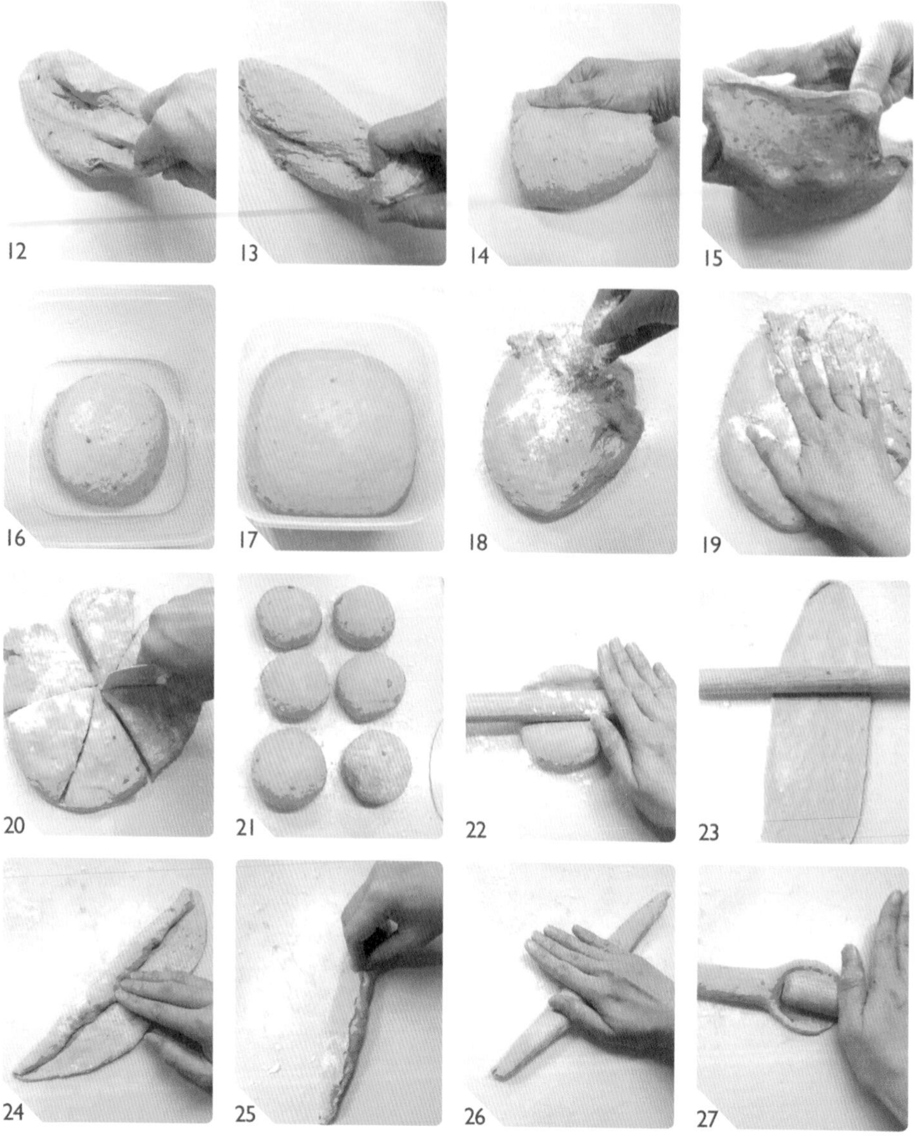

12 13 14 15

16 17 18 19

20 21 22 23

24 25 26 27

7 依照揉麵標準程序，繼續搓揉甩打成為撐得起薄膜的麵糰。（圖12～15）
8 將麵糰滾圓，收口朝下捏緊，放入抹少許油的盆中。（圖16）
9 在麵糰表面噴一些水，罩上擰乾的濕布（勿接觸麵糰）或保鮮膜，放置到溫暖密閉的空間，發酵約40分鐘至1.5倍大。（圖17）
10 桌上灑上一些高筋麵粉，將發好的麵糰移出，麵糰表面也灑上一些高筋麵粉。（圖18）
11 將第一次發酵完成的麵糰空氣拍出，平均分割成6等份（每塊約85g），然後滾成圓形，蓋上乾淨的布，再讓麵糰休息15分鐘。（圖19～21）
12 分別將小麵糰擀成長形，光滑面朝下。（圖22、23）
13 由長向慢慢折進來，邊壓邊折，收口處捏緊。（圖24、25）
14 再把呈現橄欖形的麵糰用雙手搓長（約30cm）。（圖26）
15 長條麵糰前端處用擀麵棍壓扁。（圖27）

16 將麵糰頭尾接起，利用壓扁的一端將尾部確實包裹起來捏緊。（圖28～30）
17 整型完成的麵糰放入烤盤中噴點水，再發酵30分鐘。（圖31、32）
18 打開烤箱預熱到210℃。
19 材料C放入鍋中煮至沸騰。（圖33、34）
20 貝果麵糰放入煮沸的糖水中。（圖35）
21 每一面各煮30～40秒，然後用濾杓撈起，水分瀝乾，整齊排入烤盤。（圖36）
22 表面輕輕刷上一層蛋白，鋪上適量南瓜子。（圖37～39）
22 放入已經預熱到210℃的烤箱中，烘烤16～18分鐘至表面呈現金黃色即可。（圖40、41）
23 麵包烤好後，移到鐵網架上放涼。

- 煮的時間越久，表面口感越帶嚼勁，可以依照自己喜歡調整。
- 因為南瓜品種不同，含水量也不相同，請依照實際狀況適當斟酌添加份量，若太乾可以另外添加液體調整。

巴西利乳酪貝果

| 直接法 |

Parsley Cheese Bagel

貝果低糖少油，是新興的麵包。
雖然貝果造型一成不變，
但卻可以賦予千變萬化的口味。
淡淡馨香的巴西利搭配濃郁的摩佐拉起司
充滿義式風情，宛如青春年華的少女，
雖然沒有豔麗的妝扮卻散發清新宜人的姿態。

份量

6個

材料

A. 巴西利貝果麵糰
高筋麵粉250g　全麥麵粉50g　乾燥巴西利1T
速發乾酵母1/2t　鹽3/4t　細砂糖15g
橄欖油15g　冷水190cc

B. 冷水1000cc　摩佐拉起司絲100g

製作方法……………直接法
第一次發酵……………60分鐘
休息鬆弛……………15分鐘
第二次發酵……………30分鐘
預熱溫度……………200℃
烘烤溫度……………200℃
烘烤時間…………16～18分鐘

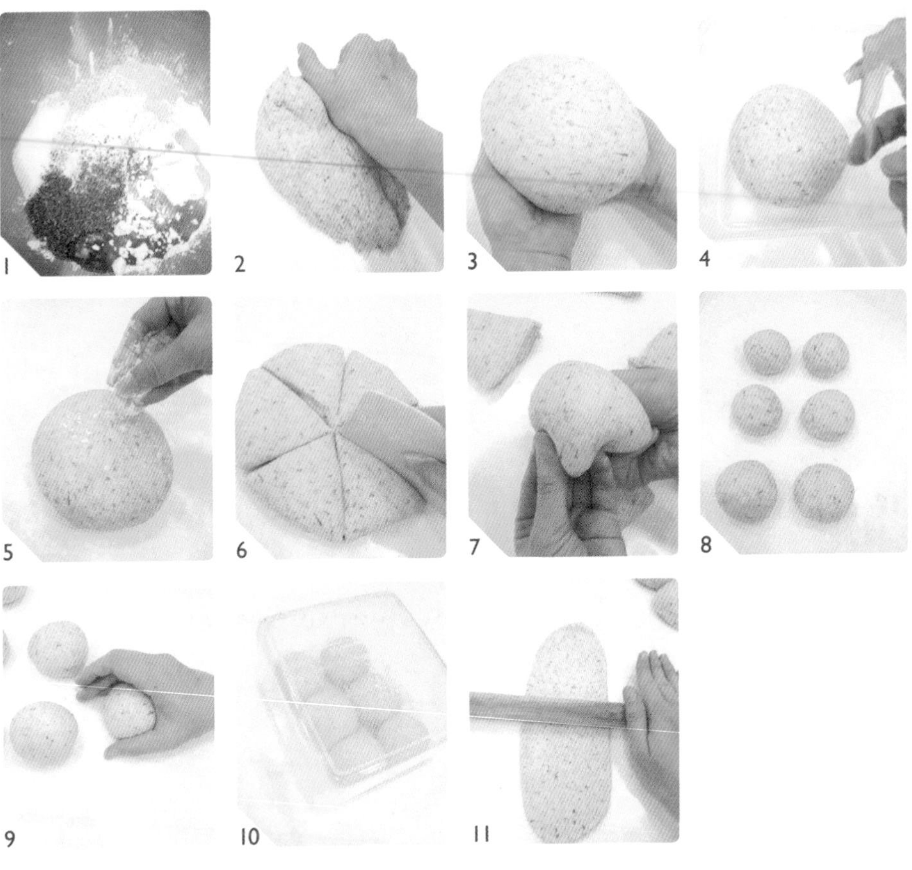

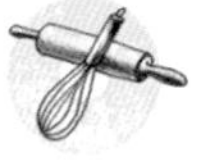

做法

1 將所有材料A倒入鋼盆中，攪拌搓揉成為一個不黏手的麵糰（冷水的部分要先保留30cc，等麵糰已經攪拌成團後再慢慢加入）。（圖1）
2 繼續搓揉5～6分鐘成為光滑均勻的麵糰。（圖2、3）
3 揉好的麵糰滾圓，收口朝下捏緊，放入塗抹少許油的保鮮盒中。
4 在麵糰表面噴一些水，罩上擰乾的濕布（勿接觸麵糰）或蓋子，放置到溫暖密閉的空間，發酵約60分鐘至兩倍大。（圖4）
5 桌上灑上一些高筋麵粉，將發好的麵糰移出，麵糰表面也灑上一些高筋麵粉。（圖5）
6 將第一次發酵完成的麵糰空氣拍出，平均分割成6等份（每塊約85g），然後滾成圓形，蓋上乾淨的布，再讓麵糰休息15分鐘。（圖6～10）
9 分別將小麵糰擀成長形，光滑面朝下。（圖11）

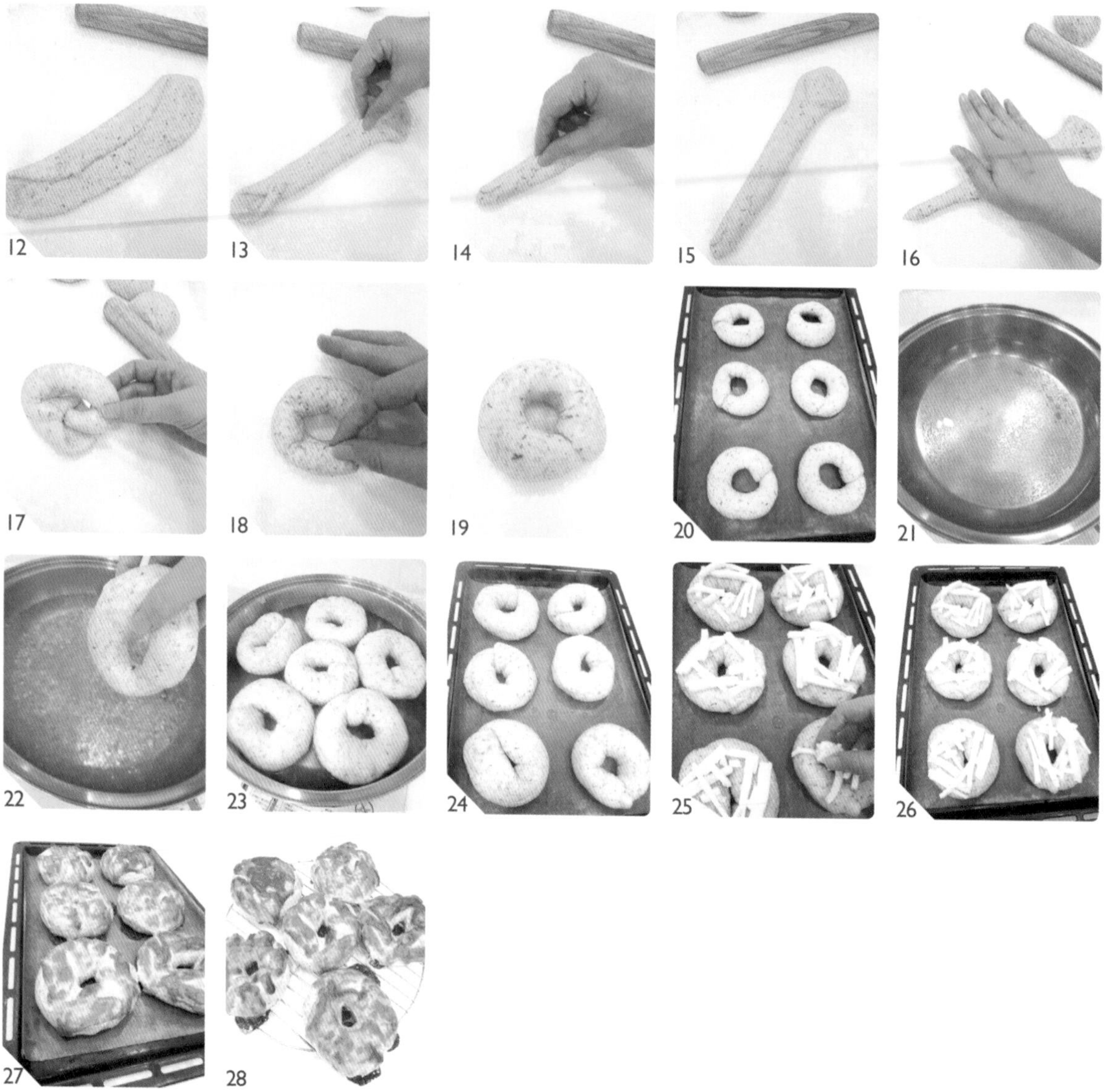

12 13 14 15 16

17 18 19 20 21

22 23 24 25 26

27 28

10 由長向慢慢折進來，邊壓邊折，收口處捏緊。（圖12～14）
11 再把呈現橄欖形的麵糰用雙手搓長（約30cm）。
12 長條麵糰前端處用擀麵棍壓扁。（圖15、16）
13 將麵糰頭尾接起，利用壓扁的一端將尾部確實包裹起來捏緊。（圖17～19）
14 整型完成的麵糰放入烤盤中噴點水，再發酵30分鐘。（圖20）
15 打開烤箱預熱到200℃。
16 將材料B的冷水1000cc煮至沸騰。（圖21）
17 貝果麵糰放入煮沸的水中。（圖22、23）
18 每一面各煮30秒，然後用濾杓撈起，水分瀝乾，整齊排入烤盤。（圖24）
19 表面平均鋪上摩佐拉起司絲。（圖25、26）
20 放入已經預熱到200℃的烤箱中，烘烤16～18分鐘至表面呈現金黃色即可。（圖27）
21 麵包烤好後，移到鐵網架上放涼。（圖28）

Part 6 天然酵母麵包

Natural Yeast Bread

利用不同水果培養出來的自家天然酵母，
充滿獨特的個人風格。
每一款天然酵母都會因為溫度及環境有所變化，
所以成品也相對呈現出不同的口感味道。

天然酵母亞麻子餐包

|直接法|

Natural Yeast Linseed Buns

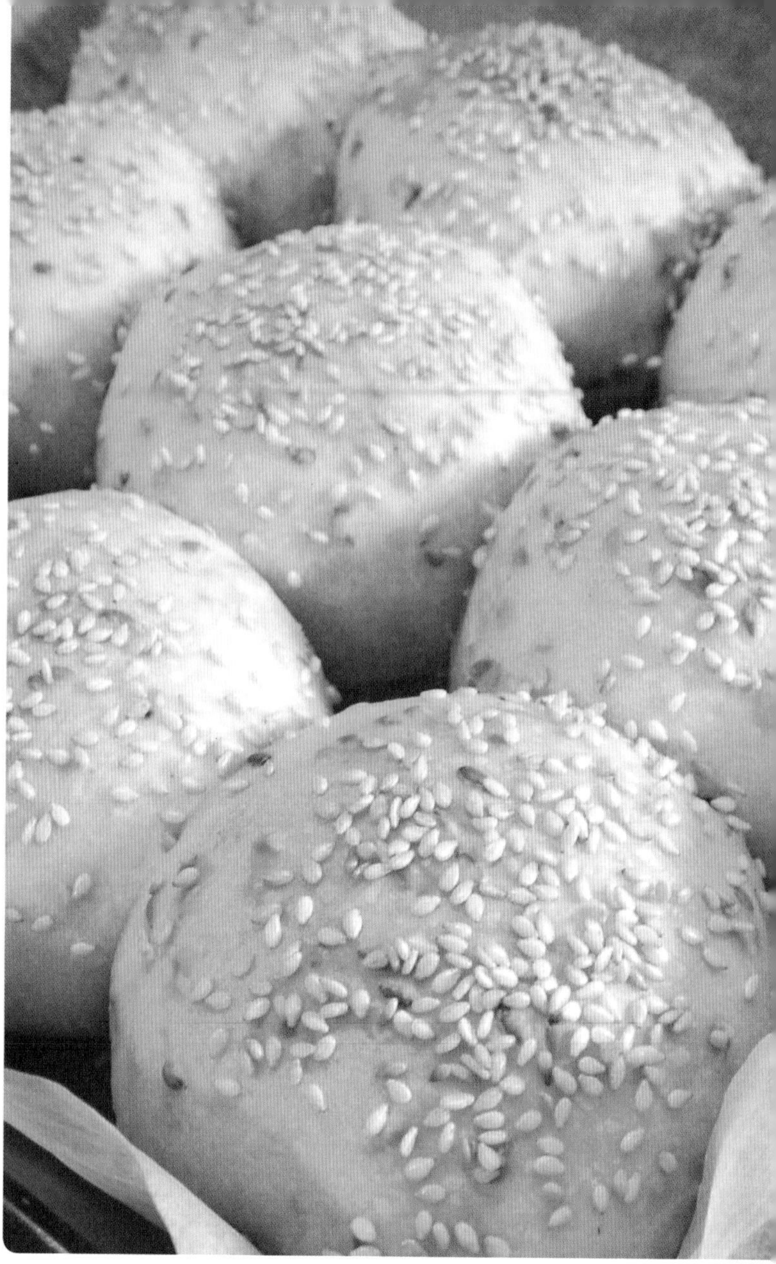

天然酵母蓬勃的生長，
感覺麵糰在手中有了生命力，
多麼奇妙的感受。
製作過程心情寧靜又單純，
我跟麵包間有著割捨不斷的美味關係。
這份感動慢慢緩緩的融入生活，
好像也進入麵包中。鬆鬆軟軟的口感，
這是我與麵粉酵母的固定約會。

份　量

（22cm×20cm
×5cm
方形烤模1個）
9個

材　料

A. 主麵糰

天然酵母150g　高筋麵粉250g　低筋麵粉20g
細砂糖10g　鹽1/2t　亞麻子3T　冷水100cc
無鹽奶油30g

B. 表面裝飾

蛋白液、芝麻各適量

*天然酵母做法請參考36頁。

製作方法……………直接法
第一次發酵……90～120分鐘
休息鬆弛……………………無
第二次發酵………60～90分鐘
預熱溫度…………………170℃
烘烤溫度…………………170℃
烘烤時間…………20～22分鐘

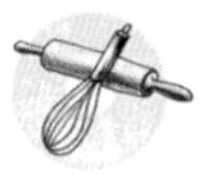

做法

1 已經餵養過高筋麵粉的天然酵母2～4小時內使用，這時候的活動力最適合做麵包。（圖1）
2 將所有材料（無鹽奶油除外）倒入鋼盆中，攪拌搓揉成為一個不黏手的麵糰（液體的部分保留30cc，在麵糰已經成團的過程中分次加入）。（圖2）
3 然後加入軟化的無鹽奶油丁，慢慢混合均勻。（圖3）
4 抓住麵糰一角，將麵糰朝桌子上用力甩打出去，然後對折再轉90度。
5 一直重複上述動作，直到麵糰可以撐出薄膜即可。（圖4）
6 將麵糰光滑面翻折出滾圓，收口捏緊朝下，放入已抹少許油的保鮮盒中。（圖5）
7 在麵糰表面噴一些水，避免乾燥。
8 將麵糰放入密閉的空間中，做第一次發酵90～120分鐘至兩倍大。（圖6）
9 桌上灑些高筋麵粉，將麵糰移出到桌面，表面也灑些高筋麵粉。（圖7）
10 將麵糰中的空氣用手壓下去擠出來。
11 麵糰平均分割成9等份（每塊約60g），滾成圓形。（圖8）
12 在方形烤模鋪上一層防沾烤紙，小麵糰間隔整齊放入烤盤中。（圖9）
13 整盤放入烤箱中，麵糰表面噴些水然後關上烤箱門，再發酵60～90分鐘約至1.5倍大。（圖10）
14 發酵好前8～10分鐘，將烤盤從烤箱中取出，烤箱打開預熱至170℃。
15 在發好的麵糰表面輕輕塗抹上一層蛋白液。
16 表面灑上些許芝麻。（圖11）
17 放進已經預熱至170℃的烤箱中，烘烤20～22分鐘至表面呈現金黃色即可。（圖12）

- 添加水分的量會因為天然酵母濃度不同而有增減。
- 麵糰發酵時間會因為天然酵母活動力不同而有差異。
- 若以速發乾酵母製作，材料如下：高筋麵粉270g、低筋麵粉30g、細砂糖20g、鹽1/2t、速發乾酵母1/2t、亞麻子3T、冷水200cc、無鹽奶油30g。

天然酵母米粉白麵包

|直接法|

Natural Yeast Rice Flour Buns

每隔一段時間我就會從冰箱取出我的酵母，讓它恢復活力。看著麵糰慢慢膨脹成型，灌注了愛的麵包總讓我無比的感動。麵糰中添加了少許在來米粉，吸水又保濕。烤溫調低，成品白白淨淨增添迷人氣息。

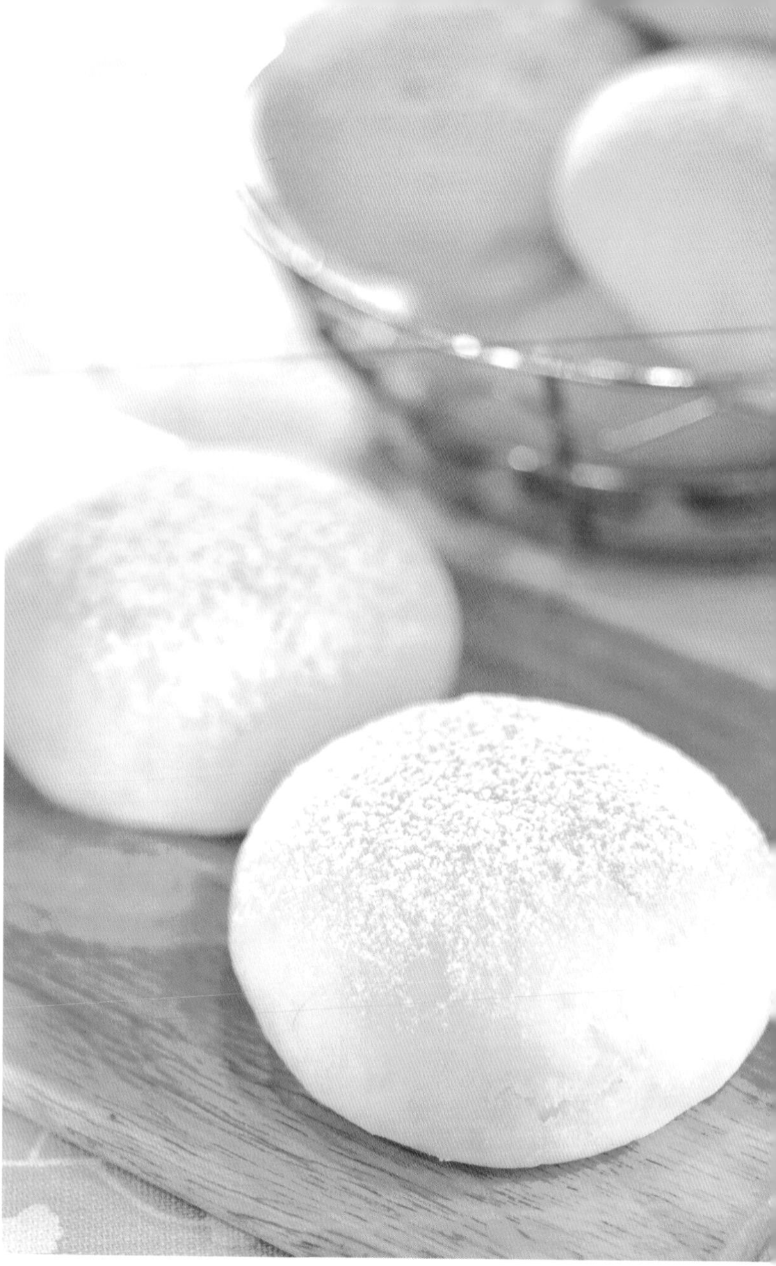

份量

8個

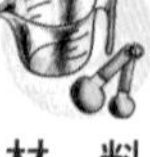

材料

A. 主麵糰

天然酵母200g　高筋麵粉250g　在來米粉30g
全脂奶粉15g　細砂糖15g　冷水120cc
鹽1/4t　無鹽奶油30g

B. 表面裝飾

高筋麵粉1～2T

*天然酵母做法請參考36頁。

製作方法……………直接法
第一次發酵……90～120分鐘
休息鬆弛……………………無
第二次發酵………60～90分鐘
預熱溫度………………150℃
烘烤溫度………………150℃
烘烤時間…………16～18分鐘

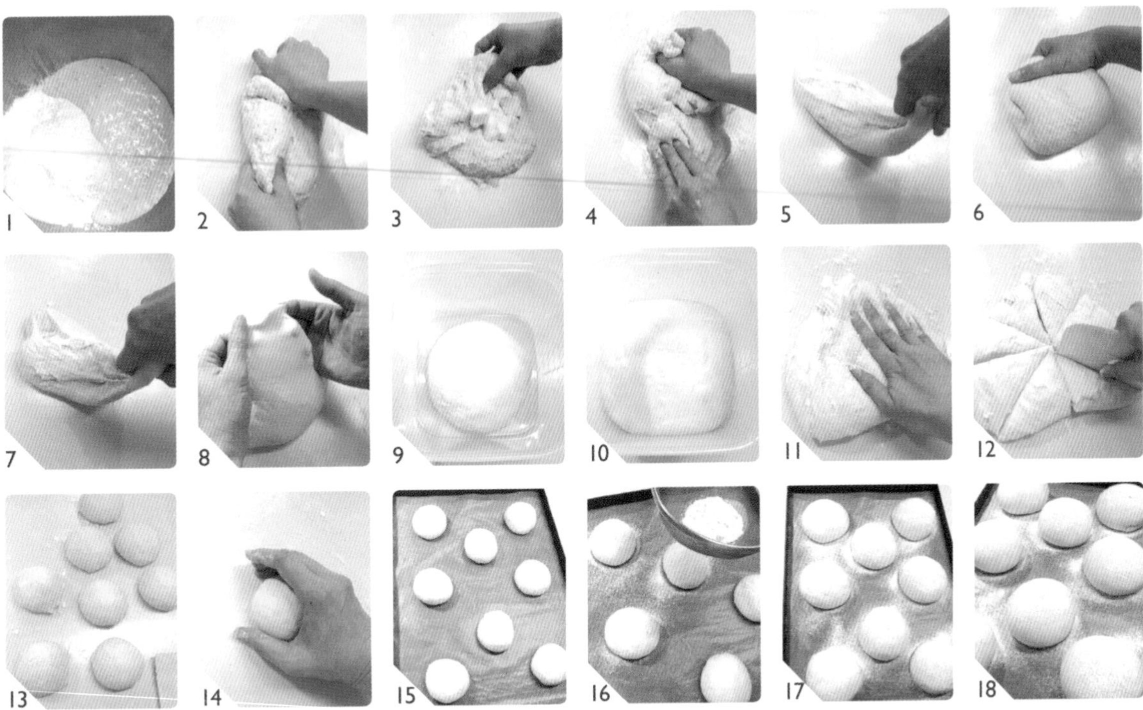

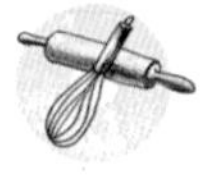

做 法

1 已經餵養過高筋麵粉的天然酵母2～4小時內使用，這時候的活動力最適合做麵包。
2 將所有材料（無鹽奶油除外）倒入鋼盆中，攪拌搓揉成為一個不黏手的麵糰（液體的部分保留30cc，在麵糰已經成團的過程中分次加入）。（圖1、2）
3 然後將軟化的無鹽奶油丁加入慢慢混合均勻。（圖3、4）
4 抓住麵糰一角，將麵糰朝桌子上用力甩打出去，然後對折再轉90度。（圖5～7）
5 一直重複上述動作直到麵糰可以撐出薄膜即可。（圖8）
6 將麵糰光滑面翻折出滾圓，收口捏緊朝下，放入抹少許油的保鮮盒中。（圖9）
7 在麵糰表面噴一些水避免乾燥。
8 將麵糰放入密閉的空間中，做第一次發酵90～120分鐘至兩倍大。（圖10）
9 桌上灑些高筋麵粉，將麵糰移出到桌面，表面也灑些高筋麵粉。
10 將麵糰中的空氣用手壓下去擠出來。（圖11）
11 麵糰平均分割成8等份（每塊約80g），滾成圓形。（圖12～14）
12 小麵糰間隔整齊放入烤盤中。（圖15）
13 整盤放入烤箱中，麵糰表面噴些水，然後關上烤箱門，再發酵60～90分鐘約至1.5倍大。
14 發酵好前8～10分鐘，將烤盤從烤箱中取出，烤箱打開預熱至150℃。
15 在發好的麵糰表面，輕輕用細濾網篩上一層高筋麵粉。（圖16、17）
16 放進已經預熱至150℃的烤箱中，烘烤16～18分鐘即可。（圖18）

- 添加水分的量會因為天然酵母濃度不同而有增減。
- 麵糰發酵時間會因為天然酵母活動力不同而有差異。
- 若以速發乾酵母製作，材料如下：高筋麵粉270g、在來米粉30g、全脂奶粉15g、速發乾酵母1/2t、細砂糖25g、冷水200cc、鹽1/4t、無鹽奶油30g。
- 在來米粉可以用低筋麵粉代替。

天然酵母酒漬果乾乳酪小餐包

| 直接法 |

Natural Yeast Rum Soaked Fruit Cheese Buns

蘭姆酒是我做甜點時，
少不了的一款蒸餾酒，
除了帶出甜點的層次外，
也可以去除蛋腥，
將水果乾用蘭姆酒浸泡入味，
每一顆果乾都吸飽了酒香精華，
成品軟綿有著淡淡焦糖香味，
讓人回味無窮！

份量

12個

材料

A. 酒漬果乾

綜合果乾100g　蘭姆酒100cc

B. 主麵糰

天然酵母200g　高筋麵粉200g　全麥麵粉50g
亞麻子粉1T　奶油乳酪60g　鹽1/4t
酒漬果乾100g　冷水80cc

C. 表面裝飾

無鹽奶油30g（切成細條狀）

*天然酵母做法請參考36頁。

Baking Points

製作方法……………直接法
第一次發酵………1.5～2小時
休息鬆弛……………………無
第二次發酵………60～90分鐘
預熱溫度……………………180℃
烘烤溫度……………………180℃
烘烤時間……………15～16分鐘

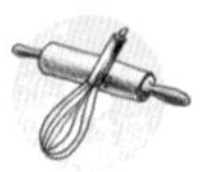

做法

A 製作酒漬果乾

1 將蘭姆酒加入到綜合果乾中混合均勻。（圖1）
2 蓋上蓋子，放置7～10天。
3 時間到，取綜合果乾100g，瀝乾備用。（圖2）

B 製作主麵糰

4 已經餵養過高筋麵粉的天然酵母2～4小時內使用，這時候的活動力最適合做麵包。
5 將所有材料倒入鋼盆中，攪拌搓揉成為一個不黏手的麵糰（液體的部分要先保留30cc，等麵糰已經攪拌成團後再慢慢加入）。（圖3）
6 依照揉麵標準程序，繼續搓揉甩打成為撐得起薄膜的麵糰。（圖4～7）
7 將綜合果乾均勻揉入麵糰中。（圖8、9）

- 添加水分的量會因為天然酵母濃度不同而有增減。
- 麵糰發酵時間會因為天然酵母活動力不同而有差異。
- 若以速發乾酵母製作，材料如下：
  A. 酒漬果乾：綜合果乾100g、蘭姆酒100cc
  B. 主麵糰：速發乾酵母1/2t、高筋麵粉200g、全麥麵粉50g、亞麻子粉1T、奶油乳酪60g、細砂糖15g、鹽1/4t、冷水190cc、酒漬果乾100g。
  C. 表面裝飾：無鹽奶油30g（切成細條狀）

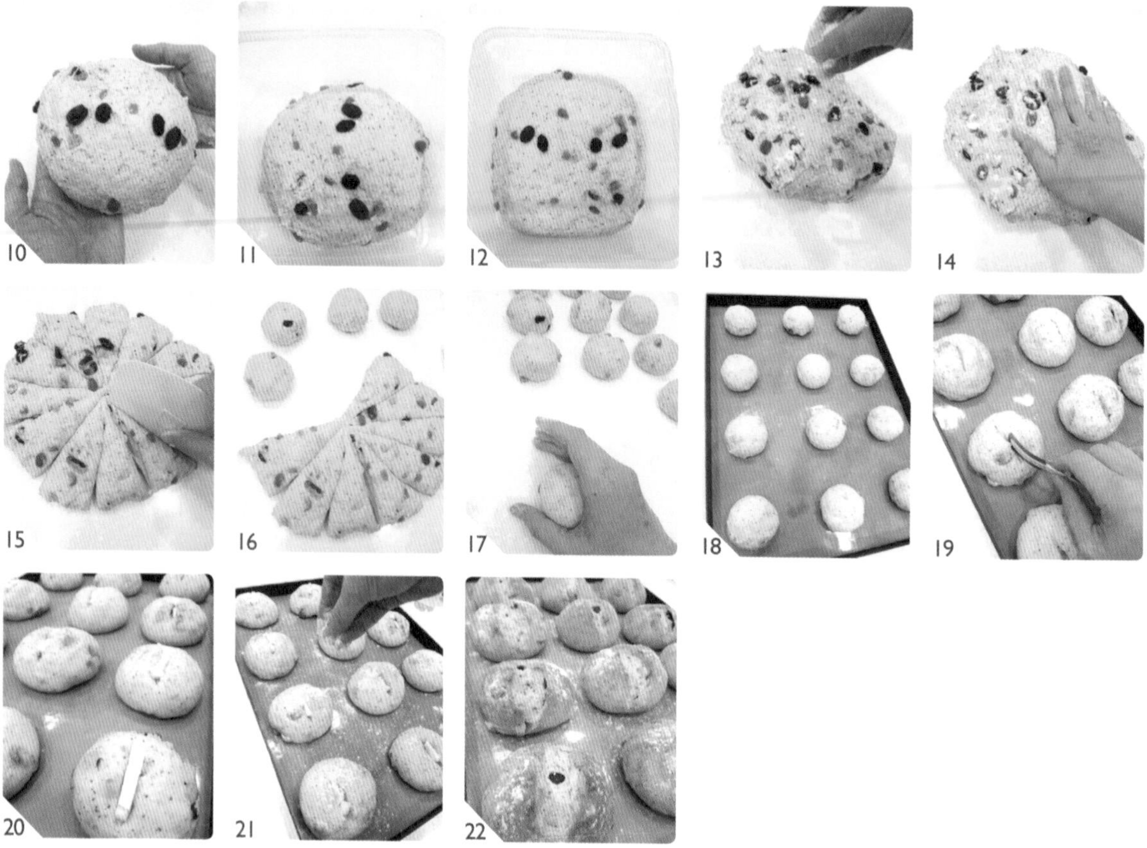

8 將揉好的麵糰滾圓，收口朝下捏緊，放入抹少許油的保鮮盒中。（圖10、11）
9 在麵糰表面噴一些水，罩上擰乾的濕布（勿接觸麵糰）或蓋子，放置到溫暖密閉的空間，發酵約1.5～2小時至兩倍大。（圖12）
10 桌上灑上一些高筋麵粉，將發好的麵糰移出，麵糰表面也灑上一些高筋麵粉。（圖13）
11 將第一次發酵完成的麵糰空氣拍出，平均分割成12等份（每塊約55g），然後滾成圓形。（圖14～17）
12 間隔整齊排放在烤盤上，整盤放入烤箱中，麵糰表面噴些水，然後關上烤箱門，再發酵60～90分鐘至兩倍大。（圖18）
13 發酵好前8～10分鐘，將烤盤從烤箱中取出，烤箱打開預熱至180℃。
14 進烤箱前用一把利刀在麵糰中央切開一道線。（圖19）
15 在切口處放上切成細條的奶油，灑上少許高筋麵粉。（圖20、21）
16 放進已經預熱至180℃的烤箱中，烘烤15～16分鐘至表面呈現金黃色即可。（圖22）
17 麵包烤好後，移到鐵網架上放涼。

天然酵母法國乾酪麵包

｜直接法｜

Natural Yeast Cheese Bread

搓揉甩打麵包的過程是一件非常有意思的事，原本各自不相干的材料添加了液體，再經過雙手拉伸步驟，讓蛋白質串聯，軟綿綿又富彈性的麵糰就這麼成型。過程中反覆用力將麵糰甩向工作檯面，若心情不好，還真是一個發洩怒氣的好方式。不過我更喜歡帶著好心情，為麵糰注入滿滿的「愛」！

份 量

8個

材 料

A. 麵糰

天然酵母200g　高筋麵粉250g　中筋麵粉50g
小麥胚芽2T　蜂蜜15g　冷水120cc　鹽1/2t
諾曼第乾酪125g

B. 表面裝飾

無鹽奶油30g（切成細條狀）

*天然酵母做法請參考36頁。

製作方法…………………直接法
第一次發酵……90～120分鐘
休息鬆弛…………………15分鐘
第二次發酵………60～90分鐘
預熱溫度……………………190℃
烘烤溫度……………………190℃
烘烤時間…………20～22分鐘

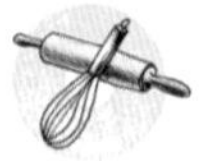

做 法

1. 小麥胚芽放入已經預熱到150℃的烤箱中，烘烤7～8分鐘，取出放涼。
2. 已經餵養過高筋麵粉的天然酵母2～4小時內使用，這時候的活動力最適合做麵包。
3. 將所有材料A倒入鋼盆中，攪拌搓揉成為一個不黏手的麵糰（液體的部分保留30cc，在麵糰已經成團的過程中分次加入）。（圖1～3）
4. 依照揉麵標準程序，繼續搓揉甩打成為撐得起薄膜的麵糰。（圖4～7）
5. 將麵糰光滑面翻折出滾圓，收口捏緊朝下，放入抹少許油的保鮮盒中。（圖8）
6. 在麵糰表面噴一些水，罩上擰乾的濕布（勿接觸麵糰）或蓋子，放置到溫暖密閉的空間，發酵約90～120分鐘至兩倍大。（圖9）
7. 桌上灑上一些高筋麵粉，將發好的麵糰移出，麵糰表面也灑上一些高筋麵粉。（圖10）

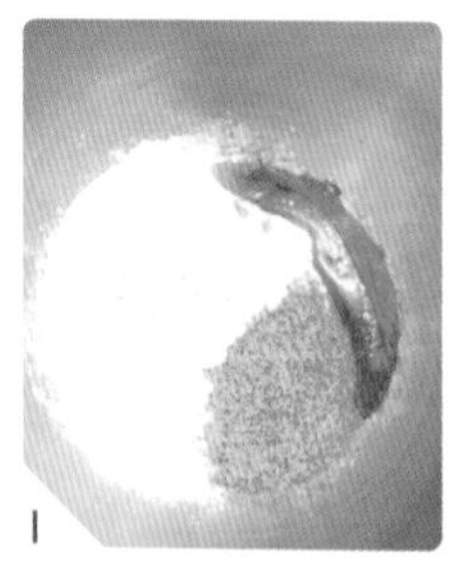
1

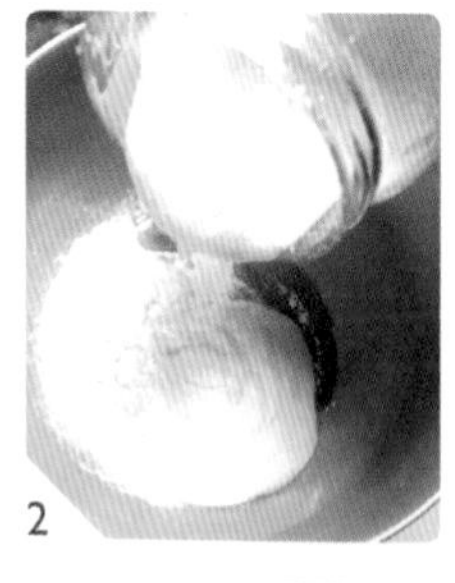
2

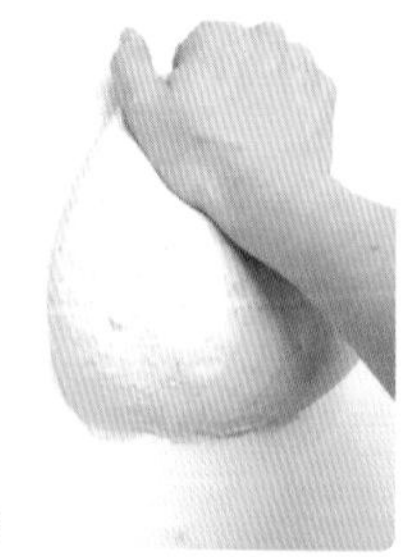
3

4

5

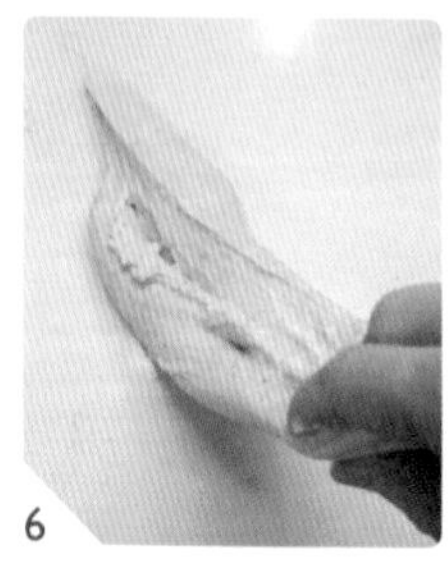
6

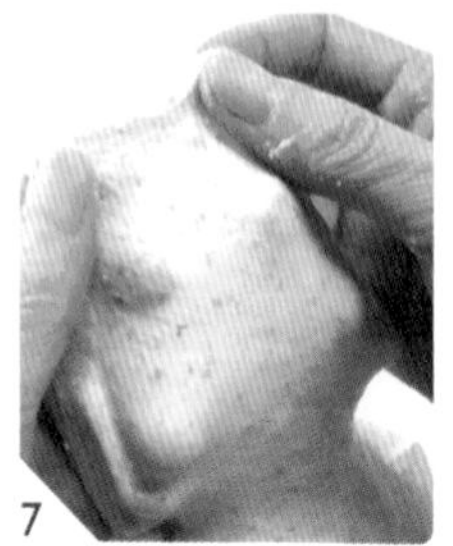
7

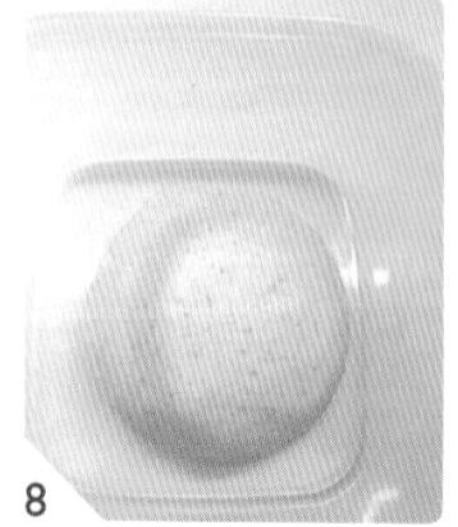
8

9

10

8 將第一次發酵完成的麵糰空氣拍出，平均分割成8等份（每塊約80g），然後滾成圓形，蓋上乾淨的布，再讓麵糰休息15分鐘。（圖11～13）

9 諾曼第乾酪切成小丁狀，平均分成8等份。（圖14）

10 休息好的麵糰表面灑些高筋麵粉，避免沾黏，用擀麵棍擀成長條形，鋪上乾酪丁。（圖15、16）

11 將麵糰由短向捲起，收口處捏緊成為一個橄欖形。（圖17、18）

12 小麵糰間隔整齊放入烤盤中。

13 麵糰表面均勻灑上高筋麵粉，覆蓋上乾淨的布。（圖19）

14 整盤放入烤箱中，關上烤箱門，再發酵60～90分鐘約至1.5倍大。

15 發酵好前8～10分鐘，將烤盤從烤箱中取出，烤箱打開預熱至190℃。

16 在發好的麵糰中央，用利刀劃出一道線。（圖20）

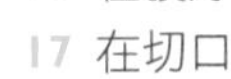

17 在切口放上切成細條的無鹽奶油，並在表面噴水。（圖21）

18 放進已經預熱至190℃的烤箱中，烘烤20～22分鐘即可。（圖22、23）

小叮嚀

- 添加水分的量會因為天然酵母濃度不同而有增減。
- 麵糰發酵時間會因為天然酵母活動力不同而有差異。
- 若以速發乾酵母製作，材料如下：高筋麵粉250g、中筋麵粉50g、速發乾酵母1/2t、小麥胚芽2T、蜂蜜20g、冷水200cc、鹽1/2t、諾曼第乾酪125g。

天然酵母葵花子麵包

| 直接法 |

Natural Yeast Multi-grain Bread with Sunflower Seeds

向日葵花充滿太陽的活力，
滿滿的葵花子怎麼不讓人心動？
葵花子含有豐富的維生素E及亞油酸，
有益於保護心血管功效。
帶殼的葵花子也是我常備的小零食，
解饞又天然。麵糰中添加雜糧粉，
無糖無油卻不失柔軟，
保持原始單純之美。

份 量

4個

材 料

A. 麵糰

天然酵母200g　高筋麵粉200g　雜糧粉50g
冷水100cc　鹽3/4t

B. 表面裝飾

蛋白液適量　葵花籽100g

*天然酵母做法請參考36頁。

Baking Points

製作方法	直接法
第一次發酵	90～120分鐘
休息鬆弛	15分鐘
第二次發酵	60～90分鐘
預熱溫度	200℃
烘烤溫度	200℃
烘烤時間	18～20分鐘

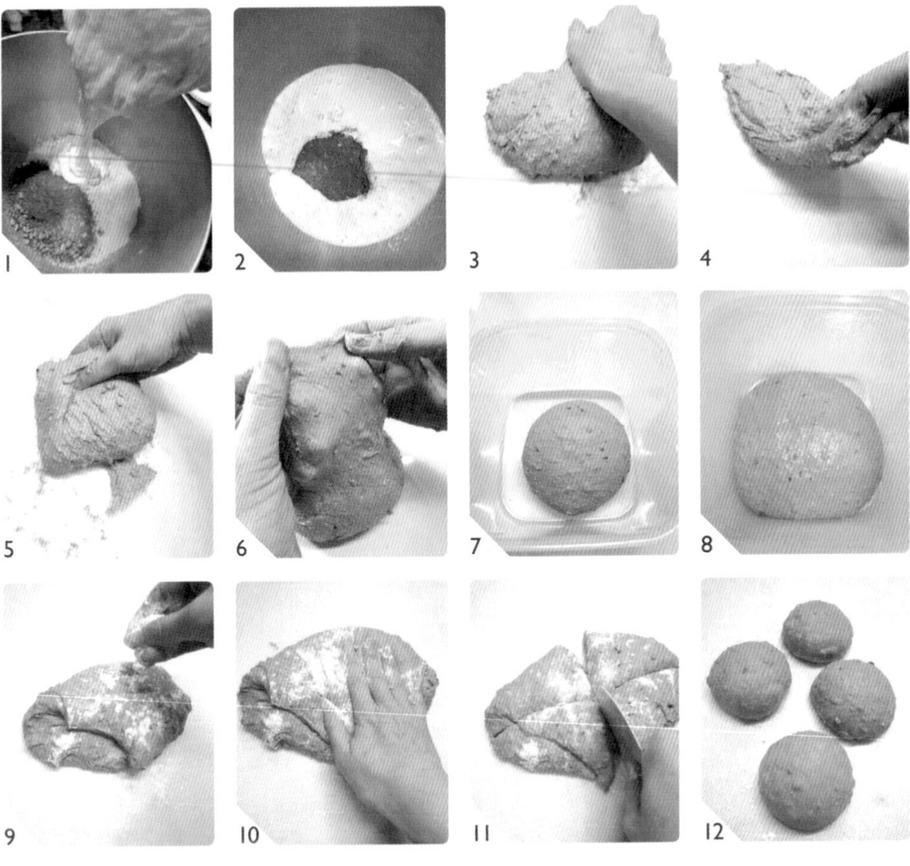

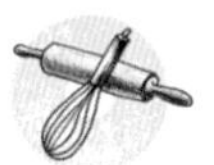

做法

1 已經餵養過高筋麵粉的天然酵母2～4小時內使用，這時候的活動力最適合做麵包。
2 將所有材料A倒入鋼盆中，攪拌搓揉成為一個不黏手的麵糰（液體的部分保留30cc，在麵糰已經成團的過程中分次加入）。（圖1～3）
3 抓住麵糰一角，將麵糰朝桌子上用力甩打出去，然後對折再轉90度。（圖4、5）
4 一直重複上述動作直到麵糰可以撐出薄膜即可。（圖6）
5 將麵糰光滑面翻折出滾圓，收口捏緊朝下，放入抹少許油的保鮮盒中。（圖7）
6 在麵糰表面噴一些水，避免乾燥。
7 將麵糰放入溫暖密閉的空間中，做第一次發酵90～120分鐘至兩倍大。（圖8）
8 桌上灑些高筋麵粉，將麵糰移出到桌面，表面也灑些高筋麵粉。（圖9）
9 將麵糰中的空氣用手壓下去擠出來。（圖10）
10 麵糰平均分割成4等份（每塊約160g），然後將小麵糰滾圓，蓋上乾淨的布，再讓麵糰休息15分鐘。（圖11、12）

- 添加水分的量會因為天然酵母濃度不同而有增減。
- 麵糰發酵時間會因為天然酵母活動力不同而有差異。
- 若以速發乾酵母製作，材料如下：高筋麵粉200g、雜糧粉50g、速發乾酵母1/2t、糖10g、冷水150cc、鹽3/4t；表面裝飾：蛋白液適量、葵花籽100g。

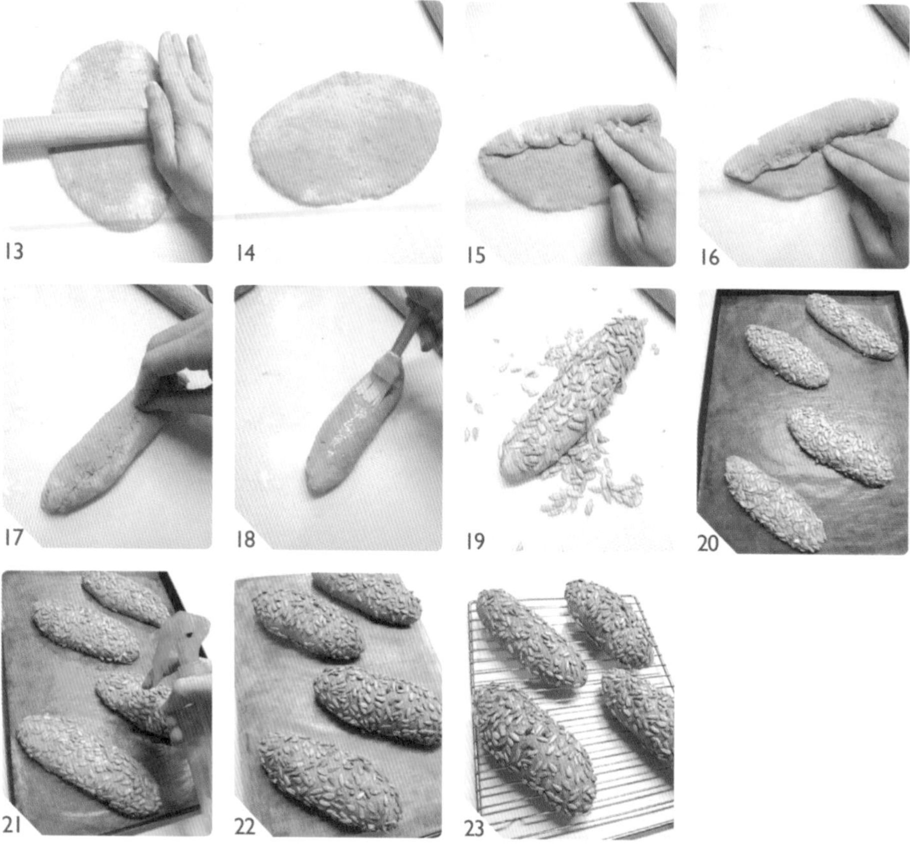

11 休息好的麵糰表面灑些高筋麵粉，避免沾黏，用擀麵棍擀成長條形。（圖13、14）

12 將麵糰由長向捲起 ，一邊壓一邊捲，收口處捏緊成為一個橄欖形。（圖15～17）

13 麵糰表面刷上一層蛋白液，均勻沾上葵花子。（圖18、19）

14 間隔整齊排放在烤盤上，整盤放入烤箱中，麵糰表面噴些水，然後關上烤箱門，再發酵60～90分鐘約至1.5倍大。（圖20）

15 發酵好前8～10分鐘，將烤盤從烤箱中取出，烤箱打開預熱至200℃。

16 放進烤箱前，在麵糰表面噴水。（圖21）

17 放進已經預熱至200℃的烤箱中，烘烤18～20分鐘即可。（圖22、23）

天然酵母芝麻餐包

｜中種法｜

Natural Yeast Bread with Sesame

在部落格分享自己的廚房已經超過六年的時間，這一段不算短的日子中，完整的記錄了近千筆的料理及烘焙。平均每兩天就發表一篇新文，並且回覆來自全世界的格友留言。為什麼一份沒有報酬的事我卻一直樂此不疲？因為我深深感受到「分享」的魔力，也因為如此，我獲得更多金錢買不到的東西，這是更珍貴的收穫！

份量

8個

材料

A. 中種法基本麵糰

高筋麵粉200g　天然酵母150g　冷水80cc

B. 主麵糰

中種麵糰全部　高筋麵粉100g　蜂蜜30g

鹽1/4t　橄欖油30g　冷水40cc

C. 表面裝飾

蛋白液、白芝麻、橄欖油各適量

*天然酵母做法請參考36頁。

製作方法……中種法

第一次發酵……40～60分鐘

休息鬆弛……15分鐘

第二次發酵……60～90分鐘

預熱溫度……180℃

烘烤溫度……180℃

烘烤時間……20～22分鐘

做法

A 製作中種法基本麵糰

1 已經餵養過高筋麵粉的天然酵母2～4小時內使用，這時候的活動力最適合做麵包。

2 將中種材料攪拌搓揉成為一個均勻沒有粉粒的麵糰（液體的部分要先保留15cc，等麵糰已經攪拌成團後再慢慢加入）。（圖1、2）

3 繼續將麵糰反覆搓揉7～8分鐘成為光滑的麵糰。（圖3）

4 將麵糰滾圓，收口朝下捏緊，放入抹少許油的保鮮盒中。（圖4）

5 在麵糰表面噴一些水，罩上擰乾的濕布（勿接觸麵糰）或蓋子，放置室溫發酵1.5～2小時至兩倍大。（圖5）

B 製作主麵糰

6 將中種麵糰與主麵糰所有材料倒入鋼盆中，攪拌搓揉成為一個不黏手的麵糰（液體的部分要先保留10cc，在麵糰已經攪拌成團後再慢慢加入）。（圖6）

7 依照揉麵標準程序，繼續搓揉甩打成為撐得起薄膜的麵糰。（圖7～10）

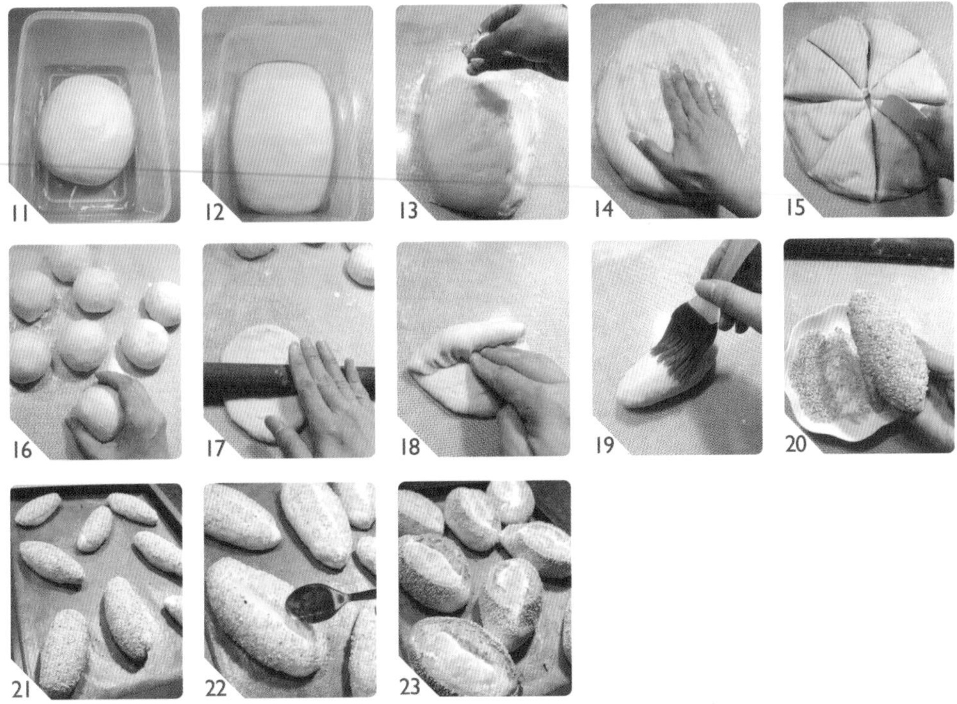

8 將麵糰滾圓，收口朝下捏緊，放入抹少許油的盆中。（圖11）

9 在麵糰表面噴一些水，罩上擰乾的濕布（勿接觸麵糰）或保鮮膜，放置到溫暖密閉的空間，發酵約40～60分鐘至1.5倍大。（圖12）

10 桌上灑上一些高筋麵粉，將發好的麵糰移出，麵糰表面也灑上一些高筋麵粉。（圖13）

11 將第一次發酵完成的麵糰空氣拍出，平均分割成8個小麵糰（每個約75g），然後將小麵糰滾圓，蓋上乾淨的布，再讓麵糰休息15分鐘。（圖14～16）

12 休息好的麵糰表面灑些高筋麵粉避免沾黏，用擀麵棍擀成長條形。（圖17）

13 將麵糰由短向捲起，一邊壓一邊捲，收口處捏緊成為一個橄欖形。（圖18、19）

14 麵糰表面刷上一層蛋白液，沾上白芝麻。（圖20）

15 間隔整齊排放在烤盤上，整盤放入烤箱中，麵糰表面噴些水，然後關上烤箱門，再發酵60～90分鐘約至1.5倍大。（圖21）

16 發酵好前8～10分鐘，將烤盤從烤箱中取出，烤箱打開預熱至180℃。

17 放進烤箱前，用一把利刀在麵糰中央切開一道線。

18 在切口處淋上少許橄欖油，並在表面噴水。（圖22）

19 放進已經預熱至180℃的烤箱中，烘烤20～22分鐘至表面呈現金黃色即可。（圖23）

20 麵包烤好後，移到鐵網架上放涼。

- 添加水分的量會因為天然酵母濃度不同而有增減。
- 麵糰發酵時間會因為天然酵母活動力不同而有差異。
- 若以速發乾酵母製作，材料如下：
  A. 中種法基本麵糰：高筋麵粉200g、速發乾酵母1/2t、冷水130cc。
  B. 主麵糰：中種麵糰全部、高筋麵粉100g、蜂蜜30g、鹽1/4t、橄欖油30g、冷水60cc。
  C. 表面裝飾：蛋白1個、白芝麻適量。

天然酵母 全麥核桃麵包

| 中種法 |

Natural Yeast Whole Wheat Bread with Walnuts

馬來西亞的格友Mei在我的臉書上分享了她與老公有趣的事。Mei想試著養天然酵母，所以跟老公討論著如何餵養的事情。老公越聽越覺得奇怪，不是要做麵包吃的材料嗎？為什麼需要給糖還餵麵粉？然後突然瞪大眼睛看著Mei說：「妳到底要養什麼啊？不是拿來做食物的嗎？怎麼還需要餵吃的？」一臉非常驚嚇害怕的模樣！

份 量

2個

材 料

A. 中種法基本麵糰

高筋麵粉200g　冷水80cc　天然酵母150g

B. 主麵糰

中種麵糰全部　高筋麵粉50g　全麥麵粉50g

細砂糖20g　鹽1/2t　冷水40cc　核桃80g

C. 表面裝飾

蛋白液適量　即食燕麥片30g　橄欖油適量

*天然酵母做法請參考36頁。

Baking Points

製作方法……中種法
第一次發酵……40～60分鐘
休息鬆弛……15分鐘
第二次發酵……60～90分鐘
預熱溫度……180℃
烘烤溫度……180℃
烘烤時間……22～25分鐘

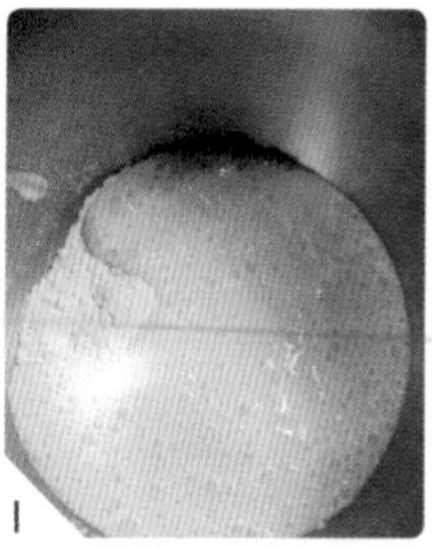

做 法

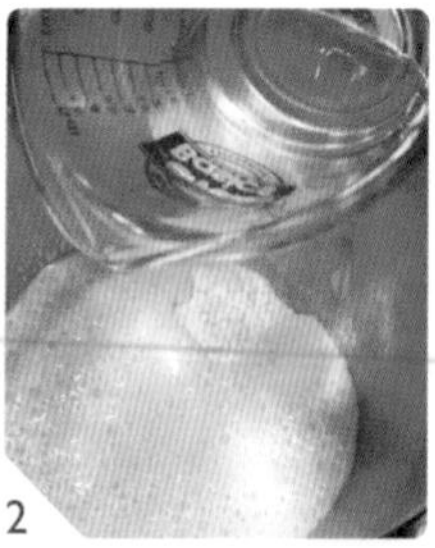

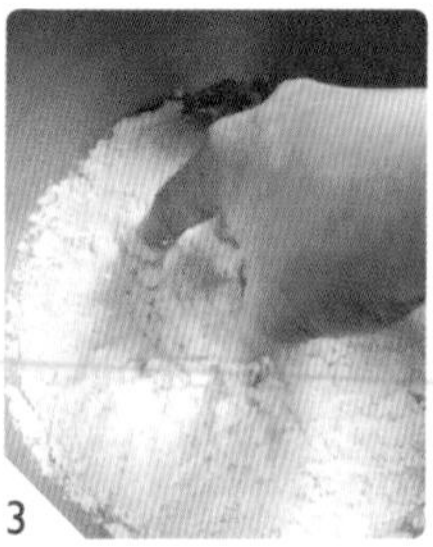

A 製作中種法基本麵糰

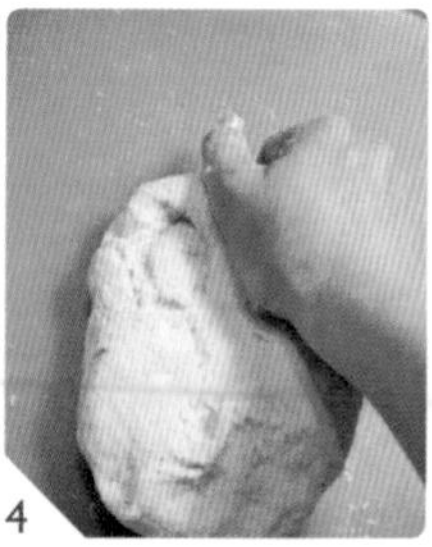

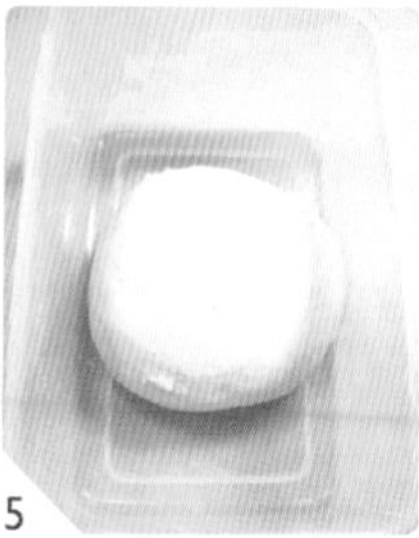

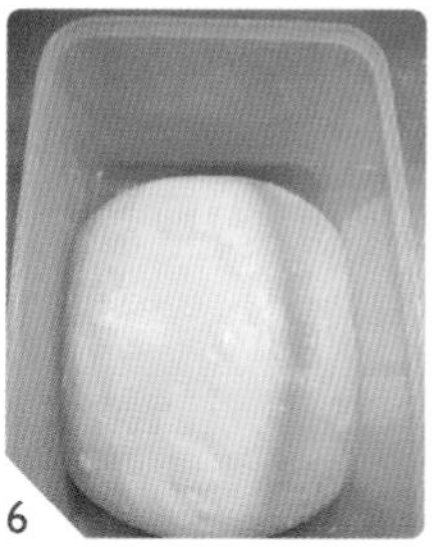

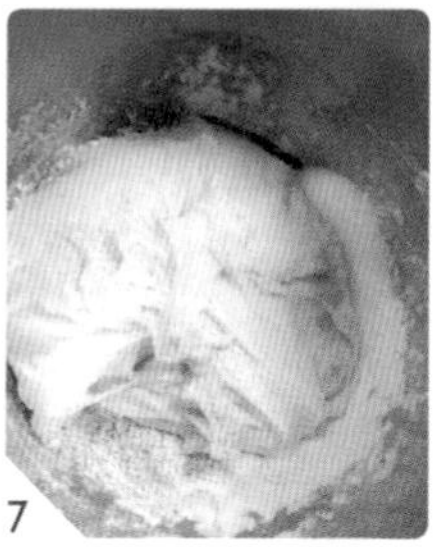

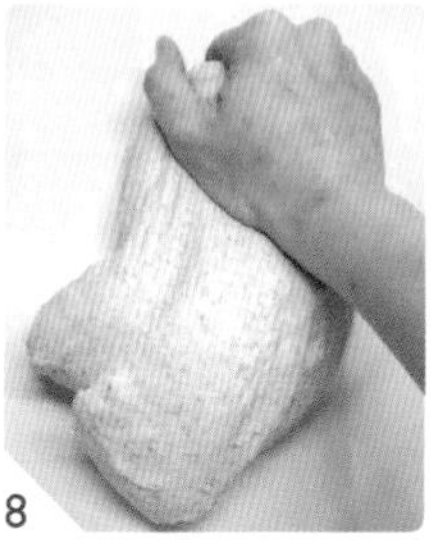

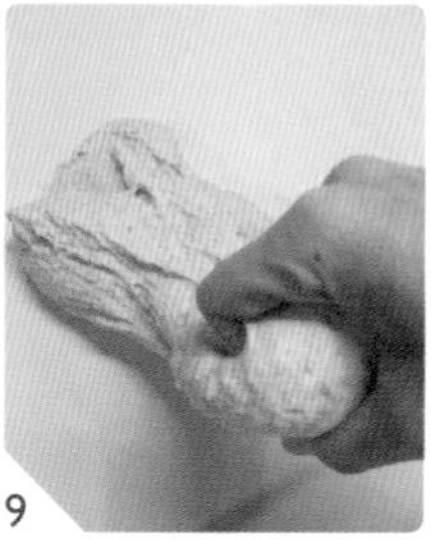

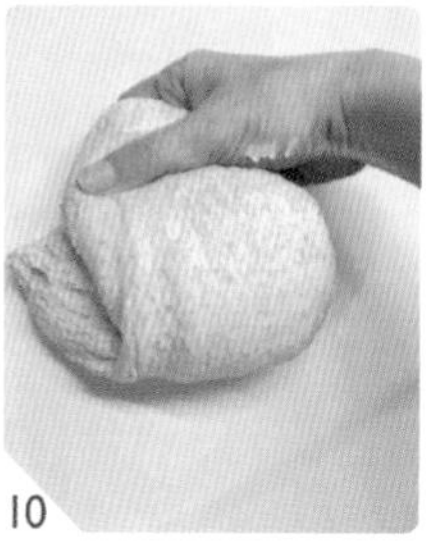

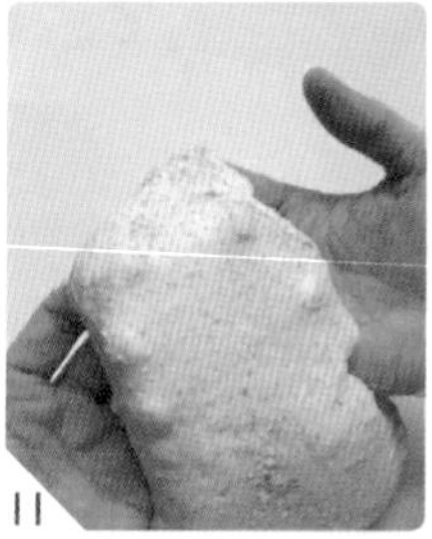

1 已經餵養過高筋麵粉的天然酵母2～4小時內使用，這時候的活動力最適合做麵包。
2 將中種材料攪拌搓揉成為一個均勻沒有粉粒的麵糰（液體的部分要先保留30cc，等麵糰已經攪拌成團後再慢慢加入）。（圖1、2）
3 繼續將麵糰反覆搓揉7～8分鐘成為光滑的麵糰。（圖3、4）
4 將麵糰滾圓，收口朝下捏緊，放入抹少許油的保鮮盒中。（圖5）
5 在麵糰表面噴一些水，罩上擰乾的濕布（勿接觸麵糰）或蓋子，放置室溫發酵1.5～2小時至兩倍大。（圖6）

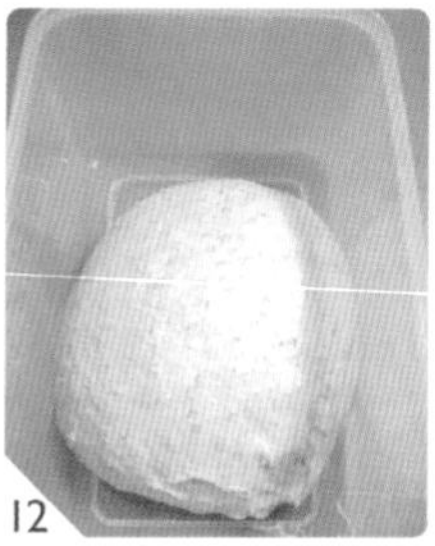

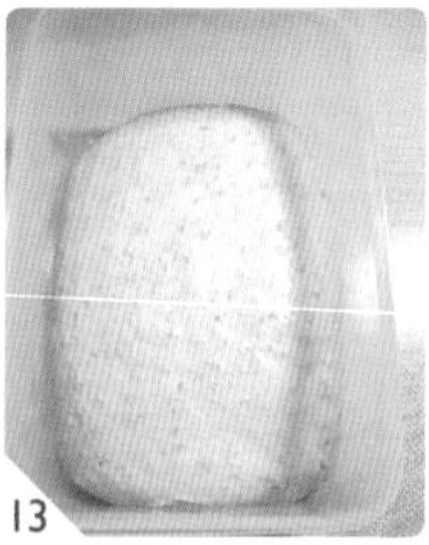

B 製作主麵糰

6 核桃放入已經預熱至150℃的烤箱中，烘烤7～8分鐘取出，放涼切小塊備用。
7 將中種麵糰與主麵糰所有材料倒入鋼盆中，攪拌搓揉成為一個不黏手的麵糰（液體的部分要先保留15cc，在麵糰已經攪拌成團後再慢慢加入）。（圖7）
8 依照揉麵標準程序，繼續搓揉甩打成為撐得起薄膜的麵糰。（圖8～11）
9 將麵糰滾圓，收口朝下捏緊，放入抹少許油的盆中。（圖12）
10 在麵糰表面噴一些水，罩上擰乾的濕布（勿接觸麵糰）或保鮮膜，放置到溫暖密閉的空間，發酵約40～60分鐘約至1.5倍大。（圖13）

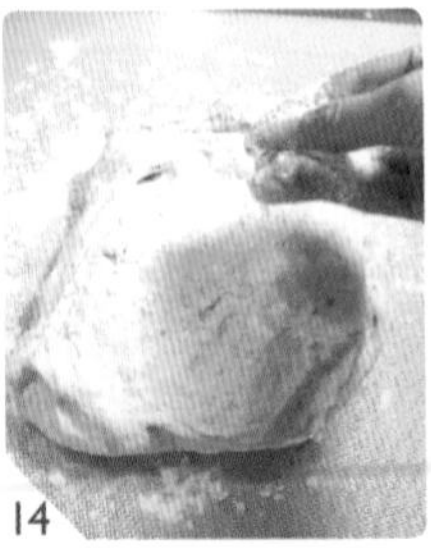

14  15  16  17  18  19 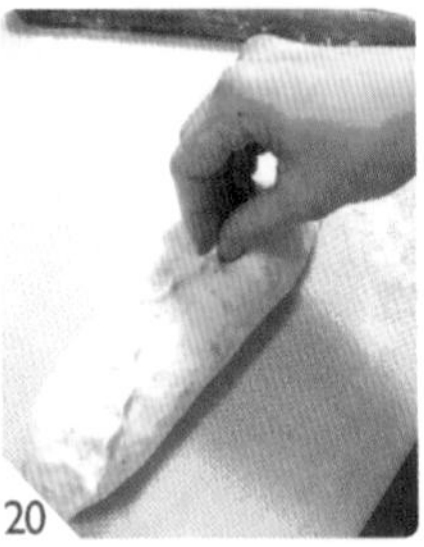 20 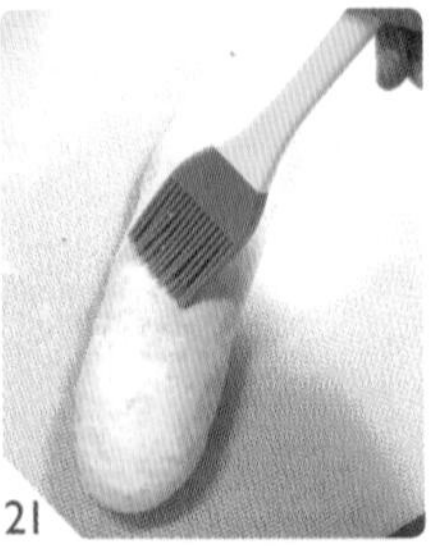 21 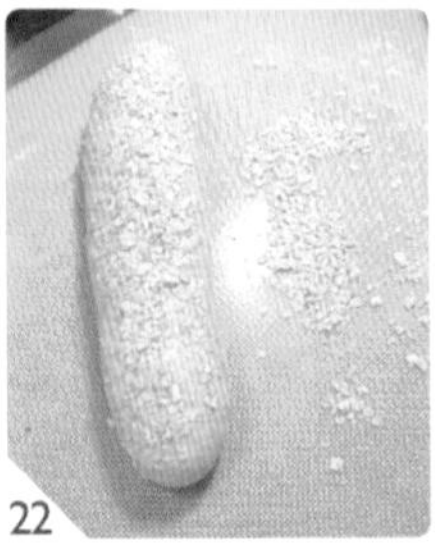 22  23  24  25  26

11 桌上灑上一些高筋麵粉，將發好的麵糰移出，麵糰表面也灑上一些高筋麵粉。（圖14）

12 將第一次發酵完成的麵糰空氣拍出，平均分割成兩個小麵糰（每個約290g），然後將小麵糰滾圓，蓋上乾淨的布，再讓麵糰休息15分鐘。（圖15、16）

13 休息好的麵糰表面灑些高筋麵粉避免沾黏，用擀麵棍擀成橢圓形，平均鋪上核桃。（圖17、18）

14 將麵糰由長向捲起，收口處捏緊成為一個橄欖形。（圖19、20）

15 麵糰表面刷上一層蛋白液，沾上即食燕麥片。（圖21、22）

16 間隔整齊排放在烤盤上，整盤放入烤箱中，麵糰表面噴些水，然後關上烤箱門，再發酵60～90分鐘約至1.5倍大。（圖23）

17 發酵好前8～10分鐘，將烤盤從烤箱中取出，烤箱打開預熱至180℃。

18 放進烤箱前，用一把利刀在麵糰表面切開3道斜線。（圖24）

19 在切口處淋上少許橄欖油。（圖25）

20 放進已經預熱至180℃的烤箱中，烘烤22～25分鐘至表面呈現金黃色即可。（圖26）

21 麵包烤好後，移到鐵網架上放涼。

天然酵母奶油乾酪麵包

｜中種法｜

Natural Yeast Butter Cheese Bread

在冰箱休眠將近兩個月的天然酵母取出餵養之後，又恢復生氣勃勃的狀態。每次看到這樣狀態，不知怎麼的都會覺得很感動。自己養的酵母一直讓我烘烤出好吃又獨特的麵包，再麻煩都是值得的。

份 量

（長形藤籃模）

1個

材 料

A. 中種法基本麵糰

天然酵母200g　高筋麵粉200g　清水80cc

B. 主麵糰

中種麵糰全部　高筋麵粉70g　低筋麵粉30g
帕梅森起司粉3T　全脂奶粉20g　細砂糖15g
鹽1/8t　牛奶60cc　無鹽奶油40g

*天然酵母做法請參考36頁。

製作方法	中種法
第一次發酵	40～60分鐘
休息鬆弛	無
第二次發酵	60～90分鐘
預熱溫度	200℃
烘烤溫度	200℃
烘烤時間	28～30分鐘

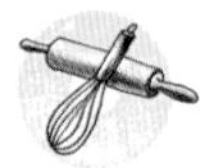

做 法

A 製作中種法基本麵糰

1 已經餵養過高筋麵粉的天然酵母2～4小時內使用，這時候的活動力最適合做麵包。
2 將中種材料攪拌搓揉成為一個均勻沒有粉粒的麵糰（液體的部分要先保留15cc，等麵糰已經攪拌成團後再慢慢加入）。（圖1）
3 繼續將麵糰反覆搓揉7～8分鐘成為光滑的麵糰。（圖2）
4 將麵糰滾圓，收口朝下捏緊，放入抹少許油的保鮮盒中。（圖3）
5 在麵糰表面噴一些水，罩上擰乾的濕布（勿接觸麵糰）或蓋子，放置室溫發酵1.5～2小時至兩倍大。（圖4）

B 製作主麵糰

6 將中種麵糰與主麵糰所有材料倒入鋼盆中，攪拌搓揉成為一個不黏手的麵糰（液體的部分要先保留15cc，等麵糰已經攪拌成團後再慢慢加入）。（圖5）

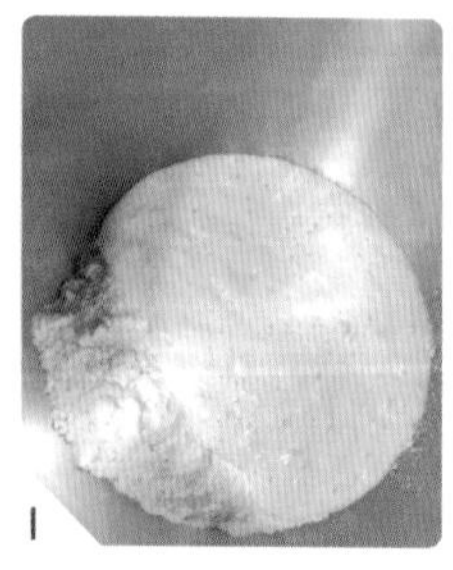
1

2

3

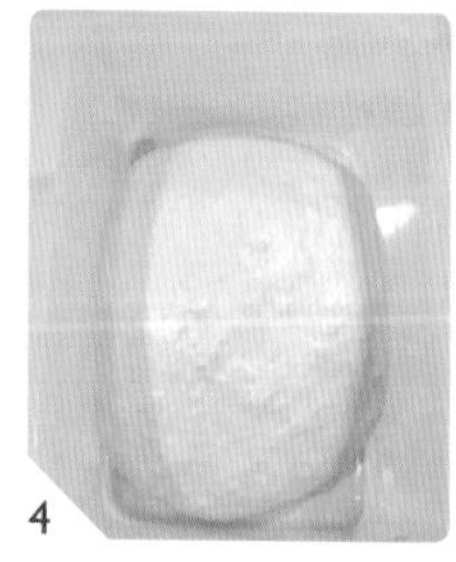
4

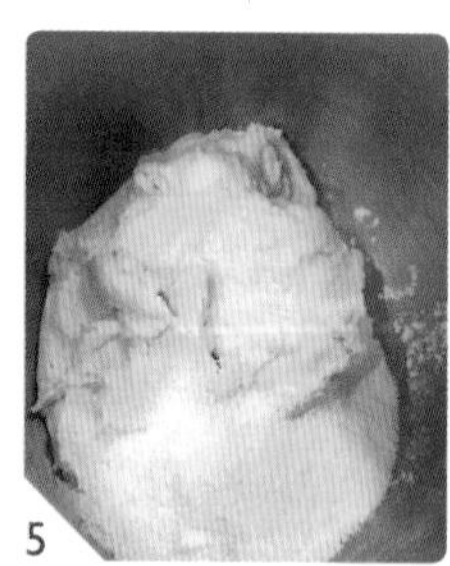
5

- 添加水分的量會因為天然酵母濃度不同而有增減。
- 麵糰發酵時間會因為天然酵母活動力不同而有差異。
- 若以速發乾酵母製作，材料如下：
  A. 中種法基本麵糰：速發乾酵母1/2t、高筋麵粉200g、清水130cc。
  B. 主麵糰：中種麵糰全部、高筋麵粉70g、低筋麵粉30g、帕梅森起司粉3T、全脂奶粉20g、細砂糖20g、鹽1/8t、牛奶60cc、無鹽奶油40g。

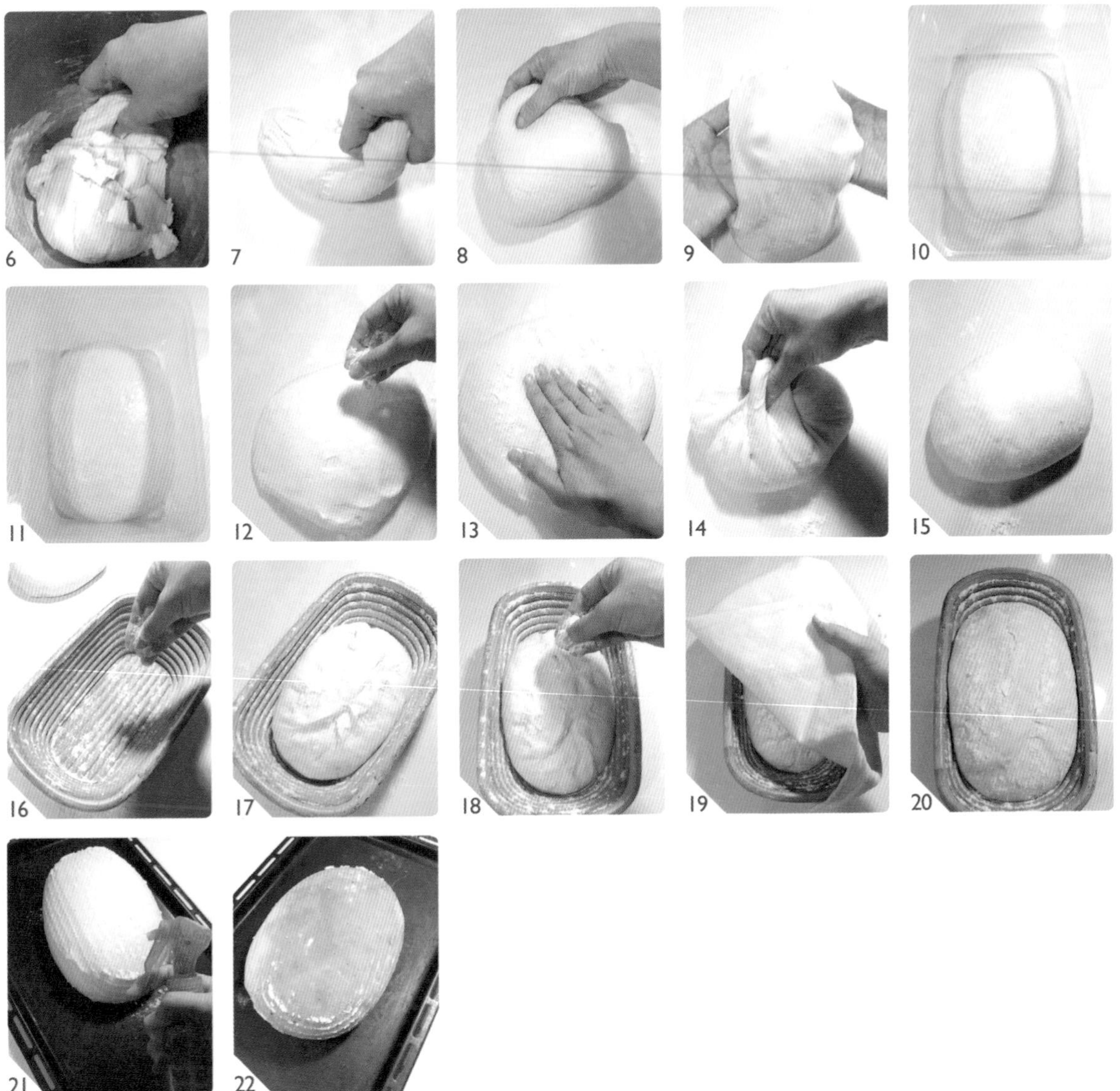

7 加入軟化的無鹽奶油丁，慢慢混合均勻。（圖6）
8 依照揉麵標準程序，繼續搓揉甩打成為撐得起薄膜的麵糰。（圖7～9）
9 將麵糰滾圓，收口朝下捏緊，放入抹少許油的盆中。（圖10）
10 在麵糰表面噴一些水，罩上擰乾的濕布（勿接觸麵糰）或保鮮膜，放置到溫暖密閉的空間，發酵約40～60分鐘約至1.5倍大。（圖11）
11 桌上灑上一些高筋麵粉，將發好的麵糰移出，麵糰表面也灑上一些高筋麵粉。（圖12）
12 將第一次發酵完成的麵糰空氣拍出，然後滾圓。（圖13～15）
13 藤籃均勻灑上一層高筋麵粉。（圖16）
14 麵糰收口朝上放入藤籃中，表面灑上高筋麵粉，覆蓋上乾淨的布，放到烤箱中再發酵60～90分鐘約至1.5倍大。（圖17～20）
15 發酵好前8～10分鐘，將藤籃從烤箱中取出，烤箱打開預熱至200℃。
16 預熱完成，將麵糰倒在烤盤上，在麵糰表面噴灑大量的水。（圖21）
17 放進已經預熱至200℃的烤箱中，烘烤28～30分鐘至表面呈現金黃色即可。（圖22）
18 麵包烤好後，移到鐵網架上放涼。

天然酵母培根橄欖葉子麵包

｜中種法｜

Natural Yeast Bacon Olive Bread

可愛的葉子麵包造型獨特還帶著鹹香滋味，剛出爐還燙手就忍不住急著咬上一口，攙雜了醃漬橄欖與培根，在口中越嚼越香。有一點餓的時候，這一款麵包真是再適合不過了。

份量

8個

材料

A. 中種法基本麵糰

天然酵母200g　高筋麵粉200g　冷水80cc

B. 主麵糰

中種麵糰全部　全麥麵粉100g　鹽1/4t

橄欖油30g　培根100g　醃漬橄欖 100g　冷水60cc

C. 表面裝飾

橄欖油適量

*天然酵母做法請參考36頁。

Baking Points

製作方法……………中種法
第一次發酵………40～60分鐘
休息鬆弛……………15分鐘
第二次發酵………40～60分鐘
預熱溫度……………210℃
烘烤溫度……………210℃
烘烤時間………15～16分鐘

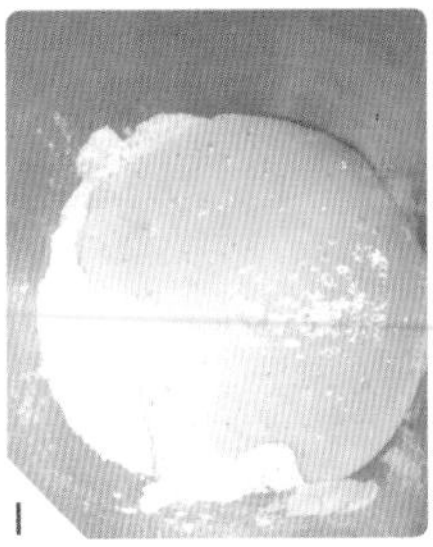

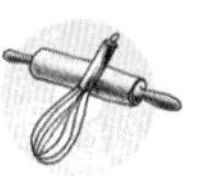

做 法

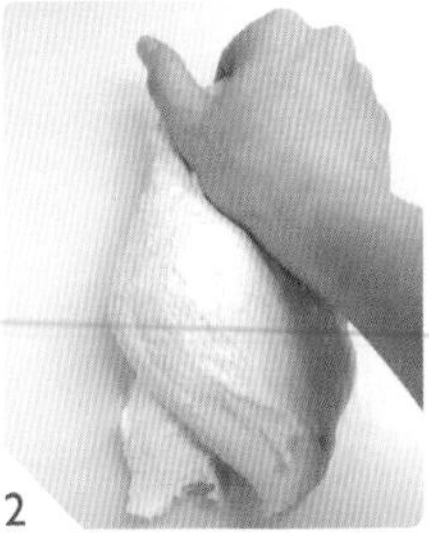

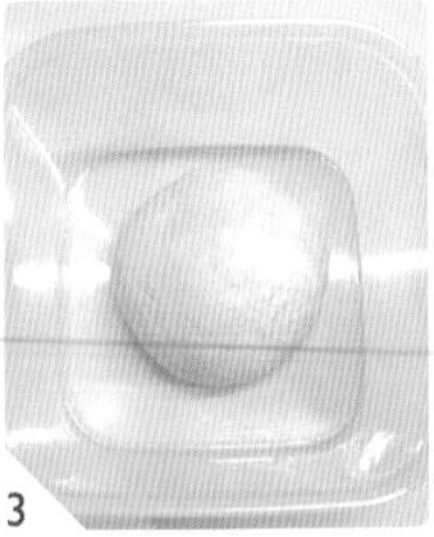

A **製作中種法基本麵糰**

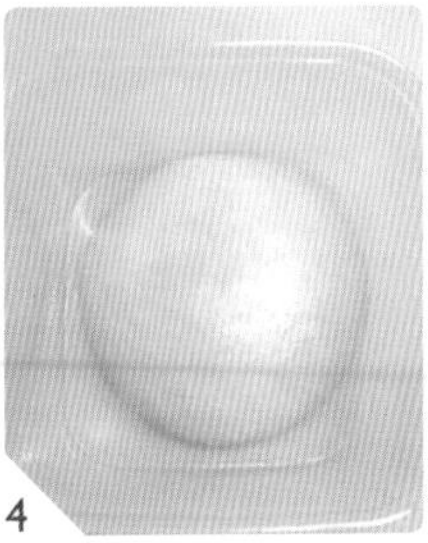

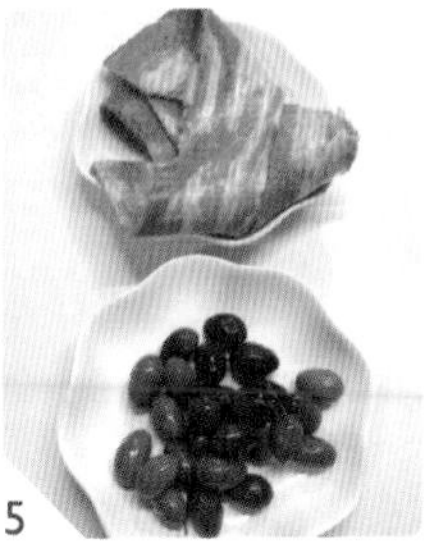

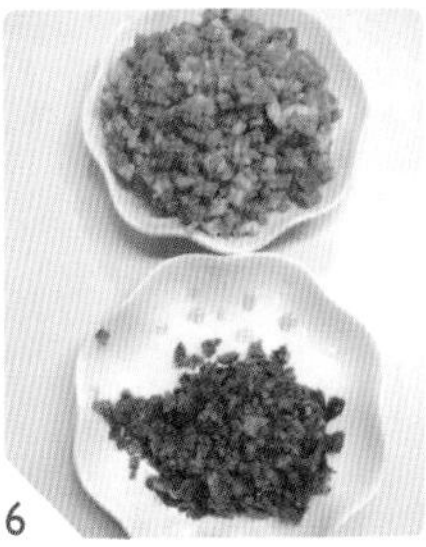

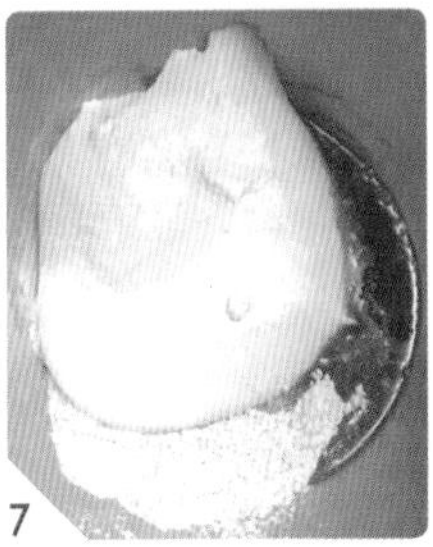

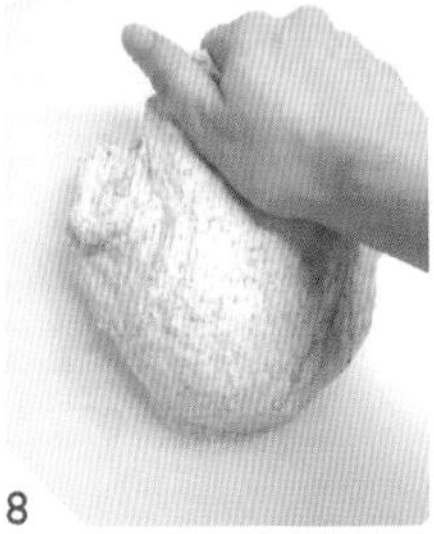

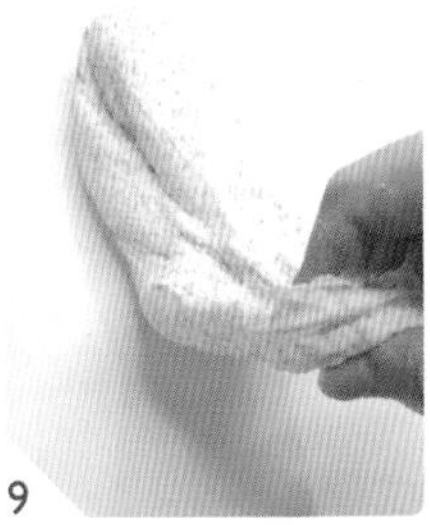

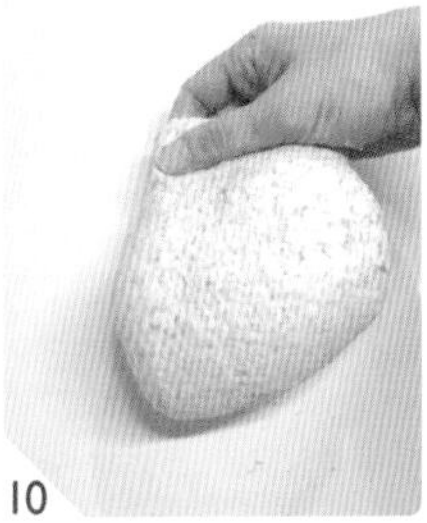

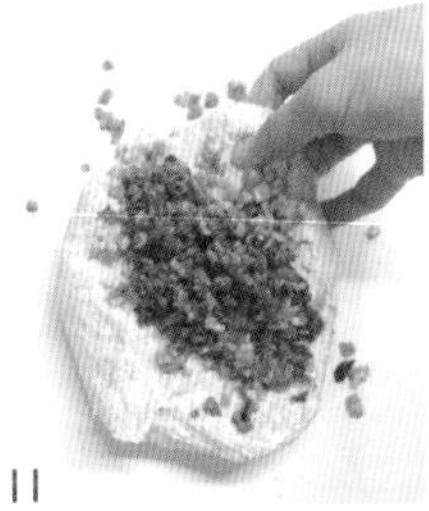

1 已經餵養過高筋麵粉的天然酵母2～4小時內使用，這時候的活動力最適合做麵包。
2 將中種材料攪拌搓揉成為一個均勻沒有粉粒的麵糰（液體的部分要先保留15cc，等麵糰已經攪拌成團後再慢慢加入）。（圖1）
3 繼續將麵糰反覆搓揉7～8分鐘成為光滑的麵糰。（圖2）
4 將麵糰滾圓，收口朝下捏緊，放入抹少許油的保鮮盒中。（圖3）
5 在麵糰表面噴一些水，罩上擰乾的濕布（勿接觸麵糰）或蓋子，放置室溫發酵1.5～2小時至兩倍大。（圖4）

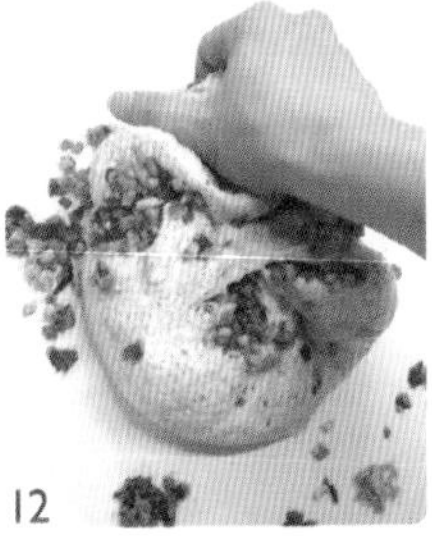

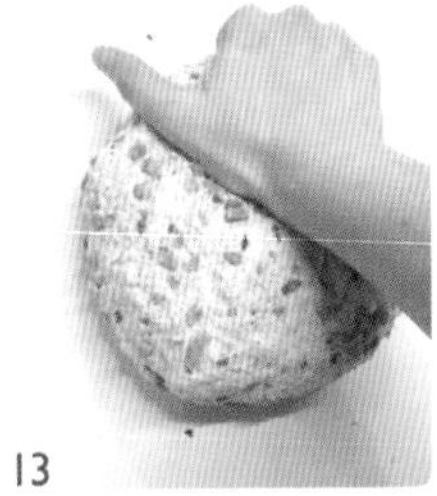

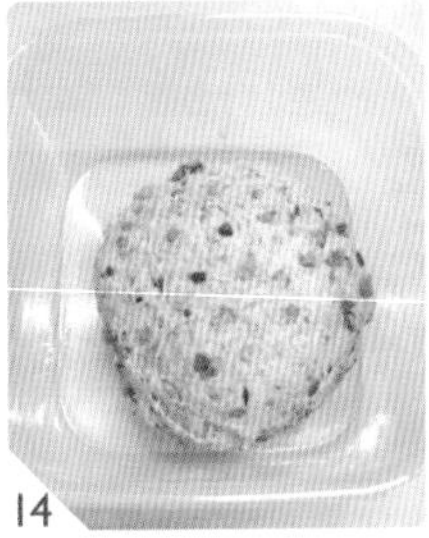

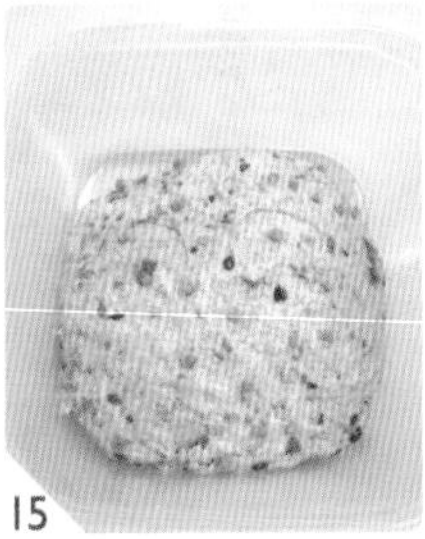

B **製作主麵糰**

6 培根及醃漬橄欖切碎。（圖5、6）
7 將中種麵糰與主麵糰所有材料倒入鋼盆中，攪拌搓揉成為一個不黏手的麵糰（液體的部分要先保留15cc，等麵糰已經攪拌成團後再慢慢加入）。（圖7、8）
8 繼續搓揉甩打5～6分鐘成為均勻光滑的麵糰。（圖9、10）
9 將培根及醃漬橄欖碎加入麵糰中，混合搓揉均勻。（圖11、12）
10 將麵糰滾圓，收口朝下捏緊，放入抹少許油的盆中。（圖13、14）
11 在麵糰表面噴一些水，罩上擰乾的濕布（勿接觸麵糰）或保鮮膜，放置到溫暖密閉的空間，發酵約40～60分鐘約至1.5倍大。（圖15）

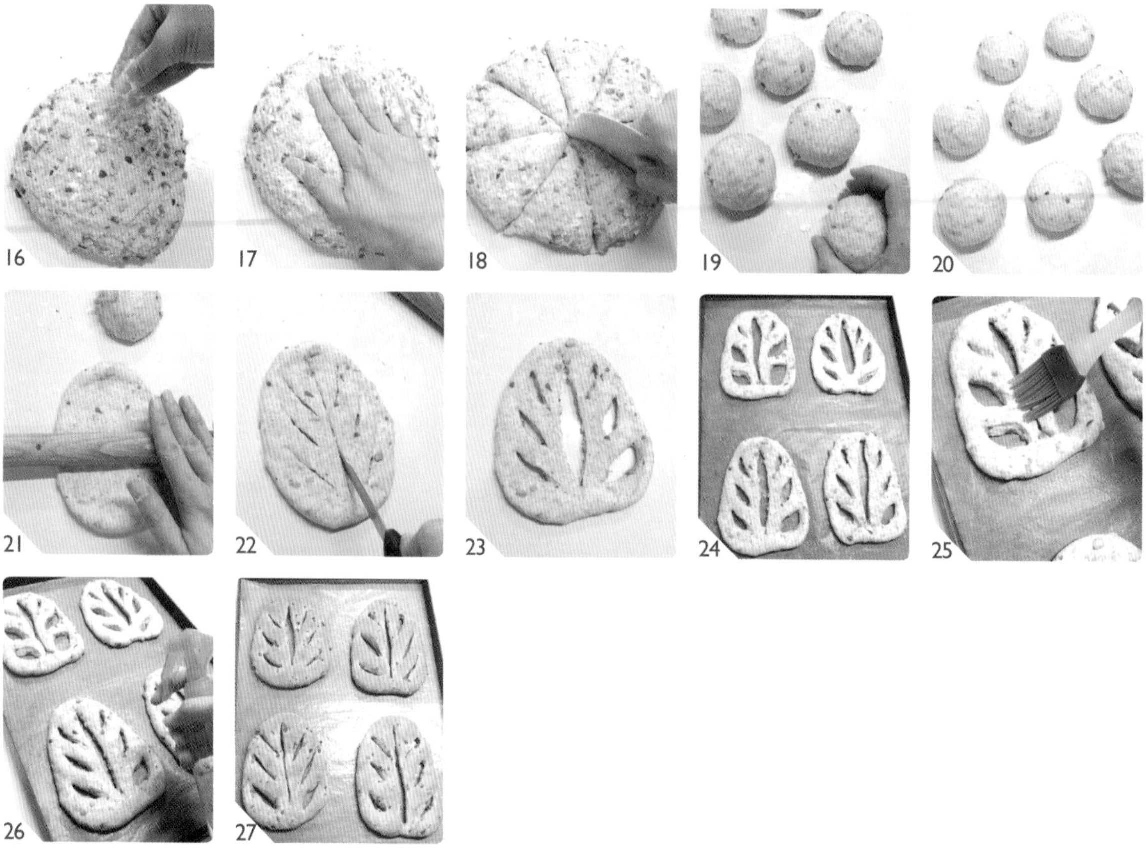

12 桌上灑上一些高筋麵粉，將發好的麵糰移出，麵糰表面也灑上一些高筋麵粉。（圖16）

13 將第一次發酵完成的麵糰空氣拍出，平均分割成8個小麵糰（每個約105g），然後將小麵糰滾圓，蓋上乾淨的布，再讓麵糰休息15分鐘。（圖17～20）

14 休息好的麵糰表面灑些高筋麵粉避免沾黏，用擀麵棍擀成厚度約0.5cm橢圓形片狀。（圖21）

15 用利刀在麵皮上切出葉脈痕跡。（圖22、23）

16 間隔整齊排放在烤盤上，整盤放入烤箱中，麵糰表面噴些水，然後關上烤箱門，再發酵40～60分鐘約至1.5倍大。（圖24）

17 發酵好前8～10分鐘，將烤盤從烤箱中取出，烤箱打開預熱至210℃。

18 放進烤箱前，在麵糰表面刷上一層橄欖油，在表面噴水。（圖25、26）

19 放進已經預熱至210℃的烤箱中，烘烤15～16分鐘至表面呈現金黃色即可。（圖27）

20 麵包烤好後，移到鐵網架上放涼。

- 添加水分的量會因為天然酵母濃度不同而有增減。
- 麵糰發酵時間會因為天然酵母活動力不同而有差異。
- 若以速發乾酵母製作，材料如下：
  A. 中種法基本麵糰：速發乾酵母1/2t、高筋麵粉200g、冷水130cc。
  B. 主麵糰：中種麵糰全部、全麥麵粉100g、細砂糖15g、鹽1/4t、橄欖油30g、培根100g、醃漬橄欖100g、冷水60cc。

天然酵母鄉村麵包

｜老麵法｜

Natural Yeast Country Bread

每天早晨餵養過天然酵母後，看著酵母長大特別開心，充滿活力的酵母做出好吃的麵包，更讓我特別有成就感。
我跟老公說：「這真是『好酵』！」在書房的老公聽到說：「什麼事這麼好笑？」
我說：「我的酵母是好酵！」他大笑，原來好笑是好酵啊！真是好好笑！！

份 量

3個

材 料

麥芽糖1T　沸水100cc　老麵50g　天然酵母200g
高筋麵粉200g　全麥麵粉50g　鹽5g

*老麵做法請參考33頁。

Baking Points

製作方法…………………老麵法
第一次發酵………90～120分鐘
休息鬆弛……………………無
第二次發酵………60～90分鐘
預熱溫度…………………200℃
烘烤溫度…………………200℃
烘烤時間…………22～25分鐘

做 法

1. 用湯匙捲起1大匙麥芽糖（大約就可以）。（圖1）
2. 將麥芽糖放入份量中的沸水溶化，放涼備用。（圖2）
3. 已經餵養過高筋麵粉的天然酵母2～4小時內使用，這時候的活動力最適合做麵包。
4. 將所有材料倒入鋼盆中，攪拌搓揉成為一個不黏手的麵糰（液體的部分保留30cc，在麵糰已經成團過程中分次加入）。（圖3）
5. 抓住麵糰一角，將麵糰朝桌子上用力甩打出去，然後對折再轉90度。（圖4～8）
6. 一直重複上述動作直到麵糰可以撐出薄膜即可。（圖9）
7. 將麵糰光滑面翻折出滾圓，收口捏緊朝下，放入抹少許油的保鮮盒中。（圖10）

1

2

3

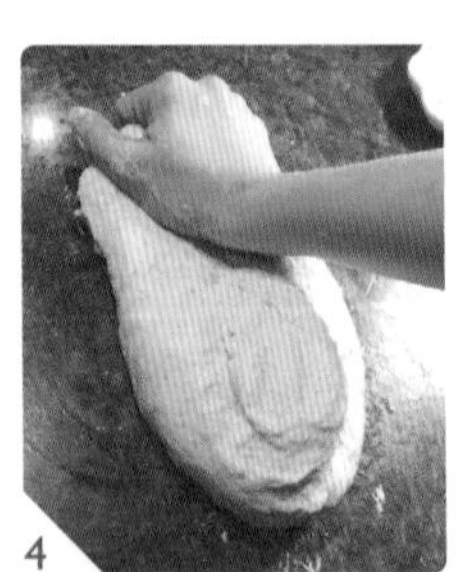
4

5

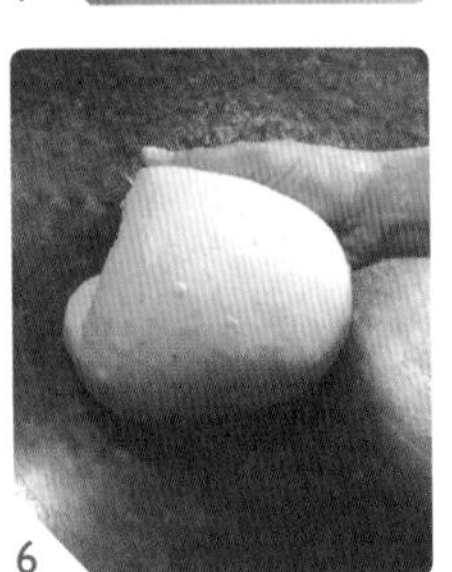
6

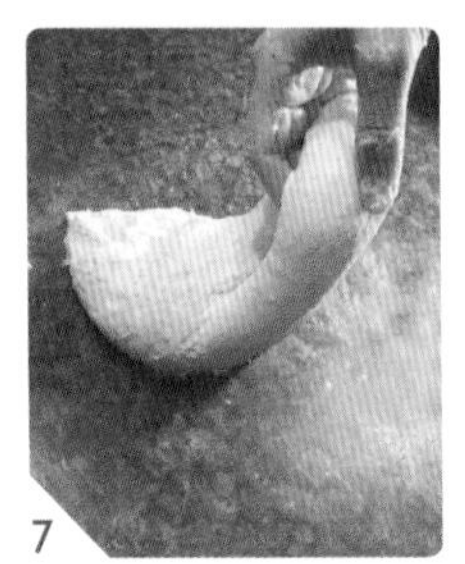
7

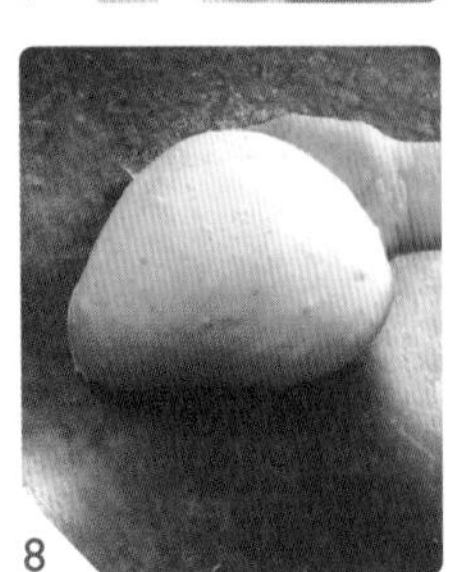
8

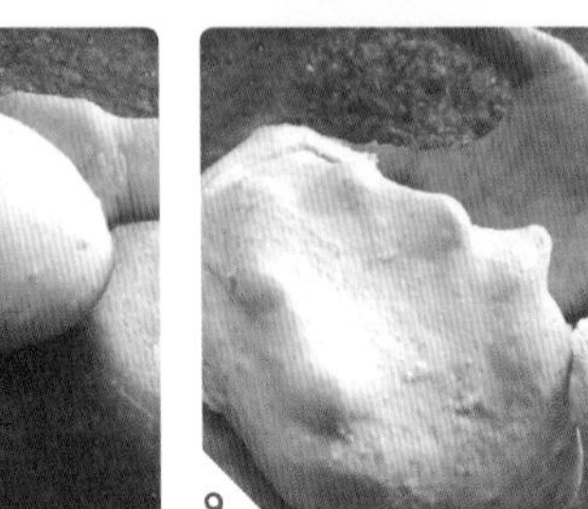
9

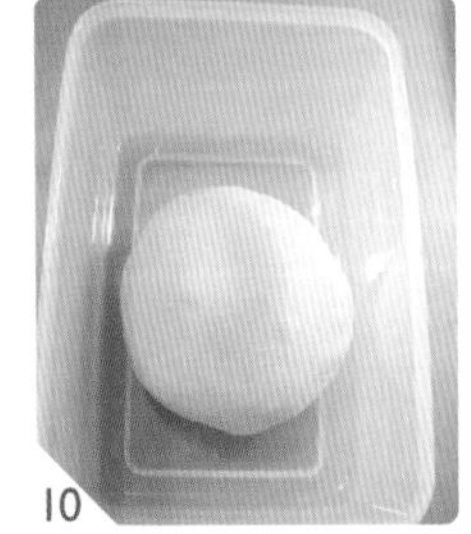
10

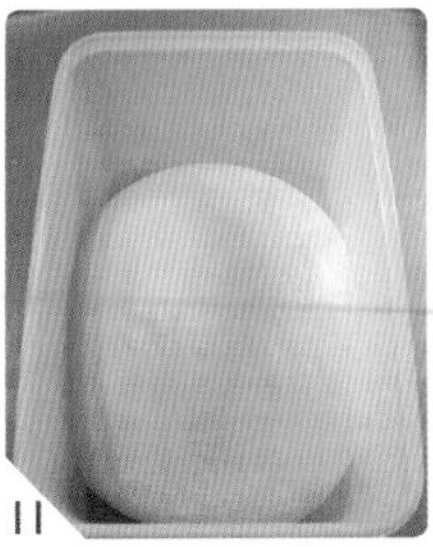
11

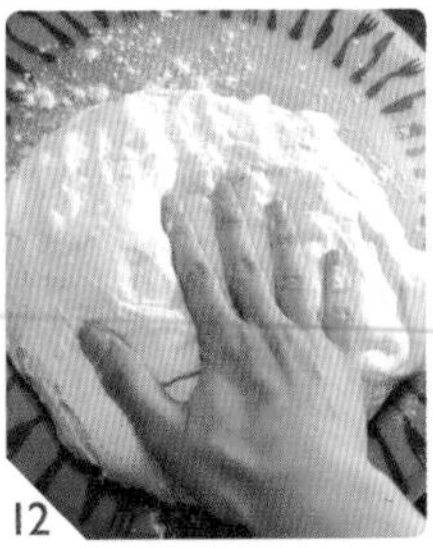
12

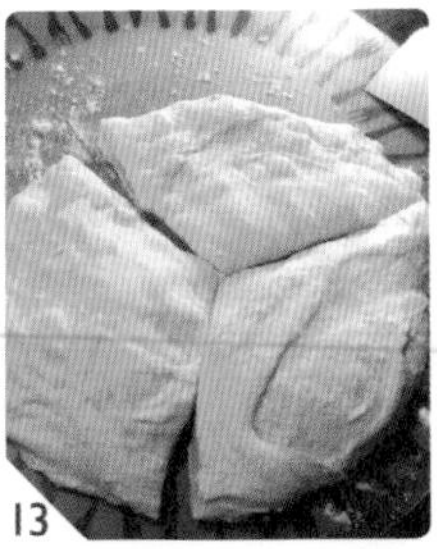
13

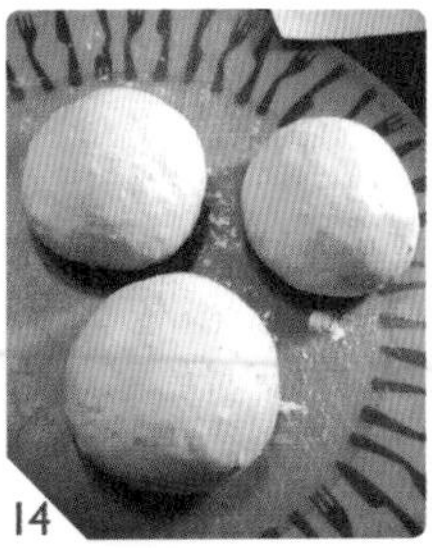
14

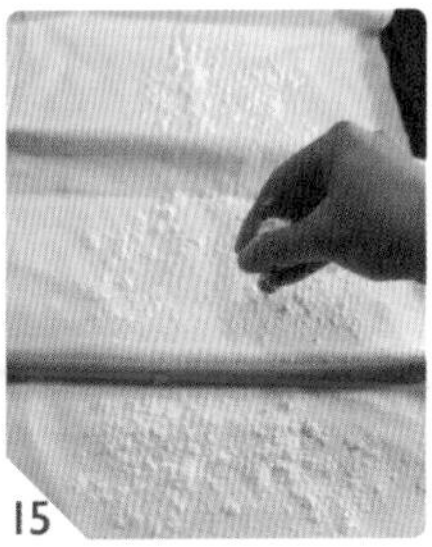
15

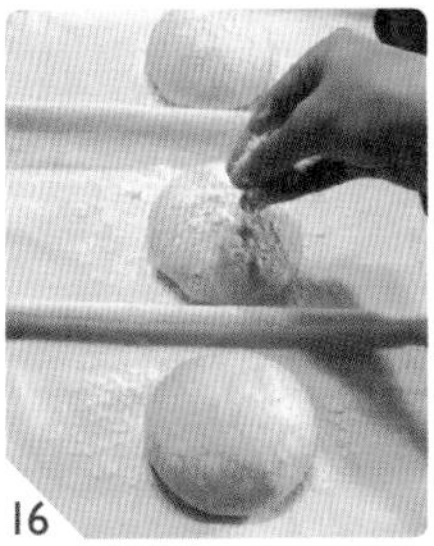
16

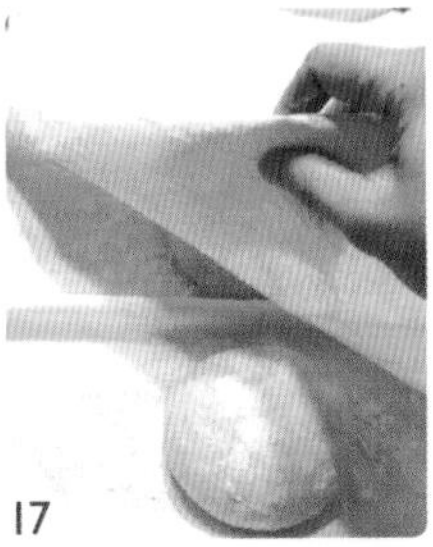
17

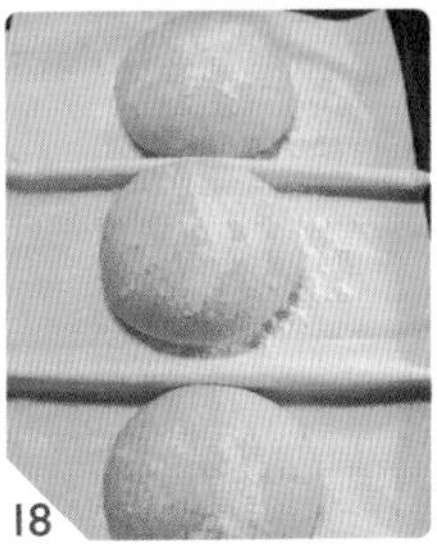
18

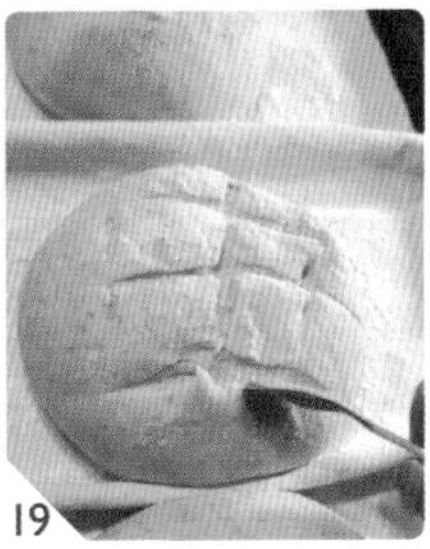
19

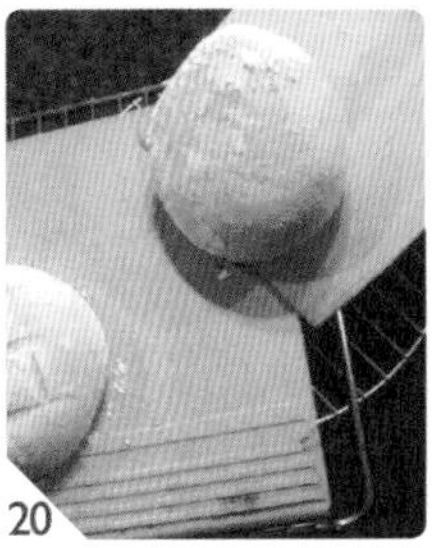
20

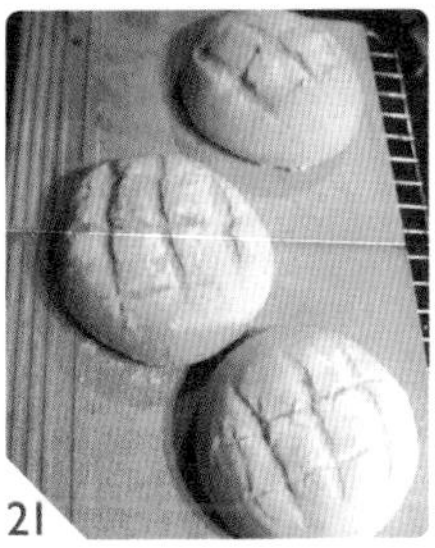
21

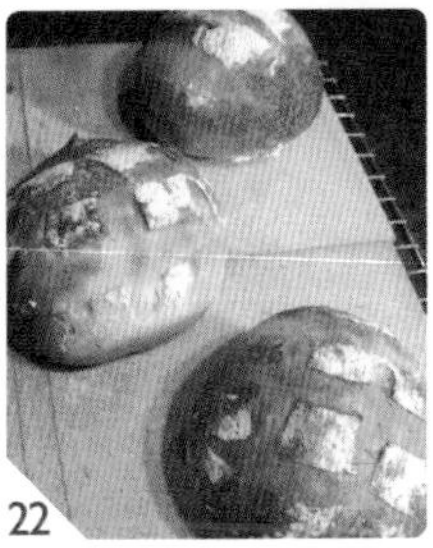
22

8 在麵糰表面噴一些水，罩上擰乾的濕布（勿接觸麵糰）或保鮮膜，放置到溫暖密閉的空間，發酵約90～120分鐘至兩倍大。（圖11）
9 桌上灑些高筋麵粉，將麵糰移出到桌面，表面也灑些高筋麵粉。
10 將麵糰中的空氣用手壓下去擠出來。（圖12）
11 麵糰平均分割成3等份（每塊約200g），滾成圓形。（圖13、14）
12 帆布折出3個凹槽，灑上高筋麵粉避免沾黏。（圖15）
13 將麵糰放入帆布凹槽中，麵糰表面灑上高筋麵粉。（圖16、17）
14 整盤放入烤箱中再發酵60～90分鐘約至1.5倍大。（圖18）
15 發酵好前8～10分鐘，將烤盤從烤箱中取出，烤箱打開預熱至200℃。
16 在發好的麵糰表面，用利刀劃出交叉格子狀。（圖19）
17 準備一個木板，將發好的麵糰從帆布輕輕滾到木板上，再從木板上輕輕滾到烤盤中（動作盡量輕，以免發酵好的麵糰消氣）。（圖20、21）
18 在麵糰表面噴灑一些水。
19 烤箱中放一杯沸水，杯子必須是瓷器或不鏽鋼材質，幫助製造水蒸氣，達成外皮薄脆的效果。
20 放進已經預熱至200℃的烤箱中，烘烤22～25分鐘至表面呈現金黃色即可。（圖22）

小叮嚀

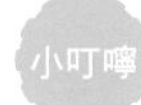

- 添加水分的量會因為天然酵母濃度不同而有增減。
- 沒有帆布就將麵糰直接放烤盤中。
- 麵糰發酵時間會因為天然酵母活動力不同而有差異。
- 若以速發乾酵母製作，材料如下：麥芽糖1T、冷水165cc、老麵50g、速發乾酵母1/2t、高筋麵粉200g、全麥麵粉50g、鹽5g。

天然酵母法國麵包

低溫冷藏發酵法

Natural Yeast Buguette

沒有充分的時間將麵包流程一次完成，利用冰箱低溫冷藏是一個非常方便的方式。酵母菌在低於五度C的環境就會延緩發酵，這樣一來就可以依照自己的時間分成二階段完成麵包的製作。晚上睡覺前將麵糰揉好密封放入冰箱，隔天再取出發好的麵糰繼續之後的步驟，做麵包也變的簡單許多。

份量

2條

材料

A. 麵糰

天然酵母200g　高筋麵粉300g　鹽1t　冷水120cc

B. 表面裝飾

橄欖油適量

*天然酵母做法請參考36頁。

製作方法	低溫冷藏發酵法
第一次發酵	36～48小時
休息鬆弛	15分鐘
第二次發酵	60～90分鐘
預熱溫度	220℃
烘烤溫度	220℃
烘烤時間	23～25分鐘

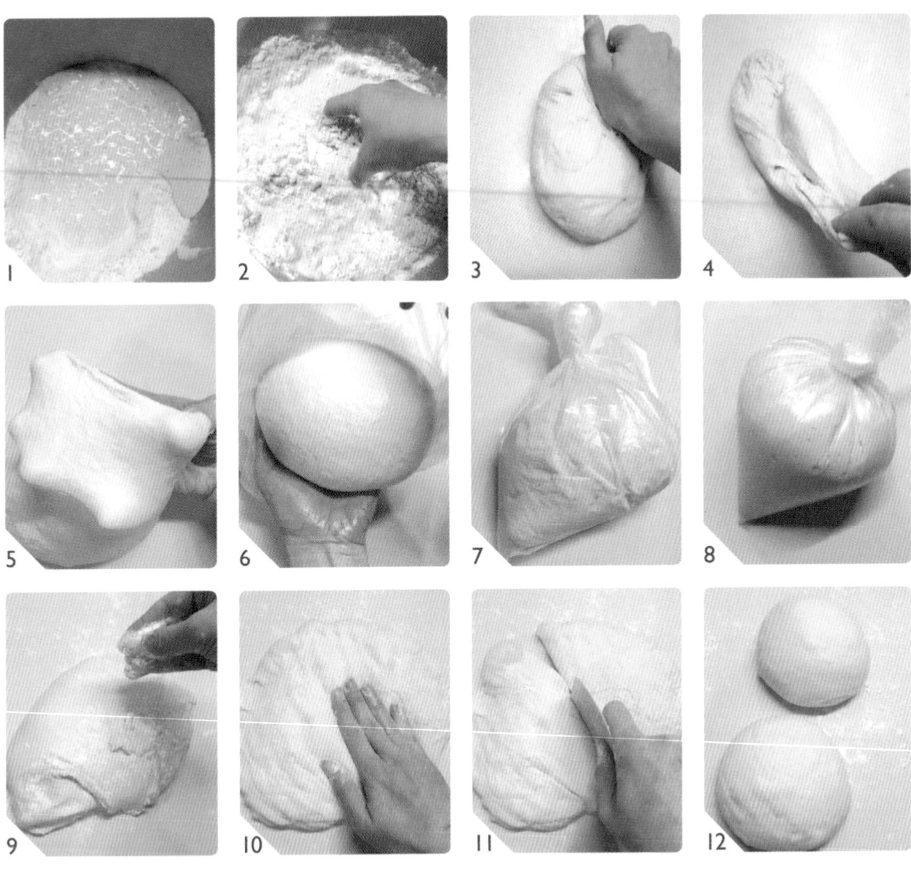

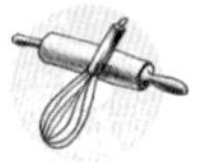

做法

1 已經餵養過高筋麵粉的天然酵母2～4小時內使用，這時候的活動力最適合做麵包。
2 將所有材料A倒入鋼盆中，攪拌搓揉成為一個不黏手的麵糰（液體的部分要先保留30cc，等麵糰已經攪拌成團後再慢慢加入）。（圖1、2）
3 抓住麵糰一角，將麵糰朝桌子上用力甩打出去，然後對折再轉90度，一直重複上述動作直到麵糰可以撐出薄膜即可。（圖3～5）
4 將揉好的麵糰滾圓，收口朝下捏緊，表面塗抹少許橄欖油。（圖6）
5 麵糰表面噴一些水，用2～3層以上的塑膠袋裝起來紮緊，塑膠袋中不要有任何空氣。（圖7）
6 放置到冰箱冷藏室（Fridge），低溫發酵36～48小時至麵糰完全膨脹。（圖8）
7 冰箱取出回溫30分鐘。
8 桌上灑上一些高筋麵粉，將發好的麵糰移出，麵糰表面也灑上一些高筋麵粉。（圖9）
9 將第一次發酵完成的麵糰空氣拍出，平均分割成兩等份（每塊約310g），然後滾成圓形，蓋上乾淨的布，再讓麵糰休息15分鐘。（圖10～12）

- 添加水分的量會因為天然酵母濃度不同而有增減
- 沒有帆布就將麵糰直接放烤盤中
- 麵糰發酵時間會因為天然酵母活動力不同而有差異
- 若以速發乾酵母製作，材料如下：速發乾酵母1/2t、高筋麵粉300g、糖1T、鹽1t、冷水210cc

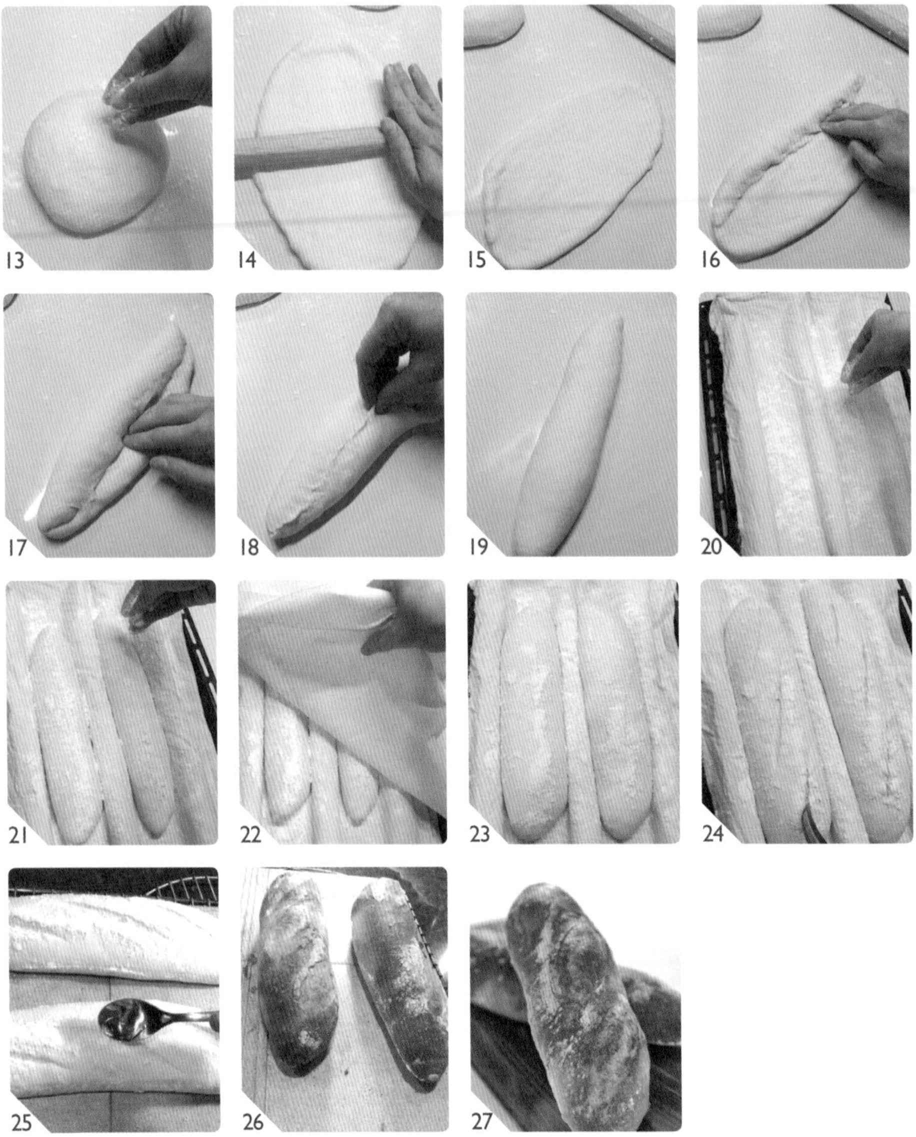

10 休息好的麵糰表面灑些高筋麵粉避免沾黏，用擀麵棍擀成長條形。（圖13～15）

11 將麵糰由長向捲起，一邊壓一邊捲，收口處捏緊成為一個棍形。（圖16～19）

12 帆布折出兩個長形凹槽，灑上高筋麵粉避免沾黏。（圖20）

13 將麵糰放入帆布凹槽中，麵糰表面灑上高筋麵粉，覆蓋上乾淨的布。（圖21、22）

14 整盤放入烤箱中，然後關上烤箱門，再發酵60～90分鐘約至1.5倍大。（圖23）

15 發酵好前8～10分鐘，將烤盤從烤箱中取出，烤箱打開預熱至220℃。

16 放進烤箱前，用一把利刀在麵糰中央斜切出三道深痕。（圖24）

17 準備一個木板，將發好的麵糰從帆布輕輕滾到木板上，再從木板上輕輕滾到烤盤中（動作盡量輕，以免發酵好的麵糰消氣）。

18 放進烤箱前在切口處淋上少許橄欖油，並在表面噴水。（圖25）

19 放進已經預熱至220℃的烤箱中，烘烤23～25分鐘至表面呈現金黃色即可。（圖26、27）

20 麵包烤好後，移到鐵網架上放涼。

天然酵母奶油法國麵包

|直接法|

Natural Yeast Butter French Bread

食物對我來說不僅只是裹腹的東西，還帶著許多回憶與感情。外皮酥脆，內裡柔軟，看似與一般法國麵包沒有什麼不同，但是因為多加了奶油，餘味十足。記得求學時打工的麵包店就有這一款熱門麵包，每到出爐時刻就有顧客上門選購。打工的日子有趣也辛苦，讓我提早體會社會大學，對往後人生歷鍊幫助很大。

份　量

4條

材　料

A. 麵糰

天然酵母200g　高筋麵粉250g　全麥麵粉50g
牛奶200cc　鹽1t　無鹽奶油20g

B. 表面裝飾

無鹽奶油30g（切成細條狀）

*天然酵母做法請參考36頁。

製作方法……………………直接法
第一次發酵……90～120分鐘
休息鬆弛…………………15分鐘
第二次發酵………60～90分鐘
預熱溫度…………………210℃
烘烤溫度…………………210℃
烘烤時間…………20～22分鐘

做　法

1 已經餵養過高筋麵粉的天然酵母2～4小時內使用，這時候的活動力最適合做麵包。
2 將所有材料A倒入鋼盆中（無鹽奶油除外），攪拌搓揉成為一個不黏手的麵糰，液體的部分保留30cc，在麵糰已經成團過程中分次加入。（圖1～4）
3 再加入切成小塊回溫軟化的無鹽奶油丁，搓揉均勻。（圖5）
4 依照揉麵標準程序，繼續搓揉甩打成為撐得起薄膜的麵糰。（圖6～9）
5 將麵糰光滑面翻折出滾圓，收口捏緊朝下，放入抹少許油的保鮮盒中。（圖10）

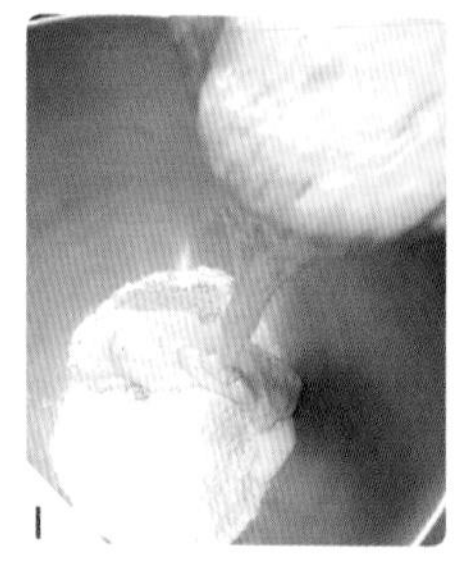
1

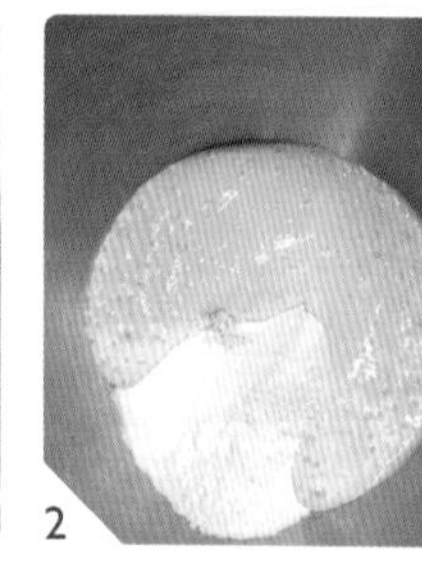
2

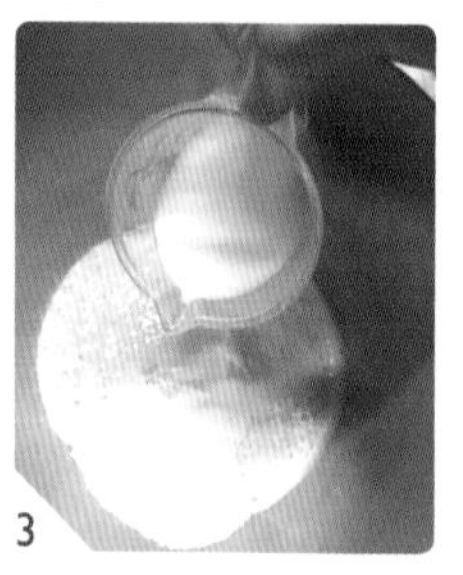
3

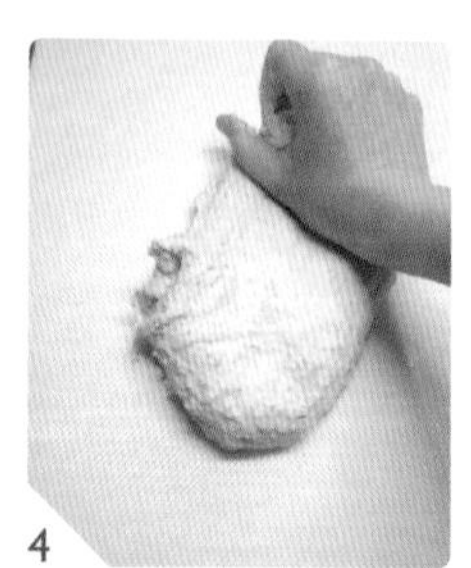
4

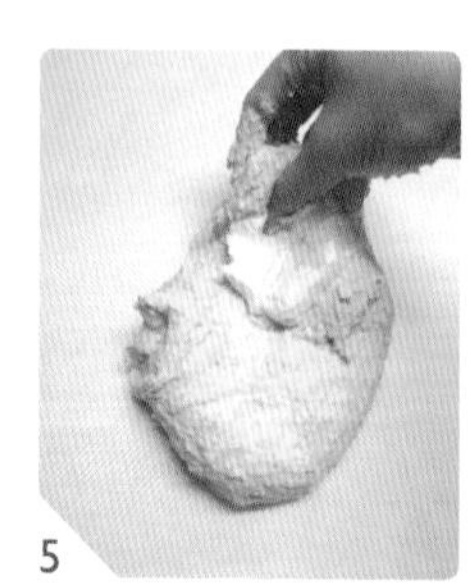
5

6

7

8

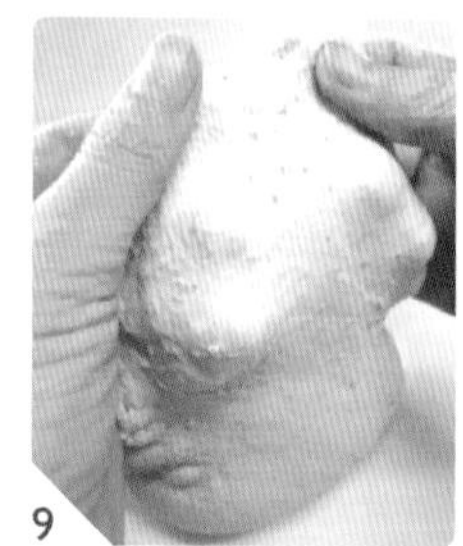
9

10

- 添加水分的量會因為天然酵母濃度不同而有增減。
- 麵糰發酵時間會因為天然酵母活動力不同而有差異。
- 若以速發乾酵母製作，材料如下：速發乾酵母1/2t、高筋麵粉250g、全麥麵粉50g、糖15g、牛奶130cc、鹽1t、無鹽奶油20g。

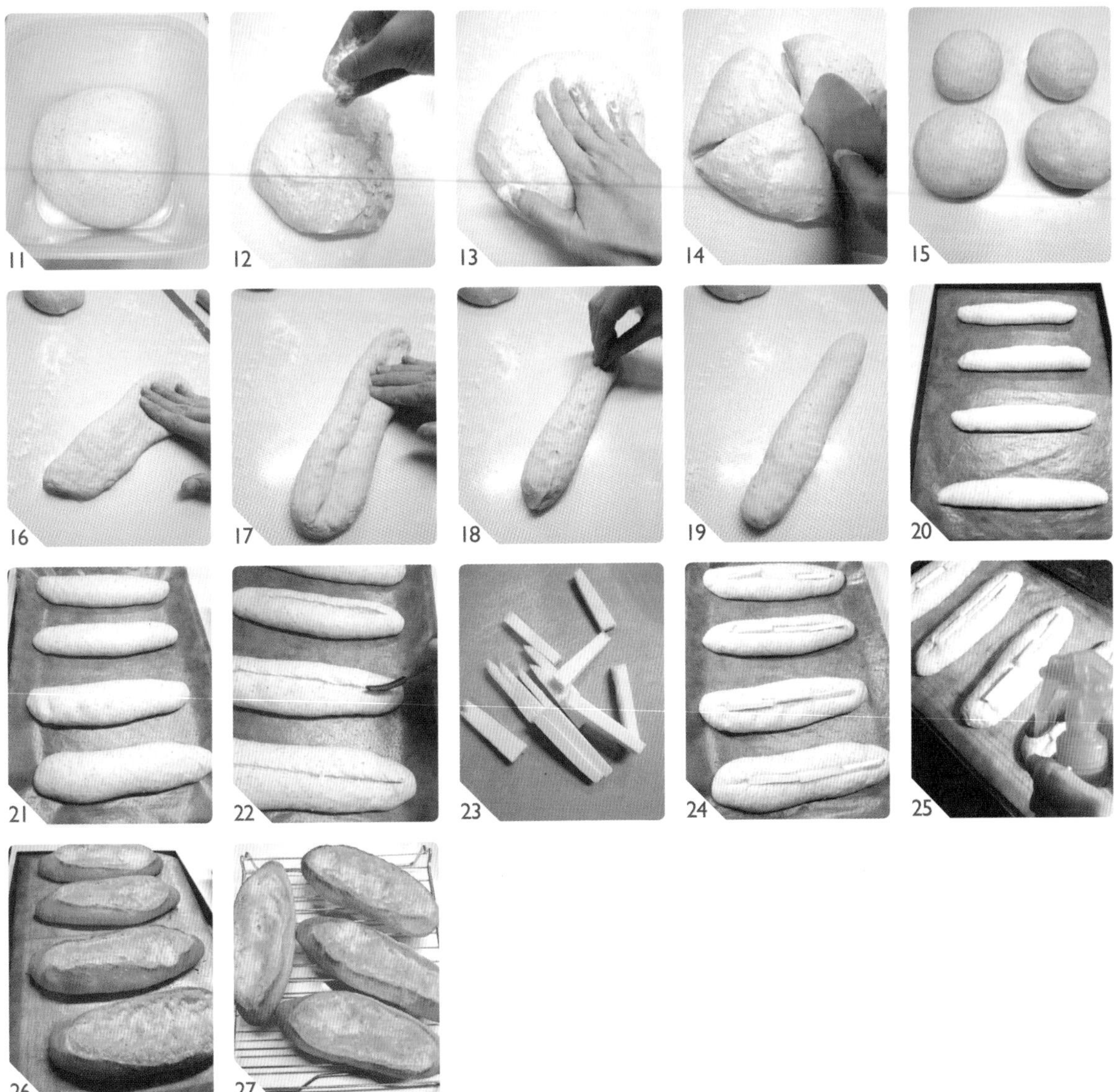

6 在麵糰表面噴一些水，罩上擰乾的濕布（勿接觸麵糰）或蓋子，放置到溫暖密閉的空間，發酵約90～120分鐘至兩倍大。（圖11）

7 桌上灑上一些高筋麵粉，將發好的麵糰移出，麵糰表面也灑上一些高筋麵粉。（圖12）

8 將第一次發酵完成的麵糰空氣拍出，平均分割成4等份（每塊約160g），然後滾成圓形，蓋上乾淨的布，再讓麵糰休息15分鐘。（圖13～15）

9 休息好的麵糰表面灑些高筋麵粉避免沾黏，用手直接壓扁成長形。（圖16）

10 麵糰光滑面在下，由長向捲起，一邊捲一邊壓一下，收口處捏緊成為一個棍狀。（圖17～19）

11 完成的麵糰間隔整齊排放在烤盤上。（圖20）

12 整盤放入烤箱中，麵糰表面噴些水，然後關上烤箱門，再發酵60～90分鐘約至1.5倍大。（圖21）

13 發酵好前8～10分鐘，將烤盤從烤箱中取出，烤箱打開預熱至210℃。

14 放進烤箱前，用一把利刀在麵糰中央切開一道深痕。（圖22）

15 在切口處放上切成細條的無鹽奶油，並在表面噴水。（圖23～25）

16 放進已經預熱至210℃的烤箱中，烘烤20～22分鐘至表面呈現金黃色即可。（圖26、27）

17 麵包烤好後，移到鐵網架上放涼。

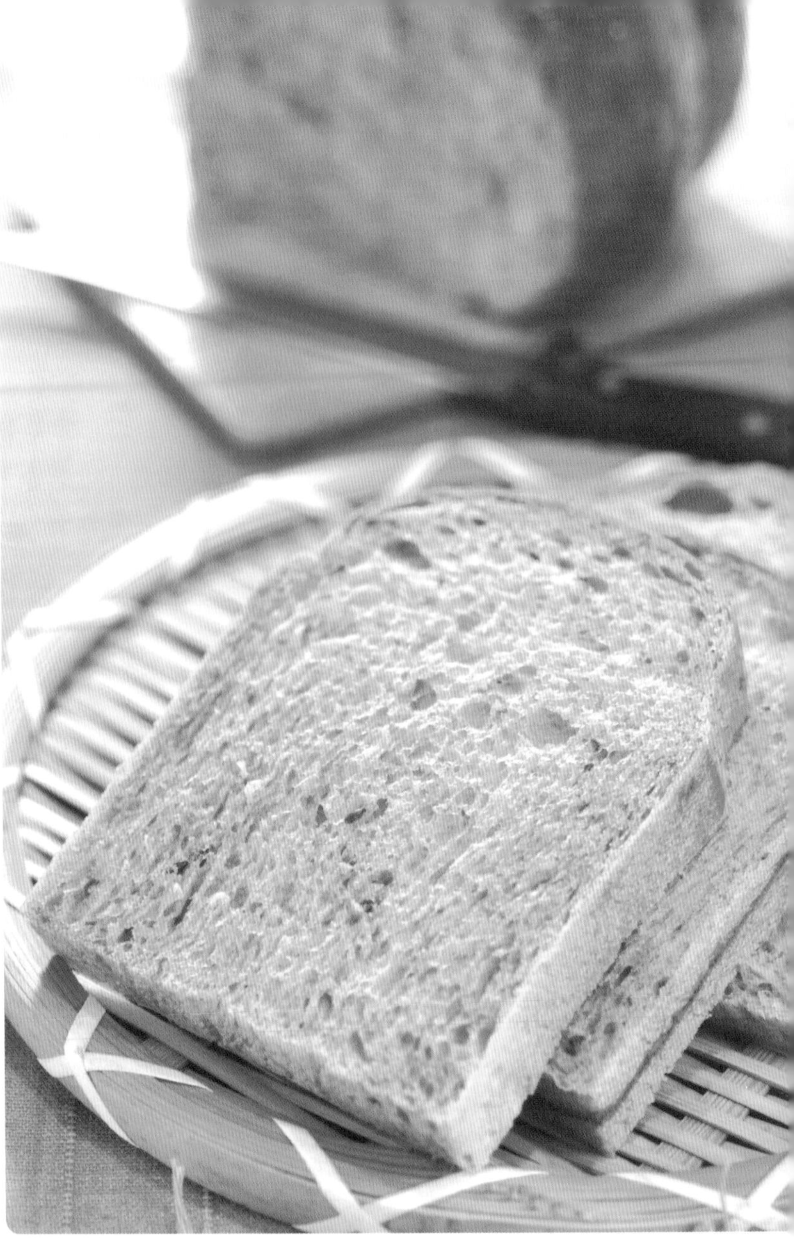

天然酵母黑糖雜糧吐司

|中種法|

Natural Yeast Brown Sugar Multi-grain Breadr Loaf

天氣熱不想出門可以在家玩麵糰，麵包體使用中種法製作更加保濕柔軟。夏天氣溫高，麵糰中的液體可以用冰水、冰牛奶，甚至是冰塊來代替，這樣就能夠減緩麵糰溫度升高太快影響發酵。做麵包要隨時注意氣溫、濕度，將麵糰放在手心中呵護，注入了細心的愛，麵包一定好吃。

份　量

12兩吐司模
（20cm×0cm
×10cm）
1個

材　料

A. 中種法基本麵糰

高筋麵粉200g　天然酵母150g　冷水80cc

B. 主麵糰

中種麵糰全部　高筋麵粉70g　雜糧粉30g
全麥麵粉20g　鹽1/2t　橄欖油30g　黑糖30g
熱水65cc

C. 表面裝飾

全蛋液適量

*天然酵母做法請參考36頁。

製作方法……………中種法
第一次發酵………40～60分鐘
休息鬆弛……………15分鐘
第二次發酵………60～90分鐘
預熱溫度……………170℃
烘烤溫度……………170℃
烘烤時間…………38～40分鐘

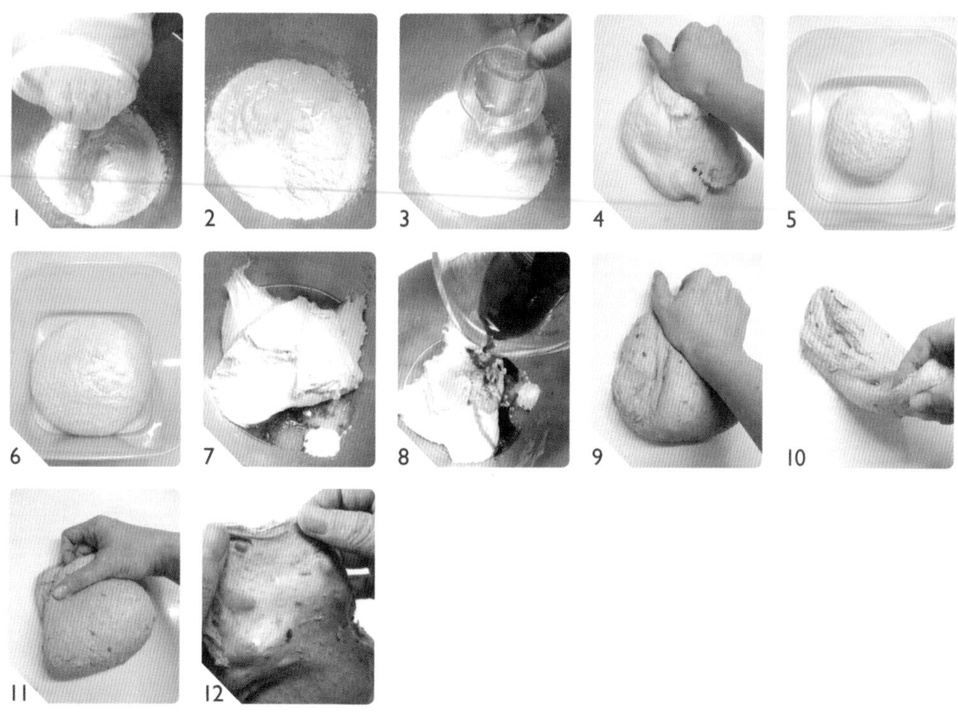

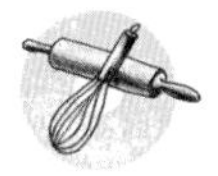

做　法

A　製作中種法基本麵糰

1　已經餵養過高筋麵粉的天然酵母2～4小時內使用，這時候的活動力最適合做麵包。
2　將中種材料攪拌搓揉成為一個均勻沒有粉粒的麵糰（液體的部分要先保留30cc，等麵糰已經攪拌成團後再慢慢加入）。（圖1～4）
3　繼續將麵糰反覆搓揉7～8分鐘成為光滑的麵糰。
4　將麵糰滾圓，收口朝下捏緊，放入抹少許油的保鮮盒中。（圖5）
5　在麵糰表面噴一些水，罩上擰乾的濕布（勿接觸麵糰）或蓋子，放置室溫發酵1.5～2小時至兩倍大。（圖6）

B　製作主麵糰

6　黑糖放入熱水中融化，然後放涼。
7　將中種麵糰與主麵糰所有材料倒入鋼盆中，攪拌搓揉成為一個不黏手的麵糰（液體的部分要先保留15cc，在麵糰已經攪拌成團後再慢慢加入）。（圖7、8）
8　依照揉麵標準程序，繼續搓揉甩打成為撐得起薄膜的麵糰。（圖9～12）

- 添加水分的量會因為天然酵母濃度不同而有增減。
- 麵糰發酵時間會因為天然酵母活動力不同而有差異。
- 若以速發乾酵母製作，材料如下：
  A. 中種法基本麵糰：高筋麵粉200g、速發乾酵母1/2t、冷水130cc。
  B. 主麵糰：中種麵糰全部、高筋麵粉70g、雜糧粉30g、全麥麵粉20g、黑糖30g、鹽1/2t、橄欖油30g、熱水65cc。

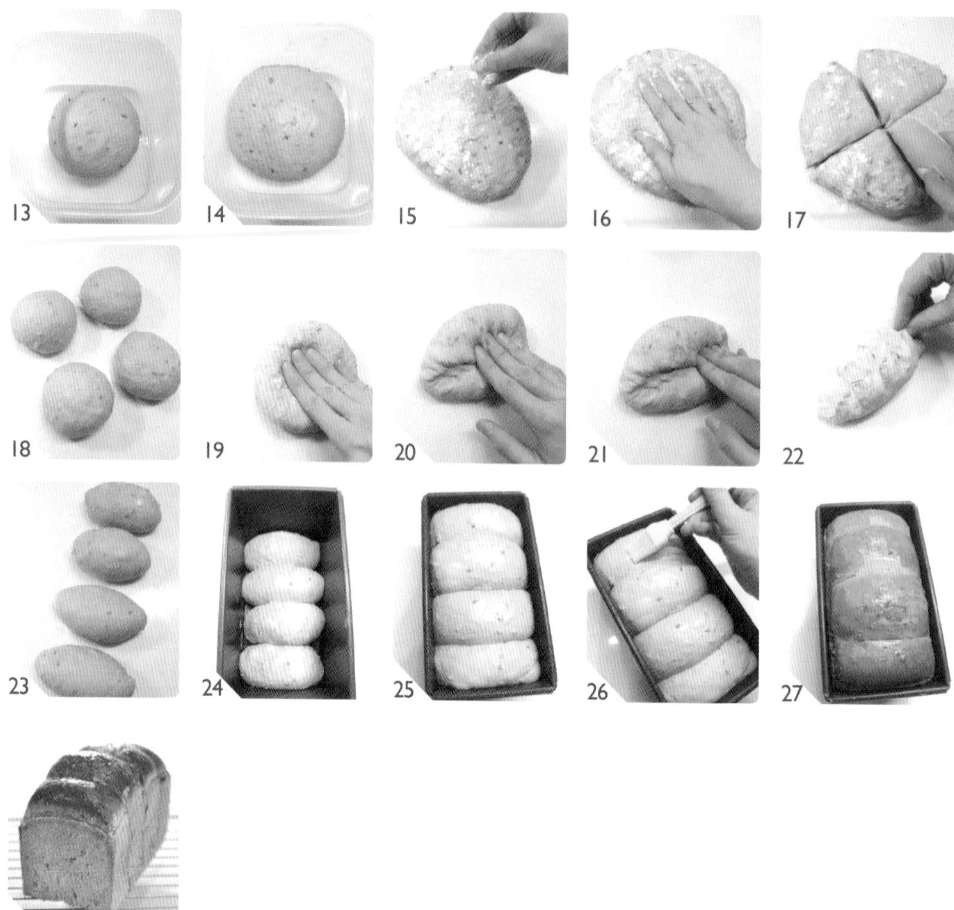

9 將麵糰滾圓，收口朝下捏緊，放入抹少許油的盆中。（圖13）
10 在麵糰表面噴一些水，罩上擰乾的濕布（勿接觸麵糰）或保鮮膜，放置到溫暖密閉的空間，發酵約40～60分鐘約至1.5倍大。（圖14）
11 桌上灑上一些高筋麵粉，將發好的麵糰移出，麵糰表面也灑上一些高筋麵粉。（圖15）
12 將第一次發酵完成的麵糰空氣拍出，平均分割成4等份（每塊約160g），然後滾成圓形，蓋上乾淨的布，再讓麵糰休息15分鐘。（圖16～18）
13 在休息好的麵糰表面灑些高筋麵粉避免沾黏，用手將麵糰壓扁。（圖19）
14 將麵糰由短向捲起，收口處捏緊成為一個橄欖形。（圖20～23）
15 將捲好的麵糰收口朝下，放入吐司烤模中（若不是不沾烤模，請刷上一層固體奶油，灑上一層薄薄的高筋麵粉避免沾黏）。（圖24）
16 用手稍微輕輕壓一下使得4團麵糰高度平均。
17 在麵糰表面噴些水，放在密閉溫暖空間，再發酵60～90分鐘至九分滿模。（圖25）
18 在表面輕輕刷上一層全蛋液。（圖26）
19 放入已經預熱到170℃的烤箱中，烘烤38～40分鐘至表面金黃。（圖27）
20 麵包烤好後，馬上從烤模中倒出來，放在鐵網架上放涼。（圖28）
21 完全涼透後，再使用麵包專用刀切片才切的漂亮。

天然酵母酒釀麵包

｜直接法｜

Natural Yeast Sweet Wine Country Bread

從小我就愛酒釀的甜香滋味，冷冷的天氣，媽媽總會用酒釀煮一晚蛋湯，喝完全身都暖烘烘，再冷都不怕。

酒釀的甘醇添加在麵糰中，麵包自然產生濃郁的甘甜，讓人吃的意猶未盡！

份　量

（5吋藤籃模）

2個

材　料

A. 主麵糰

高筋麵粉200g　全麥麵粉50g　天然酵母150g

鹽1t　甜酒釀（含一半湯汁）160g

B. 表面裝飾

無鹽奶油適量

*天然酵母做法請參考36頁。

製作方法	直接法
第一次發酵	2小時
休息鬆弛	無
第二次發酵	60～90分鐘
預熱溫度	220℃
烘烤溫度	220℃
烘烤時間	20～22分鐘

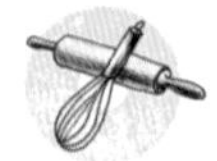

做　法

1. 甜酒釀煮沸放涼。
2. 已經餵養過高筋麵粉的天然酵母2～4小時內使用，這時候的活動力最適合做麵包。
3. 將所有材料倒入鋼盆中，攪拌搓揉7～8分鐘成為一個不黏手的麵糰（液體的部分要先保留30g，等麵糰已經攪拌成團後再慢慢加入）。（圖1～3）
4. 將揉好的麵糰滾圓，收口朝下捏緊，放入放入抹少許油的保鮮盒中。（圖4）
5. 在麵糰表面噴一些水避免乾燥。
6. 將麵糰放入溫暖密閉空間中，做第一次發酵約2小時。
7. 發酵過程中，每隔30分鐘用手將麵糰由周圍翻折到中心，將空氣壓出，全程共做3次。（圖5、6）
8. 桌上灑上一些高筋麵粉，將發好的麵糰移出，麵糰表面也灑上一些高筋麵粉。（圖7）

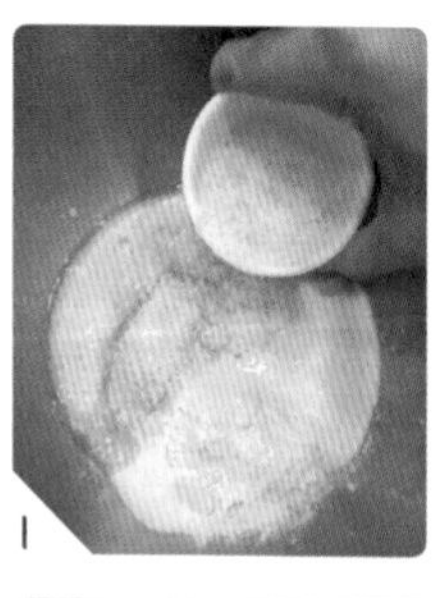
1

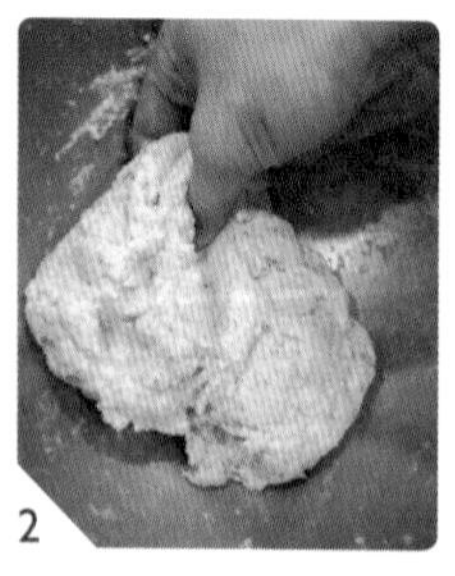
2

3

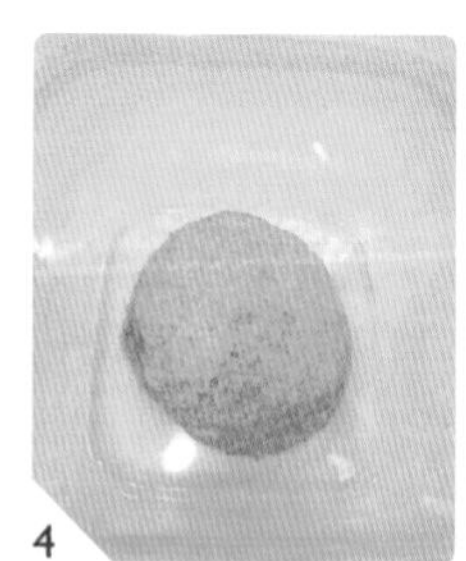
4

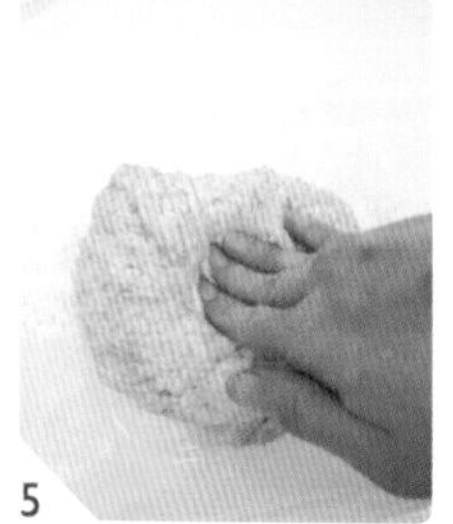
5

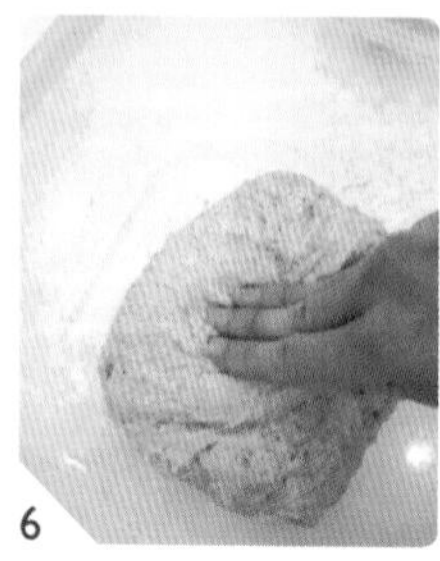
6

7

9 將第一次發酵完成的麵糰空氣拍出，平均分割成兩等份（每塊約280g），然後滾成圓形。（圖8～11）

10 藤籃均勻灑上一層高筋麵粉。（圖12）

11 麵糰收口朝上放入藤籃中，表面灑上高筋麵粉，覆蓋上乾淨的布，放到烤箱中再發酵60～90分鐘約至九分滿。（圖13～15）

12 發酵好前8～10分鐘，將藤籃從烤箱中取出，烤箱打開預熱至220℃。

13 預熱完成，將麵糰倒在烤盤上，在麵糰表面用利刀劃出十字形。（圖16、17）

14 切面擠上軟化的奶油，進烤箱前在麵糰表面噴灑大量的水。（圖18、19）

15 放進已經預熱至220℃的烤箱中，烘烤20～22分鐘至表面呈現金黃色即可。（圖20）

16 麵包烤好後，移到鐵網架上放涼。

- 添加水分的量會因為天然酵母濃度不同而有增減
- 麵糰發酵時間會因為天然酵母活動力不同而有差異。
- 若以速發乾酵母製作，材料如下：速發乾酵母1/2t、高筋麵粉200g、全麥麵粉50g、鹽1t、甜酒釀（含一半湯汁）160g、冷水60cc。

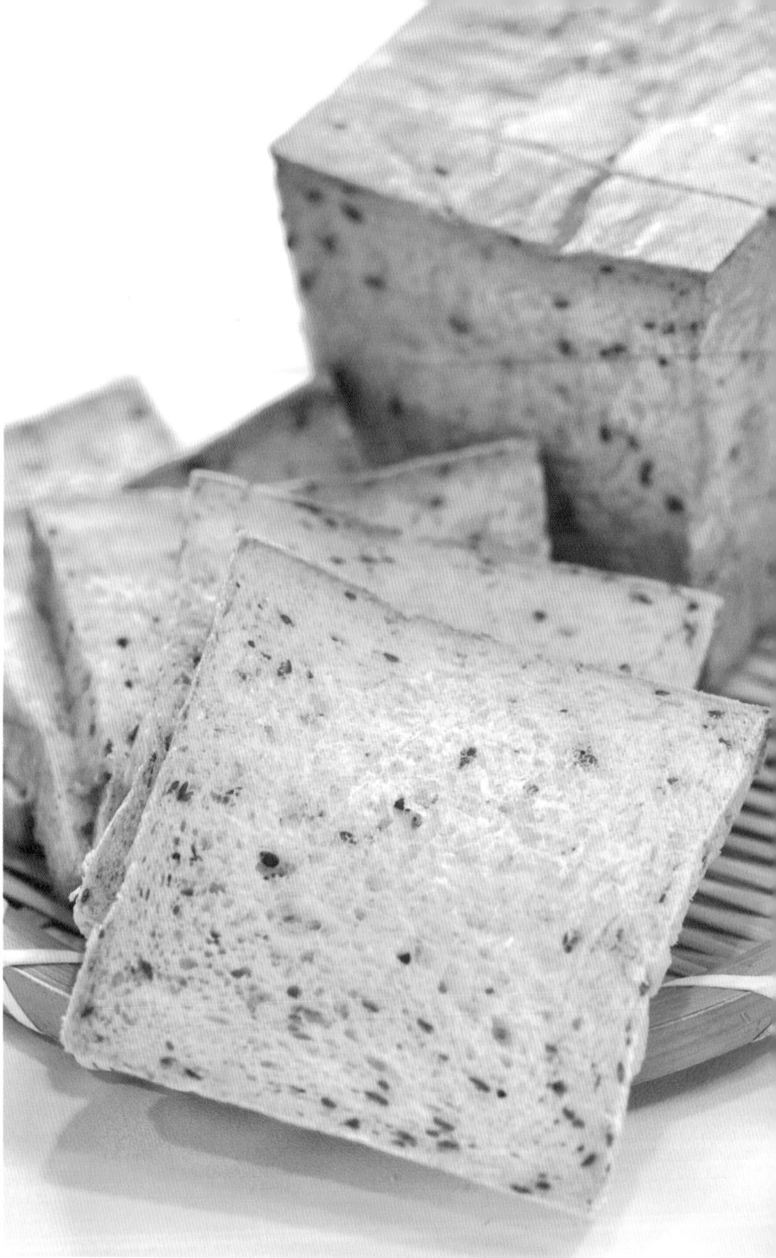

天然酵母亞麻子燕麥吐司

|直接法|

Natural Yeast Oatmeal Linseed Bread Loaf

冬天的陽光好迷人，我忍不住放下手邊繁瑣家事，出門晃晃曬曬太陽。找到一家小小咖啡店，點了一壺鮮橙茶，我偎在窗邊，像貓咪一樣瞇著眼享受陽光。舒服的感覺讓我完全忘掉時間與空間的單位。下午回家前，我順道在小小的書店逛了一圈，把玩著新奇的文具樂不釋手，一下子就拿了一堆去結帳。台大校園人來人往，我在椰林大道度過悠然且獨立的時光。

份 量

12兩帶蓋吐司模
（20cm×10cm×10cm）
1個

材 料

A. 燕麥糊

即食燕麥片35g　沸水100cc

B. 主麵糰

燕麥糊全部　天然酵母200g　高筋麵粉200g
全麥麵粉30g　亞麻子2T　鹽1/2t
橄欖油30g　冷水35cc

*天然酵母做法請參考36頁。

製作方法……直接法
第一次發酵……1.5～2小時
休息鬆弛……20分鐘
第二次發酵……60～90分鐘
預熱溫度……210℃
烘烤溫度……210℃
烘烤時間……38～40分鐘

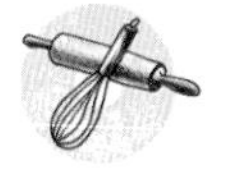

做 法

A 製作燕麥糊

1 將沸水加入到即食燕麥片中混合均勻。（圖1）

2 蓋上蓋子，燜15分鐘。

3 時間到，打開蓋子，放涼備用。（圖2）

B 製作主麵糰

4 已經餵養過高筋麵粉的天然酵母2～4小時內使用，這時候的活動力最適合做麵包。

5 將所有材料倒入鋼盆中，攪拌搓揉成為一個不黏手的麵糰（液體的部分要先保留10cc，等麵糰已經攪拌成團後再慢慢加入）。（圖3）

6 依照揉麵標準程序，繼續搓揉甩打成為撐得起薄膜的麵糰。（圖4～7）

7 將揉好的麵糰滾圓，收口朝下捏緊，放入抹少許油的保鮮盒中。（圖8）

8 在麵糰表面噴一些水，罩上擰乾的濕布（勿接觸麵糰）或蓋子，放置到溫暖密閉的空間，發酵約1.5～2小時至兩倍大。（圖9）

9 桌上灑上一些高筋麵粉，將發好的麵糰移出，麵糰表面也灑上一些高筋麵粉。（圖10）

小叮嚀

- 添加水分的量會因為天然酵母濃度不同而有增減。
- 麵糰發酵時間會因為天然酵母活動力不同而有差異。
- 若以速發乾酵母製作，材料如下：

A. 燕麥糊：即食燕麥片35g、沸水100cc。

B. 主麵糰：燕麥糊全部、速發乾酵母1/2t、高筋麵粉200g、全麥麵粉30g、亞麻子2T、鹽1/2t、橄欖油30g、冷水45cc。

11  12  13  14  15

16  17  18  19  20

21  22  23  24 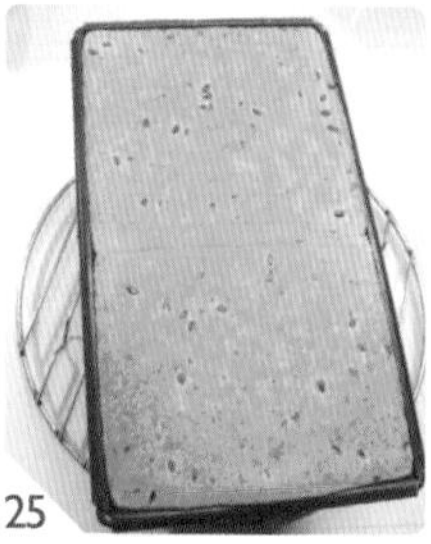 25

26

10 將第一次發酵完成的麵糰空氣拍出，平均分割成兩等份（每塊約310g），然後滾成圓形，蓋上乾淨的布，再讓麵糰休息10分鐘。（圖11～14）

11 休息好的麵糰表面灑些高筋麵粉避免沾黏，擀成長形後翻面，由短向捲起，蓋上乾淨的布，再讓麵糰休息10分鐘。（圖15～17）

12 休息好的麵糰用擀麵棍擀成長條（約40cm），寬度同烤模短向寬， 然後由短向捲起。（圖20）

13 將捲好的麵糰收口朝下朝內，間隔適當放入吐司烤模中（若不是不沾烤模，請刷上一層固體奶油，灑上一層薄薄的高筋麵粉避免沾黏 ）。（圖21）

14 用手稍微輕輕壓一下使得兩團麵糰高度平均。

15 在麵糰表面噴些水，放在密閉溫暖空間，再發酵60～90分鐘至九分滿模。（圖22、23）

16 將吐司蓋子蓋上。（圖24）

17 放入已經預熱到210℃的烤箱中，烘烤38～40分鐘。

18 麵包烤好後，馬上從烤模中倒出來，放在鐵網架上放涼。（圖25、26）

19 完全涼透後，再使用麵包專用刀切片才切的漂亮。

天然酵母煉奶吐司

｜中種法｜

Natural Yeast Condensed with Bread Loaf

找時間回家一趟，陪伴爸媽出門到家附近的百貨公司逛逛，順便吃個飯，到美食街嘗嘗不一樣的料理。逛累了再點個甜甜圈喝杯咖啡歇歇腳，看的出來爸媽很開心。挽著媽媽的手，媽媽看到適合我的衣服就拿起來在我身上比劃，直說我穿好看。不管我多大，在她眼裡，我永遠是孩子。能夠這樣陪伴爸媽，就是幸福。

份　量

12兩帶蓋吐司模
（20cm×10cm
×10cm）
1個

材　料

A. 中種法基本麵糰

高筋麵粉200g　天然酵母150g　冷水80cc

B. 主麵糰

中種麵糰全部　高筋麵粉70g　低筋麵粉30g
煉乳35g　鹽1/4t　橄欖油20g　雞蛋1個

*天然酵母做法請參考36頁。

Baking Points

製作方法……………………中種法
第一次發酵………40～60分鐘
休息鬆弛…………………15分鐘
第二次發酵………60～90分鐘
預熱溫度……………………210℃
烘烤溫度……………………210℃
烘烤時間…………38～40分鐘

做　法

A.製作中種法基本麵糰

1 已經餵養過高筋麵粉的天然酵母2～4小時內使用，這時候的活動力最適合做麵包。
2 將中種材料攪拌搓揉成為一個均勻沒有粉粒的麵糰（液體的部分要先保留30cc，等麵糰已經攪拌成團後再慢慢加入）。（圖1）
3 繼續將麵糰反覆搓揉7～8分鐘成為光滑的麵糰。（圖2）
4 將麵糰滾圓，收口朝下捏緊，放入抹少許油的保鮮盒中。（圖3）
5 在麵糰表面噴一些水，罩上擰乾的濕布（勿接觸麵糰）或蓋子，放置室溫發酵1.5～2小時至兩倍大。（圖4）

B.製作主麵糰

6 將中種麵糰與主麵糰所有材料倒入鋼盆中，攪拌搓揉成為一個不黏手的麵糰（蛋液的部分要先保留15g，在麵糰已經攪拌成團後再慢慢加入）。（圖5）
7 依照揉麵標準程序，繼續搓揉甩打成為撐得起薄膜的麵糰。（圖6～8）
8 將麵糰滾圓，收口朝下捏緊，放入抹少許油的盆中。（圖9）
9 在麵糰表面噴一些水，罩上擰乾的濕布（勿接觸麵糰）或保鮮膜，放置到溫暖密閉的空間，發酵約40～60分鐘約至1.5倍大。（圖10）

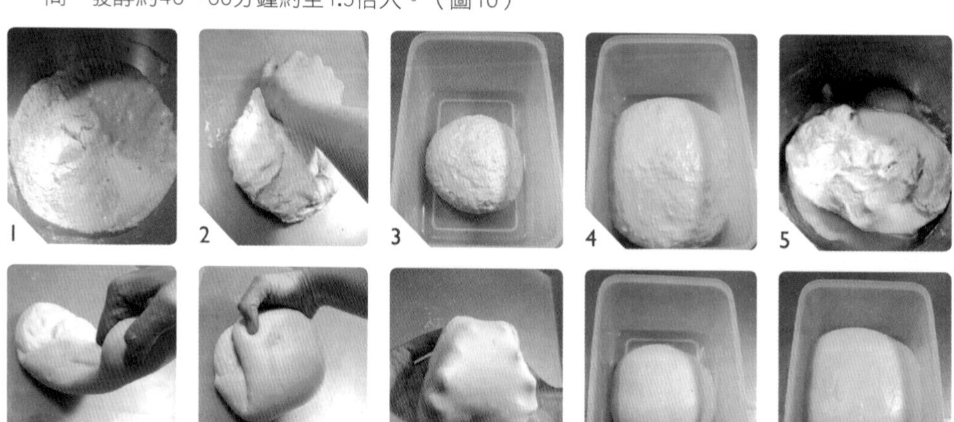

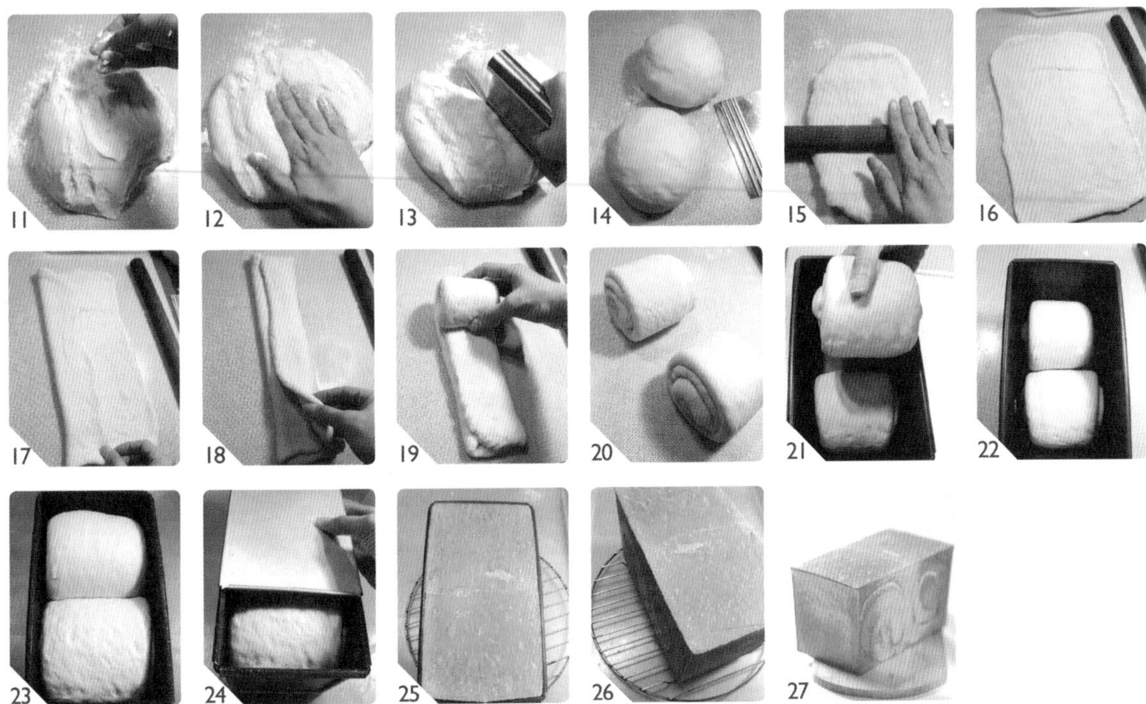

10 桌上灑上一些高筋麵粉，將發好的麵糰移出，麵糰表面也灑上一些高筋麵粉。（圖11）
11 將第一次發酵完成的麵糰空氣拍出，平均分割成兩等份（每塊約310g），然後滾成圓形，蓋上乾淨的布，再讓麵糰休息15分鐘。（圖12～14）
12 休息好的麵糰表面灑些高筋麵粉避免沾黏，擀成20cm×30cm的長方形。（圖15～17）
13 將麵皮折成3摺，然後由短向輕輕捲起。（圖18～20）
14 將捲好的麵糰收口朝下朝內，間隔適當地放入吐司烤模中（若不是不沾烤模，請刷上一層固體奶油，灑上一層薄薄的高筋麵粉避免沾黏 ）。（圖21、22）
15 用手稍微輕輕壓一下，使得兩團麵糰高度平均。
16 在麵糰表面噴些水，放在密閉溫暖空間，再發酵60～90分鐘至九分滿模。（圖23）
17 將吐司蓋子蓋上。（圖24）
18 放入已經預熱到210℃的烤箱中，烘烤38～40分鐘。
19 麵包烤好後，馬上從烤模中倒出來，放在鐵網架上放涼。（圖25～27）
20 完全涼透後，再使用麵包專用刀切片才切的漂亮。

- 添加水分的量會因為天然酵母濃度不同而有增減。
- 麵糰發酵時間會因為天然酵母活動力不同而有差異。
- 若以速發乾酵母製作，材料如下：
  A. 中種法基本麵糰：高筋麵粉200g、速發乾酵母1/2t、冷水130cc。
  B. 主麵糰：中種麵糰全部、高筋麵粉70g、低筋麵粉30g、煉乳35g、鹽1/4t、橄欖油20g、雞蛋1個。

天然酵母番薯芝麻鄉村麵包

| 中種法 |

Natural Yeast Sweet Potato Sesame Country Bread

一星期總要讓在冰箱休息的天然酵母寶寶出來透透氣，烤個好吃的麵包。
這三年來，我的梅子酵母持續給我好棒的活力做麵包，
看到麵包出爐就有股說不出的感動。

份 量

（8吋藤籃模）
1個

材 料

A. 中種法基本麵糰

天然酵母200g　番薯泥80g　高筋麵粉200g　冷水50～60cc

B. 主麵糰

中種麵糰全部　高筋麵粉50g　全麥麵粉50g　番薯泥60g　熟黑芝麻2T　鹽1/2t　冷水15cc

*天然酵母做法請參考36頁。

Baking Points

製作方法……………………中種法
第一次發酵…………40～60分鐘
休息鬆弛………………………無
第二次發酵…………60～90分鐘
預熱溫度……………………230℃
烘烤溫度……………………220℃
烘烤時間…………25～28分鐘

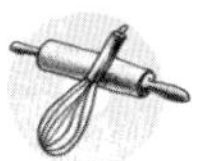

做法

A 製作中種法基本麵糰

1 番薯去皮切塊，以大火蒸10分鐘至軟爛。
2 趁熱用叉子壓成泥取140g放涼。（圖1）
3 已經餵養過高筋麵粉的天然酵母2～4小時內使用，這時候的活動力最適合做麵包。
4 將中種材料攪拌搓揉成為一個均匀沒有粉粒的麵糰（液體的部分要先保留15cc，等麵糰已經攪拌成團後再慢慢加入）。（圖2）
5 繼續將麵糰反覆搓揉7～8分鐘成為光滑的麵糰。（圖3）
6 將麵糰滾圓，收口朝下捏緊，放入抹少許油的保鮮盒中。（圖4）
7 在麵糰表面噴一些水，罩上擰乾的濕布（勿接觸麵糰）或蓋子，放置室溫發酵1.5～2小時至兩倍大。（圖5）

B 製作主麵糰

8 將中種麵糰與主麵糰所有材料倒入鋼盆中，攪拌搓揉成為一個不黏手的麵糰（液體部分先保留5cc，在麵糰已經攪拌成團後再慢慢加入）。（圖6）
9 依照揉麵標準程序，繼續搓揉甩打成為撐得起薄膜的麵糰。（圖7～9）
10 將麵糰滾圓，收口朝下捏緊，放入抹少許油的盆中。（圖10）
11 在麵糰表面噴一些水，罩上擰乾的濕布（勿接觸麵糰）或保鮮膜，放置到溫暖密閉的空間，發酵約40～60分鐘約至1.5倍大。（圖11）
12 藤籃均匀灑上一層高筋麵粉。（圖12）
13 桌上灑上一些高筋麵粉，將發好的麵糰移出，麵糰表面也灑上一些高筋麵粉。（圖13）
14 將第一次發酵完成的麵糰空氣拍出。（圖14）
15 將麵糰用雙手直接壓平攤開。（圖15）

16 麵皮折成3摺，再對折。（圖16、17）
17 用雙手滾成圓形，收口捏緊。（圖18、19）
18 麵糰收口朝上，放入藤籃中，表面灑些高筋麵粉。（圖20）
19 蓋上一層乾淨的帆布。（圖21）
20 藤籃放入烤箱中，關上烤箱門，再發酵60～90分鐘至兩倍大。（圖22）
21 發酵好前8～10分鐘，將藤籃從烤箱中取出，再烤箱打開，連同烤盤放入預熱至230℃。
22 桌上鋪一張鋁箔紙，麵糰小心倒在鋁箔紙上。（圖23、24）
23 用利刀在麵糰表面劃出十字切痕。（圖25）
24 預熱完成，將烤熱的烤盤取出，雙手拿取鋁箔紙，將麵糰放在烤盤上（烤盤很燙，千萬要小心拿取）。（圖26）
25 進烤箱前，在麵糰表面噴灑大量的水。
26 放進已經預熱至230℃的烤箱中，將溫度調整成220℃烘烤25～28分鐘至表面呈現金黃色即可。（圖27、28）
27 麵包烤好後，移到鐵網架上放涼。

- 添加水分的量會因為天然酵母濃度不同而有增減。
- 烤盤預熱，可以幫忙烘烤出表皮脆硬的成品。
- 麵糰發酵時間會因為天然酵母活動力不同而有差異。
- 若以速發乾酵母製作，材料如下：
  A. 中種法基本麵糰：速發乾酵母1/2t、番薯泥80g、高筋麵粉200g、冷水50～60cc。
  B. 主麵糰：中種麵糰全部、高筋麵粉50g、全麥麵粉50g、番薯泥60g、熟黑芝麻2T、鹽1/2t、水15cc。

天然酵母雜糧吐司

｜直接法｜

Natural Yeast Malti-grain Bread Loaf

年紀漸長，回顧自己的這些歲月，越是覺得自己一直都很幸運。
雖然從小到大沒有什麼傲人的學經歷，
但是求學工作這一路上遇到很多好朋友，好上司及好同事。
他們在不同的時期都給予我非常多的幫助，讓我的人生更圓滿。
也許因為時間空間的轉變，很多朋友都沒有再聯絡，
但是我心裡卻時常想起他們。謝謝我的朋友。

份量

12兩吐司模
（20cm×0cm
×10cm）
1個

材料

天然酵母150g　高筋麵粉220g　雜糧粉30g
鹽1/2　冷水100cc

*天然酵母做法請參考36頁。

製作方法…………………直接法
第一次發酵………1.5～2小時
休息鬆弛…………………15分鐘
第二次發酵………60～90分鐘
預熱溫度……………………170℃
烘烤溫度……………………170℃
烘烤時間…………38～40分鐘

做法

1. 已經餵養過高筋麵粉的天然酵母2～4小時內使用，這時候的活動力最適合做麵包。
2. 將所有材料倒入鋼盆中，攪拌搓揉成為一個不黏手的麵糰（液體的部分要先保留30cc，等麵糰已經攪拌成團後再慢慢加入）。（圖1）
3. 依照揉麵標準程序，繼續搓揉甩打成為撐得起薄膜的麵糰。（圖2～5）
4. 將揉好的麵糰滾圓，收口朝下捏緊，放入抹少許油的保鮮盒中。（圖6）
5. 在麵糰表面噴一些水，罩上擰乾的濕布（勿接觸麵糰）或蓋子，放置到溫暖密閉的空間，發酵約1.5～2小時至兩倍大。（圖7）
6. 桌上灑上一些高筋麵粉，將發好的麵糰移出，麵糰表面也灑上一些高筋麵粉。（圖8）

1

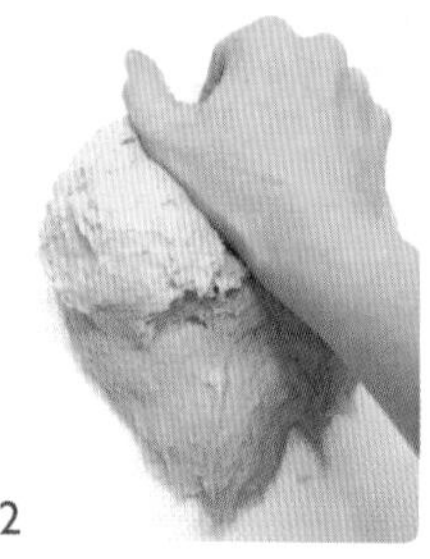
2

3

4

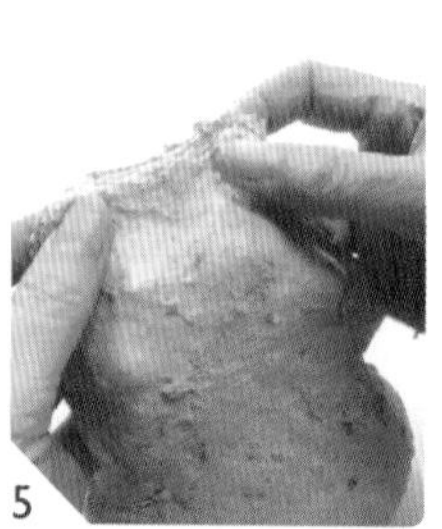
5

6

7

8

- 添加水分的量會因為天然酵母濃度不同而有增減。
- 麵糰發酵時間會因為天然酵母活動力不同而有差異。
- 若以速發乾酵母製作，材料如下：速發乾酵母1/2t、高筋麵粉220g、雜糧粉30g、鹽1/2t、冷水150cc。

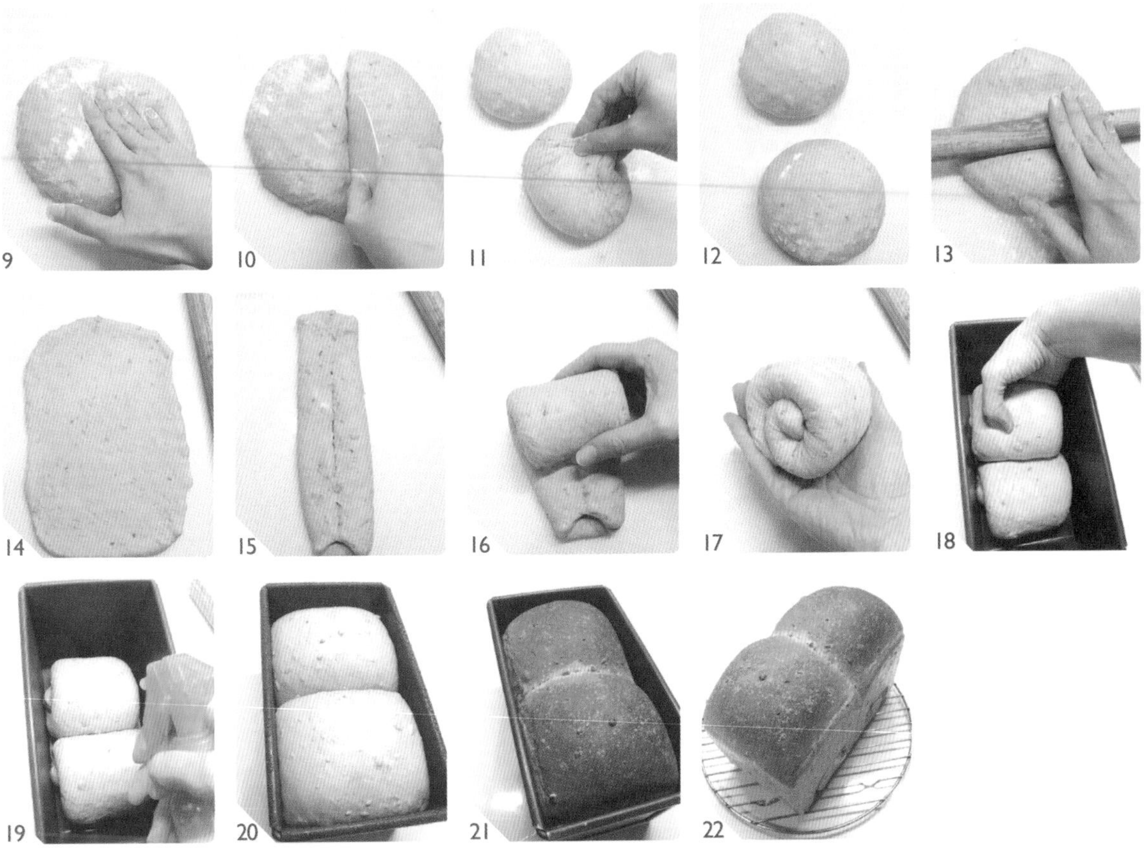

7 將第一次發酵完成的麵糰空氣拍出，平均分割成兩等份（每塊約250g），然後滾成圓形，蓋上乾淨的布，再讓麵糰休息15分鐘。（圖9～12）

8 休息好的麵糰表面灑些高筋麵粉避免沾黏，擀成20cm×30cm的長方形。（圖13、14）

9 將左右麵皮平均往中央對折，然後由短向輕輕捲起。（圖15～17）

10 將捲好的麵糰收口朝下朝內，間隔適當放入吐司烤模中（若不是不沾烤模，請刷上一層固體奶油，灑上一層薄薄的高筋麵粉避免沾黏）（圖18）。

11 用手稍微輕輕壓一下，使得兩團麵糰高度平均。

12 在麵糰表面噴些水，放在密閉溫暖空間，再發酵60～90分鐘至滿模。（圖19、20）

13 放入已經預熱到170℃的烤箱中，烘烤38～40分鐘。

14 麵包烤好後，馬上從烤模中倒出來，放在鐵網架上放涼。（圖21、22）

15 完全涼透後，再使用麵包專用刀切片才切的漂亮。

天然酵母鬆餅

|直接法|

Natural Yeast Pancake

自己養的天然酵母總是生氣勃勃，讓我可以做出好吃的麵包饅頭。我常開玩笑說：「這一瓶天然酵母要當做傳家寶，希望它能夠一直生生不息的傳承下去。」早餐鬆餅用天然酵母來做，口感麻吉麻吉，Leo很喜歡，也是下午茶的甜蜜點心。

份 量

3~4人份

材 料

天然酵母100g　低筋麵粉200g　細砂糖30g
無鹽奶油10g　牛奶200cc（圖1）

*天然酵母做法請參考36頁。

製作方法	直接法
第一次發酵	2~3小時
休息鬆弛	無
第二次發酵	無
預熱溫度	無
烘烤溫度	無
烘烤時間	無

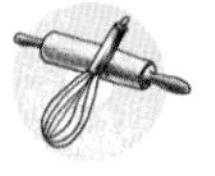

做 法

1 已經餵養過高筋麵粉的天然酵母2～4小時內使用，這時候的活動力最適合做麵包。（圖2）
2 低筋麵粉過篩。（圖3）
3 將糖加入低筋麵粉中混合均勻。（圖4、5）
4 無鹽奶油隔水加溫融化。（圖6）
5 依序將天然酵母液、牛奶及融化的無鹽奶油加入低筋麵粉中。（圖7、8）
6 用打蛋器混合均勻，麵糊濃度類似美乃滋。（圖9、10）
7 蓋上蓋子，放溫暖密閉空間發酵2～3小時至體積變兩倍大。（圖11、12）
8 鍋中倒入少許油，用紙巾擦拭均勻。（圖13）
9 鍋溫熱就可以舀1大匙麵糊液倒入鍋中。（圖14、15）
10 一面煎至金黃再翻面。（圖16、17）
11 以中小火將鬆餅兩面煎至金黃即可。
12 重複8～11的步驟將麵糊煎完。（圖18）
13 吃的時候可以塗抹奶油，淋上蜂蜜。
14 沒有吃完的話，請放冰箱冷凍可以保存較久，吃之前退冰再稍微加熱即可。

- 此麵糊也可以使用鬆餅機來煎製。
- 因每個人餵養出來的天然酵母濃度不同，配方中的牛奶請斟酌添加，麵糊約是美乃滋的濃度。
- 無鹽奶油也可以使用任何液體植物油代替。
- 使用速發乾酵母材料如下：速發乾酵母1/3t、低筋麵粉200g、牛奶300cc、細砂糖30g、無鹽奶油10g。

天然酵母 明太子奶油 法國麵包

｜中種法｜

Natural Yeast French Bread with Seasoned Cod Roe Butter

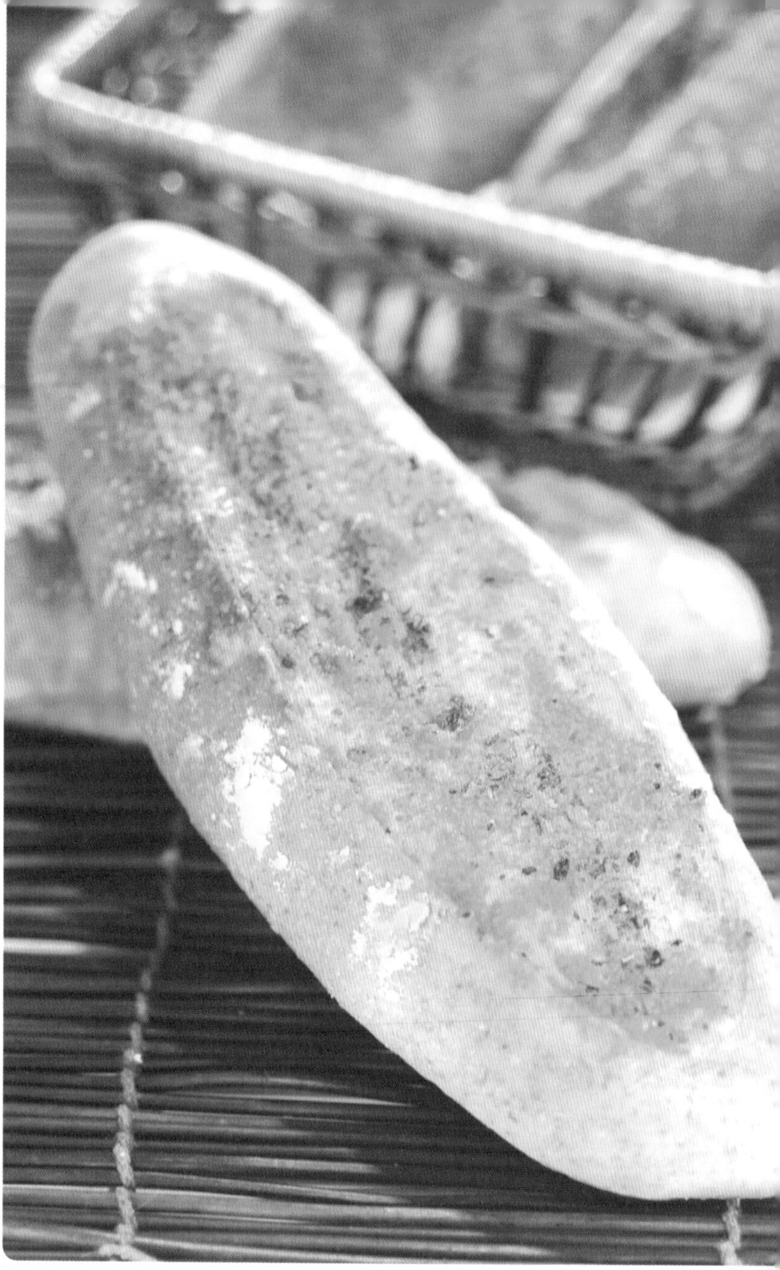

明太子是醃漬過的鱈魚卵，味道鹹香特別，平時可以搭配做出一些日式料理，為餐桌增加變化。明太子與奶油結合，調合出日式風味的抹醬，塗抹在剛出爐的法國麵包表面，蒜味鮮香，餘味十足！

份 量

4條

材 料

A. 中種法基本麵糰

高筋麵粉200g　天然酵母150g　冷水80cc

B. 主麵糰

中種麵糰全部　高筋麵粉50g　全麥麵粉50g

鹽1/2t　無鹽奶油30g　冷水65cc

C. 表面裝飾

橄欖油適量　明太子奶油抹醬適量　乾燥巴西利少許

*天然酵母做法請參考36頁。

*明太子奶油醬做法請參考382頁。

製作方法……………………中種法

第一次發酵………40～60分鐘

休息鬆弛……………………15分鐘

第二次發酵………60～90分鐘

預熱溫度……………………220℃

烘烤溫度……………………220℃

烘烤時間……………18～20分鐘

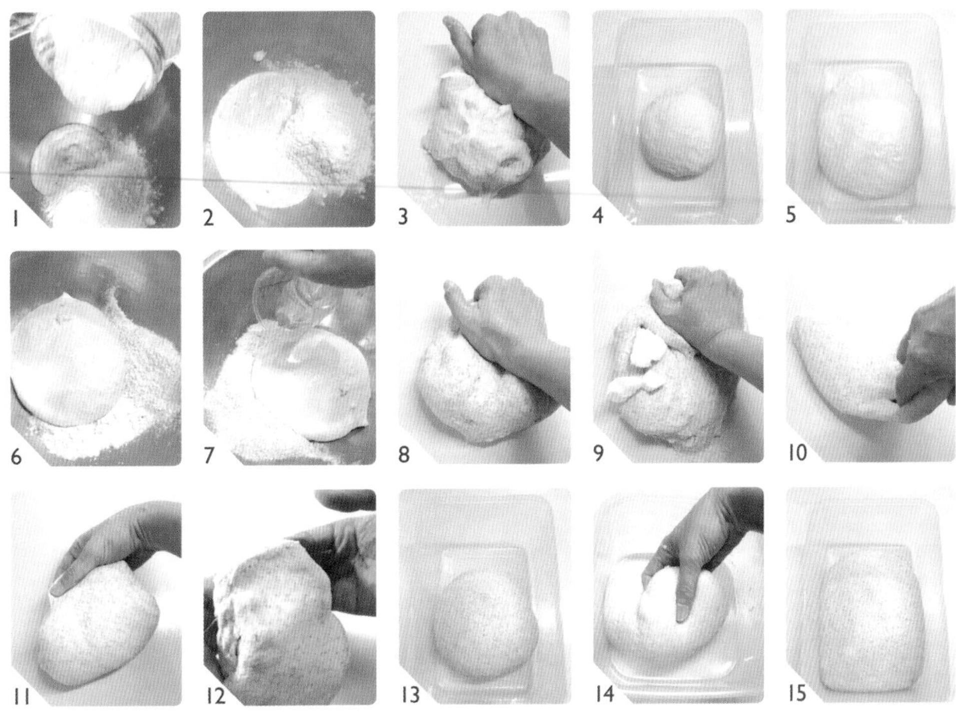

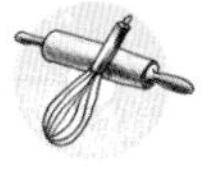

做 法

A 製作中種法基本麵糰

1 已經餵養過高筋麵粉的天然酵母2～4小時內使用，這時候的活動力最適合做麵包。

2 將中種材料攪拌搓揉成為一個均勻沒有粉粒的麵糰（液體的部分要先保留15cc，等麵糰已經攪拌成團後再慢慢加入）。（圖1、2）

3 繼續將麵糰反覆搓揉7～8分鐘成為光滑的麵糰。（圖3）

4 將麵糰滾圓，收口朝下捏緊，放入抹少許油的保鮮盒中。（圖4）

5 在麵糰表面噴一些水，罩上擰乾的濕布（勿接觸麵糰）或蓋子，放置室溫發酵1.5～2小時至兩倍大。（圖5）

B 製作主麵糰

6 將中種麵糰與主麵糰所有材料倒入（無鹽奶油除外）鋼盆中，攪拌搓揉成為一個不黏手的麵糰（液體的部分要先保留15cc，在麵糰已經攪拌成團後再慢慢加入）。（圖6～8）

7 再加入切成小塊回溫軟化的無鹽奶油丁，搓揉均勻。（圖9）

8 依照揉麵標準程序，繼續搓揉甩打成為撐得起薄膜的麵糰。（圖10～12）

9 將麵糰滾圓，收口朝下捏緊，放入抹少許油的盆中。（圖13）

10 在麵糰表面噴一些水，罩上擰乾的濕布（勿接觸麵糰）或保鮮膜，放置到溫暖密閉的空間，發酵約40～60分鐘約至1.5倍大（發酵過程中將麵糰翻面，空氣壓出）。（圖14、15）

小叮嚀

- 添加水分的量會因為天然酵母濃度不同而有增減。
- 麵糰發酵時間會因為天然酵母活動力不同而有差異。
- 沒有帆布，就將麵糰直接放在灑有高筋麵粉的烤盤中發酵。
- 若以速發乾酵母製作，材料如下：
  A. 中種法基本麵糰：高筋麵粉200g、速發乾酵母1/2t、冷水130cc
  B. 主麵糰：中種麵糰全部、高筋麵粉50g、全麥麵粉50g、糖1T、鹽1/2t、無鹽奶油30g、冷水65cc

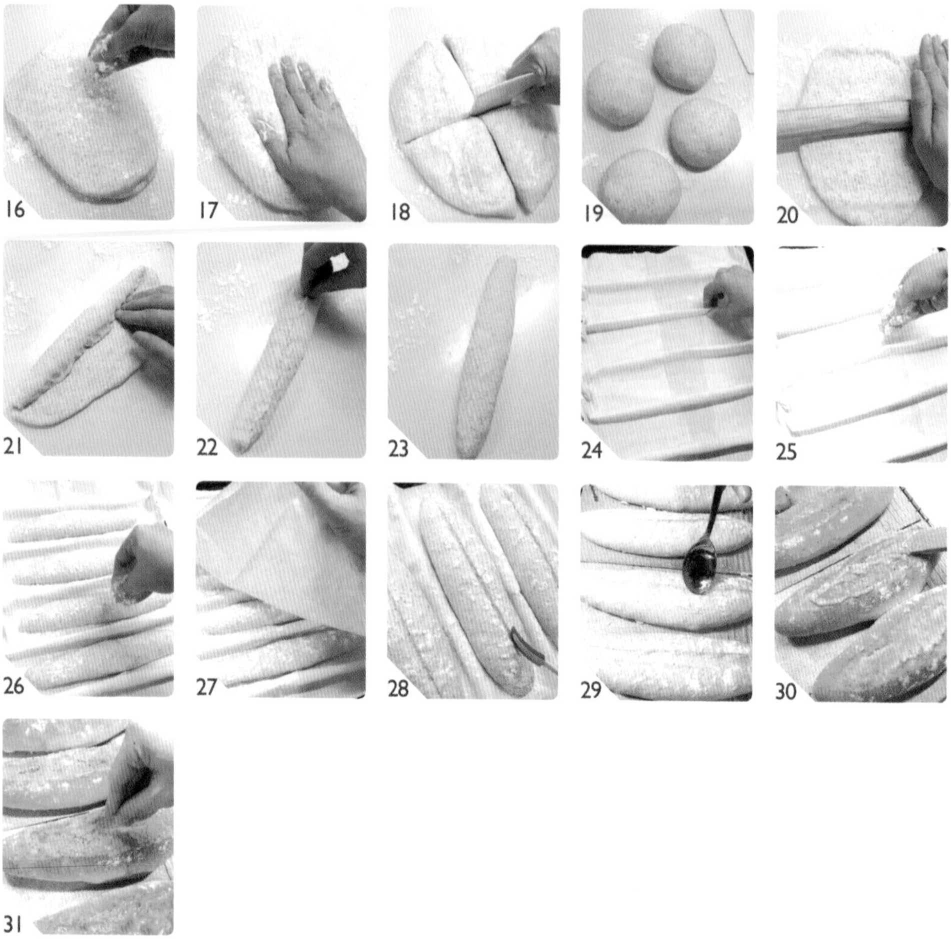

11 桌上灑上一些高筋麵粉，將發好的麵糰移出，麵糰表面也灑上一些高筋麵粉。（圖16）

12 將第一次發酵完成的麵糰空氣拍出，平均分割成4個小麵糰（每個約150g），然後將小麵糰滾圓，蓋上乾淨的布，再讓麵糰休息15分鐘。（圖17～19）

13 在休息好的麵糰表面灑些高筋麵粉避免沾黏，用擀麵棍擀成長條形。（圖20）

14 將麵糰由長向捲起，一邊壓一邊捲，收口處捏緊成為一個棍形。（圖21～23）

15 帆布折出4個長形凹槽，灑上高筋麵粉避免沾黏。（圖24、25）

16 將麵糰放入帆布凹槽中，麵糰表面灑上高筋麵粉，覆蓋上乾淨的布。（圖26、27）

17 整盤放入烤箱中，再發酵60～90分鐘約至1.5倍大。

18 發酵好前8～10分鐘，將烤盤從烤箱中取出，烤箱打開預熱至220℃。

19 進烤箱前用一把利刀在麵糰中央切開一道線。（圖28）

20 準備一個木板，將發好的麵糰從帆布輕輕滾到木板上，再從木板上輕輕滾到烤盤中（動作盡量輕，以免發酵好的麵糰消氣）。

21 在切口處淋上少許橄欖油，在表面噴水。（圖29）

22 放進已經預熱至220℃的烤箱中，烘烤18～20分鐘至表面呈現金黃色即可。

23 麵包烤好後，在表面抹上適量的明太子奶油抹醬及灑上少許乾燥巴西利。（圖30、31）

24 移到鐵網架上放涼。

附錄 1 做好的麵包可以這樣吃
Uses for Bread

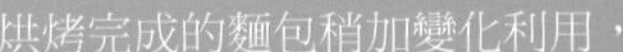

烘烤完成的麵包稍加變化利用，
做成可口的三明治或是變成餐點，
或是添加些材料再度烘烤變身為美味甜點，
使得餐桌更豐富。

法式吐司
French Toast

總匯三明治
Club Sandwich

蛋燒三明治
Pan Fried Cheese Ham Sandwich

烤起司火腿三明治
Grilled Cheese Ham Sandwich

鮪魚三明治
Tuna Sandwich

古早味蛋皮火腿三明治
Egg Ham Sandwich

乳酪蛋燒吐司
Grilled Cheese Egg Toast

大阪燒吐司
Okonomiyaki Toast

蛋沙拉三明治
Egg Salad Sandwich

生火腿佛卡夏三明治
Parma Ham Sandwich

培根麵包捲
Grilled Bacon Toast

炸豬排三明治
Tonkatsu Pork Sandwish

蜜糖鮮果吐司
Honey Fruit Toast

簡易披薩
Pizza Toast

楓糖奶油厚片吐司
Maple Syrup Butter Toast

馬鈴薯海鮮麵包濃湯
Seafood Chowder Bread Bowl

蜂蜜堅果麵包乾
Honey Nuts Rusk

香蒜起司麵包乾
Garlic Cheese Rusk

奶油焗烤麵包
Gratin Bread

法式吐司

French Toast

份量 2～3人份

假日的早餐時間比較充裕，我就會煎個法國吐司。一方面變化一下口味、一方面還可以把放比較久的麵包消化掉。吸飽了牛奶蛋液的麵包煎到熱熱的，吃起來柔軟香甜，有布丁的口感。吃著法國吐司總會想起《Kramer Vs Kramer》這部電影。想到Dustin Hoffman在妻子 Meryl Streep 離家追尋自我的時候，在廚房手忙腳亂幫兒子準備早餐的場景。這部片子也是我第一次認識這兩位演技派的好演員。維繫一個家是需要耐心，體諒與關懷。在母親節前夕，祝福每一個家庭都幸福快樂。

材　料

法國麵包或吐司麵包3～4片　牛奶100cc　雞蛋1個　細砂糖1/2t　肉桂粉少許　無鹽奶油10g（圖1）

淋　醬

糖粉、蜂蜜、新鮮水果各適量

做　法

1. 雞蛋打散。（圖2）
2. 加入細砂糖及肉桂粉混合均勻。（圖3）
3. 再加入牛奶混合均勻。（圖4）
4. 將麵包放到牛奶蛋液中浸泡3～5分鐘，使得麵包充分吸收蛋液。（圖5、6）
5. 無鹽奶油放入鍋中加熱融化。（圖7）
6. 將充分浸泡蛋液的麵包放入鍋中。（圖8）
7. 使用小火將麵包煎到兩面金黃色即可。（圖9）
8. 盛盤後視個人喜好灑上糖粉及蜂蜜，搭配新鮮水果享用。

小叮嚀

- 加入的牛奶及雞蛋視麵包多寡自行斟酌，牛奶的份量約是雞蛋重量的兩倍。
- 不喜歡肉桂粉或細砂糖都可以直接省略。
- 無鹽奶油可以使用植物油代替。

總匯三明治

Club Sandwich

份量 2人份

聽到總匯三明治這幾個字就覺得特別美味，學生時代很喜歡的「福樂餐廳」及「台北牛奶大王」就有這樣的簡單輕食。跟同學逛街或是下午打發時間，這兩家餐廳都是我們常常選擇的地方。就算不太餓的時候，一看到豐富餡料的三明治上桌，馬上就有了食欲。滿滿一盤上桌，同學們還可以一塊開心分食，多樣的材料搭配出滿足的口感。這樣的記憶還十分鮮明在腦海中。今天我們的早餐就吃總匯三明治。

材　料

吐司麵包3片　雞蛋2個　起司片1片　火腿3片
小黃瓜1條（圖1）

調味料

黃芥末醬1T　美乃滋醬1T

做　法

1. 雞蛋打散，添加少許鹽及黑胡椒混合均勻煎成薄蛋皮。
2. 小黃瓜切斜片。
3. 吐司麵包放入烤箱中或烤麵包機中烤熱。
4. 第一片吐司麵包表面塗抹上一層黃芥末醬。（圖2）
5. 依序放上起司片及火腿片。（圖3）
6. 蓋上另一片吐司麵包，塗抹上一層美乃滋醬。（圖4）
7. 依序放上小黃瓜及薄蛋皮。（圖5）
8. 蓋上最後一片吐司麵包，用手稍微壓一下。（圖6）
9. 如果希望三明治更為定型，可以用保鮮膜緊密包覆2～3分鐘。（圖7）
10. 切成自己喜歡的大小即可。（圖8）

1

2

3

4

5

6

7

8

小叮嚀

- 夾餡的蔬菜材料都可以依照自己喜歡替換。

蛋燒三明治

Pan Fried Cheese Ham Sandwich

份量 2人份

假日大家都可以賴賴床，不用太早起，好好享受一星期中爬枕頭山的機會。一份豐富的三明治就是假日最方便的早午餐。好吃的蛋燒三明治馬上讓還有睡意的心情甦醒過來，為慵懶的一天揭開序幕。

材　料

吐司麵包3片　雞蛋1個　鹽1/8t
起司片2片　火腿2片（圖1）

調味料

鹽1/8t

做　法

1. 雞蛋打散，添加少許鹽混合均勻。（圖2）
2. 在其中兩片吐司麵包上分別放上起司片及火腿片。（圖3）
3. 將兩片加料的吐司麵包疊起來，蓋上另一片吐司麵包。（圖4）
4. 三明治放入蛋液中，各面充分沾裹上一層蛋液。（圖5、6）
5. 平底鍋中放1～2大匙油，油熱將三明治放入。（圖7）
6. 四個側面使用筷子與鍋鏟輔助直立著煎。（圖8）
7. 中小火煎到金黃即可。（圖9）
8. 切成自己喜歡的大小即可。（圖10）

小叮嚀

○ 配料都可以依照個人喜歡調整。

烤起司火腿三明治

Grilled Cheese Ham Sandwich

 1人份

沒有時間準備的時候，吐司麵包是最方便的材料，隨時都可以變化出點心，正餐或宵夜。外皮烘烤到金黃酥脆，內裡是柔軟牽絲的起司火腿餡，這份簡單卻豐富的三明治隨時幫忙碌的身心增加元氣！

材 料

吐司麵包2片　起司片2片　火腿1片　無鹽奶油適量　黑胡椒少許（圖1）

做 法

1. 吐司麵包單面塗抹一層均勻的無鹽奶油。（圖2）
2. 有塗抹無鹽奶油的面朝外，將起司片及火腿交錯鋪放在吐司麵包中間（火腿上灑些黑胡椒粉）。（圖3）
3. 再覆蓋上另一片吐司麵包，放在烤盤上。（圖4）
4. 放入已經預熱至190℃的烤箱中，烘烤8分鐘至兩面金黃即可（中間可以翻面以利上色平均）。（圖5、6）

- 起司片可以用自己喜歡的口味。
- 沒有烤箱，也可以直接使用平底鍋小火將兩面煎至金黃。
- 無鹽奶油也可以使用有鹽奶油代替。

鮪魚三明治

Tuna Sandwich

2人份

利用市售的鮪魚罐頭與營養的洋蔥組合起來就完成滋味鮮香又簡單的鮪魚餡料。滿滿的新鮮生菜與鮪魚醬搭配，鮮香又清爽。

材　料

A. 洋蔥鮪魚醬

油漬鮪魚罐頭1罐（約200g）　洋蔥1/4個
黑胡椒1/4t　美乃滋2～3T（圖1）

B. 鮪魚三明治

吐司麵包3片　小黃瓜1條　番茄1個
美生菜1葉　美乃滋1T（圖2）

調味料

洋蔥鮪魚醬3T　美乃滋醬1T

1

2

做　法

A　製作洋蔥鮪魚醬

1　將油漬鮪魚罐頭中的水分濾除，魚肉搗碎。
2　洋蔥切成細末。
3　依序將洋蔥末、黑胡椒及適量的美乃滋加以混合均勻即可。（圖3～7）
4　放冰箱冷藏保存，3～4天內盡快吃完。

B　製作鮪魚三明治

5　小黃瓜切斜片；番茄切片。
6　美生菜洗乾淨，用蔬菜脫水機將多餘水分去除。（圖8、9）
7　吐司麵包放入烤箱中或烤麵包機中烤熱。
8　其中兩片吐司麵包表面塗抹上一層美乃滋醬。（圖10）
9　在吐司麵包上依序放上美生菜、小黃瓜、番茄及洋蔥鮪魚醬。（圖11）
10　三層吐司麵包疊起，用手稍微壓一下。（圖12、13）
11　如果希望三明治更為定型，可以用保鮮膜緊密包覆2～3分鐘。
12　切成自己喜歡的大小即可。（圖14）

○ 油漬鮪魚罐頭也可以使用水煮鮪魚罐頭。

古早味
蛋皮火腿三明治

Egg Ham Sandwich

 4人份

印象中在鋼琴老師家旁邊有一家不起眼的小麵包店，每次跟妹妹上完課，我們會拿著零用錢到店裡買份三明治當點心，軟綿的吐司中間夾著簡單的蛋皮及火腿片，當年的麵包店早已經消失，這份滋味卻一直讓我難忘。現在團購很熱門的三明治，其實這味道就是我記憶中的一款美味。材料簡單，薄煎蛋皮香噴噴，這是單純的幸福。

材 料

A. 薄煎蛋皮

雞蛋2個　鹽1/8t（圖1）

B. 組合

薄煎蛋皮　火腿2片

沙拉醬（美乃滋）3T

白吐司麵包8片（圖2）

1

2

做 法

A 製作蛋皮

1 雞蛋＋鹽打散成均勻的蛋液。（圖3）
2 平底鍋倒入約1大匙油，轉動鍋子使得油均勻攤開。（圖4）
3 油溫熱後倒入一半蛋液，並轉動鍋子，讓蛋液均勻佈滿成為一個圓形薄片。（圖5）

3

4

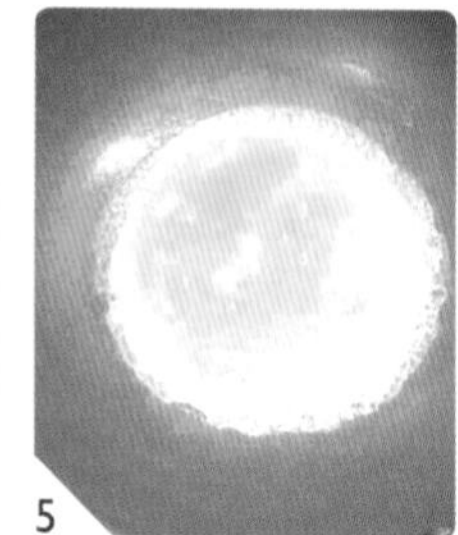

5

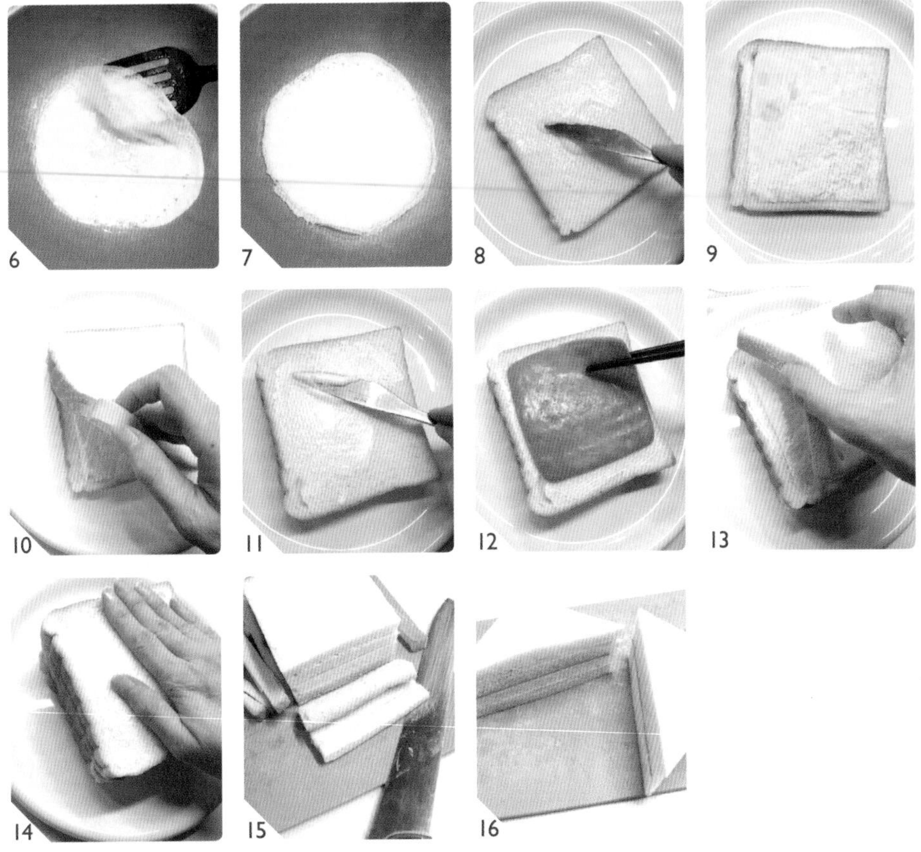

4 使用小火慢慢煎至一面凝固，然後翻面。（圖6）
5 兩面都煎熟即可。
6 剩下的蛋液可以再煎一張。（圖7）
7 每一片蛋皮切成4等份備用。

B 組合

8 吐司麵包均勻抹上一層沙拉醬。（圖8）
9 放上兩片煎蛋皮。（圖9）
10 再覆蓋上一片抹上沙拉醬的吐司麵包。（圖10）
11 抹上美乃滋後放上火腿片，再覆蓋上一片抹上沙拉醬的吐司麵包。（圖11、12）
12 放上兩片煎蛋皮。
13 最後再覆蓋上一片抹上沙拉醬的吐司麵包。（圖13）
14 稍微壓一下以利平整。（圖14）
15 依照個人喜好將吐司麵包邊切去。（圖15）
16 再對切成為兩份即完成。（圖16）

- 吐司麵包口味可以依照自己喜歡選擇。
- 火腿也可以使用起司片，變化不同口味。

乳酪蛋燒吐司

Grilled Cheese Egg Toast

 1人份

平凡單純的吐司是家中最常出現的麵包，除了抹果醬奶油等快速吃法，其實稍微多花一點巧思，吐司也可以變成正餐中的主角。融化的披薩乳酪中央是半熟荷包蛋，有沒有吸引住你的目光。^^

材　料

吐司麵包1片　雞蛋1個　美乃滋1T　鹽少許
黑胡椒少許　摩佐拉起司25g　番茄醬1/2T
乾燥巴西利少許（裝飾用）（圖1）

做　法

1. 吐司麵包塗抹一層均勻的番茄醬。（圖2）
2. 將美乃滋擠在吐司麵包四邊。（圖3）
3. 雞蛋放在美乃滋中間。（圖4）
4. 四周鋪放一圈摩佐拉起司。（圖5）
5. 雞蛋灑上少許的鹽及黑胡椒，放在烤盤上。（圖6）
6. 放入已經預熱至200℃的烤箱中，烘烤10分鐘至蛋白熟即可。（圖7）
7. 食用時撒上少許乾燥巴西利。（圖8、9）

大阪燒吐司

Okonomiyaki Toast

份量 2人份

早餐要常常變化，不然千篇一律的果醬奶油塗麵包一定會吃膩，吐司是最方便的早餐選擇，稍微花點功夫，就可以讓單純的麵包有非常多變化。鋪上滿滿新鮮高麗菜培根蛋，加上起司烘烤到金黃牽絲，飄著大阪燒香味的吐司，誰想賴床。^^~

材 料

A

吐司麵包2片　培根1片　高麗菜1片（約60g）
雞蛋1個　鹽1/4t（圖1）

B

披薩起司絲50～60g
美乃滋、海苔粉、柴魚片各適量

做 法

1. 培根切細條；高麗菜洗乾淨，瀝乾水分切碎。
2. 將高麗菜、雞蛋、培根及鹽放入盆中混合均勻。（圖2～4）
3. 烤箱打開預熱到200℃。
4. 完成的餡料平均鋪放在兩片吐司上。（圖5）
5. 將披薩起司絲平均鋪放。（圖6）
6. 放入已經預熱到200℃的烤箱中，烘烤10～12分鐘至起司融化。（圖7）
7. 吐司麵包烤好後，趁熱灑上海苔粉，擠上美乃滋。（圖8、9）
8. 最後再灑上柴魚片即可。（圖10）
9. 趁熱吃。

1

2

3

4

5

6

7

8

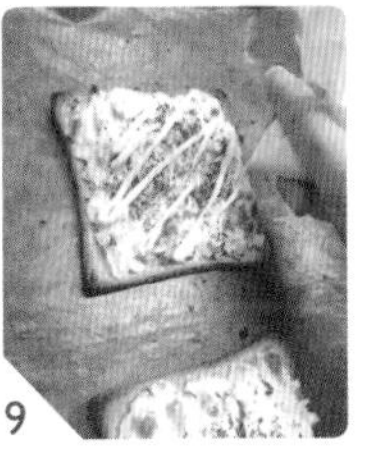
9

10

○ 海苔粉也可以用海苔片剪碎代替。

蛋沙拉三明治

Egg Salad Sandwich

 約3～4人份

將白煮蛋細細切碎，拌上適量的美乃滋，雞蛋內餡非常柔軟，雖然材料只有雞蛋，但是成品滋味卻讓人忍不住一試再試。是早午餐輕食的最好選擇。

材 料

吐司麵包4～6片　雞蛋4個　美乃滋3～4T
乾燥巴西利少許（圖1）

調味料

鹽1/4t　黑胡椒粉1/4t

做 法

1 雞蛋煮8分鐘至全熟，剝殼放涼。
2 將放涼的雞蛋用刀子切成細末（越細口感越好）。（圖2、3）

1

2

3

3 依序加入鹽、黑胡椒粉、美乃滋及乾燥巴西利攪拌均勻。（圖4～8）
4 放入冰箱冷藏。
5 吐司麵包單片塗滿雞蛋沙拉，覆蓋上另一片。（圖9、10）
6 將吐司邊依照個人喜好切掉或不切都可以。（圖11）
7 每一個三明治再切成3等份即可。（圖12）

小叮嚀
- 美乃滋份量請依個人喜好適量做增減。
- 可以依照個人喜歡搭配生菜。

生火腿
佛卡夏三明治

Parma Ham Sandwich

2人份

麵包是最方便的主食，一天中的任何時段都適合。單吃原味有嚼勁，搭配蔬菜、肉類又變成營養豐盛的輕食。佛卡夏是一款簡單又清爽的義大利麵包，做成三明治味道更好，將手邊的材料隨性搭配，千變萬化讓餐桌更豐富。

材　料

佛卡夏麵包2個　美乃滋1T　起司片2片
生火腿3～4片　小黃瓜1/2條
番茄1/2個　美生菜2～3葉
黑胡椒少許（圖1）

*佛卡夏麵包做法請參考74頁。

做　法

1. 小黃瓜切片；番茄切片；生菜洗乾淨，瀝乾水分。（圖2）
2. 佛卡夏噴一點水，放入已經預熱到150℃的烤箱中，烘烤3～4分鐘加熱。
3. 麵包烤好後，橫剖成兩半，中間塗抹一層均匀的美乃滋。（圖3、4）
4. 依序將起司片，美生菜、番茄及生火腿片交錯鋪放在佛卡夏麵包中間即可（火腿上灑些黑胡椒粉）。（圖5～8）

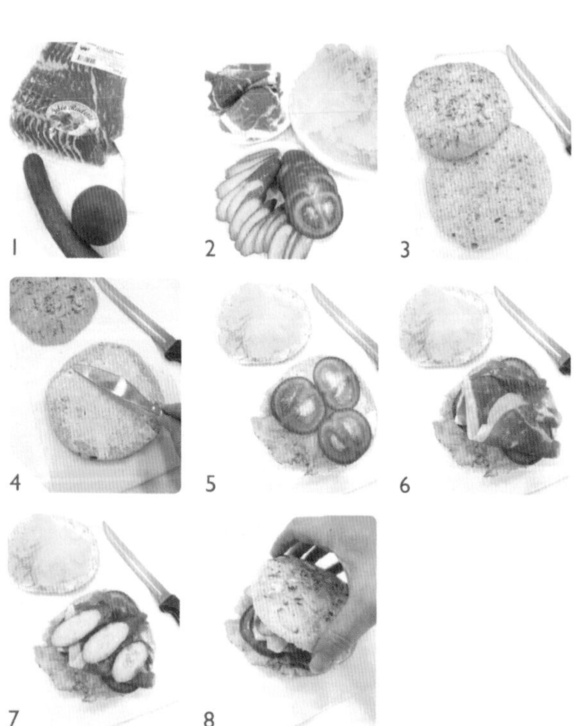

- 起司片可以用自己喜歡的口味。
- 生火腿（Parma Ham）：義大利最著名的火腿，使用礦物鹽醃漬，經過12～18個月的熟成風乾，切成透光的薄片，適合搭配各式各樣義大利料理。

培根麵包捲

Grilled Bacon Toast

份量 3～4人份

冰箱有放了過久的麵包嗎？稍微加工一下，就讓乾麵包有了春天。小巧好拿取的培根捲當做早餐，或是配碗濃湯，或是下午點心都是不錯的選擇。

材　料

吐司麵包2片　培根肉4片　黑胡椒適量（圖1）

做　法

1 吐司麵包切成寬約1.5cm條狀。（圖2）
2 培根肉由長向切成3等份。（圖3）
3 將長條培根均勻捲在麵包條上。（圖4）
4 培根肉頭尾收在底部，間隔整齊放在烤盤上。（圖5）
5 表面灑上少許黑胡椒。
6 放入已經預熱至200℃的烤箱中，烘烤10分鐘至金黃酥脆即可。（圖6）

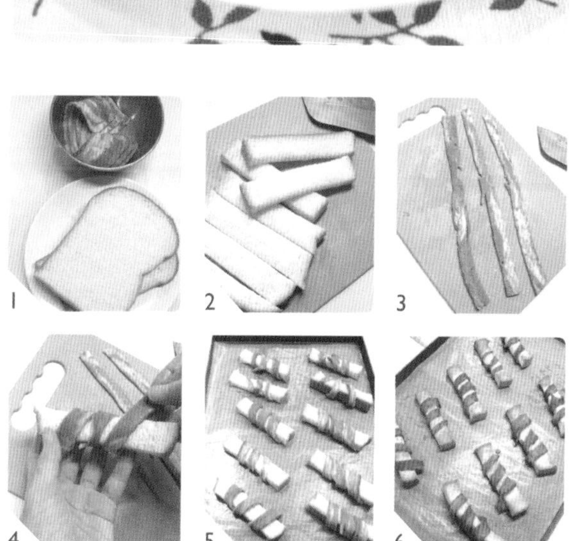

小叮嚀

- 麵包可以使用任何自己喜歡的種類。
- 黑胡椒也可以使用乾燥巴西利代替。

炸豬排三明治

Tonkatsu Pork Sandwish

份量 3～4人份

酥脆金黃的麵衣，多汁的組織，將媽媽最拿手的炸豬排與甜麵醬結合，這份好吃到爆的三明治絕對值得讓你花時間親自動手試試。

材　料

豬里肌肉片200g　吐司麵包4片
美生菜2～3葉　美乃滋2T
甜麵醬2T（圖1）

麵　衣

低筋麵粉2t　雞蛋1個
麵包粉100g（圖2）

調味料

醬油1/2t　米酒1/2t　糖1/4t
白胡椒粉1/8t（圖3）

做　法

1 豬里肌肉片用肉槌或刀背輕斬敲薄（此步驟會讓成品更軟嫩）。（圖4）
2 加入所有調味料混合均勻，醃漬1小時入味。（圖5～6）

1

2

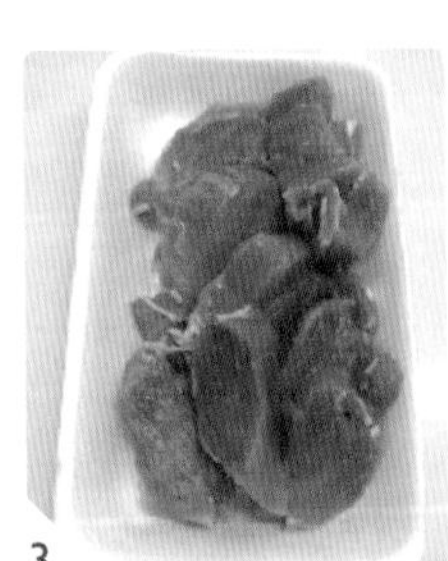
3

4

5

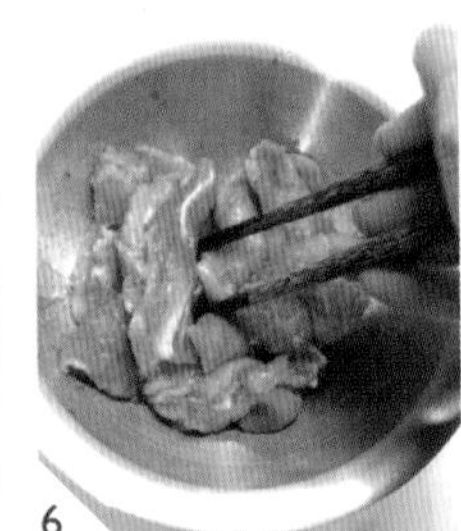
6

3 雞蛋打散成蛋液。
4 醃漬完成的豬肉片先沾上一層薄薄的低筋麵粉，再沾一層蛋液，最後再沾附一層麵包粉，用手壓緊。（圖7～9）
5 鍋中倒入約200cc的油，油熱後放入豬排。（圖10）
6 一面約煎3～4分鐘再翻面。
7 將豬排兩面炸至金黃。（圖11）
8 起鍋將豬排放在鐵網架上瀝油。（圖12）
9 吐司麵包烘烤3～4分鐘至酥脆，美生菜切細絲。
10 塗抹上一層美乃滋，放上炸豬排。（圖13）
11 豬排淋上適量的甜麵醬，鋪上美生菜絲。（圖14、15）
12 覆蓋上吐司麵包，輕壓緊實。（圖16、17）
13 切成兩半即可。（圖18）

蜜糖鮮果吐司

Honey Fruit Toast

份量 3～4人份

平凡的吐司花一點巧思，搭配上甜點的元素，馬上就變的不同凡響。這道利用吐司完成的甜點一上桌，老公跟Leo的眼睛一陣閃亮，原本還覺得奇怪的兩人嘗了一口，就開始直喊好吃。我們一家三口度過了愉快的下午時光。

材 料

未切12兩吐司1/2條　無鹽奶油50g
蜂蜜30g （圖1）

配 料

蜜腰果、新鮮水果、冰淇淋、奶油焦糖醬（或巧克力醬）各適量（圖2）

做 法

1. 將12兩吐司切成兩半，取一半來應用。（圖3、4）
2. 喜歡的新鮮水果切丁狀；蜜腰果切碎。
3. 使用鋸齒刀在吐司其中一面底部橫切一刀，周圍保留約0.5cm，不可以切斷。（圖5）
4. 吐司正面周圍保留約0.5cm，用鋸齒刀將中間麵包芯切出。（圖6）

1

2

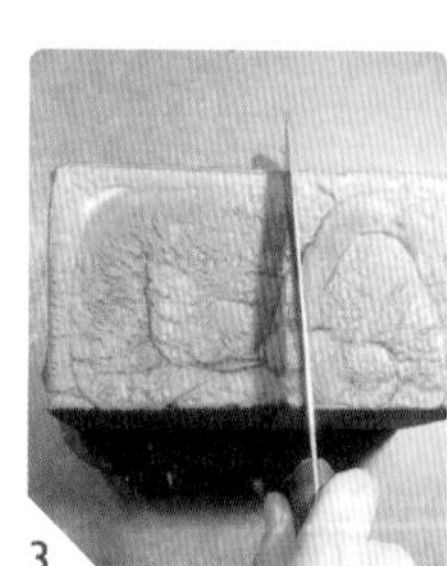
3

4

5

6

5 將切好的麵包芯拉出，形成一個吐司盒子。（圖7、8）

6 中間的麵包芯切成12等份。（圖9）

7 吐司外盒放入已經預熱至150℃的烤箱，烘烤3～4分鐘。

8 將無鹽奶油放入平底鍋中融化。（圖10）

9 放入麵包塊，用小火煎到呈現金黃色（奶油可以視情況斟酌增加，煎的時候要翻面）。（圖11、12）

10 再將煎好的吐司塊填入烤熱的麵包盒中。（圖13）

11 淋上適量的蜂蜜。（圖14）

12 再依序灑上蜜腰果、新鮮水果丁、冰淇淋及奶油焦糖醬即可。（圖15、16）

- 所有配料都可以依照個人喜歡調整。
- 吐司盒切法示意圖：粗虛線條代表刀子切入位置；細點線代表切的範圍。

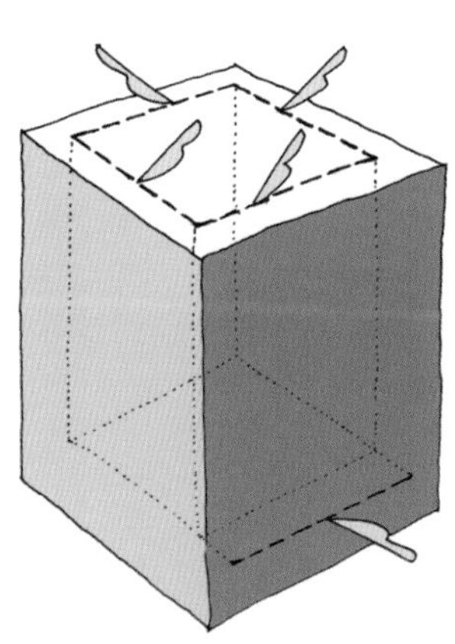

簡易披薩

Pizza Toast

4人份

有沒有曾經有過忽然覺得想吃披薩的念頭？但是又不想動手揉麵或打電話叫外賣。沒關係，只要冰箱有吐司或任何麵包，只要10分鐘，熱熱的披薩就馬上出爐。別懷疑，真的就是這麼簡單！

材　料

吐司麵包或貝果4片　紅、黃甜椒各1/8個
番茄1/2個　洋蔥1/4個　洋菇2～3個
鮪魚罐頭1/2罐　熟蝦仁4～6粒　摩佐拉起司100g
帕梅森起司粉1T　黑胡椒粉少許　番茄醬2T
（圖1）

*佛卡夏麵包做法請參考74頁。

做　法

1 若使用貝果，將貝果橫剖成兩半。
2 吐司麵包均勻塗抹一層番茄醬。（圖2）
3 依序將喜歡的配料平均鋪在吐司麵包上。（圖3）
4 最後鋪上帕梅森起司粉、摩佐拉起司及黑胡椒粉。（圖4、5）
5 放入已經預熱至200℃的烤箱中，烘烤10分鐘至乳酪融化呈現金黃色即可。（圖6～9）

配料都可以依照自己喜歡調整。

楓糖奶油厚片吐司

Maple Syrup Butter Toast

3人份

下著大雨不能出門，下午茶的點心還是不能少。用自己烤的吐司麵包再加點變化，香甜酥脆的外皮有著柔軟的內裡。即使少了溫暖的陽光，一家三口還是能夠擁抱幸福。

材　料

厚片吐司3片　奶油30g　楓糖漿45g　細砂糖3～4T（圖1）

做　法

1 厚片吐司表面切格狀，深度約切厚片吐司厚度一半。（圖2、3）
2 在格狀表面平均抹上一層奶油。（圖4）
3 抹好奶油的厚片吐司整個沾裹一層楓糖漿。（圖5）
4 最後再整個沾裹一層細砂糖。（圖6）
5 放入已經預熱到170℃的烤箱中，烘烤12～15分鐘至金黃即可。（圖7、8）

○ 楓糖漿可以用蜂蜜或黑糖蜜代替。

馬鈴薯海鮮麵包濃湯

Seafood Chowder Bread Bowl

份量 3～4人份

法國麵包烤的皮脆內軟，堅固的外殼可以做為盛裝濃湯的器具。熱騰騰的海鮮濃湯注入，端上桌視覺效果超好的。料多多的濃湯配上法國麵包最合適，再拌個簡單的生菜沙拉就好豐盛。沒有時間自己烤法國麵包，就到麵包店中買現成的，偶爾變換一下口味及吃法，餐桌更有趣。

材料

洋蔥1/3個　蒜頭1瓣　馬鈴薯1個
白肉魚1片　魷魚身1個　蝦仁適量
白酒1T

濃湯

低筋麵粉40g　橄欖油50g　牛奶500cc
動物性鮮奶油100cc　高湯800～1000cc
天然酵母鄉村麵包3～4個（圖1）

*天然酵母鄉村麵包做法請參考305頁。

調味料

鹽適量（鹹淡請依照自己口味調整）
黑胡椒1/4t　肉豆蔻1/8t
乾燥巴西利（或新鮮）少許

事前準備工作

1 白肉魚切小塊；魷魚身切圈；在海鮮上淋上白酒混合均勻。
2 馬鈴薯去皮切小丁，放入加滿水的鍋中煮10～12分鐘至軟。
3 洋蔥切細末；蒜頭切末。（圖2）

1

2

做　法

1 鍋中倒入橄欖油，放入洋蔥末，以小火將洋蔥慢炒至呈半透明狀，然後加入蒜頭末翻炒1～2分鐘。（圖3、4）
2 加入低筋麵粉，以小火拌炒均勻。（圖5、6）
3 將牛奶慢慢一點一點加入，一邊加一邊用打蛋器攪拌至全部醬汁均勻（每次都要攪拌均勻才加下一次的份量）。（圖7、8）
4 加入高湯與所有調味料混合均勻，煮至沸騰。（圖9）
5 最後依序加入馬鈴薯丁及海鮮料煮沸即可。（圖10～12）
6 將烤好放涼的法國麵包頂上1/4部分切掉。（圖13）
7 挖出麵包內部柔軟部分，成為一個麵包容器（不要挖的太薄）。（圖14）
8 倒入濃湯，並灑上些許乾燥巴西利即可。（圖15）

- 挖出的麵包可以直接沾濃湯吃，或是放入烤箱中烤乾做成麵包乾，麵包乾可以灑在濃湯上，拌沙拉或打碎做成麵包粉。
- 高湯份量可以依個人喜好做增減，控制濃湯的濃稠度。

蜂蜜堅果麵包乾

Honey Nuts Rusk

 5～6人份

略帶脆度的糖衣中包覆著口感豐富的堅果，形成無比和諧的滋味。黑糖甜卻不膩口，連忌口甜點的人都忍不住一試的點心，小心吃了會停不下來！

材 料

吐司麵包4片（約200g） 黑糖30g
冷水1T 無鹽奶油30g 蜂蜜20g
煉奶10g 鹽1/8t
綜合堅果（葵花子、杏仁粒、白芝麻）50g（圖1）

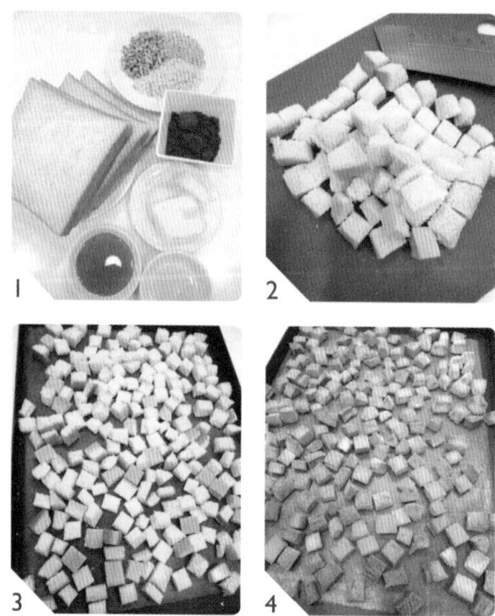

做 法

1 吐司麵包切成約1cm丁狀。（圖2）
2 平均鋪放在烤盤中，放入已經預熱到150℃的烤箱中，烘烤15分鐘至金黃酥脆。（圖3、4）

3 將黑糖放入盆中，加入1大匙冷水，以小火加熱煮至融化。（圖5、6）
4 依序加入無鹽奶油、蜂蜜、煉乳及鹽混合均勻，煮至融化關火。（圖7～9）
5 最後加入綜合堅果混合均勻。（圖10、11）
6 將糖漿加入至烤至酥脆的麵包丁中混合，使得麵包丁均勻沾裹上糖漿。（圖12、13）
7 麵包丁平鋪在烤盤上，放入已經預熱到150℃的烤箱中，烘烤15分鐘至金黃酥脆即可（時間請依照自家烤箱為準）。（圖14）
8 放涼後，必須放入保鮮盒中密封保存才會酥脆。

香蒜起司麵包乾

Garlic Cheese Rusk

份量 5～6人份

略鹹香的點心任何時候都可以來上一盤，蒜香加上濃郁的起司，真是令人享受的小確幸！

材　料

吐司麵包4片（約200g）　蒜頭3～4瓣
動物性鮮奶油30g　無鹽奶油40g
帕梅森起司粉40g　鹽1/3t
乾燥巴西利1t（圖1）

做　法

1　吐司麵包切成約1cm丁狀。（圖2）
2　平均鋪放在烤盤中，放入已經預熱到150℃的烤箱中，烘烤15分鐘至金黃酥脆。（圖3、4）

1

2

3

4

3 蒜頭切末。（圖5）

4 將動物性鮮奶油放入盆中，加入無鹽奶油及蒜末，以小火加熱，煮至奶油融化後關火。（圖6、7）

5 依序加入帕梅森起司粉、鹽及乾燥巴西利混合均勻。（圖8～10）

6 將蒜頭醬汁加入至烤至酥脆的麵包丁中混合，使得麵包丁均勻沾裹上醬汁。（圖11、12）

7 麵包丁平鋪在烤盤上，放入已經預熱到150℃的烤箱中，烘烤15分鐘至金黃酥脆即可（時間請依照自家烤箱為準）。（圖13、14）

8 放涼後，必須放入保鮮盒中密封保存才會酥脆。

奶油焗烤麵包

Gratin Bread

2人份

假日不用特別幫Leo準備便當，時間比較自由，就很適合做些特別的西式料理，焗烤類的餐點又是最合Leo的口味。冰箱剩了幾片冰過久的麵包，今天要來點不一樣的做法。蝦仁爽口充滿彈性，奶油白醬濃郁滑口，麵包丁完全吸收醬汁，這是其他材料沒有的特別口感。稍微做些變化，就讓乾麵包馬上有了新風貌。

材　料

麵包150g　奶油25g　低筋麵粉25g
洋蔥1/4個　蝦仁150g　火腿50g
牛奶350cc　焗烤披薩起司絲150g
（圖1、2）

醃　料

米酒1t　鹽1/4t

調味料

鹽1/3t　粗黑胡椒粉1/4t

表面裝飾

乾燥巴西利 少許

1　2

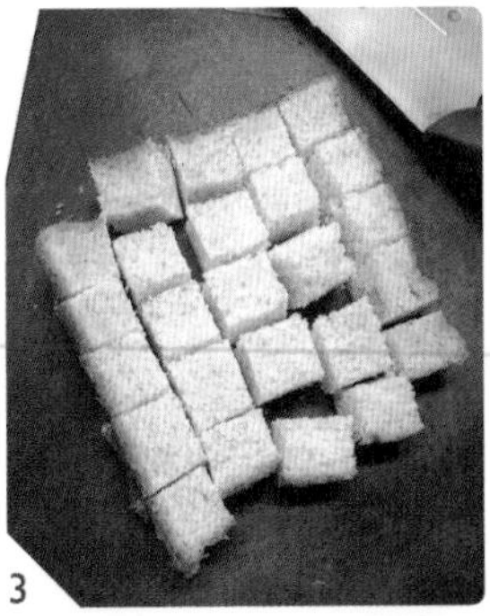
3

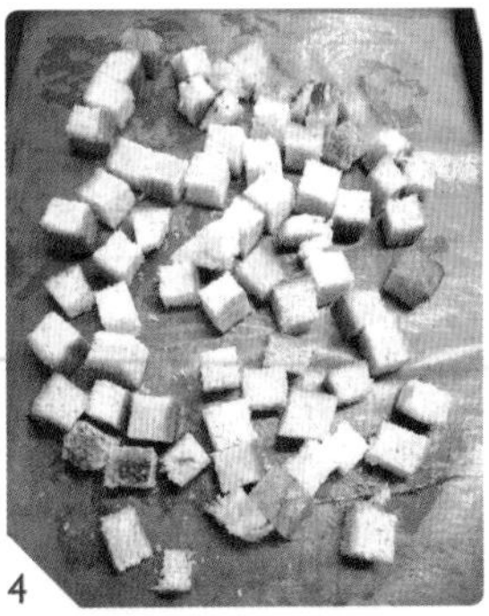
4

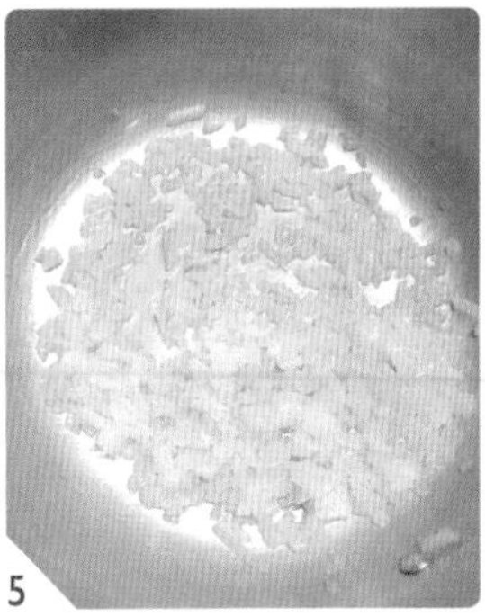
5

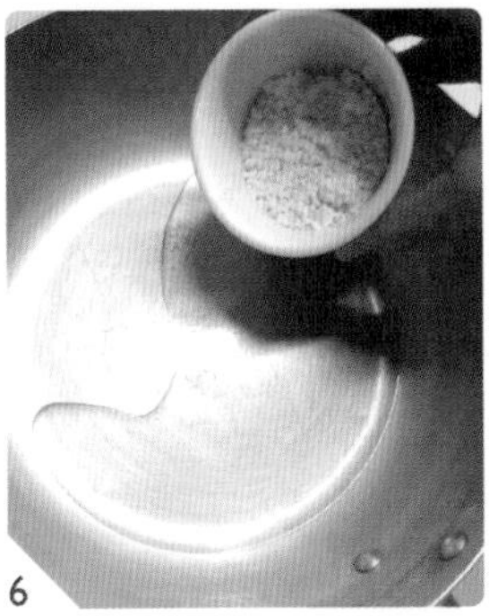
6

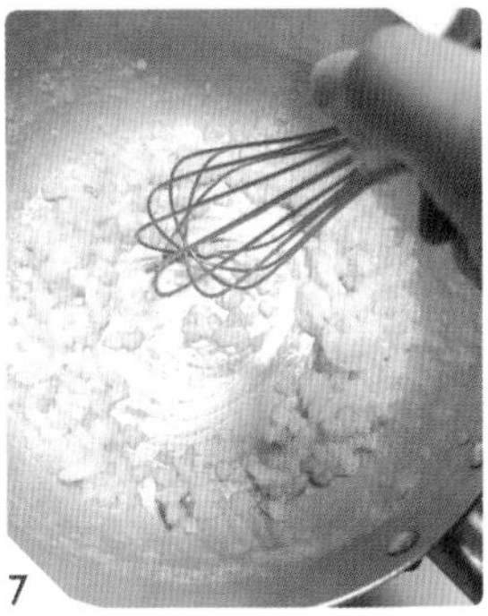
7

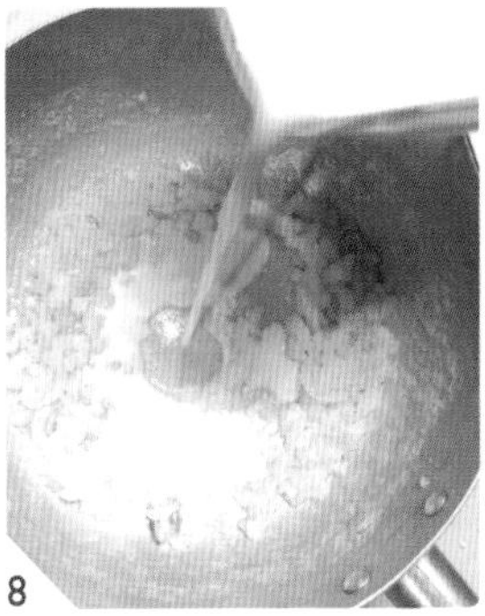
8

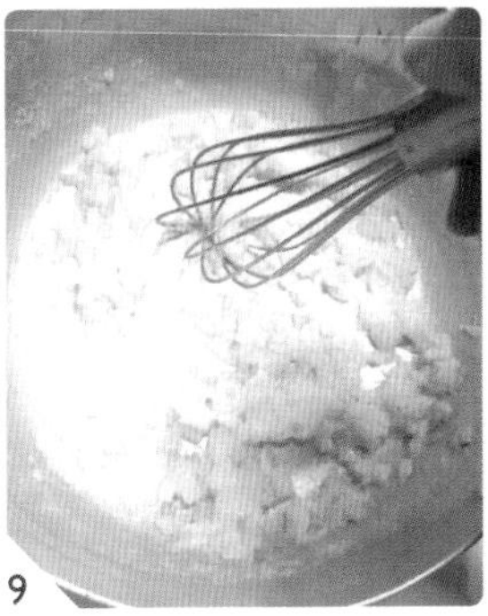
9

事前準備工作

1 麵包切成丁狀（大小可以依照個人喜歡調整）。（圖3）
2 將麵包丁均勻鋪放在烤盤中。（圖4）
3 放入已經預熱到150℃的烤箱中，烘烤7～8分鐘取出備用。

做　法

1 蝦仁洗乾淨，加上醃料中的1小匙米酒及1/4小匙鹽混合均勻。
2 洋蔥切末；火腿切丁。
3 鍋中放入奶油，加入洋蔥末，用中小火炒4～5分鐘。（圖5）
4 再加入低筋麵粉炒均勻。（圖6、7）
5 牛奶分4～5次加入，每一次加入都攪拌均勻成為糊狀。（圖8、9）

小叮嚀
- 麵包丁使用吐司皮與吐司邊，或任何自己喜歡的種類。
- 奶油可以使用任何液體植物油代替。

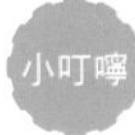

6 依序加入火腿丁、調味料及蝦仁。（圖10～12）
7 小火煮至蝦仁熟。（圖13）
8 最後倒入烤好的麵包丁，與醬汁混合均勻。（圖14、15）
9 烤箱預熱到200℃。
10 將完成的餡料放入焗烤盤中。（圖16）
11 表面平均鋪上披薩起司絲。（圖17、18）
12 放入已經預熱至200℃的烤箱中，烘烤10～12分鐘至起司絲呈現金黃色。（圖19）
13 麵包烤好後，灑上些許乾燥巴西利即可。

附錄 2 麵包的好搭檔——果醬與抹醬

Jam and Spread

將季節水果加上糖細細熬煮成為香濃的果醬，
可以趁水果盛產的時候不妨多買一些，
親自動手做些果醬保存。
還可以準備一些滋味豐富的鹹甜奶油抹醬，
都是新鮮麵包的好搭檔。

葡萄果醬
Grapes Jam

藍莓果醬
Blueberry Jam

蜂蜜柚子果醬
Honey Pomelo Jam

鳳梨果醬
Pineapple Jam

芒果果醬
Mango Jam

洛神果醬
Roselle Jam

梅酒果醬
Plum Wine Jam

蔓越莓果醬
Cranberry Jam

橄欖油美乃滋抹醬
Olive Oil Mayonnaise Sauce

明太子奶油抹醬
Seasoned Cod Roe Butter

奶油煉乳抹醬
Condensed Milk Butter

奶油大蒜醬
Garlic Butter

葡萄果醬

Grapes Jam

份量 300g

買了幾天的葡萄放冰箱忘了吃，原本脆硬的口感變軟，沒有人喜歡，正好可以做些果醬塗麵包。細細熬煮的過程雖然花時間，但是看到成品變化的過程卻有一種感動，彷彿我的愛也點點融合其中。果醬製作過程簡單，材料又天然，有機會試試看，享受一下手作單純的幸福！

材料

紅葡萄500g　細砂糖200g　檸檬1/2個（圖1）

做法

1. 紅葡萄清洗乾淨；檸檬榨出汁液。
2. 用紙巾將紅葡萄表面水分擦乾。（圖2）
3. 紅葡萄連皮放入果汁機中，打至細緻的泥狀。（圖3、4）
4. 用篩網將紅葡萄皮及籽過濾乾淨。（圖5）
5. 用木匙輔助，盡量將所有果汁擠壓出來。（圖6）
6. 將細砂糖及檸檬汁倒入紅葡萄果汁中，混合均勻（圖7）
7. 使用小火邊煮邊攪拌。（圖8）
8. 等到細砂糖都溶化，開大火熬煮至果汁收乾剩1/3。（圖9）
9. 再使用中小火熬煮至濃稠，木匙刮底會出現痕跡的程度即可關火。（圖10）
10. 熬煮中間不時用木匙攪拌避免焦底。
11. 趁熱裝至煮沸晾乾的玻璃瓶中，倒放直到放涼。
12. 放涼後，就可以將瓶子放正，室溫保存約可以3～4個月。

*假如做的份量不多，可以省略11及12的步驟，但放涼的果醬裝瓶後必須放冰箱冷藏保存。

小叮嚀

- 份量越多，熬煮需要的時間就必須增加。
- 糖可以使用黃砂糖或冰糖，份量約是水果重量的40～50%，請依照個人喜好決定，但是糖量越少，保存期限就會縮短。
- 希望保留皮或籽也沒有問題。
- 趁熱裝進玻璃瓶中再倒放至放涼，是為了讓瓶中沒有空氣，這樣就不會有細菌產生。有做這樣的動作，完成的果醬可以不需放冰箱，只要室溫就可以保存3～4個月，可以送人當伴手禮。不過一旦打開就，必須放冰箱冷藏保存，這是簡單的消毒方式。
- 因為果醬熬煮時間較長，所以使用木匙比較不容易傳熱。

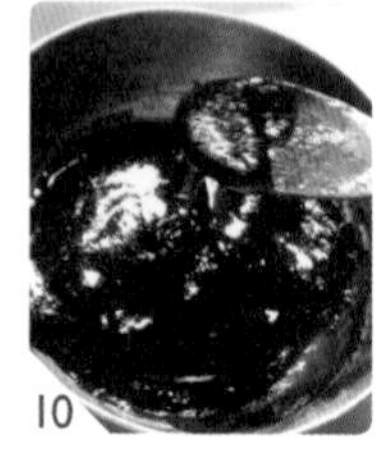

藍莓果醬

Blueberry Jam

份量 200g

最近藍莓上市，小小一顆一顆很討人喜歡。藍莓顏色鮮艷，是搭配甜點很適合的材料。不過藍莓並不耐放，最好的方式就是熬煮成果醬來搭配麵包或是做成好吃的內餡。新鮮藍莓買回家若是短時間沒有空處理，也可以洗乾淨放冷凍，延長保存時間。加一點糖、加一點檸檬，手作果醬就是這麼讓人心生喜悅，給生活多一點色彩。

材　料

新鮮藍莓（冷凍可）200g　檸檬1/2個
砂糖80～100g（甜度視個人喜歡調整）（圖1）

做　法

1. 新鮮藍莓沖洗乾淨，將水分瀝乾。
2. 將檸檬榨出汁液。（圖2）
3. 用叉子將藍莓大略壓碎。（圖3）
4. 加入砂糖及檸檬汁混合均勻。（圖4、5）
5. 使用小火邊煮邊攪拌。（圖6）
6. 等到砂糖都溶化，開大火熬煮至藍莓湯汁收至剩下一半。
7. 再使用小火熬煮至濃稠，湯匙刮底會出現痕跡的程度即可關火（熬煮濃稠度請依然個人喜歡，煮越久越濃，避免煮的太乾變硬）。
8. 熬煮中間不時用木匙攪拌避免焦底。
9. 趁熱裝至煮沸晾乾的玻璃瓶中，倒放直到放涼。
10. 放涼後，就可以將瓶子放正，室溫保存。

- 若使用冷凍藍莓，請先解凍。
- 甜度可以依照自己喜歡斟酌，糖可以使用黃砂糖或細砂糖、冰糖都可以。
- 若非大量製作或是要室溫長期儲存，步驟9及10可以省略，將完成的果醬放涼。直接裝在乾淨容器中，放入冰箱保存即可。

蜂蜜柚子果醬

Honey Pomelo Jam

份量 400g

中秋節過完，家裡免不了有很多應景的柚子，做成果醬就不怕放到乾掉或浪費。濃縮的美味不只塗抹麵包，也適合添加在甜點中。喝紅茶時，也可以舀一匙加入，就變身成好喝的果茶。好好利用材料，手作的快樂就是這麼簡單。^^

材料

柚子（文旦）果肉800g　檸檬汁50cc
細砂糖300g　麥芽糖60g　蜂蜜40g
（圖1、2）

做法

1 柚子去皮去膜去籽，將果肉剝下來。（圖3、4）
2 用手將柚子果肉剝散。（圖5）
3 加入檸檬汁及一半份量的細砂糖，混合均勻。（圖6）

1　2　3

4

5

6

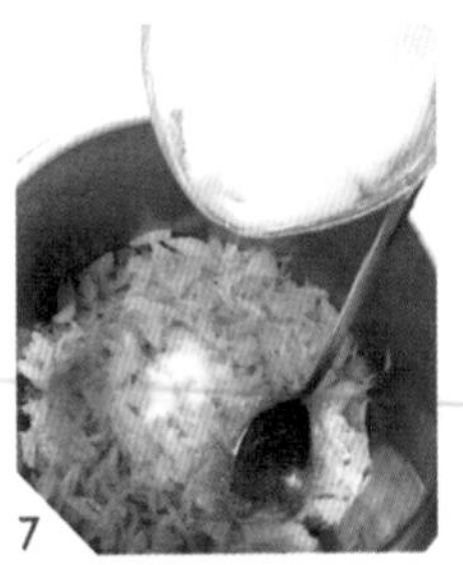
7

8

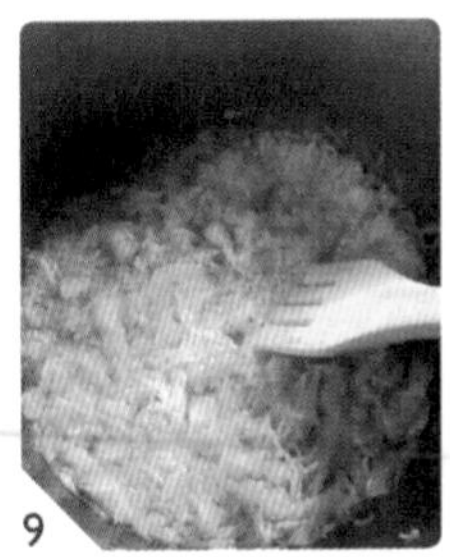
9

10

11

12

4 放上瓦斯爐，用小火將柚子煮至果肉出水沸騰且細砂糖融化。
5 再加入剩下的細砂糖、麥芽糖及蜂蜜，用小火煮至麥芽糖完全融化。（圖7、8）
6 此時柚子會產生非常多湯汁，用大火熬煮約20～25分鐘至湯汁收乾。（圖9）
7 最後再使用小火熬煮10分鐘至濃稠即可。（濃稠度請依照自己喜歡調整，煮的越久會越濃，但是也避免煮乾，以免最後成品會太硬。）（圖10）
8 熬煮中間不時用木匙攪拌避免焦底。
9 趁熱裝至煮沸晾乾的玻璃瓶中，倒放直到放涼。（圖11、12）
10 放涼後，就可以將瓶子放正，室溫保存。

- 糖＋麥芽糖＋蜂蜜約是柚子果肉重量的45～50%，請依照個人喜好決定。
- 麥芽糖及蜂蜜都可以用細砂糖代替。
- 果醬開封了就必須放入冰箱冷藏保存。
- 趁熱裝進玻璃瓶中再倒放至放涼，是為了讓瓶中沒有空氣，這樣就不會有細菌產生，有做這樣的動作，做好的果醬可以不需放冰箱，只要室溫就可以保存，可以送人當伴手禮。不過一旦打開，就必須放入冰箱冷藏保存，這是簡單的消毒方式。
- 韓國柚子茶的柚子和我們的柚子品種是不同的，台灣柚子皮較不適合加入，否則會很苦澀，無法入口，挑選柚子請選擇水分多，甜一點的會比較適合。
- 我自己做出來的柚子醬是完全不苦，不過有格友做發生苦味的情形，也有人做完全不苦發現柚子苦不苦與本身品種有關，柚子種類多，有些煮會發苦，我建議先取少量試煮，沒有問題再多做。如果想做韓國柚子茶，可以買甜檸檬來做品種就比較類似，可以連皮一塊熬煮。

鳳梨果醬

Pineapple Jam

份量 600g

接連好一陣子到市場都拎著3顆100元的鳳梨回家，產季的鳳梨甜又多汁，實在太幸福！小時候，我其實很怕鳳梨的味道，幾乎完全不敢嘗試，甚至媽媽一說到「鳳梨」兩個字，我就混身起雞皮疙瘩，馬上躲到房間。我還以為這輩子都跟這個水果無緣。結婚後受到Jay的影響，開始願意嘗試很多以往不敢吃的東西。才發現原來鳳梨的滋味這麼甜美，馬上愛上這種水果。好吃的鳳梨我要熬成果醬收藏。

材　料

鳳梨1000g　檸檬1/2個　黃砂糖450g（圖1）

做　法

1 鳳梨去皮，中間硬芯切除。（圖2）
2 檸檬榨出汁液；鳳梨切成小塊。（圖3）
3 用果汁機將鳳梨打成細緻的泥狀。（圖4～6）

1 2 3 4 5 6

4 將檸檬汁及黃砂糖加入到鳳梨泥中混合均勻。（圖7、8）

5 使用小火邊煮邊攪拌。（圖9）

6 等到黃砂糖都溶化，開大火熬煮至鳳梨泥湯汁收乾剩1/3且顏色變較深。（圖10、11）

7 再使用中小火熬煮至濃稠，木匙刮底會出現痕跡的程度即可關火。（圖12）

8 熬煮中間不時用木匙攪拌避免焦底。

9 趁熱裝至煮沸晾乾的玻璃瓶中倒放直到放涼。（圖13、14）

10 放涼後，就可以將瓶子放正，室溫保存。

- 糖可以使用細砂糖，份量約是水果重量的40～50%，請依照個人喜好決定。
- 趁熱裝進玻璃瓶中再倒放至放涼，是為了讓瓶中沒有空氣，這樣就不會有細菌產生，有做這樣的動作，完成的果醬可以不需放冰箱，室溫就可以保存，可以送人當伴手禮。不過一旦打開，就必須放入冰箱冷藏保存，這是簡單的消毒方式。
- 煮果醬時，最好全程在旁邊，發現水分越來越少就必須注意，因為關火後還是有熱度，所以不要熬煮到太乾，不然冷了之後會變的太硬，如果真的煮過頭，可以再添加一些水重新熬煮調整。
- 請準備較大較深的工作盆來熬煮，以免果泥太濃稠容易噴濺，出來燙到手。

芒果果醬

Mango Jam

份量 350g

我的果醬清單中怎麼可以漏掉芒果！^^ 這個季節的愛文芒果是我的最愛啊！新鮮芒果在鍋中慢慢濃縮變的金黃，完全保留了香甜的滋味。好東西要跟好朋友分享，這是送朋友的最佳心意。

材　料

愛文芒果500g　檸檬1個　黃砂糖125g
（圖1、2）

做　法

1. 芒果去皮，肉切下來。
2. 檸檬刷洗乾淨，磨出表面皮屑（只需要表皮層，不要磨到白色部分）（圖3）
3. 將檸檬榨出汁液（約40cc）。（圖4）
4. 用果汁機將芒果打成細緻的泥狀。（圖5、6）

5 將檸檬皮屑及黃砂糖加入到芒果泥中混合均勻。（圖7、8）
6 使用小火邊煮邊攪拌。（圖9）
7 等到黃砂糖都溶化，加入檸檬汁。（圖10）
8 開大火，熬煮至芒果泥湯汁收乾剩1/3且顏色變較深。（圖11、12）
9 再轉小火，熬煮至濃稠，木匙刮底會出現痕跡的程度即可關火。（圖13）
10 熬煮中間不時用木匙攪拌避免焦底。
11 趁熱裝至煮沸晾乾的玻璃瓶中倒放直到放涼。（圖14）
12 放涼後，就可以將瓶子放正，室溫保存。

- 糖可以使用細砂糖或冰糖，份量約是水果重量的25～40%，可視水果甜度斟酌，請依照個人喜好決定。
- 趁熱裝進玻璃瓶中再倒放至放涼，是為了讓瓶中沒有空氣，這樣就不會有細菌產生。有做這樣的動作，完成的果醬可以不需放冰箱，室溫就可以保存6個月以上，可以送人當伴手禮。不過一旦打開，就必須放入冰箱冷藏保存，這是簡單的消毒方式，若是做的份量少，成品放涼後，馬上放入冰箱冷藏，就可以省略此步驟。
- 煮果醬時，最好全程在旁邊，發現水分越來越少就必須注意，因為關火後還是有熱度，所以不要熬煮到太乾，不然冷了之後會變的太硬，如果真的煮過頭，可以再添加一些水重新熬煮調整。
- 請準備較大較深的工作盆來熬煮，以免果泥太濃稠容易噴濺，出來燙到手。

洛神果醬

Roselle Jam

份量 200g

顏色鮮艷的洛神最適合做成果醬，濃縮了酸甜也收藏了當季的美味。趁著時令水果盛產的時候，享受一下手作果醬的魔力，為吐司、甜點增添新滋味。

材 料

新鮮洛神250g（去籽花萼淨重）
檸檬1個（擠汁約40～50cc）
黃砂糖300g　蔓越莓汁150cc（圖1）

1

2

3

做 法

1 新鮮洛神清洗乾淨。（圖2、3）
2 尾部切一刀，約切下0.3cm左右。（圖4）

4

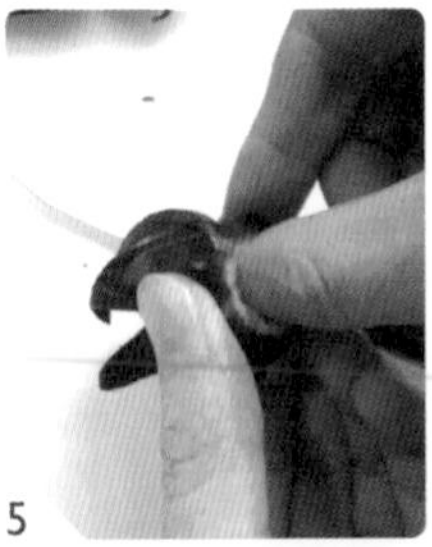

5  6  7  8  9

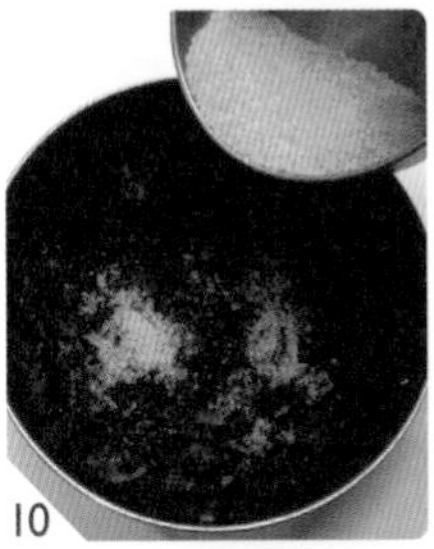

10  11  12  13  14

15  16

3 直接用手指將種子由後方往前推出，留下花萼。（圖5～7）
4 洛神切碎。（圖8）
5 檸檬洗淨榨出汁液（約40～50cc）。
6 依序加入蔓越莓汁、黃砂糖及檸檬汁於洛神汁中，混合均勻。（圖9～11）
7 使用小火邊煮邊攪拌。（圖12）
8 等到黃砂糖都溶化，開大火熬煮10～15分鐘至果汁大略收乾。（圖13）
9 再轉小火，熬煮10～15分鐘至濃稠，木匙刮底略微出現痕跡的程度即可關火。（圖14）
10 熬煮中間不時用木匙攪拌避免焦底。
11 趁熱裝進煮沸晾乾的玻璃瓶中，倒放直到放涼。（圖15～16）
12 放涼後，就可以將瓶子放正，室溫保存約可以3～4個月。

*假如做的份量不多，可以省略11及12的步驟，但放涼的果醬裝瓶後必須放入冰箱冷藏保存。

- 份量越多，熬煮需要的時間就必須增加。
- 蔓越莓汁也可以使用清水或其他果汁代替。
- 糖可以使用細砂糖或冰糖，甜度請依照個人喜好決定，但是糖量越少，保存期限就會縮短。
- 趁熱裝進玻璃瓶中再倒放至放涼，是為了讓瓶中沒有空氣，這樣就不會有細菌產生，有做這樣的動作，完成的果醬可以不需放冰箱，室溫就可以保存3～4個月，可以送人當伴手禮。不過一旦打開，就必須放入冰箱冷藏保存，這是簡單的消毒方式。
- 因為果醬熬煮時間較長，所以使用木匙比較不容易傳熱。
- 盛裝的玻璃瓶請使用熱水煮沸殺菌烘乾避免污染。

梅酒果醬

Plum Wine Jam

份量 200g

每年4月都免不了用當季的青梅來做梅酒，不管是直接釀造的蜂蜜梅酒或是浸泡不同酒類完成的梅酒或梅醋，都讓我一整年可以享受到梅子的好滋味。梅酒或梅醋喝完，其中剩下的梅子除了直接吃掉還可以做成味道醇厚雋永的果醬，滋味酸甜帶著酒香非常特別。

材料

喝完梅酒剩下的梅子360g
（去籽梅肉淨重）
檸檬汁1T　細砂糖120g（圖1、2）

做法

1 將喝完梅酒剩下的梅子，直接用手將梅肉與籽分離。（圖3、4）

1

2

3

4

2 取出的梅肉用叉子壓成泥狀（也可以使用食物調理機打碎）。（圖5）
3 檸檬榨出汁液，取1大匙。（圖6）
4 細砂糖及檸檬汁加入到梅肉中混合均勻。（圖7、8）
5 使用小火邊煮邊攪拌。（圖9）
6 熬煮至濃稠，木匙刮底會出現痕跡的程度即可關火。（圖10）
7 熬煮中間不時用木匙攪拌避免焦底。
8 趁熱裝至煮沸晾乾的玻璃瓶中，倒放直到完全放涼。（圖11、12）
9 放涼後，就可以將瓶子放正，室溫可以保存約3～4個月，但是一旦開封，就必須放入冰箱冷藏保存。

- 糖可以使用黃砂糖或冰糖，份量約是梅肉重量的30～35%，檸檬汁約是梅肉重量的3～5%，請依照個人喜好決定（不管是梅醋或梅酒，建議先嚐一下梅肉，再依照酸甜度添加糖的份量，這樣做出來的甜度比較符合自己需要）。
- 趁熱裝進玻璃瓶中再倒放至放涼，是為了讓瓶中沒有空氣，這樣就不會有細菌產生，有做這樣的動作，完成的果醬可以不需放冰箱，室溫就可以保存，可以送人當伴手禮。不過一旦打開，就必須放入冰箱冷藏保存，這是簡單的消毒方式（做的份量少可以省略此步驟，果醬裝瓶後放涼放冰箱冷藏保存即可）。
- 煮果醬時，最好全程在旁邊，發現水分越來越少就必須注意，因為關火後還是有熱度，所以不要熬煮到太乾，不然冷了之後會變的太硬如果真的煮過頭，可以再添加一些水重新熬煮調整。

蔓越莓果醬

Cranberry Jam

份量 400g

最近可以看到販賣新鮮的蔓越莓，小小的果子紅通通很可愛。但是新鮮的蔓越莓並沒有辦法直接食用，一定要經過加糖熬煮，否則太酸無法入口。平時就很喜歡喝蔓越莓汁，看到新鮮的蔓越莓當然要來做一些果醬。濃縮的美味又可以讓我的點心增加一些特殊風味。

材　料

蔓越莓500g
細砂糖250g（約是蔓越莓重量的50%）
柳橙皮屑2個　柳橙2個（榨汁，約150cc）
（圖1）

做　法

1. 蔓越莓清洗乾淨，瀝乾水分。
2. 柳橙刷洗乾淨，用磨泥器磨出表面皮屑，榨出果汁。（圖2～4）
3. 依序倒入細砂糖、柳橙皮屑及柳橙汁。（圖5～7）
4. 放在瓦斯爐上，用小火約熬煮15～20分鐘至蔓越莓破裂並變濃稠即可（中間不時用木匙攪拌避免燒焦）。（圖8～10）
5. 趁熱裝至煮沸晾乾的玻璃瓶中倒放直到放涼。
6. 放涼後，就可以將瓶子放正，室溫保存。

小叮嚀

- 糖的份量約是水果重量的45～50%，請依照個人喜好決定。
- 趁熱裝進玻璃瓶中再倒放至放涼，是為了讓瓶中沒有空氣，這樣就不會有細菌產生，有做這樣的動作，完成的果醬可以不需放冰箱，只要室溫就可以保存，可以送人當伴手禮。不過一旦打開，就必須放入冰箱冷藏保存，這是簡單的消毒方式。

橄欖油美乃滋抹醬

Olive Oil Mayonnaise Sauce

份量 50g

肚子有點餓的時候烤一盤香香酥脆的鹹味麵包，一口一口很涮嘴。抹醬事先做好，也是早餐麵包的好搭配。

材　料

橄欖油2T　美乃滋2t　鹽1/4t　黑胡椒1/8t
乾燥巴西利1/4t（圖1）

表面裝飾

帕梅森起司粉1/2T（沒有可以省略）

做　法

1 將所有材料依序裝入碗中，攪拌混合均勻。（圖2～5）
2 吐司麵包切成三角形。
3 將調好的橄欖油美乃滋抹醬，均勻塗抹在吐司麵包上。（圖6）
4 間隔整齊鋪放在烤盤上。
5 表面灑上些許帕梅森起司粉。（圖7）
6 放入已經預熱到170℃的烤箱中，烘烤6～7分鐘即可。（圖8）
7 此吐司麵包可以當做西式餐點搭配的主食或開胃小點心。（圖9）

小叮嚀

- 此抹醬請放冰箱冷藏保存，約可保存一星期。

明太子奶油抹醬

Seasoned Cod Roe Butter

150g

鹹香的明太子是鹽醃漬的鱈魚卵，與奶油混合就成了滋味特別的日式抹醬。除了塗抹麵包之外，還可以拌入義大利麵中成為和風義大利麵。做好的抹醬放冰箱冷藏就可以隨時應用，非常方便！

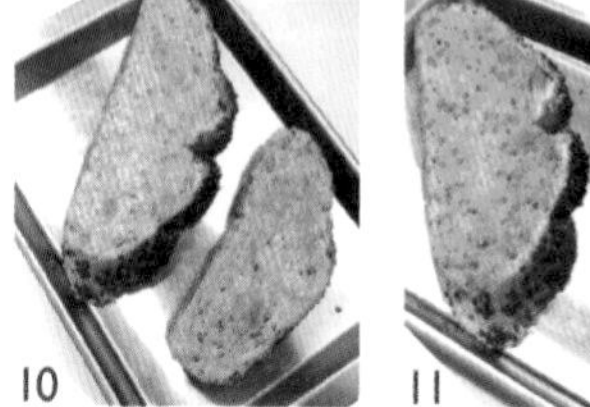

材　料

無鹽奶油100g　明太子50g（圖1）

調味料

鹽1/4t　黑胡椒1/4t　糖1/4t

做　法

1 無鹽奶油切成丁狀，放室溫軟化。（圖2）
2 用刀背將明太子從囊中刮下來。（圖3）
3 軟化的無鹽奶油放入大碗中，用打蛋器攪拌成乳霜狀。（圖4）
4 然後將明太子加入混合均勻。（圖5、6）
5 再將調味料加入混合均勻即可。（圖7、8）
6 喜歡的麵包切成厚約1.5cm片狀。
7 均勻塗抹上一層明太子奶油抹醬。（圖9）
8 放入已經預預熱到170℃的烤箱中，烘烤6～7分鐘即可。（圖10、11）

奶油煉乳抹醬

Condensed Milk Butter

160g

香濃的煉乳與奶油加上細砂糖有著濃郁的奶香，吃的到糖粒別有一番特別的口感。抹麵包或蛋糕捲都適合。

材　料

無鹽奶油100g　細砂糖30g　煉乳30g（圖1）

做　法

1. 無鹽奶油放置室溫回軟，切成小塊（手指可以壓出印子的程度就好）。（圖2）
2. 切成小塊的無鹽奶油放入盆中，用打蛋器攪打成乳霜狀。（圖3、4）
3. 加入細砂糖攪打均勻。（圖5）
4. 再將煉乳加入混合均勻即可。（圖6～8）
5. 此抹醬可以塗抹麵包或蛋糕捲使用。

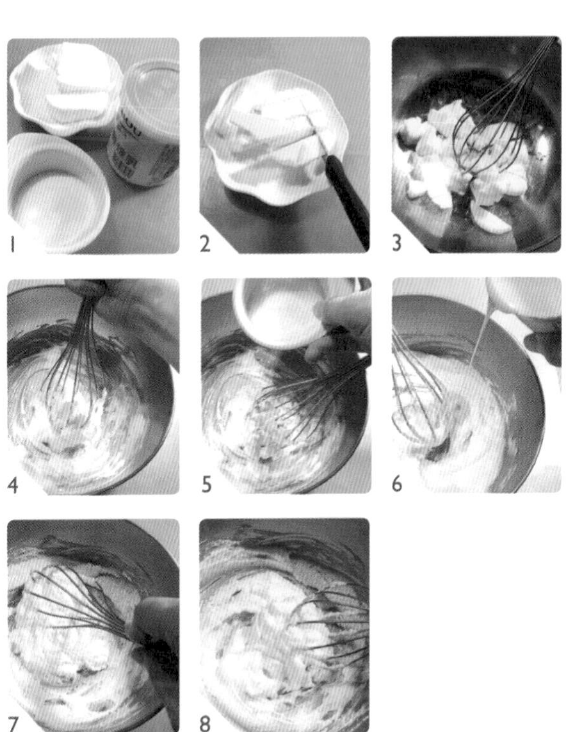

- 若不喜歡吃到細砂糖顆粒，細砂糖可以使用糖粉代替。
- 當天若沒吃完，請放冰箱保存，吃之前再回溫即可。

奶油大蒜醬

Garlic Butter

120g

蒜頭是我最喜歡的辛香料之一，炒菜料理都可以看到它的蹤影。冰箱冷凍庫中隨時準備著一大包，一方面保存時間延長也方便隨時取用。蒜頭的營養價值很高，做成抹醬讓麵包更好吃！

材　料

無鹽奶油100g　蒜頭5～6瓣
乾燥巴西利 1t（圖1）

調味料

鹽1/2t　糖1/4t

1

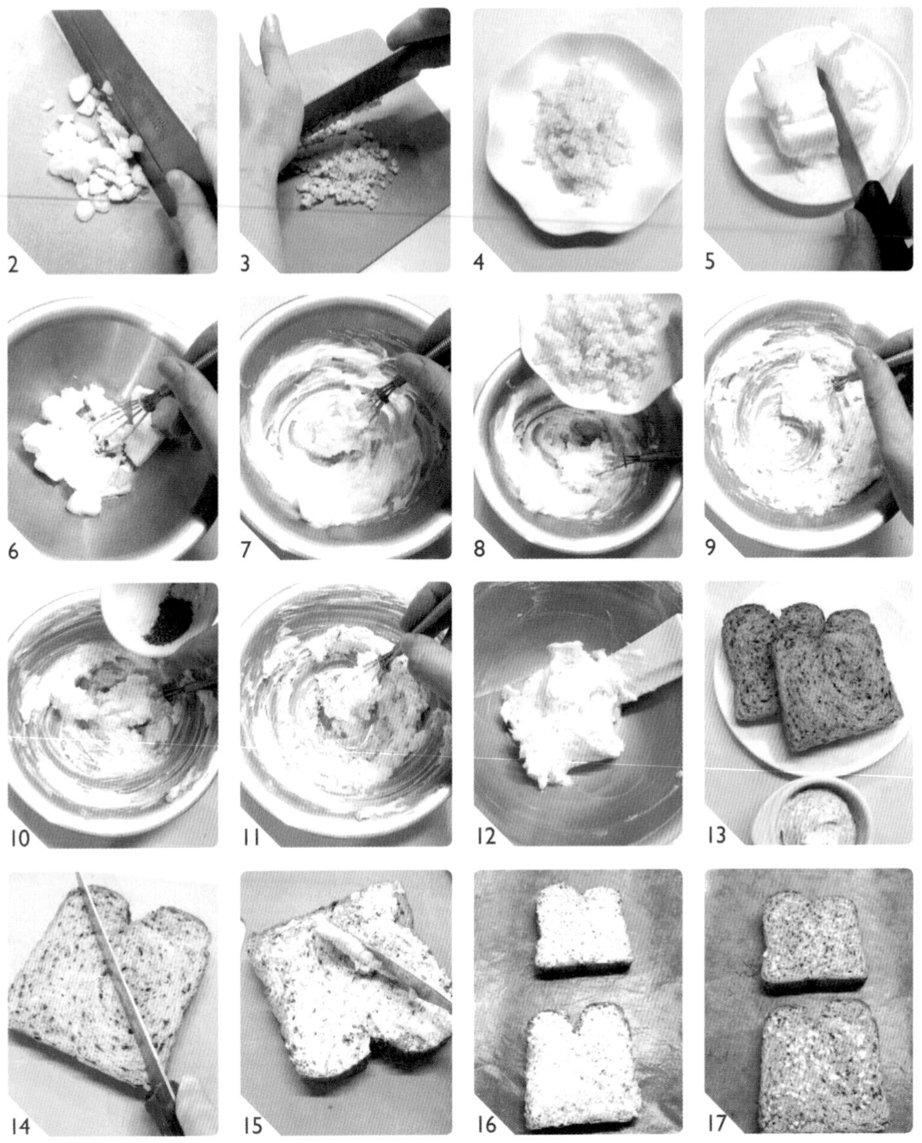

做 法

1 蒜頭用刀仔細跺碎。（圖2～4）
2 無鹽奶油切成丁狀，放室溫軟化。（圖5）
3 軟化的無鹽奶油放入大碗中，用打蛋器攪拌成乳霜狀。（圖6、7）
4 然後將蒜頭末加入混合均勻。（圖8、9）
5 再將鹽、糖及巴西利碎加入混合均勻即可。（圖10～12）
6 喜歡的麵包切成厚約1.5cm片狀。（圖13）
7 厚片麵包上交叉斜切兩道痕。（不要切穿透）（圖14）
8 均勻塗抹上一層奶油大蒜醬。（圖15）
9 放入已經預預熱到170℃的烤箱中，烘烤6～7分鐘即可。（圖16、17）

麵包製作法分類一覽表

直接法

老麵法

中種法

低溫中種法

湯種法

低溫冷藏發酵法

烘焙材料行一覽表

北部

富盛	200基隆市仁愛區曲水街18號	（02）2425-9255
美豐	200基隆市仁愛區孝一路36號	（02）2422-3200
新樺	200基隆市仁愛區獅球路25巷10號	（02）2431-9706
嘉美行	202基隆市中正區豐稔街130號B1	（02）2462-1963
證大	206基隆市七堵區明德一路247號	（02）2456-6318
精浩（日勝）	103台北市大同區太源路175巷21號1樓	（02）2550-6996
燈燦	103台北市大同區民樂街125號	（02）2557-8104
洪春梅	103台北市大同區民生西路389號	（02）2553-3859
果生堂（佛祥）	104台北市中山區龍江路429巷8號	（02）2502-1619
金統	104台北市中山區龍江路377巷13號1樓	（02）2505-6540
申崧	105台北市松山區延壽街402巷2弄13號	（02）2769-7251
義興	105台北市富錦街574巷2號	（02）2760-8115
升源（富陽店）	106北市大安區富陽街21巷18弄4號1樓	（02）2736-6376
正大行	108台北市萬華區康定路3號	（02）2311-0991
大通	108台北市萬華區德昌街235巷22號	（02）2303-8600
升記（崇德店）	110台北市信義區崇德街146巷4號1樓	（02）2736-6376
日光	110台北市信義區莊敬路341巷19號	（02）8780-2469
飛訊	111台北市士林區承德路四段277巷83號	（02）2883-0000
宜芳	111台北市士林區社中街99號1樓	（02）2811-8267
嘉順	114台北市內湖區五分街25號	（02）2632-9999
元寶	114台北市內湖區環山路二段133號2樓	（02）2658-9568
橙佳坊	115台北市南港區玉成街211號	（02）2786-5709
得宏	115台北市南港區研究院路一段96號	（02）2783-4843
卡羅	115台北市南港區南港路二段99-22號	（02）2788-6996
菁乙	116台北市文山區景華街88號	（02）2933-1498
全家	116台北市羅斯福路五段218巷36號1樓	（02）2932-0405
大家發	220新北市板橋區三民路一段99號	（02）8953-9111
全成功	220新北市板橋區互助街36號（新埔國小旁）	（02）2255-9482
旺達（新順達）	220新北市板橋區信義路165號	（02）2962-0114
聖寶	220新北市板橋區觀光街5號	（02）2963-3112
盟昌	220新北市板橋區縣民大道三段205巷16弄17號2樓	（02）2251-7823
加嘉	221新北市汐止區汐萬路一段246號	（02）2649-7388
彰益	221新北市汐止區環河街186巷2弄4號	（02）2695-0313
佳佳	231新北市新店區三民路88號	（02）2918-6456
艾佳（中和）	235新北市中和區宜安路118巷14號	（02）8660-8895
安欣	235新北市中和區連城路389巷12號	（02）2225-0018

嘉元	235新北市中和區連城路224-16號	（02）2246-1788
馥品屋	238新北市樹林區大安路175號	（02）2686-2569
快樂媽媽	241新北市三重區永福街242號	（02）2287-6020
今今	248新北市五股區四維路142巷14弄8號	（02）2981-7755
銘珍	251新北市淡水區下圭柔山119-12號	（02）2626-1234
艾佳（桃園）	330桃園市永安路281號	（03）332-0178
湛勝	330桃園市永安路159-2號	（03）332-5776
做點心過生活（桃園）	330桃園市復興路345號	（03）335-3963
做點心過生活	330桃園市民生路475號	（03）335-1879
和興	330桃園市三民路二段69號	（03）339-3742
艾佳（中壢	320桃園縣中壢市環中東路二段762號	（03）468-4558
做點心過生活（中壢）	320桃園縣中壢市中豐路320號	（03）422-2721
桃榮	320桃園縣中壢市中平路91號	（03）422-1726
乙馨	324桃園縣平鎮市大勇街禮節巷45號	（03）458-3555
東海	324桃園縣平鎮市中興路平鎮段409號	（03）469-2565
家佳福	324桃園縣平鎮市環南路66巷18弄24號	（03）492-4558
台揚（台威）	333桃園縣龜山鄉東萬壽路311巷2號	（03）329-1111
陸光	334桃園縣八德市陸光街1號	（03）362-9783
廣福林	334桃園縣八德市富榮街294號	（03）363-8057
新盛發	300新竹市民權路159號	（03）532-3027
萬和行	300新竹市東門街118號	（03）522-3365
新勝（熊寶寶）	300新竹市中山路640巷102號	（03）538-8628
熊寶寶（新勝）	300新竹市中山路640巷102號	（03）540-2831
永鑫（新竹）	300新竹市中華路一段193號	（03）532-0786
力陽	300新竹市中華路三段47號	（03）523-6773
康迪（烘培天地）	300新竹市建華街19號	（03）520-8250
富讚	300新竹市港南里海埔路179號	（03）539-8878
葉記	300新竹市鐵道路二段231號	（03）531-2055
德麥	300新竹市東山里東山街95號	（03）572-9525
艾佳（新竹）	302新竹縣竹北市成功八路286號	（03）550-5369
普來利	302新竹縣竹北市縣政二路186號	（03）555-8086
天隆	351苗栗縣頭份鎮中華路641號	（03）766-0837

中部

總信	402台中市南區復興路三段109-4號	（04）2220-2917
永誠行（總店）	403台中市西區民生路147號	（04）2224-9876
永誠行（精誠店）	403台中市西區精誠路317號	（04）2472-7578
玉記（台中）	403台中市西區向上北路170號	（04）2310-7576
永美	404台中市北區健行路665號	（04）2205-8587
齊誠	404台中市北區雙十路二段79號	（04）2234-3000

榮合坊	404台中市北區博館東街10巷9號	（04）2380-0767
裕軒	406台中市北屯區昌平路二段20-2號	（04）2421-1905
辰豐	406台中市北屯區中清路151-25號	（04）2425-9869
利生	407台中市西屯區西屯路二段28-3號	（04）2312-4339
利生	407台中市西屯區河南路二段83號	（04）2314-5939
豐榮	420台中市豐原區三豐路317號	（04）2527-1831
鼎亨	412 台中市大里區光明路60號	（04）2686-2172
美旗	412 台中市大里區仁禮街45號	（04）2496-3456
永誠	500彰化市三福街195號	（04）724-3927
永誠	500彰化市彰新路2段202號	（04）733-2988
王誠源	500彰化市永福街14號	（04）723-9446
億全	500彰化市中山路二段252號	（04）723-2903
永明	500彰化市磚窯里芳草街35巷21號	（04）761-9348
永明	500彰化市和美鎮彰草路二段120-8號	（04）761-9348
上豪	502彰化縣芬園鄉彰南路三段355號	（04）952-2339
金永誠	510彰化縣員林鎮員水路2段423號	（04）832-2811
順興	542南投縣草屯鎮中正路586-5號	（049）233-3455
信通	542南投縣草屯鎮太平路二段60號	（049）231-8369
宏大行	545南投縣埔里鎮清新里雨樂巷16-1號	（049）298-2766
利昌珍	557南投縣竹山鎮前山路一段247號	（049）264-2530
新瑞益（雲林）	630雲林縣斗南鎮七賢街128號	（05）596-3765
彩豐	640雲林縣斗六市西平路137號	（05）533-4108
巨城	640雲林縣斗六市仁義路6號	（05）532-8000
宗泰	651雲林縣北港鎮文昌路140號	（05）783-3991

南部

新瑞益（嘉義）	600嘉義市仁愛路142-1號	（05）286-9545
福美珍	600嘉義市西榮街135號	（05）222-4824
尚典	600嘉義市四維路370號	（05）234-9175
名陽	622嘉義縣大林鎮自強街25號	（05）265-0557
瑞益	700台南市中區民族路二段303號	（06）222-4417
銘泉	700台南市北區和緯路二段223號	（06）251-8007
富美	700台南市北區開元路312號	（06）237-6284
世峰行	700台南市西區大興街325巷56號	（06）250-2027
玉記行（台南）	700台南市西區民權路三段38號	（06）224-3333
上品	700台南市西區永華一街159號	（06）299-0728
永昌（台南）	700台南市東區長榮路一段115號	（06）237-7115
永豐	700台南市南區賢南街51號	（06）291-1031
利承	700台南市南區興隆路103號	（06）296-0152
松利	700台南市南區福吉路3號	（06）228-6256

玉記（高雄）	800高雄市六合一路147號	（07）236-0333
正大行行（高雄）	800高雄市新興區五福二路156號	（07）261-9852
華銘	802高雄市苓雅區中正一路120號4樓之6	（07）713-1998
極軒	802高雄市苓雅區興中一路61號	（07）332-2796
東海	803高雄市鹽埕區大公路49號	（07）551-2828
旺來興	804高雄市鼓山區明誠三路461號	（07）550-5991
新鈺成	806高雄市前鎮區千富街241巷7號	（07）811-4029
旺來昌	806高雄市前鎮區公正路181號	（07）713-5345-9
益利	806高雄市前鎮區明道路91號	（07）831-9763
德興	807高雄市三民區十全二路103號	（07）311-4311
十代	807高雄市三民區懷安街30號	（07）380-0278
和成	807高雄市三民區朝陽街26號	（07）311-1976
福市	814高雄市仁武區京中三街103號	（07）374-8237
茂盛	820高雄市岡山區前峰路29-2號	（07）625-9679
順慶	830高雄市鳳山區中山路237號	（07）746-2908
全省	830高雄市鳳山區建國路二段165號	（07）732-1922
見興	830高雄市鳳山區青年路二段304號對面	（07）747-5209
世昌	830高雄市鳳山區輜汽路15號	（07）717-4255
旺來興	833高雄市鳥松區大華里本館路151號	（07）370-2223
亞植	840高雄市大樹區井腳里108號	（07）652-2305
四海	900屏東市民生路180-5號	（08）733-5595
啟順	900屏東市民和路73號	（08）723-7896
屏芳	900屏東市大武403巷28號	（08）752-6331
全成	900屏東市復興南路一段146號	（08）752-4338
翔峰	900屏東市廣東路398號	（08）737-4759
裕軒	920屏東縣潮洲鎮太平路473號	（08）788-7835

東部

欣新	260宜蘭市進士路155號	（03）936-3114
裕順	265宜蘭縣羅東鎮純精路二段96號	（03）954-3429
玉記（台東）	950台東市漢陽路30號	（08）932-6505
梅珍香	970花蓮市中華路486-1號	（038）356-852
萬客來	970花蓮市和平路440號	（038）362-628
大麥	973花蓮縣吉安鄉建國路一段58號	（038）461-762
大麥	973花蓮縣吉安鄉自強路369號	（038）578-866
華茂	973花蓮縣吉安鄉中原路一段141號	（038）539-538

這一次書中收錄了天天吃都不會膩的美味家常麵包，

依循著季節將各式各樣雜糧蔬果變成主角；

少糖、少油、高纖維，簡單的材料更能突顯原味之美。

期盼將這份溫暖傳遞給大家，讓更多人感受到手作麵包的魅力。

胡涓涓Carol

Carol 100道無添加純天然手感麵包+30款麵包與果醬美味配方提案

暢銷紀念 二版

作　　者　Carol胡涓涓
內頁繪圖　Carol胡涓涓
攝　　影　黃家煜
封面設計　行者創意
內頁設計　許瑞玲
印　　務　黃禮賢、李孟儒

出版總監　黃文慧
副 總 編　梁淑玲、林麗文
主　　編　蕭歆儀、黃佳燕、賴秉薇
行銷總監　祝子慧
行銷企劃　林彥伶、朱妍靜

社　　長　郭重興
發 行 人
兼出版總監　曾大福

出　　版　幸福文化／遠足文化事業股份有限公司
地　　址　231新北市新店區民權路108-1號8樓
粉 絲 團　https://www.facebook.com/Happyhappybooks/
電　　話　（02）2218-1417
傳　　真　（02）2218-8057

發　　行　遠足文化事業股份有限公司
地　　址　231新北市新店區民權路108-2號9樓
電　　話　（02）2218-1417
傳　　真　（02）2218-1142
電　　郵　service@bookrep.com.tw
郵撥帳號　19504465
客服電話　0800-221-029
網　　址　www.bookrep.com.tw
法律顧問　華洋法律事務所　蘇文生律師

印　　製　成陽印刷股份有限公司
地　　址　236新北市土城區永豐路195巷9號
電　　話　（02）2265-1491

二版一刷　西元2020年8月
Printed in Taiwan

國家圖書館出版品預行編目資料

原味：Carol100道無添加純天然手感麵包+30款麵包與果醬美味配方提案（暢銷紀念．二版） / Carol胡涓涓著. -- 初版. -- 新北市：幸福文化出版：遠足文化發行, 2020.08　面；　公分
ISBN 978-986-5536-11-4(平裝)

1.點心食譜 2.麵包

427.16　　109011079

請沿虛線剪下，黏貼好後，直接投入郵筒寄回

廣　告　回　信
臺灣北區郵政管理局登記證
第 1 4 4 3 7 號

請直接投郵，郵資由本公司負擔

23141

新北市新店區民權路108-3號6樓

遠足文化事業股份有限公司　收

請沿虛線剪下，黏貼好後，直接投入郵筒寄回

讀者回函卡

感謝您購買本公司出版的書籍，您的建議就是幸福文化前進的原動力。請撥冗填寫此卡，我們將不定期提供您最新的出版訊息與優惠活動。您的支持與鼓勵，將使我們更加努力製作出更好的作品。

讀者資料

●姓名：＿＿＿＿＿＿＿＿ ●性別：□男　□女 ●出生年月日：民國＿＿年＿＿月＿＿日

●E-mail：＿＿＿＿＿＿＿＿＿＿＿＿＿＿＿＿

●地址：□□□□□＿＿＿＿＿＿＿＿＿＿＿＿＿＿＿＿

●電話：＿＿＿＿＿＿＿＿ 手機：＿＿＿＿＿＿＿＿ 傳真：＿＿＿＿＿＿＿＿

●職業：□學生　□生產、製造　□金融、商業　□傳播、廣告
□軍人、公務　□教育、文化　□旅遊、運輸　□醫療、保健
□仲介、服務　□自由、家管　□其他

購書資料

1.您如何購買本書？□一般書店（　　縣市　　　書店）　□網路書店（　　　　書店）
□量販店　□郵購　□其他

2.您從何處知道本書？□一般書店　□網路書店（　　　　書店）　□量販店　□報紙　□廣播
□電視　□朋友推薦　□其他

3.您購買本書的原因？□喜歡作者　□對內容感興趣　□工作需要　□其他

4.您對本書的評價：（請填代號 1.非常滿意 2.滿意 3.尚可 4.待改進）
□定價　□內容　□版面編排　□印刷　□整體評價

5.您的閱讀習慣：□生活風格　□休閒旅遊　□健康醫療　□美容造型　□兩性　□文史哲
□藝術　□百科　□圖鑑　□其他

6.您是否願意加入幸福文化 Facebook：□是　□否

7.您對本書或本公司的建議：＿＿＿＿＿＿＿＿＿＿＿＿＿＿＿＿